土 木 工 程 教 材 精 选

土木建筑工程制图

陈倩华 王晓燕 主 编
Chen Qianhua Wang Xiaoyan
谢美芝 罗慧中 副主编
Xie Meizhi Luo Huizhong

清华大学出版社
北 京

内容简介

《土木建筑工程制图》是高等学校土木、建筑类专业的制图教科书，全书共分18章，主要内容有画法几何和工程制图(包括建筑施工图、结构施工图、装修施工图、道路工程图、桥隧涵工程图、水利工程图)。专业工程图内容比较全面，能满足不同专业教学的需要，并且具有时代特色，密切结合当前工程实践。

本教材可作为高等学校土木、水利水电、建筑、城市规划等专业的教材，也可供函授大学、成人高校等相关专业选用。另外有《土木建筑工程制图习题集》和电子版习题参考答案(见《土木建筑工程制图习题集》光盘)与本书配套出版。

图书在版编目(CIP)数据

土木建筑工程制图/陈倩华，王晓燕主编. --北京：清华大学出版社，2011.8(2019.7重印)
(土木工程教材精选)
ISBN 978-7-302-26601-3
Ⅰ. ①土…　Ⅱ. ①陈…　②王…　Ⅲ. ①土木工程－建筑制图－高等学校－教材　Ⅳ. ①TU204
中国版本图书馆CIP数据核字(2011)第174369号

责任编辑：张占奎　秦　娜
责任校对：刘玉霞
责任印制：沈　露

出版发行：清华大学出版社
网　　址：http://www.tup.com.cn，http://www.wqbook.com
地　　址：北京清华大学学研大厦A座　　邮　　编：100084
社 总 机：010-62770175　　邮　　购：010-62786544
投稿与读者服务：010-62776969，c-service@tup.tsinghua.edu.cn
质 量 反 馈：010-62772015，zhiliang@tup.tsinghua.edu.cn
印 装 者：北京密云胶印厂
经　　销：全国新华书店
开　　本：203mm×253mm　　印　　张：21　　字　　数：571千字
版　　次：2011年8月第1版　　印　　次：2019年7月第9次印刷
定　　价：52.00元

产品编号：042953-02

前　　言

随着国民经济的发展，对人才的要求越来越高，因此培养知识面广，基础扎实，能掌握实践中需要的各种能力与技能的学生是社会的需求。21世纪科学技术的不断发展，新技术、新材料、新学科的不断产生与应用，更进一步要求我们改革以往的教学模式，改变旧有的教学观念与教学体系，推出更新、更符合现今社会发展的教育模式与体系。因此，土木建筑工程制图课程应随着各种发展而有所改变，教材也要增加新的内容与要求，以适应各种发展变化的需求，为培养综合素质更强的人才打下坚实的基础。

本教材作为土木建筑工程类专业用的制图教材是比较完整的一套教材，配套有《土木建筑工程制图习题集》同时出版。本教材中章、节标题配有中英文对照，主要的词语、图线颜色为双色。采用最新实际工程图，内容注重反映宽口径、厚基础、重素质的教育思想，体现知识、能力、素质协调发展。引进学科发展最新动态，反映学科最新知识和发展动向。

全书共分18章，主要内容有画法几何和工程制图（包括建筑施工图、结构施工图、装修施工图、道路工程图、桥隧涵工程图、水利工程图）。画法几何部分是各专业学习的基础，随后的章节可供不同的专业选用。

全书依据《房屋建筑制图统一标准》(GB/T 50001—2010)、《总图制图标准》(GB/T 50103—2010)、《建筑制图标准》(GB/T 50104—2010)、《建筑结构制图标准》(GB/T 50105—2010)、《道路工程制图标准》(GB 50162—1992)、《水电水利工程基础制图标准》(DL/T 5347—2006)等多种国家标准进行编写。不同专业在使用教材时，可根据需要查阅相关标准。

本教材由广西大学土木建筑工程学院的陈倩华（绪论，第1、7、9、13、15、18章，12章透视部分）、王晓燕（第2、6、10、11、14章）、谢美芝（第3、4、5、8章）、罗慧中（第16、17章，12章阴影部分）编写。全书由陈倩华、王晓燕担任主编，谢美芝、罗慧中担任副主编。

本教材在编写过程中参考了许多资料，谨向各位作者表示衷心的感谢！

由于编者水平有限，书中难免有缺点和疏漏之处，恳请读者批评指正。

编　者

2011年4月

目 录

绪论 …… 1

第 1 章 制图的基本知识 …… 2
1.1 国家制图标准 …… 2
1.2 常用手工绘图工具及用法 …… 8
1.3 几何作图 …… 10

第 2 章 投影的基本知识 …… 16
2.1 投影的概念 …… 16
2.2 正投影的特性 …… 18
2.3 三面投影图 …… 20

第 3 章 点、直线、平面的投影 …… 22
3.1 点的投影 …… 22
3.2 直线的投影 …… 26
3.3 平面的投影 …… 38

第 4 章 直线与平面、平面与平面的相对位置 …… 46
4.1 直线与平面、平面与平面的平行 …… 46
4.2 直线与平面、平面与平面的相交 …… 49
4.3 直线与平面、平面与平面的垂直 …… 56

第 5 章 投影变换 …… 61
5.1 概述 …… 61
5.2 换面法 …… 62
5.3 旋转法 …… 71

第 6 章 立体 …… 74
6.1 立体表面上取点和线 …… 74

6.2 截交线 …… 82
6.3 求相贯线 …… 91
6.4 同坡屋面交线 …… 100

第7章 曲线与曲面 …… 102
7.1 曲线 …… 102
7.2 曲面 …… 104
7.3 回转面 …… 105
7.4 非回转直纹曲面 …… 107

第8章 组合体的投影 …… 114
8.1 组合体的构成及分析方法 …… 114
8.2 组合体投影图的画法 …… 116
8.3 组合体的尺寸标注 …… 118
8.4 阅读组合体投影图 …… 122

第9章 工程形体图样的画法 …… 129
9.1 视图 …… 129
9.2 剖面图 …… 131
9.3 断面图 …… 136
9.4 简化画法 …… 138

第10章 轴测投影 …… 140
10.1 轴测图的形成及分类 …… 140
10.2 正等轴测图的画法 …… 142
10.3 斜轴测图的画法 …… 146
10.4 平行于坐标面的圆的轴测投影 …… 148
10.5 轴测投影的剖切画法 …… 150
10.6 轴测投影的选择 …… 151

第11章 标高投影 …… 153
11.1 标高投影的概念 …… 153
11.2 几何要素的标高投影 …… 153
11.3 标高投影的应用举例 …… 166

第12章 建筑阴影与透视 …… 170
12.1 正投影中的阴影 …… 170

12.2　透视投影的基本概念 …… 181
12.3　点、直线、平面的透视 …… 185
12.4　圆的透视图 …… 190
12.5　形体透视图的画法 …… 191
12.6　透视图的简捷画法 …… 196

第13章　建筑施工图 …… 199
13.1　概述 …… 199
13.2　建筑总平面图 …… 205
13.3　建筑平面图 …… 208
13.4　建筑立面图 …… 215
13.5　建筑剖面图 …… 219
13.6　建筑详图 …… 222

第14章　结构施工图 …… 226
14.1　概述 …… 226
14.2　钢筋混凝土结构图 …… 227
14.3　基础图 …… 238
14.4　结构施工图平面整体表示法简介 …… 243
14.5　钢结构图 …… 250

第15章　装修施工图 …… 259
15.1　概述 …… 259
15.2　装修平面布置图 …… 261
15.3　楼地面装修图 …… 263
15.4　顶棚装修图 …… 265
15.5　室内立面装修图 …… 266
15.6　装修详图 …… 269

第16章　道路工程图 …… 272
16.1　公路路线工程图 …… 272
16.2　城市道路路线工程图 …… 280
16.3　道路交叉口 …… 285

第17章　桥隧涵工程图 …… 288
17.1　桥梁工程图 …… 288

17.2 隧道工程图…… 303
17.3 涵洞工程图…… 306

第18章 水利工程图 …… 312
18.1 水利工程图的分类…… 312
18.2 水利工程图的表达方法…… 315
18.3 水利工程图的阅读和绘制…… 322

参考文献 …… 328

绪　论

(INTRODUCTION)

1. 本课程的功能和性质

土木建筑工程制图为土木建筑工程类的专业基础课，是专门研究工程图样绘制与阅读的原理及方法的科学，培养学生空间逻辑思维和三维形象思维能力，学习对空间几何问题进行分析和图解的方法。

在土木建筑工程中，不论是建造房屋或者架桥修路都是先进行设计，绘制图样，然后按图样进行施工。工程图样被称为“工程界的语言”，是用来表达设计意图、交流技术思想的重要工具，也是生产建设部门和施工单位进行管理和施工等技术工作的技术文化与法律依据。本课程的主要目的就是培养学生掌握这种“工程界的语言”，掌握阅读和绘制土木工程图样的基本技术。

2. 本课程的主要任务及基本要求

(1) 学习投影法(主要是正投影法)的基本理论及其应用；

(2) 培养对三维形状与相关位置的空间逻辑思维和形象思维能力；

(3) 培养对空间几何问题的图解能力；

(4) 培养阅读和绘制建筑工程图、道路与桥梁工程图、水利工程图的初步能力。

3. 本课程的学习方法

(1) 本课程是一门理论和实践相结合的课程，与专业实践有着广泛而又密切的联系，既要重视投影理论的学习，更要注重实践环节的训练。除需要掌握一定的理论外，还要掌握一定的绘图技术和技巧。技术的掌握只能靠实践，而技巧则需多画多练才能掌握。

(2) 画法几何是本课程的理论基础，在学习过程中要扎实掌握正投影的原理和方法，把投影分析和空间想象结合起来，把空间形体和平面的投影图联系起来思考，对从立体到投影再从投影到立体的相互对应关系进行反复思考与训练，训练空间想象能力。要把基本概念和基本原理理解透彻并将其融汇到具体的应用中。

(3) 制图基础的学习要了解、熟悉和严格遵守国家标准的有关规定，正确使用制图工具、仪器及遵循正确的作图步骤和方法，养成自觉遵守国家制图标准的良好习惯，提高绘图效率。

(4) 专业图的学习要熟记国家制图标准中各种代号和图例的含义，熟悉图样的画法。要培养分析问题和解决问题的能力，以及认真负责的工作态度和严谨细致的工作作风。

第 1 章　制图的基本知识
(BASIC KNOWLEDGE OF DRAWING)

1.1　国家制图标准
(National Standard for Drawings)

工程图样是工程界的技术语言，是设计、施工管理部门的技术文件，为了便于识读与技术交流，绘制工程图样必须遵守统一的规定，这个统一的规定就是国家制图标准。国家有关部门制定出《房屋建筑制图统一标准》(GB/T 50001—2010)(Unified standard for building drawings)、《总图制图标准》(GB/T 50103—2010)(Standard for general layout drawings)、《建筑制图标准》(GB/T 50104—2010)(Standard for architectural drawings)、《建筑结构制图标准》(GB/T 50105—2010)(Standard for structural drawings)、《道路工程制图标准》(GB 50162—1992)(Drawing standards of road engineering)、《水电水利工程基础制图标准》(DL/T 5347—2006)(Drawing standard for base of hydropower and water conservancy project)、《水电水利工程水工建筑制图标准》(DL/T 5348—2006)(Drawing standard for hydraulic structure of hydropower and water conservancy project)、《水力发电工程 CAD 制图技术规定》(DL/T 5127—2001)(Technical specification for CAD drawing of hydroelectric engineering)等。

这些制图的国家标准(简称国标)是所有工程技术人员在设计、施工、管理中必须严格执行的条例，任何一个学习和从事工程制图的人都应该严格遵守国标中的每一项规定。

1.1.1　图纸幅面和格式(Size and Pattern)

图纸幅面是指图纸的大小规格。为了使图纸幅面大小统一，便于存档，国标对图幅大小作出了规定，其幅面代号及尺寸代号见表 1-1 和图 1-1。

表 1-1　图幅及图框尺寸(mm)

尺寸代号＼幅面代号	A0	A1	A2	A3	A4
$b \times l$	841×1 189	594×841	420×594	297×420	210×297
c	10			5	
a	25				

可以看出，A1 图幅是 A0 的对折，A2 是 A1 的对折，其余类推。图纸的短边一般不应加长，长边可以加长，但应符合国标有关规定。

图纸分为横式和立式两种。图纸以短边做垂直边，称为横式，如图 1-1(a)所示；以短边作为水平边的称为立式，如图 1-1(b)、(c)所示。一般 A0～A3 图纸宜用横式。

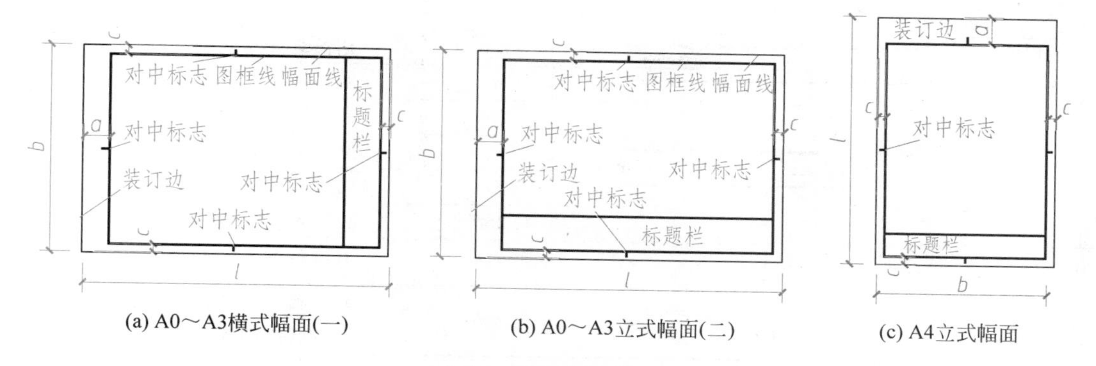

(a) A0～A3横式幅面(一)　(b) A0～A3立式幅面(二)　(c) A4立式幅面

图 1-1　图纸幅面格式

图框是指图纸上限定绘图区域的边线，用粗实线画出图框线。每张图纸都必须在其右下角画出标题栏，简称图标，用来填写工程名称、设计单位、设计人、校核人、审定人、图名、图纸编号等内容，其格式按《房屋建筑制图统一标准》(GB/T 50001—2001)中有关规定执行。会签栏用来填写会签人员所代表的专业、姓名、日期等。不需要会签的图纸，可不设会签栏。

1.1.2　图线(Lines)

画在图上的线条统称图线，工程图样需要用不同的线型及不同粗细的图线来区分图中不同的内容和层次。

1. 图线的线型和宽度

在绘制工程图时，采用不同线型和不同粗细的图线来表示图样的意义和用途。在土木建筑工程中常用的线型有粗实线、中实线、细实线、虚线、点画线、双点画线、折断线和波浪线等。常用线型和用途见表 1-2。

表 1-2　常用的线型和用途

名称	线　型		线宽	一般用途
实线	粗		b	主要可见轮廓线
	中粗		$0.7b$	可见轮廓线
	中		$0.5b$	可见轮廓线、尺寸线、变更云线
	细		$0.25b$	图例填充线、家具线
虚线	粗		b	见各有关专业制图标准
	中粗		b	不可见轮廓线
	中		$0.5b$	不可见轮廓线、图例线
	细		$0.25b$	图例填充线、家具线

续表

名称		线型	线宽	一般用途
单点长画线	粗		b	见各有关专业制图标准
	中		$0.5b$	见各有关专业制图标准
	细		$0.25b$	中心线、对称线、定位轴线
双点长画线	粗		b	见各有关专业制图标准
	中		$0.5b$	见各有关专业制图标准
	细		$0.25b$	假想轮廓线、成型前原始轮廓线
折断线			$0.25b$	不需画全的断开界线
波浪线			$0.25b$	不需画全的断开界线 构造层次的断开界线

国标规定，图线宽度(b)有粗线、中粗线和细线之分，它们的比例关系是 1∶0.5∶0.25。绘图时要根据图样的繁简程度和比例大小，先确定粗线线宽 b，当粗线的宽度 b 确定以后，则和 b 相关联的中线、细线也随之确定。一般情况下，同一张图纸内相同比例的各图样应选用相同线宽组合；在同一图样中，同类图线的宽度也应一致。图线的线宽见表 1-3。图纸的图框线和标题栏线，可采用表 1-4 所示的线宽。

表 1-3　常用的线宽组(mm)

线宽比	线宽组			
b	1.4	1.0	0.7	0.5
$0.7b$	1.0	0.7	0.5	0.35
$0.5b$	0.7	0.5	0.35	0.25
$0.25b$	0.35	0.25	0.18	0.13

表 1-4　图框线和标题栏线的宽度(mm)

幅面代号	图框线	标题栏外框线	标题栏分格线
A0、A1	b	$0.5b$	$0.25b$
A2、A3、A4	b	$0.7b$	$0.35b$

2. 图线的画法和要求

(1) 图线要清晰整齐、均匀一致、粗细分明、交接正确。

(2) 相互平行的图线，其间隙不宜小于其中粗线的宽度，且不宜小于 0.7 mm。

(3) 虚线、单点长画线或双点长画线的线段长度和间距，宜各自相等。虚线的线段长度约 3～6 mm，间隔约为 0.5～1 mm。单点长画线或双点长画线的线段长度约为 15～20 mm。

(4) 单点长画线或双点长画线的两端不应是点，点画线与点画线交接或点画线与其他图线交接时应是线段交接，如图 1-2 所示。

(5) 虚线与虚线交接或虚线与其他图线交接时应是线段交接，虚线位于实线的延长线时不得与实线连接，如图 1-2 所示。

(6) 图线不得与文字、数字或符号重叠、相交。不可避免时，应首先保证文字等的清晰。

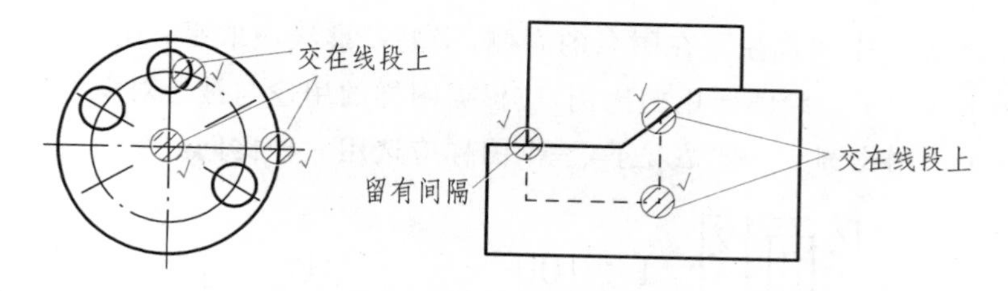

图 1-2　点画线、虚线交接的画法

1.1.3　字体(Lettering)

图纸上所需书写的文字、数字或符号等，均应笔画清晰、字体端正、排版整齐；标点符号应清楚正确。

1. 汉字

汉字应采用国家公布的简化汉字，国标规定，工程图中的汉字应采用长仿宋体，所以也把长仿宋体字称为工程字。长仿宋体字的字高与字宽比例约为 1∶0.7。文字的字高应从如下系列中选用：3.5，5，7，10，14，20 mm 等。宽度与高度的关系应符合表 1-5 的规定。

表 1-5　长仿宋字的字高和字宽(mm)

字　高	20	14	10	7	5	3.5
字　宽	14	10	7	5	3.5	2.6

2. 拉丁字母和阿拉伯数字

拉丁字母、阿拉伯数字的书写与排列应符合《房屋建筑制图统一标准》(GB/T 50001—2001)。拉丁字母和阿拉伯数字的字体有正体和斜体，如需写斜体字，其斜度应是从字的底线逆时针向上倾斜 75°。斜体字的高度与宽度应与相应的直体字相等。

图 1-3 为长仿宋字、字母及数字示例。长仿宋汉字、拉丁字母、阿拉伯数字与罗马数示例见《技术制图——字体》(GB/T 14691—1993)。

房屋建筑平立剖面制图设计墙说明

ABCDEFGHIJKLMNOP

1234567890

图 1-3　长仿宋字、字母及数字示例

1.1.4　比例(Scale)

图样的比例，应为图形与实物相对应的线性尺寸之比。比例的符号为：比例应以阿拉伯数字表示，如 1∶1、1∶2、1∶100 等。比例宜注写在图名的右侧，字的基准线应取平；比例的字高宜比图名的字高小 1 号或 2 号，如图 1-4 所示。绘图所用的比例，应根据图样的用途与被绘对象的复杂程度，从表 1-6 中选用，并优先选用表中常用比例。一般情况下，一个图样应选用一种比例。

平面图 1∶100　　⑥ 1∶20

图 1-4　比例的注写

表 1-6　绘图所用的比例

常用比例	1∶1、1∶2、1∶5、1∶10、1∶20、1∶30、1∶50、1∶100、1∶150、1∶200、1∶500、1∶1 000、1∶2 000
可用比例	1∶3、1∶4、1∶6、1∶15、1∶25、1∶40、1∶60、1∶80、1∶250、1∶300、1∶400、1∶600、1∶5 000、1∶10 000、1∶20 000、1∶50 000、1∶100 000、1∶200 000

1.1.5　尺寸标注(Dimensioning)

图形只能表达物体的形状，其大小和各部分相对位置必须由标注尺寸确定。在工程图中，尺寸是施工的依据。

1. 尺寸的组成

图样上的尺寸由尺寸界线、尺寸线、尺寸起止符号和尺寸数字组成，如图 1-5 所示。

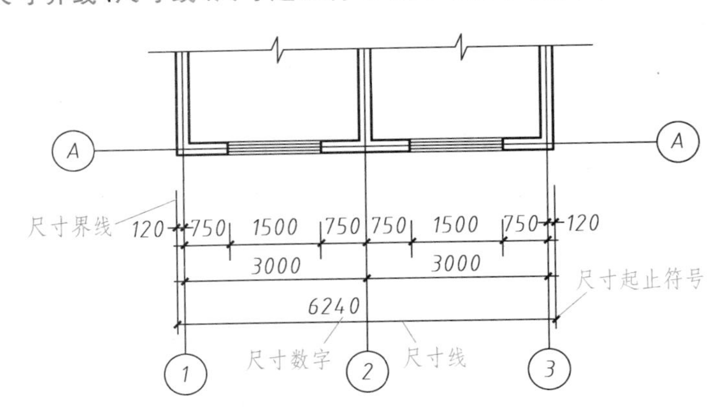

图 1-5　尺寸的组成

(1) 尺寸界线应用细实线绘制，一般应与被注长度垂直，其一端应离开图样轮廓线不小于 2 mm，另一端宜超出尺寸线 2～3 mm。图样轮廓线可用作尺寸界线。

(2) 尺寸线应用细实线绘制，应与被注长度平行。图样本身的任何图线均不得用作尺寸线。

(3) 尺寸起止符号一般用中粗斜短线绘制，其倾斜方向应与尺寸界线成顺时针 45°角，长度宜为 2～3 mm。半径、直径、角度与弧长的尺寸起止符号，宜用箭头表示。

2. 尺寸的标注

(1) 互相平行的尺寸线，应从被注写的图样轮廓线由近向远整齐排列，较小尺寸应离轮廓线较近，较大尺寸应离轮廓线较远。图样轮廓线以外的尺寸线，距图样最外轮廓之间的距离不宜小于 10 mm。平行排列的尺寸线的间距宜为 7～10 mm，并应保持一致，如图 1-5 所示。

(2) 尺寸数字一般应依据其方向注写在靠近尺寸线的上方中部。如没有足够的注写位置，最外边的尺寸数字可注写在尺寸界线的外侧，中间相邻的尺寸数字可错开注写，如表 1-7 所示。

(3) 尺寸宜标注在图样轮廓以外，不宜与图线、文字及符号等相交，如表 1-7 所示。

(4) 尺寸数字的方向，应按规定注写。若尺寸数字在 30°斜线区内，宜按表 1-7 形式注写。

(5) 半径的尺寸线应一端从圆心开始，另一端画箭头指向圆弧。半径数字前应加注半径符号 R。较小圆弧的半径，可按表 1-7 形式标注，箭头可画在外面，尺寸数字也可以写在外面或引出标注；较大圆弧的半径，在图纸范围内无法标出圆心位置时，可对准圆心画一折线或断开的半径尺寸线，如表 1-7 所示。

(6) 标注圆的直径尺寸时，直径数字前应加直径符号 ϕ。在圆内标注的尺寸线应通过圆心，两端画箭头指向圆弧。较小圆的直径尺寸，可标注在圆外。

(7) 标注球的半径尺寸时，应在尺寸前加注符号 SR；标注球的直径尺寸时，应在尺寸数字前加注符号 $S\phi$。注写方法与圆弧半径和圆直径的尺寸标注方法相同。

(8) 角度的尺寸线应以圆弧表示。该圆弧的圆心应该是该角的顶点，角的两条边为尺寸界线。起止符号应以箭头表示，如没有足够位置画箭头，可用圆点代替，角度数字应按水平方向注写，如表 1-7 所示。

(9) 标注圆弧的弧长时，尺寸线应以该圆弧同心的圆弧线表示，尺寸界线应垂直于该圆弧的弦，起止符号用箭头表示，弧长数字上方应加注圆弧符号"⌒"。

(10) 标注圆弧的弦长时，尺寸线应以平行于该弦的直线表示，尺寸界线应垂直于该弦，起止符号用中粗斜短线表示。

(11) 标注坡度时，应加注坡度符号"←"，该符号为箭头或单面箭头，箭头应指向下坡方向，如表 1-7 所示。坡度也可用直角三角形形式标注。

(12) 连续排列的等长尺寸，可用"等长尺寸×个数＝总长"的形式标注，如表 1-7 所示。

(13) 两个构配件，如个别尺寸数字不同，可在同一图样中将其中一个构配件的不同尺寸数字写在括号内，该构配件的名称也应注写在相应的括号内。

表 1-7　尺寸标注

标注内容	示　例	说　明
尺寸数字的注写	120 120 120 370 120 120 60 120 490	尺寸数字应写在尺寸线的中间。在水平尺寸线上的应该从左到右写在尺寸线上方；在竖直尺寸线上的，应从下到上写在尺寸线左方

续表

标注内容	示例	说明
尺寸数字的注写方向	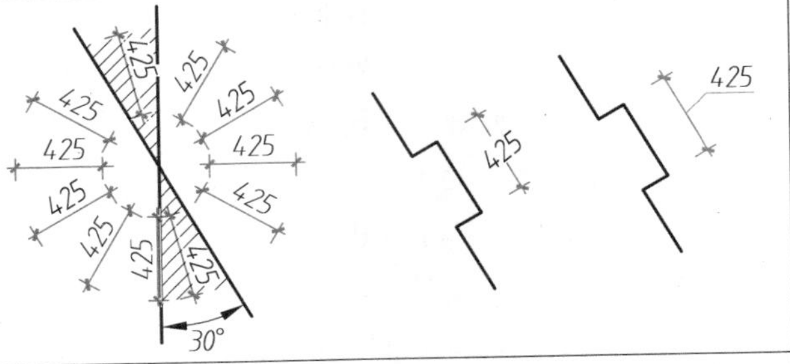 425 425 425 425 425 425 425 425 425 425 425 30° 425 425	尺寸线倾斜时数字的方向应便于阅读，应尽量避免在30°斜线范围内注写尺寸
尺寸的排列与布置	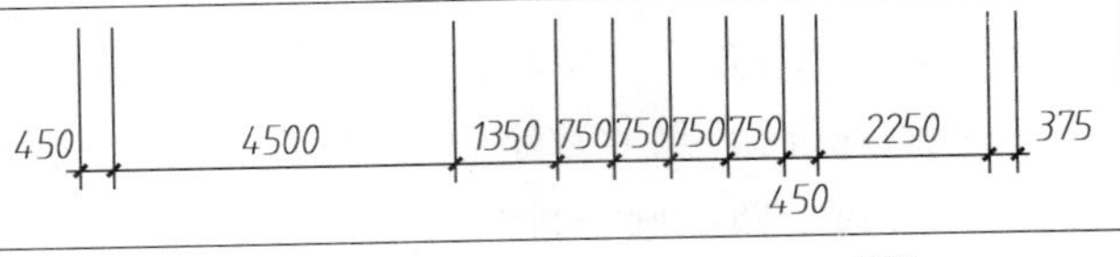 450 4500 1350 750 750 750 750 2250 375 450	两尺寸界线之间比较窄时，尺寸数字可注在尺寸界线外侧，或上下错开，或用引线引出再标注
小圆与小圆弧标注	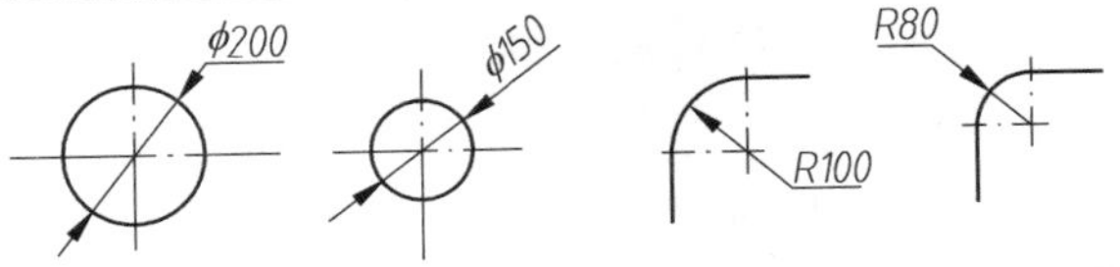 φ200 φ150 R100 R80	箭头可画在外面，尺寸数字也可以写在外面或引出标注
大圆与大圆弧标注 角度标注	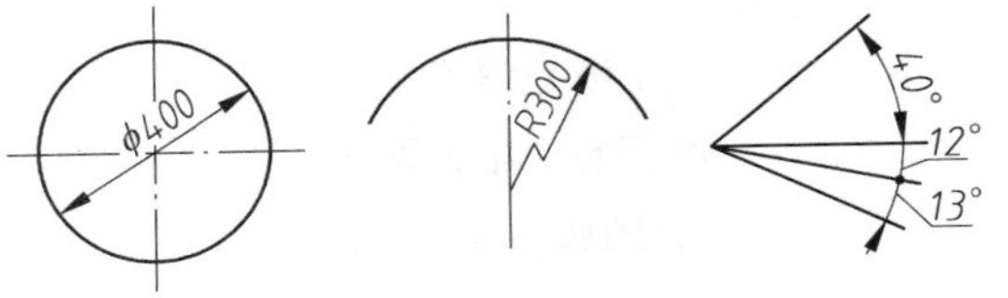 φ400 R300 40° 12° 13°	在圆内标注的尺寸线应通过圆心，两端画箭头指至圆弧。圆弧无法标出圆心位置时，可对准圆心画一折线的半径尺寸线 角度的尺寸线应以圆弧表示
坡度标注	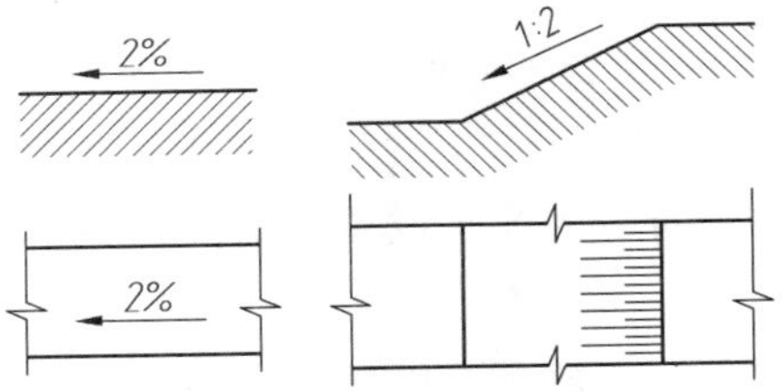 2% 1:2 2%	标注坡度时，应画指向下坡方向的箭头并注写坡度数字
等长尺寸简化标注	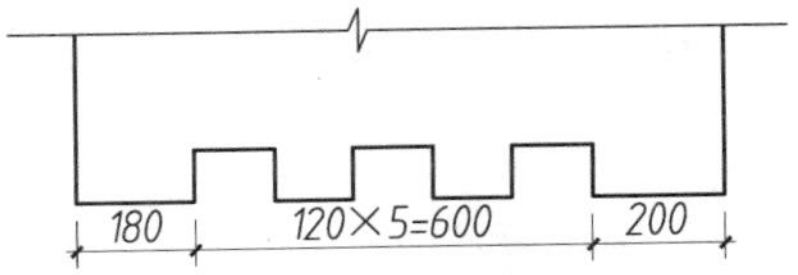 180 120×5=600 200	连续排列的等长尺寸，可用“个数×等长尺寸=总长”的形式标注

1.2 常用手工绘图工具及用法

(Commonly Used Drawing Tools)

常用手工绘图工具和仪器有铅笔、图板、丁字尺、三角板、比例尺、圆规、分规、曲线板等。正确使用绘图工具和仪器，才能保证绘图质量和加快绘图速度。下面介绍几种常用的绘图工具及仪器以及它们的使用方法。

1. 铅笔

绘图所用铅笔以铅芯的软硬程度来分，用 B 和 H 标志表示其软硬程度。B 前的数字越大，表示铅芯越软；H 前的数字越大，表示铅芯越硬；HB 表示铅芯软硬适中。常用 H、2H 铅笔画底线，B、2B 铅笔来加深图线，HB 常用来写字。

2. 图板

图板是用来固定图纸的，是画图时铺放图纸的垫板，板面要求平整光滑，图板的左边是丁字尺上下移动的导边，必须保持垂直。在图板上固定图纸时，要用胶带纸贴在图纸的四角上。画图时为方便起见，图板面宜略向上倾斜，如图 1-6 所示。

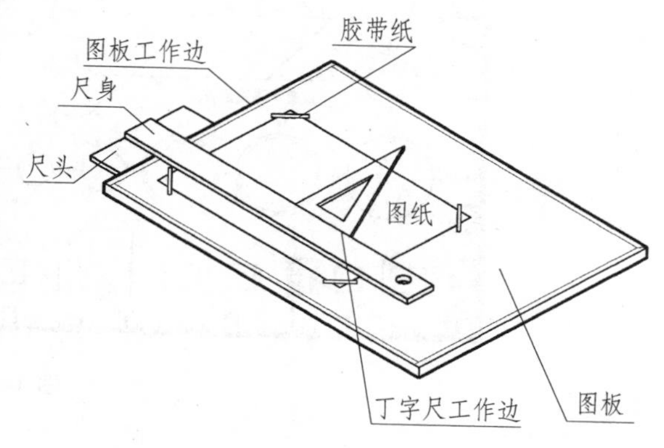

图 1-6　图板、丁字尺

3. 丁字尺

丁字尺由尺身和尺头两部分组成。尺头与尺身成垂直。使用时需将尺头紧靠图板左边，然后利用尺上边自左向右画水平线。画垂直线时用三角板从下往上画，从左到右，依次而画。

4. 三角板

三角板由两块组成一副(45°和 60°)。三角板与丁字尺配合使用画垂直线及倾斜线；两块三角板配合还可以画任意方向的平行线和垂直线。

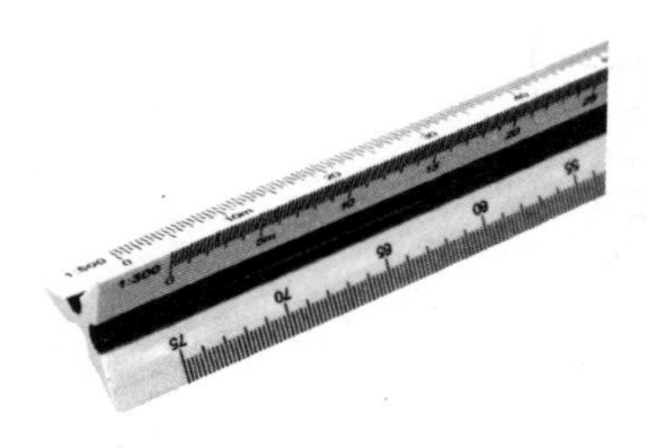

图 1-7　三棱比例尺

5. 比例尺

比例尺是直接用来放大或缩小图形的绘图工具。常用的三棱比例尺及其三个棱面上刻有六种不同的比例刻度。绘图时不需通过计算，可以直接用它在图纸上量得实际尺寸，如图 1-7 所示。

6. 圆规和分规

圆规是画圆和圆弧的工具。圆规有两个支脚，一个是固定针脚，另一个一般附有铅芯插腿、钢针插腿、直线笔插腿和延伸杆等。画圆时，针脚位于圆心固定不动，另一支插脚随圆规顺时针转动画出圆弧线。

分规通常用来等分线段或量取尺寸。分规的形状与圆规相似，但两脚都装有钢针。使用时两针尖应调整到等长，当两腿合拢时，两针尖应合成一点。

7. 制图模板

制图时为了提高质量和速度，通常使用各种模板，模板上刻有各种不同图形、符号、比例等，如图 1-8 所示。

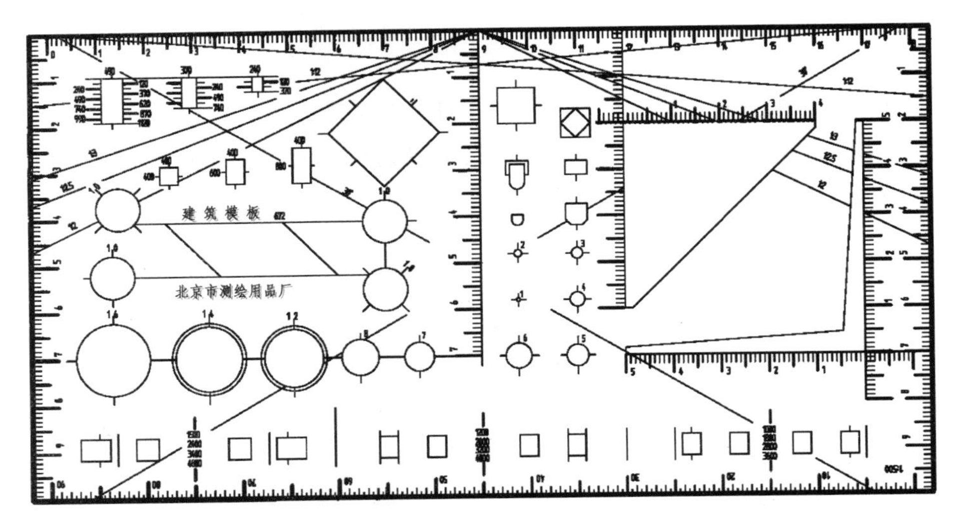

图 1-8　建筑模板

8. 曲线板

曲线板是用来绘制非圆曲线的工具。作图时应先定出曲线上若干点,用铅笔徒手依次连成曲线,然后,找出曲线板与曲线吻合的部位,从起点到终点依次分段画出,如图 1-9 所示。每画下一段曲线时,注意应有一小段与上段曲线重合。

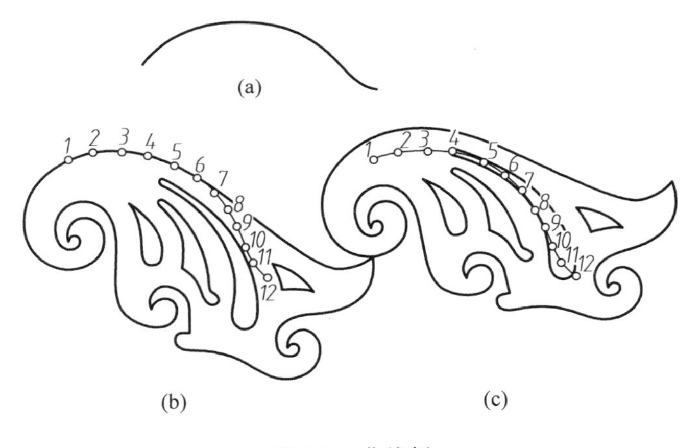

图 1-9　曲线板

1.3 几何作图
(Geometric Constructions)

任何工程图样都是由各种几何图形组合而成的。常用的几何作图方法有等分线段、圆弧连接及绘制椭圆等。

1.3.1　等分线段(Dividing a Line Segment)

1. 等分已知线段

以六等分线段 AB 为例,作图步骤如下。

过点 A 作任意直线 AC,用尺子在 AC 上从点 A 起截取任意长度的六等分,得 1、2、3、4、5、6 点,连接 B、6,分别过等分点 1、2、3、4、5 作线段 $B6$ 的平行线,这些平行线与线段 AB 的交点即为所求的等分点,如图 1-10 所示。

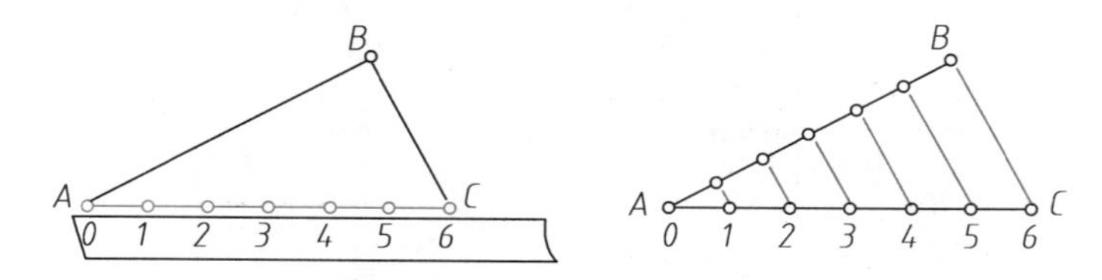

图 1-10　等分已知线段

2. 等分两平行线间的距离

以五等分两平行线段 AB,CD 为例,作图步骤如下。

置直尺 0 点于 CD 上,摆动尺身,使刻度 5 落在 AB 上,截得 1、2、3、4 各等分点,过各等分点作 AB(或 CD)的平行线即为所求,如图 1-11 所示。

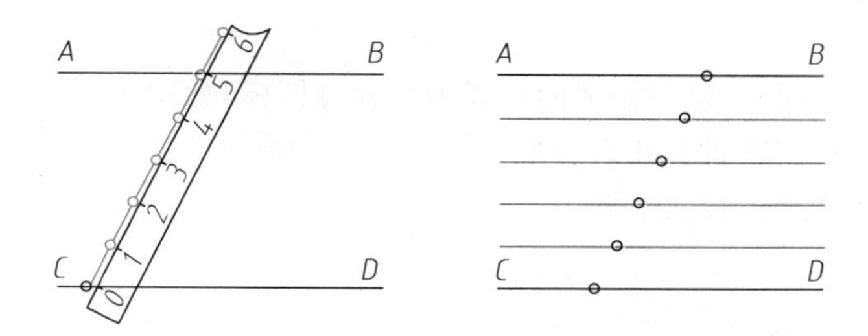

图 1-11　等分两平行线间的距离

3. 等分角

(1) 以 O 为圆心,任意长为半径作弧,交 OA 于 C,交 OB 于 D。

(2) 各以 C、D 为圆心,以相同半径 R 作弧,两弧交于 E。

(3) 连 OE,即求得分角线,如图 1-12 所示。

4. 等分圆周作正多边形

1) 作圆内接正三边形。

(1) 以 D 为圆心,R 为半径作弧得 BC,如图 1-13(a)所示。

(2) 连接 AB、AC、BC 即得圆内接正三角形,如图 1-13(b)所示。

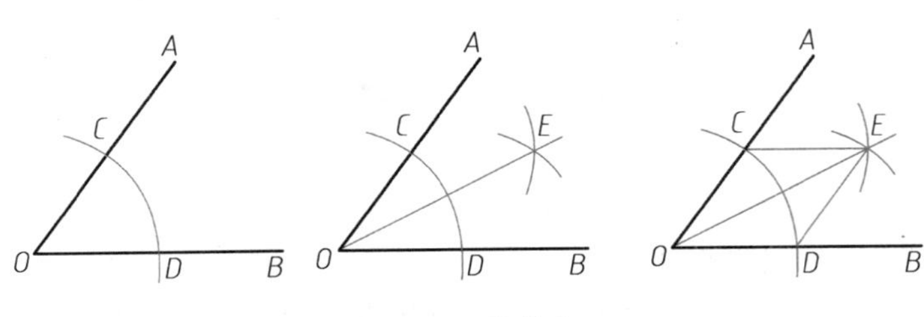

图 1-12　等分角

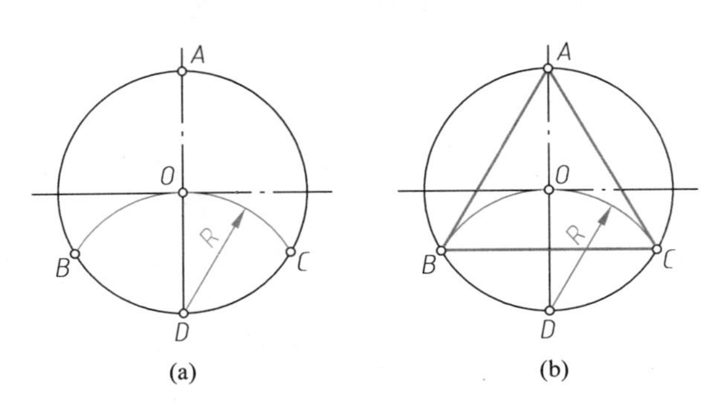

图 1-13　圆内接正三边形

2）作圆内接正五边形

(1) 作出半径 OA 的中点 B，以 B 为圆心，BC 为半径画弧，交直径于 E，如图 1-14(a)所示。

(2) 以 CE 为半径，分圆周为五等分。依次连接各五等分点，即得所求五边形，如图 1-14(b)所示。

3）作圆内接正六边形

作法 1：分别以 A、D 为圆心，以所作圆的半径为半径画圆弧，如图 1-15(a)所示。在圆周上交出除 A、D 之外的另四个点，依次相连，即得正六边形，如图 1-15(b)所示。

作法 2：用 60°三角板作圆内接六边形。

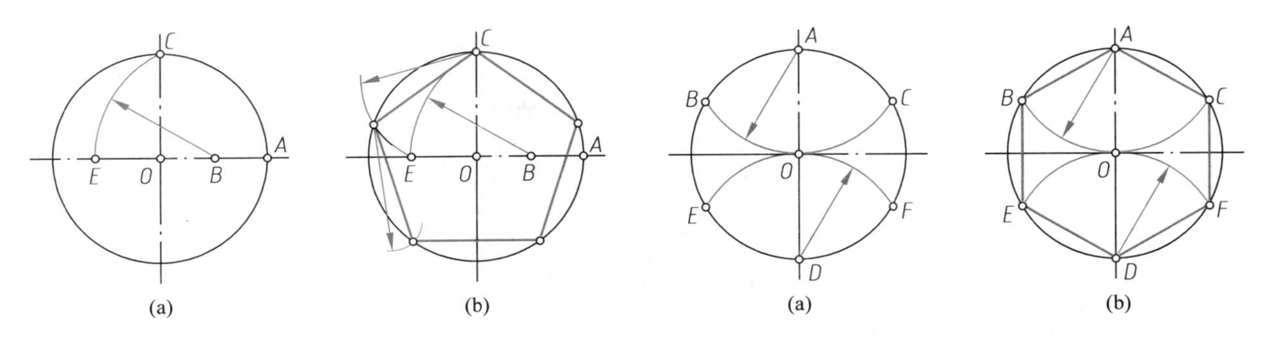

图 1-14　圆内接正五边形

图 1-15　圆内接正六边形

4）作圆内接正 N 边形(以作圆内接正七边形为例)

(1) 将直径 AH 七等分，以 H 为圆心，AH 为半径画圆弧，交水平中心线于 M、N 两点，如图 1-16(a)所示。

(2) 过 M、N 两点分别向 AH 上各奇数点(或偶数点)作连线并延长相交于圆周上的 B、C、D、H、E、F、G 各点，依次连接各点，即得正七边形，如图 1-16(b)所示。

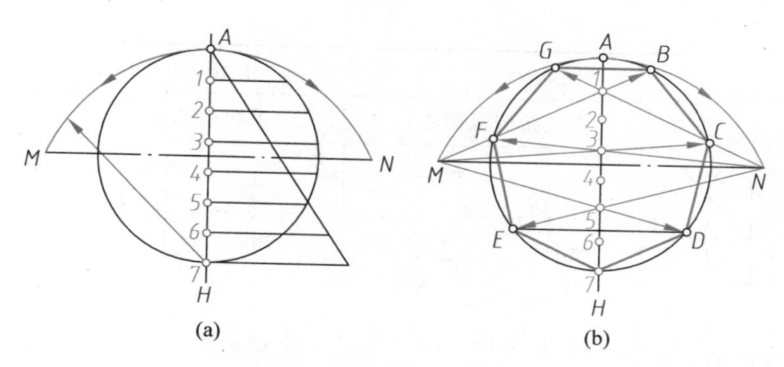

图 1-16　圆内接正七边形

1.3.2　圆弧连接(Circular Arc Connection)

绘制平面图形时,经常需要用圆弧将两条直线、一圆弧与一直线或两个圆弧光滑地连接起来,这种连接作图称为圆弧连接。圆弧连接的作图过程是先找连接圆弧的圆心,再找连接点(切点),最后作出连接圆弧。当两圆弧相连接(相切)时,其连接点必须在该两圆弧的连心线上。若两圆弧的圆心分别于连接点的两侧,此时称为外连接(外切);若位于连接点的同一侧,则称为内连接(内切)。表 1-8 是圆弧连接的几种典型作图。

表 1-8　圆弧连接

种类	已知条件	作图过程		
		求连接圆弧圆心 O	求切点 A 和 B	画连接圆弧
圆弧连接两直线	已知半径 R 和相交两直线 K、L	分别作出与 K、L 平行且相距为 R 的两直线,交点 O 即所求圆弧的圆心	过点 O 分别作 K 和 L 的垂线,垂足 A 和 B 即所求的切点	以 O 为圆心,R 为半径,作圆弧 $\overset{\frown}{AB}$,即为所求
圆弧内接直线和圆弧	已知半径 R 和半径为 R_1 的圆、直线 L	分别作出与 L 平行且相距为 R 的直线,以 $R-R_1$ 为半径画圆,交点 O 即所求圆弧的圆心	过点 O 分别作 L 的垂线,连 OO_1 交圆于 A,垂足 B、A 即所求的切点	以 O 为圆心,R 为半径,作圆弧 $\overset{\frown}{AB}$,即为所求

续表

种类	已知条件	作图过程		
		求连接圆弧圆心 O	求切点 A 和 B	画连接圆弧
圆弧外接两圆弧	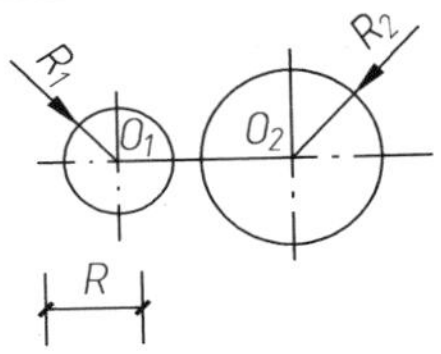 已知外切圆弧的半径 R 和半径为 R_1、R_2 的两已知圆	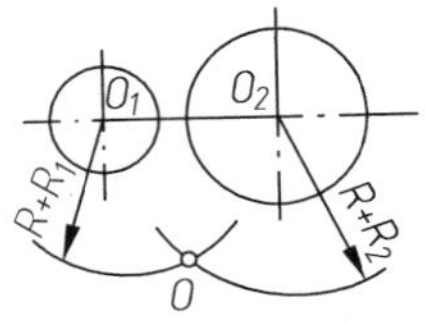 以 O_1 为圆心，$R+R_1$ 为半径画圆弧；又以 O_2 为圆心，$R+R_2$ 为半径作圆弧，两圆弧的交点 O 即为连接圆弧的圆心	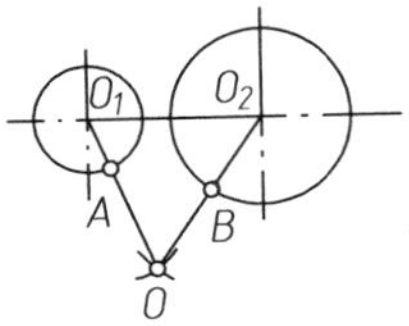 连 OO_1 和 OO_2 交圆于 A、B 即所求的切点	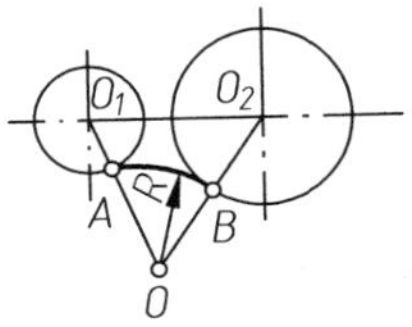 以 O 为圆心，R 为半径，作圆弧 $\overset{\frown}{AB}$，即为所求
圆弧内接两圆弧	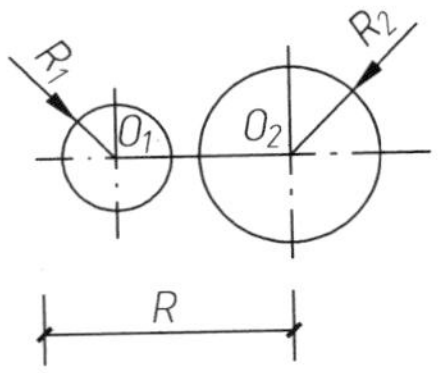 已知内切圆弧的半径 R 和半径 R_1、R_2 的两已知圆	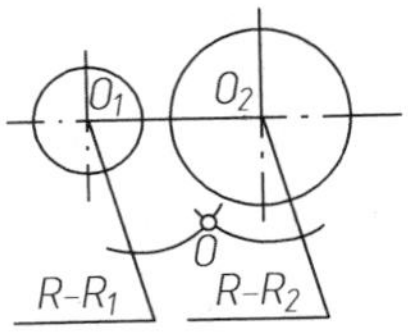 以 O_1 为圆心，$R-R_1$ 为半径画圆弧；又以 O_2 为圆心，$R-R_2$ 为半径作圆弧，两圆弧的交点 O 即为连接圆弧的圆心	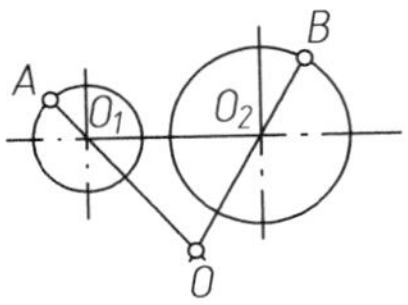 连 OO_1 和 OO_2 交圆于 A、B 即所求的切点	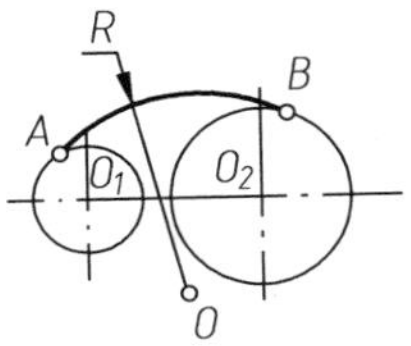 以 O 为圆心，R 为半径，作圆弧 $\overset{\frown}{AB}$，即为所求
圆弧分别内外接两圆弧	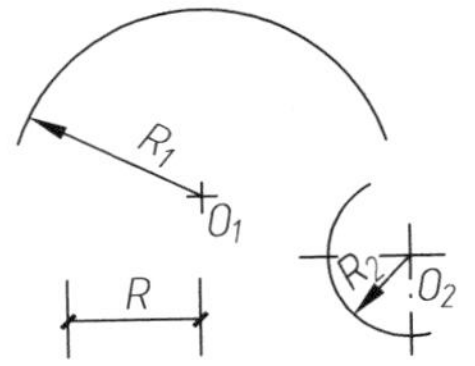 已知内切圆弧的半径 R 和半径为 R_1、R_2 的两已知圆	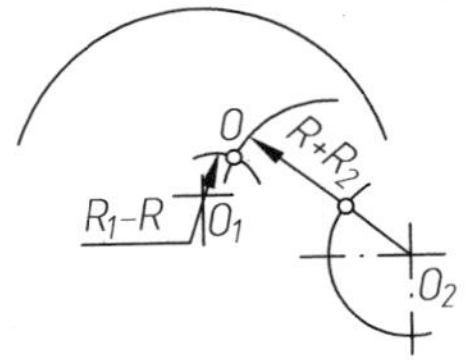 以 O_1 为圆心，R_1-R 为半径画圆弧；又以 O_2 为圆心，$R+R_2$ 为半径作圆弧，两圆弧的交点 O 即为连接圆弧的圆心	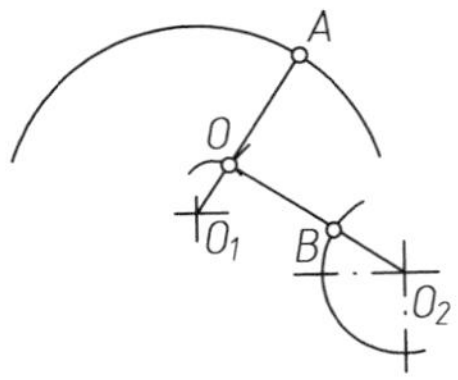 连 OO_1 和 OO_2 交圆于 A、B 即所求的切点	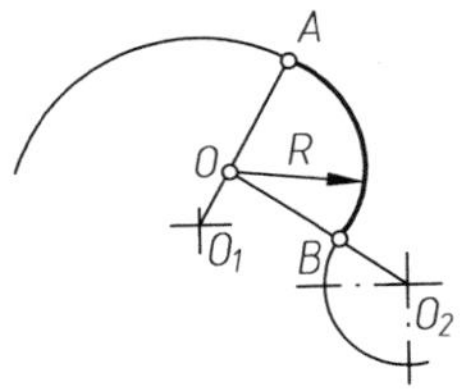 以 O 为圆心，R 为半径，作圆弧 $\overset{\frown}{AB}$，即为所求

1.3.3 绘制椭圆(Drawing Ellipses)

1. 四心圆弧法

(1) 画出互相垂直的长、短轴 AB 和 CD。连接 AC，并作 $OE=OA$。以 C 为圆心，CE 为半径画弧，交 AC 于 F，如图 1-17(a)所示。

（2）作 AF 的中垂线，在轴上得 O_1、O_2 及与之对称的 O_3、O_4，如图 1-17(b)所示。

（3）分别以 O_1、O_2、O_3、O_4 为圆心，以 O_1A、O_2C、O_3B、O_4D 为半径画圆弧，分别相接于 O_1O_2、O_2O_3、O_1O_4 及 O_3O_4 上的点 T_1、T_2、T_3、T_4 即得近似椭圆，如图 1-17(c)所示。

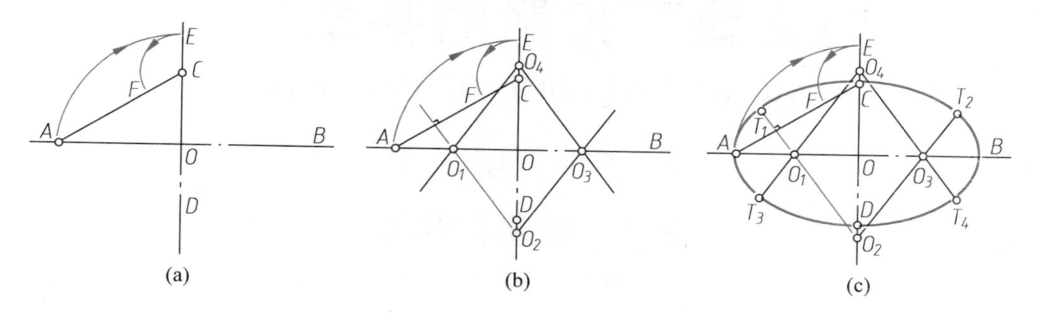

图 1-17　四心圆弧法

2. 同心圆法

（1）画出互相垂直的长、短轴 AB 和 CD。以 O 为圆心，以 OA 和 OC 为半径，作出两个同心圆，如图 1-18(a)所示。

（2）过中心 O 作等分圆周的直径线。

（3）过直径线与大圆的交点向内画竖直线，过直径线与小圆的交点向外画水平线，则竖直线与水平线的相应交点即为椭圆上的点，如图 1-18(b)所示。

（4）用曲线板将上述各点依次光滑地连接起来，即得所求作的椭圆，如图 1-18(c)所示。

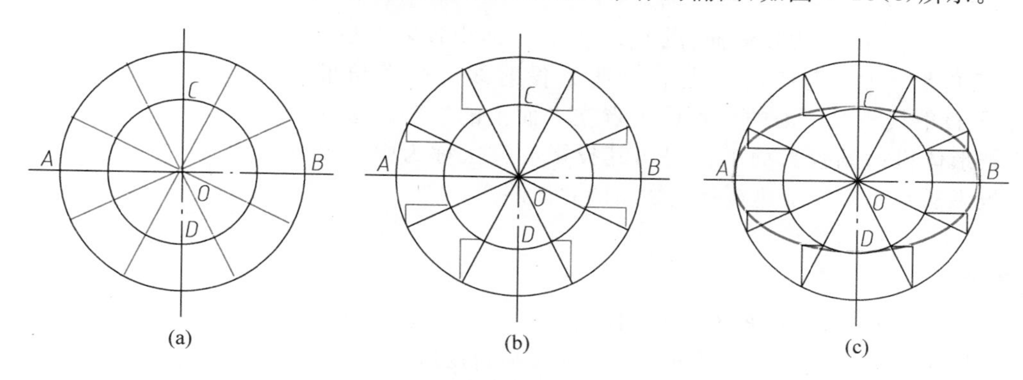

图 1-18　同心圆法

第2章　投影的基本知识

(BASIC KNOWLEDGE OF PROJECTION)

2.1　投影的概念

(Conception of Projection)

2.1.1　投影的概念和分类(Conception and Classification of Projection)

物体在阳光的照射下，会在墙面或地面投下影子，这就是投影现象。投影原理是将这一现象加以科学抽象而总结出来的一些规律，作为制图方法的理论依据。在制图中，表示光线的线称为投射线，把落影平面称为投影面，把产生的影子称为投影图。投射线通过物体向投影面投射，并在该面上得到图形的方法，称为**投影法**。

投影法分为中心投影法和平行投影法两种。

1. 中心投影法

如图2-1所示，平面 H 为投影面，点 S 为投射中心，由投射中心 S 发出的经过三角形 ABC 上任何一点的直线为投射线。过三角形 ABC 上各点的投射线与投影面的交点即为点在平面上的投影。这种由投射中心把形体投射到投影面上而得出其投影的方法称为中心投影法。中心投影法常用来绘制建筑物或物品的立体图。

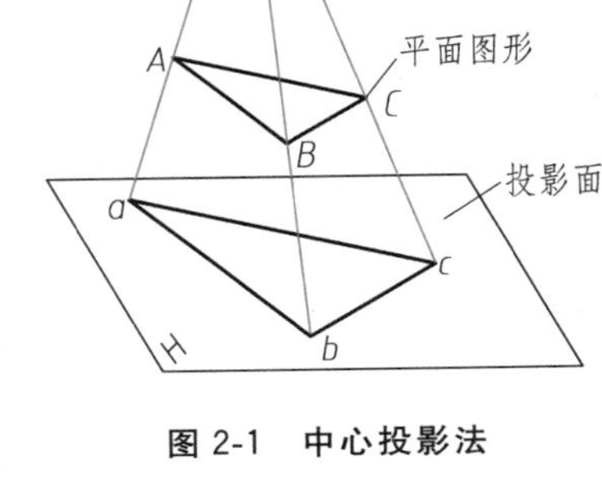

图2-1　中心投影法

2. 平行投影法

如果投射中心 S 在无限远，所有的投射线将相互平行，这种投影法称为平行投影法。平行投影法又可分为正投影法和斜投影法。

(1) 投射线垂直于投影面的投影法，叫正投影法，如图2-2(a)所示。

(2) 投射线倾斜于投影面的投影法，叫斜投影法，如图2-2(b)所示。

生产实践中工程图样主要采用正投影法。在一般情况下将“正投影”简称为“投影”。

2.1.2　工程上常用的几种图示法(Projection Methods Commonly Used in Engineering)

工程上常用的投影法有正投影法、轴测投影法、透视投影法和标高投影法。与上述投影法相对应的有下列投影图。

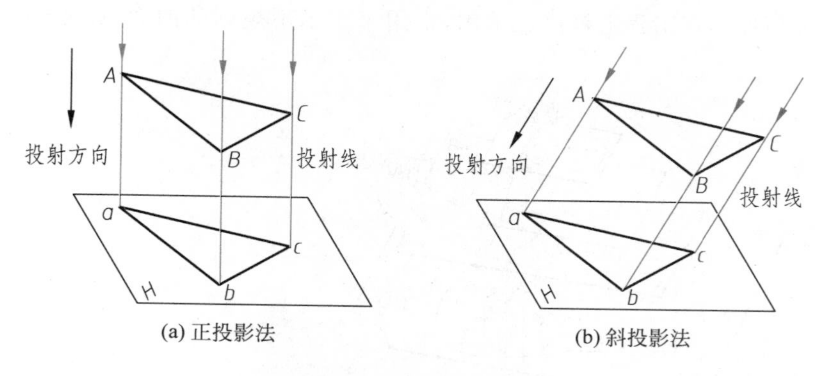

(a) 正投影法　　(b) 斜投影法

图 2-2　平行投影法

1. 正投影图

用正投影法把形体向两个或三个互相垂直的面投影，然后将这些带有形体投影图的投影面展开在一个平面上，从而得到形体多面正投影图。

正投影图的优点是能准确地反映形体的形状和构造，作图方便，度量性好，工程上应用最广，其缺点是立体感差，如图 2-3 所示。

2. 轴测投影图

轴测投影是平行投影之一，简称轴测图，它是把形体按平行投影法投影到单一投影面上所得到的投影图，如图 2-4 所示。这种图的优点是立体感强，但形状不够自然，也不能完整表达形体的形状，工程中常用作辅助图样。

3. 透视投影图

透视投影法即中心投影法。透视投影图简称透视图，如图 2-5 所示。透视图属于单面投影。由于透视图的原理和照相相似，它符合人们的视觉，形象逼真、直观，常用为大型工程设计方案比较、展览的图样。但其缺点是作图复杂，不便度量。

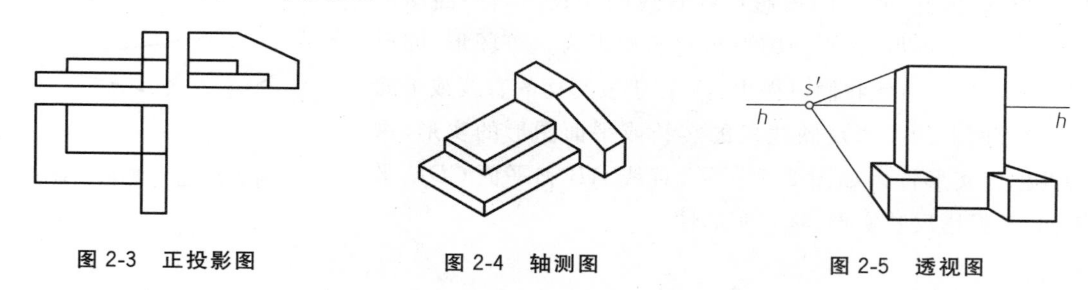

图 2-3　正投影图　　图 2-4　轴测图　　图 2-5　透视图

4. 标高投影图

标高投影图是一种带有数字标记的单面正投影。如图 2-6 所示，某一山丘被一系列带有高程的假想水平面所截切，用标有高程数字的截交线(等高线)来表示起伏的地形面，这就是标高投影。它具有一般正投影的优缺点。标高投影在工程上被广泛采用,常用来表示不规则的曲面,如船舶、飞行器、汽车曲面以及地形面等。

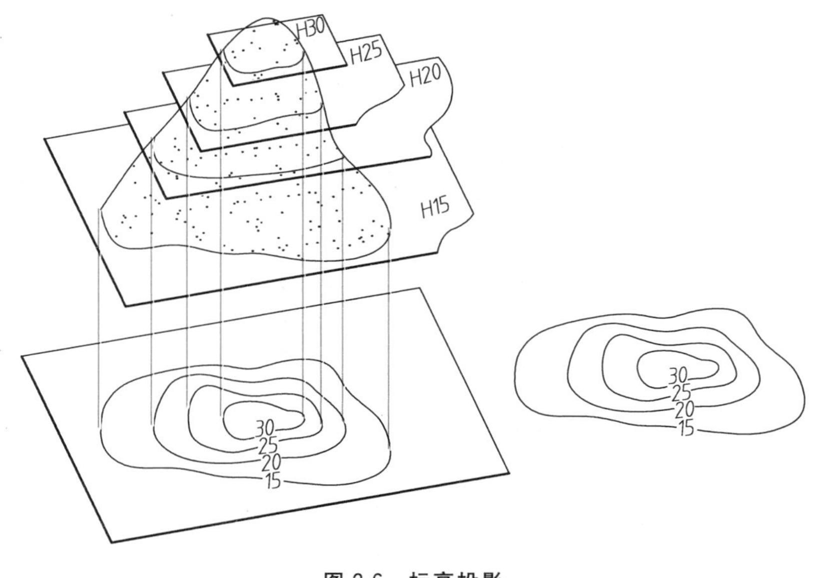

图 2-6　标高投影

2.2　正投影的特性

(Characteristics of Orthographic Projection)

投射方向垂直于投影面时所作出的平行投影,称为正投影。正投影具有如下的特性。

1. 实形性

当直线段平行于投影面时,直线段与它的投影及过两端点的投影线组成一矩形,因此,直线的投影反映直线的实长。当平面图形平行于投影面时,不难得出,平面图形与它的投影为全等图形,即反映平面图形的实形。由此我们可得出:平行于投影面的直线或平面图形,在该投影面上的投影反映线段的实长或平面图形的实形,这种投影特性称为实形性。如图 2-7 所示,直线 AB 和平面 CDE 平行于投影面,其投影反映实形,具有实形性。

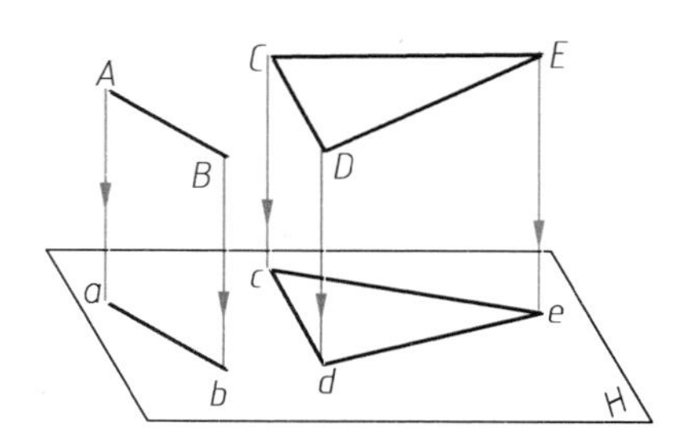

图 2-7　正投影的实形性

2. 积聚性

当直线垂直于投影面时,过直线上所有点的投影线都与直线本身重合,因此与投影面只有一个交点,即直线的投影积聚成一点。当平面图形垂直于投影面时,过平面上所有点的投影线均与平面本身重合,与投影面交于一条直线,即投影为直线。由此可得出:当直线或平面图形垂直于投影面时,它们在该投影面上的投影积聚成一点或一直线，这种投影特性称为积聚性。如图 2-8 所示，直线 AB 和平面 CDE 垂直于投影面，其投影分别积聚成了一点和一直线。

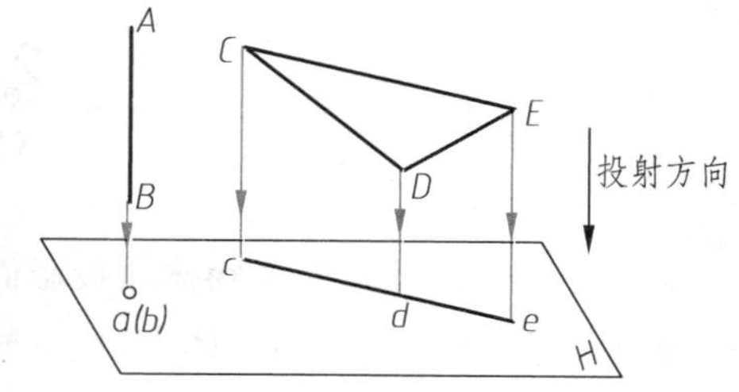

图 2-8　投影的积聚性

3. 类似性

当直线倾斜于投影面时，直线的投影仍为直线，不反映实长；当平面图形倾斜于投影面时，在该投影面上的投影为原图形的类似形。注意：类似形并不是相似形，它和原图形只是边数相同、形状类似，圆的投影为椭圆。如图 2-9 所示，当直线 AB 和平面 $CDEF$ 倾斜于投影面时，其投影为类似形。圆的投影为椭圆。

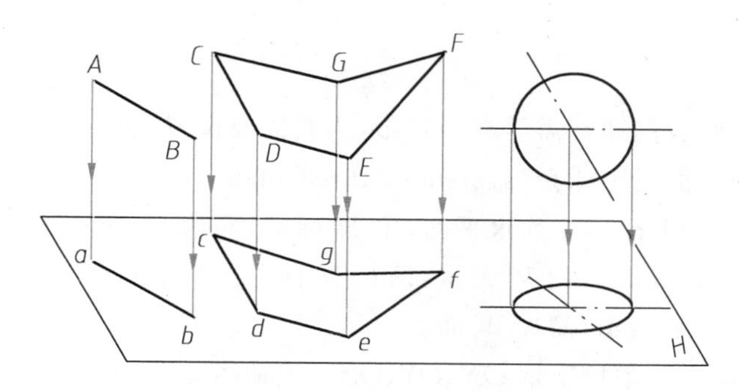

图 2-9　投影的类似性

4. 从属性

如果点在直线上，则点的投影必在该直线的投影上；如果点在直线上，直线又在平面上，则点的投影必在该平面的投影上。

5. 定比性

线段上一点把线段分成两段，该两段长度之比，等于其投影长度之比。如图 2-10 所示，$AK/KB=ak/kb$。

6. 平行性

两平行直线的投影仍互相平行，如图 2-11 所示，两直线平行($AB/\!/CD$)，其投影也相互平行($ab/\!/cd$)。

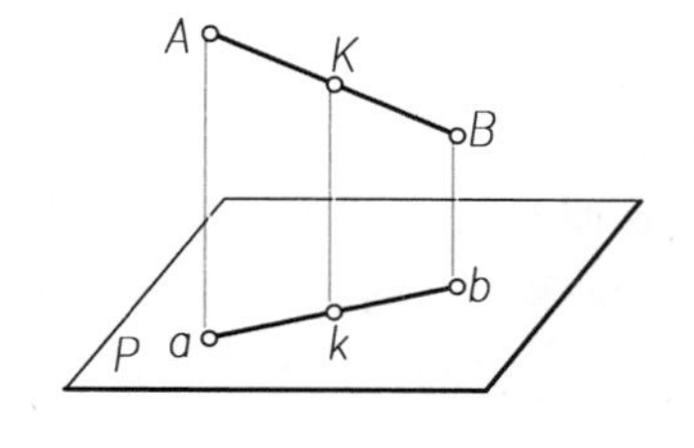

图 2-10　直线的定比性

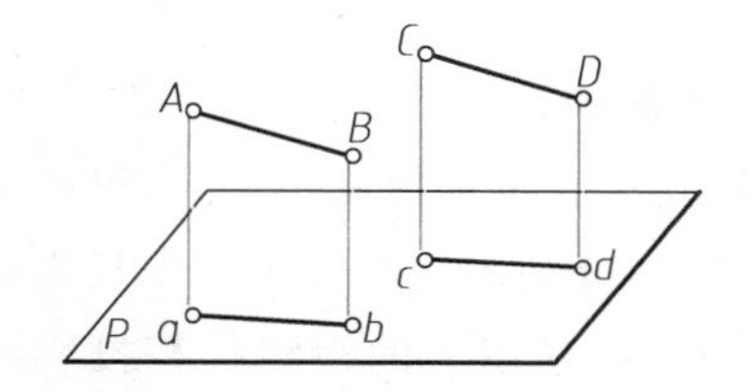

图 2-11　两平行直线的投影

2.3 三面投影图

(Three-Plane Projection)

如图 2-12 所示,将两个物体向投影面作正投影,所得到的投影完全相同。如果单纯由这个投影图来想象物体的话,既可想象为物体Ⅰ,也可想象为物体Ⅱ,还可以想象为其他物体。这说明仅有物体的一个投影不能确定物体的形状。为什么呢?这是因为物体有长、宽、高三个方向的尺寸,而一个投影仅反映两个向度。由此可见,仅凭物体的一个投影不能确切、完整地表达物体的形状。

1. 三面投影体系

为确定物体的空间形状,我们通常需要三个投影,为此需要设置三个投影面。如图 2-13 所示。这三个互相垂直的投影面,称为三面投影体系(system of three-plane projection),其中,水平放置的称为水平投影面(horizontal projection plane),简称水平面,用 H 标记,简称 H 面;正对观察者的投影面,称为正立投影面(vertical projection plane),用 V 表示,简称 V 面;在观察者右侧的投影面,称为侧立投影面(width projection plane),用 W 表示,简称 W 面。

三个投影面两两相交构成三条投影轴 OX、OY、OZ。三轴的交点 O 称为原点。这就是所建立的三面投影体系,采用这个体系,可以比较充分地表示出形体的空间形状。

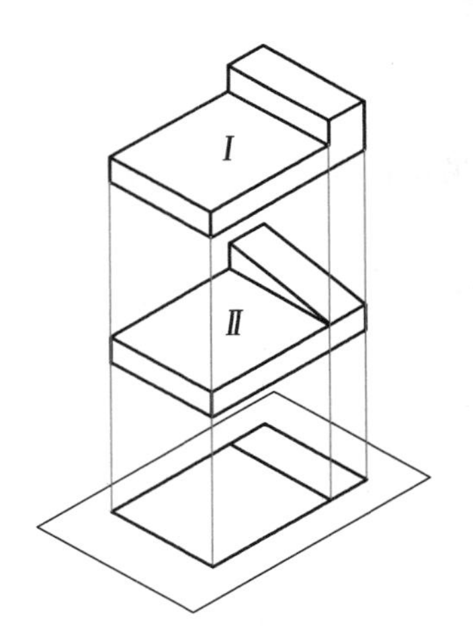

图 2-12 两个不同形体的水平投影

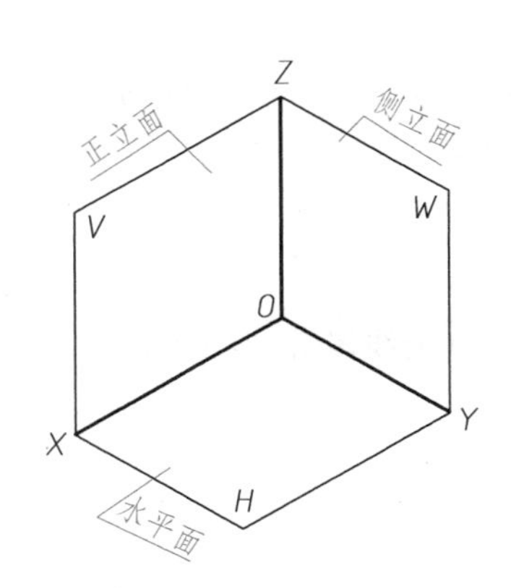

图 2-13 三面投影体系

2. 三面投影图的形成

现将物体放在三面投影体系中,并尽可能使物体的各主要表面平行或垂直于其中的一个投影面,保持物体不动,将物体分别向三个投影面作投影,就得到物体的三视图。三面投影图是以正投影法为依据的,但在具体绘制时,是用人的视线代替投影线的,将物体向三个投影面作投影,即从三个方向去观看。从前向后看,即得 V 面上的投影,称为正视图;从左向右看,即得在 W 面上的投影,称为侧视图或左视图；从上向下看，即得在 H 面上的投影，称为俯视图，如图 2-14 所示。

为使三视图位于同一平面内，需将三个互相垂直的投影面摊平。方法是：V 面不动，将 H 面绕 OX 轴向下旋转 90°，W 面绕 OZ 轴向右旋转 90°。

由于投影面的边框及投影轴与表示物体的形状无关，所以不必画出，如图 2-15 所示。

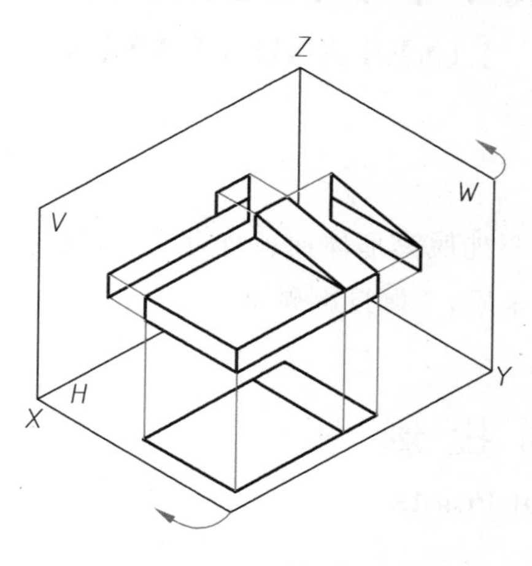

图 2-14　三面投影图的展开

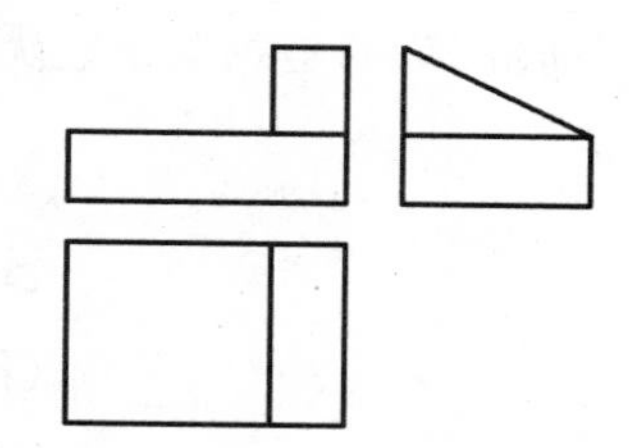

图 2-15　无边框的三面投影图

虽然用这种方法绘制的工程图样直观性差，但作图方便且便于度量，因此它是工程中应用最广的一种图示方法，也是本课程的研究重点。

3. 三面投影图的投影关系

由三面投影图可以看出，俯视图反映物体的长和宽，正视图反映它的长和高，左视图反映它的宽和高。因此，物体的三视图之间具有如下的对应关系：

(1) 正视图与俯视图的长度相等，且相互对正，即"**长对正**"；

(2) 正视图与左视图的高度相等，且相互平齐，即"**高平齐**"；

(3) 俯视图与左视图的宽度相等，即"**宽相等**"。

在三面投影图中，无论是物体的总长、总宽、总高，还是局部的长、宽、高(如上面的棱柱)都必须符合"长对正"、"高平齐"、"宽相等"的对应关系。因此，这"九字令"是绘制和阅读三视图必须遵循的对应关系。

物体的三面投影图与六个方向有如下关系。

当物体与投影面的相对位置确定之后，就有上下、左右和前后六个确定的方向，由图 2-16 可看出：

正视图反映物体的左右、上下关系；

俯视图反映物体的左右、前后关系；

左视图反映物体的上下、前后关系。

为了便于按投影关系画图和读图，三个投影图一般应按图 2-15 所示位置来配置，不应随意改变。

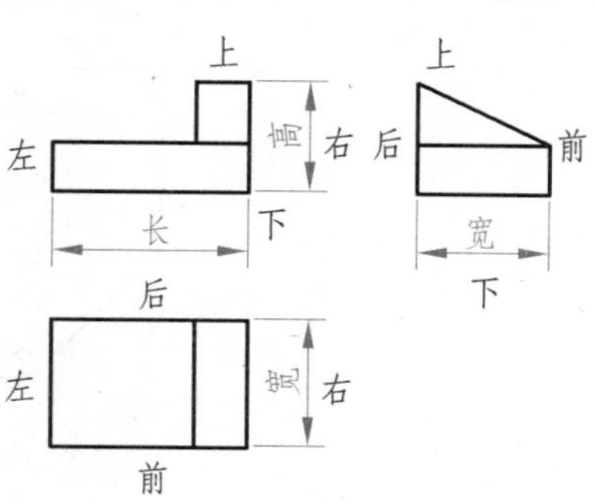

图 2-16　投影图的位置关系

第3章　点、直线、平面的投影

(PROJECTIONS OF PIONTS, LINES AND PLANES)

点、线、面是构成各种形体的基本几何元素,它们是不能脱离形体而孤立存在的,这里将它们从形体中抽象出来加以研究,为的是更深刻地认识形体的投影本质,掌握投影规律。

3.1　点的投影

(Projections of Points)

3.1.1　点的两面投影(Projections of Points on the Two－Projection Plane System)

1. 符号规定

(1) 空间点:用大写字母表示,如 A、B、C…

(2) 水平投影:用小写字母表示,如 a、b、c…

(3) 正面投影:用带撇的小写字母表示,如 a'、b'、c'…

(4) 侧面投影:用带两撇的小写字母表示,如 a''、b''、c''…

2. 点的投射过程

图 3-1(a)为点 A 在第一分角投射的情形。在 V、H 两面投影体系中,由空间点 A 作垂直于 H 面的投射线,交点 a 即为其水平投影(H 投影)。由 A 点作垂直于 V 面的投射线,交点 a' 即为其正面投影(V 投影)。

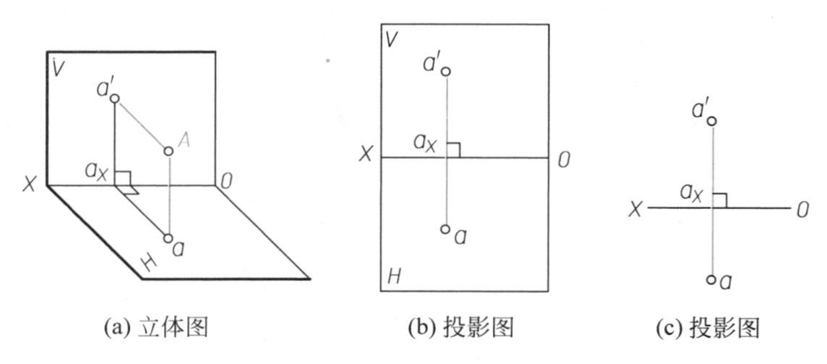

(a) 立体图　　(b) 投影图　　(c) 投影图

图 3-1　点的两面投影

按前述规定将投影面展开，就得到 A 点的两面投影图，如图 3-1(b)所示。在点的投影图中一般只画出投影轴，不画投影面的边框，如图 3-1(c)所示。

分析点的两面投影过程可知，由投射线 Aa 和 Aa'所构成的矩形平面 Aaa_Xa'与 H 面和 V 面垂直，它们的三条交线必互相垂直且交于同一点 a_X，当 H 面旋转至与 V 面重合时，a'，a_X，a 三点共线，于是可总结出点的两面投影规律如下：

(1) $aa' \perp X$ 轴，即点的水平投影和正面投影的连线垂直于 X 轴。

(2) $aa_X = Aa'$，反映空间点到 V 面的距离。

(3) $a'a_X = Aa$，反映空间点到 H 面的距离。

根据点的两面投影规律，可以由点的空间位置作出其两面投影；反之，若已知点的两面投影，也可以确定该点的空间位置。

3.1.2 点的三面投影(Projections of Points on the Three-Projection Plane System)

1. 点的三面投影的投影规律

如图 3-2(a)所示，再设立 W 面与 H 面和 V 面均垂直，于是由 A 点作垂直于 W 面的投射线，交点 a'' 即为侧面投影(W 投影)。展开后得到的三面投影图如图 3-2(b)、(c)所示。

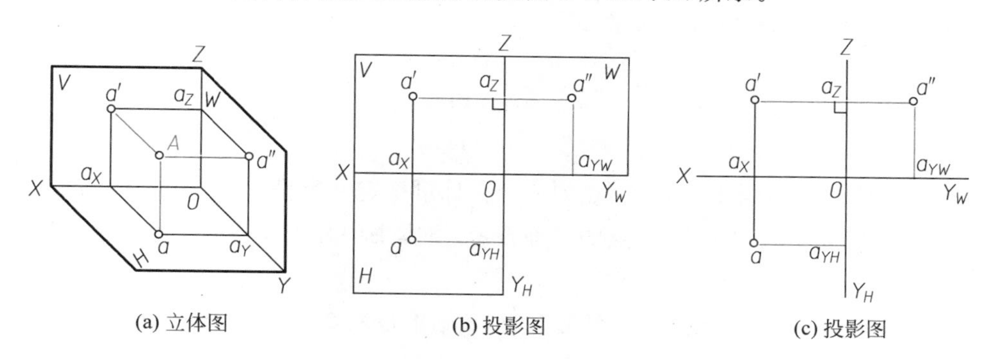

(a) 立体图 (b) 投影图 (c) 投影图

图 3-2 点的三面投影

由于三个投影面是两两互相垂直的，所以可根据点的两面投影规律来分析其三面投影规律：

(1) $a'a \perp OX$，A 点的 V 和 H 投影连线垂直于 X 轴；

$a'a'' \perp OZ$，A 点的 V 和 W 投影连线垂直于 Z 轴；

$aa_{YH} \perp OY_H$，$a''a_{YW} \perp OY_W$ 这是由于 H 面和 W 面展开后不相连的缘故。

(2) $a'a_Z = aa_{YH} = Aa''$，反映 A 点到 W 面的距离；

$aa_X = a''a_Z = Aa'$，反映 A 点到 V 面的距离；

$a'a_X = a''a_{YW} = Aa$，反映 A 点到 H 面的距离。

以上点的三面投影特征，正是形体投影图中"长对正、高平齐、宽相等"的理论依据。

因为点的两个投影已能确定该点在空间的位置，故只要已知点的任意两个投影，就可以运用投影规律来作图，求出该点的第三投影。

【例 3-1】 如图 3-3(a)所示，已知 B 点的 V 投影 b' 和 W 投影 b''，求其 H 投影 b。

作图步骤

(1) 由第一条规律，过 b' 作投影边线垂直于 OX，b 必在此线上，见图 3-3(b)；

(2) 由第二条规律，截取 $bb_X = b''b_Z$，得 b，或借助于过 O 点的 45°斜线来确定 b，如图 3-3(c)中箭头所示。

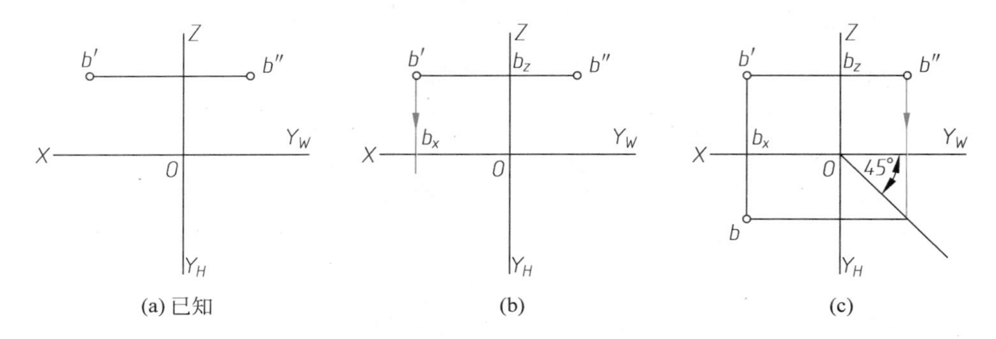

图 3-3　已知点的两面投影作第三投影

2. 点的投影与坐标

如图 3-4 所示，将三面投影体系中的三个投影面看作直角坐标系中的坐标面，三个投影轴看作坐标轴，于是点与投影面的相对位置就可以用坐标表示。

A 点到 W 面的距离为 x，即 $Aa'' = a'a_Z = aa_Y = a_XO = x$；

A 点到 V 面的距离为 y，即 $Aa' = aa_X = a''a_Z = a_YO = y$；

A 点到 H 面的距离为 z，即 $Aa = a'a_X = a''a_Y = a_ZO = z$。

点的一个投影能反映两个坐标；反之，点的两个坐标可确定一个投影，即 $a(x,y)$，$a'(x,z)$，$a''(y,z)$。

【例 3-2】 已知 $D(20,10,15)$，作 D 点的三面投影。(本书中凡未注明的尺寸单位均为 mm。)

作图步骤

(1) 先画出投影轴，然后自 O 点起，分别在 X，Y，Z 轴上量取 20 mm、10 mm、15 mm 得到 d_X、d_Y、d_Z，见图 3-5(a)；

(2) 过 d_X、d_Y、d_Z 分别作 X、Y、Z 轴的垂线，它们相交得 d 和 d'，再作出 d''，即得 D 点的三面投影，见图 3-5(b)。

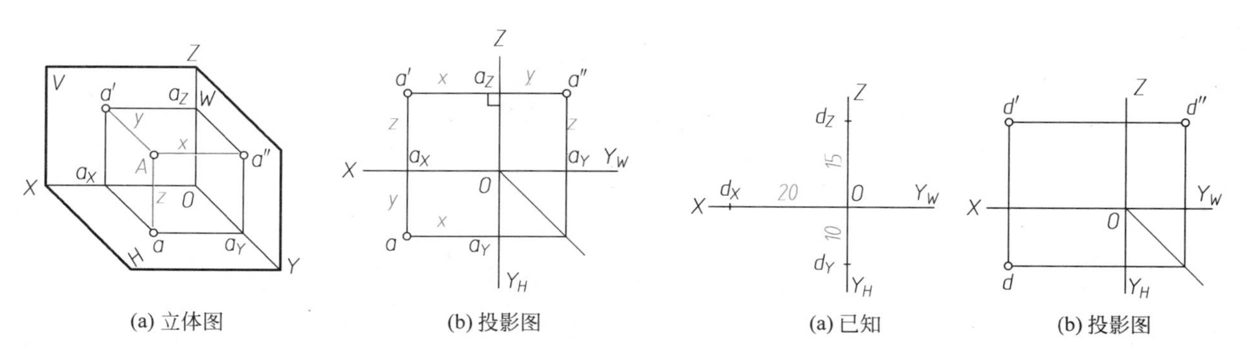

图 3-4　点的投影与坐标

图 3-5　已知点的坐标作投影

3. 特殊位置点的三面投影

若点的三个坐标中有一个坐标为零，则该点在某一投影面内。如图 3-6 所示，A 点在 H 面内，B 点在 V 面内，C 点在 W 面内。投影面内的点，其一个投影与自身重合，另两个投影在相应的投影轴上。

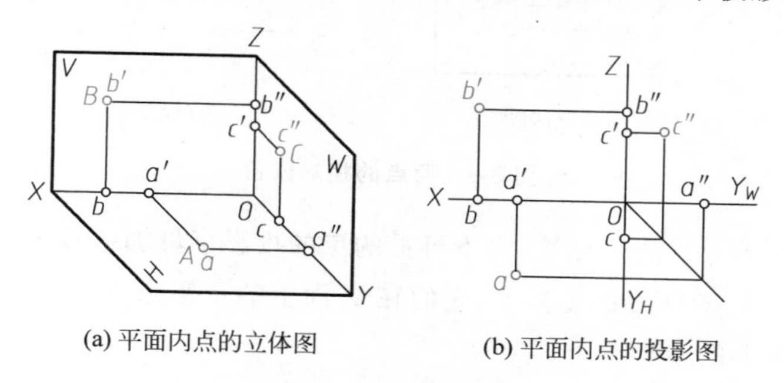

(a) 平面内点的立体图　(b) 平面内点的投影图

图 3-6　投影面内的点

若点的三个坐标中有两个坐标为零，则该点在某一投影轴上。如图 3-7 所示，D 点在 X 轴上，E 点在 Y 轴上，F 点在 Z 轴上。

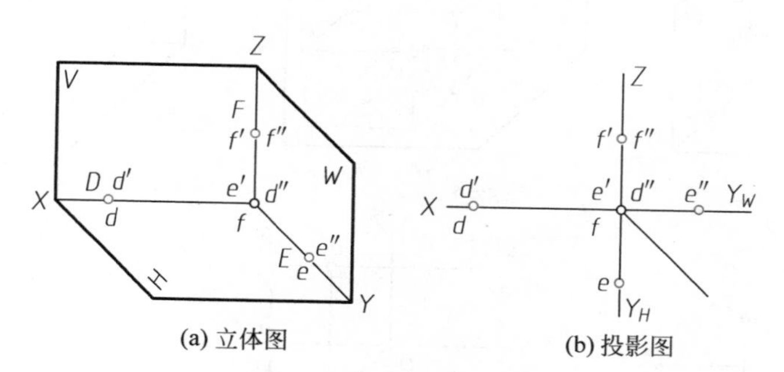

(a) 立体图　(b) 投影图

图 3-7　坐标轴上的点

4. 两点的相对位置及重影点

1）两点的相对位置

两个点在空间的相对位置关系，是以其中一个点为基准，来判定另一点在该点的左或右、前或后、上或下。这种位置可以根据两点对于投影面的距离差，即坐标差来确定。如图 3-8 所示，若以 B 点为基准，由于 $x_a < x_b$，$y_a < y_b$，$z_a > z_b$，故 A 点在 B 点的右、后、上方，并可从投影图中量出坐标差为：$\Delta x = 10$，$\Delta y = 7$，$\Delta z = 8$，说明 A 点在 B 点右方 10 mm，后方 7 mm，上方 8 mm。反之，如果已知两点的相对位置以及其中一点的投影，也可以作出另一点的投影。

2）重影点

当空间两个点位于某一投影面的同一条投射线上时，则此两点在该投影面上的投影重合，重合的投影称为重影点。

如图 3-9(a)所示，A 点和 B 点在同一条垂直于 H 面的投射线上，它们的 H 投影 a 和 b 重合。由于 A 点在 B 点的正上方，投射线自上而下先穿过 A 点再遇 B 点，所以 A 点的 H 投影 a 可见，而 B 点的 H

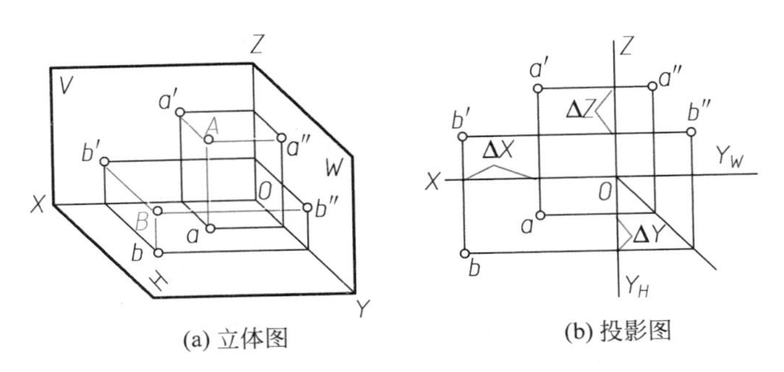

(a) 立体图　　(b) 投影图

图 3-8　两点的相对位置

投影 b 不可见。为了区别重影点的可见性，将不可见的点的投影字母加括号表示，如重影点 $a(b)$。

同理，图 3-9(b)中 C 点在 D 点的正前方，它们在 V 面上的重影点为 $c'(d')$。图 3-9(c)中 E 点在 F 点的正左方，它们在 W 面上的重影点为 $e''(f'')$。

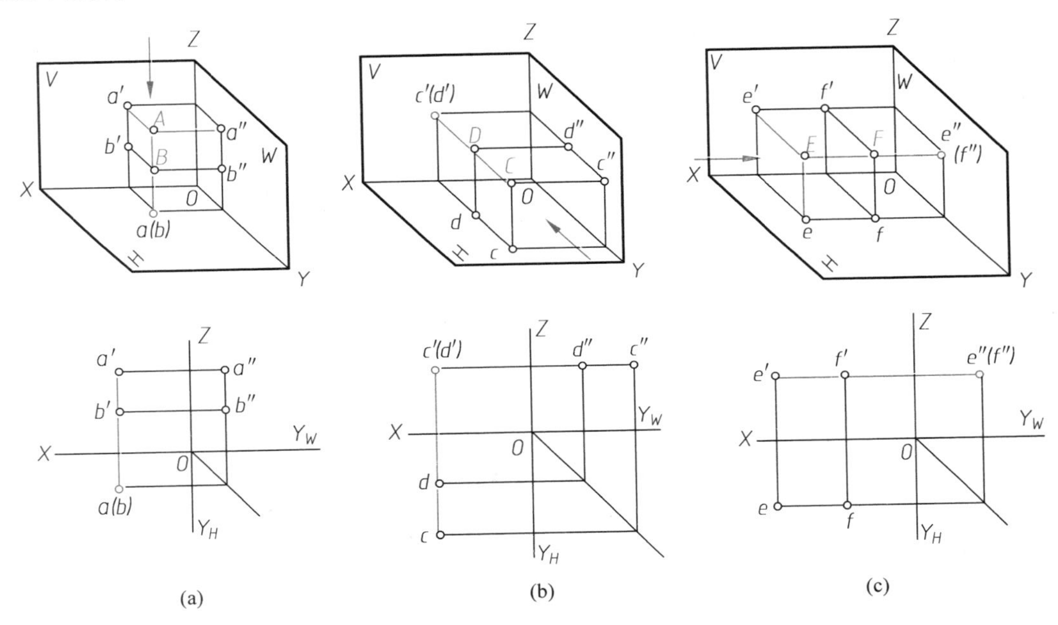

(a)　　(b)　　(c)

图 3-9　重影点及其可见性

根据上述三种情况的分析，可以总结出 H、V、W 面上重影点的可见性判别规则为：上遮下，前遮后，左遮右。

3.2　直线的投影

(Projections of Lines)

两点决定一直线，只要作出直线两端点的三面投影，然后同面投影相连，即得直线的三面投影图。直线的空间位置由直线上任意两点或直线上一点及指向确定。直线的指向系指直线按字母顺序所指的方向，即由 $A \rightarrow B$ 所指的方向。如图 3-10 所示的直线 AB，B 在 A 的右、后、上方，直线 AB 的指向可描述成：AB 由左前下方指向右后上方，或 AB 向右后上方倾斜。线段的投影应描粗，以区别于细实线表示的投影轴及投射线。

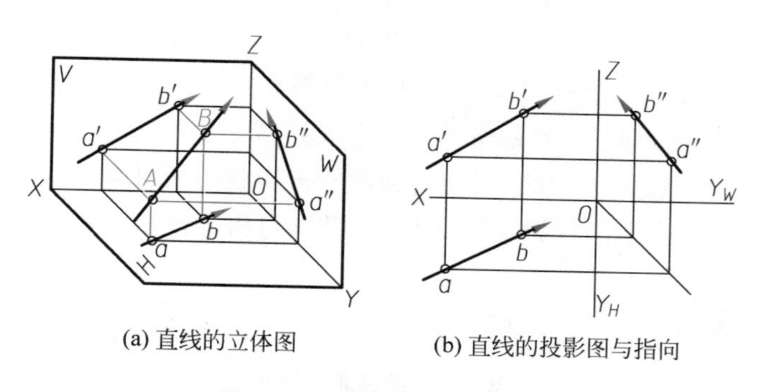

图 3-10　直线的投影与指向

3.2.1　各种位置直线的投影(Projections of All Position Lines)

为了详细研究直线的投影性质，可按直线与三个投影面的相对位置，将其分为三类：一般位置直线、投影面平行线、投影面垂直线。后两类统称为特殊位置直线。

1. 一般位置直线

对三个投影面都倾斜(既不平行也不垂直)的直线称为一般位置直线，简称一般线。

直线对投影面的夹角称为直线的倾角。直线对 H 面、V 面、W 面的倾角分别用希腊字母 α、β、γ 标记。

图 3-11 中，AB 是一般位置直线，其倾角分别为：$0°<\alpha<90°$，$0°<\beta<90°$，$0°<\gamma<90°$，其投影长度分别为：$ab=AB\cos\alpha$，$a'b'=AB\cos\beta$，$a''b''=AB\cos\gamma$，因 $0<\cos\alpha<1$，$0<\cos\beta<1$，$0<\cos\gamma<1$。故 $ab<AB$，$a'b'<AB$，$a''b''<AB$。所以一般位置直线有如下投影特性：三个投影的长度都小于实长，且都倾斜于各投影轴，都不能反映真实的倾角。

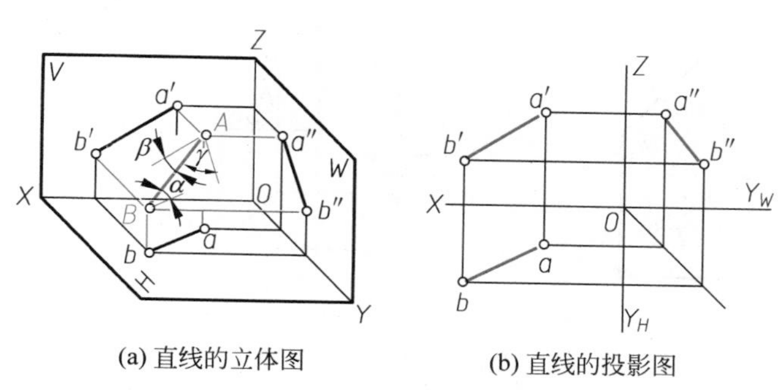

图 3-11　一般位置直线

2. 投影面平行线

只平行于一个投影面，而倾斜于另外两个投影面的直线，称为投影面平行线。它分为三种：

(1) 平行于 H 面的直线称为水平线，如表 3-1 中 AB 线；

(2) 平行于 V 面的直线称为正平线，如表 3-1 中 CD 线；

(3) 平行于 W 面的直线称为侧平行线，如表 3-1 中 EF 线。

根据表 3-1 中所列三种投影面平行线，它们的共同投影特性可概括如下：

(1) 直线在所平行的投影面上的投影反映实长，该投影与相应投影轴的夹角反映直线与另两个投影面的倾角；

(2) 直线的另外两个投影分别平行于相应的投影轴，但小于实长。

表 3-1 投影面平行线

名称	立体图	投影图	投影特性
水平线	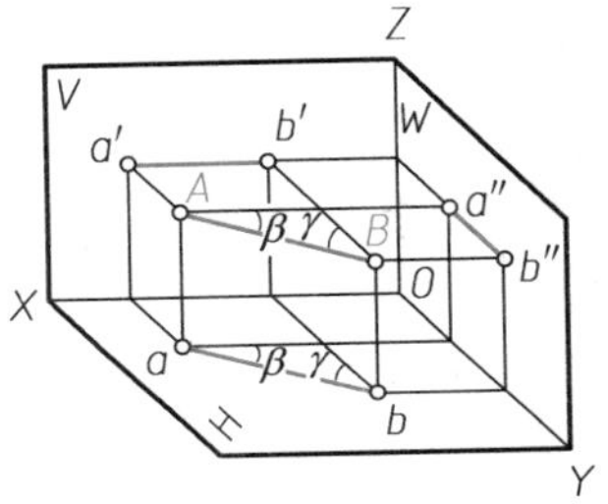 Z V W X H Y a′ b′ A B a″ b″ O a b β γ	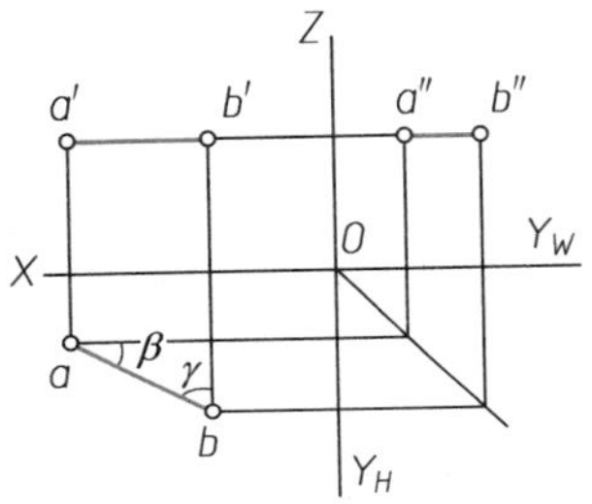 Z a′ b′ a″ b″ X O Y_W Y_H a b β γ	1. $a'b' /\!/ OX$，$a''b'' /\!/ OY_W$； 2. $ab=AB$； 3. ab 与投影轴的夹角反映 β、γ
正平线	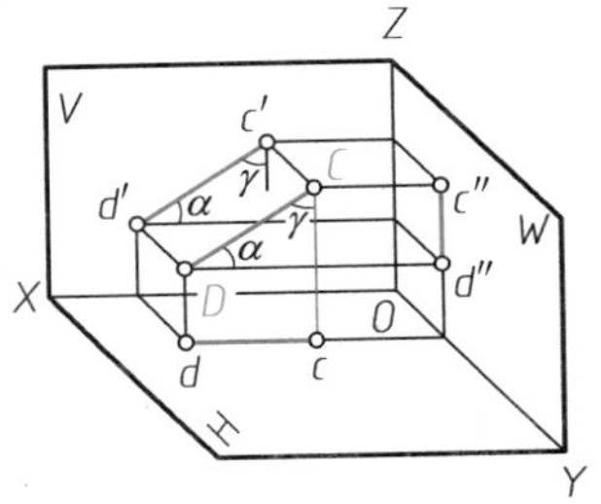 Z V W X H Y c′ d′ C D c″ d″ O c d α γ	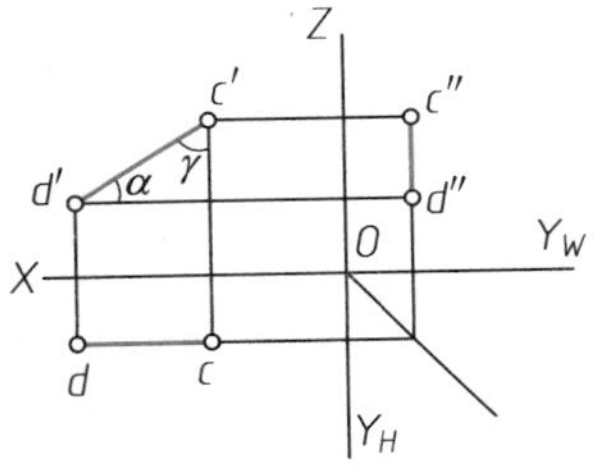 Z c′ d′ c″ d″ X O Y_W Y_H d c α γ	1. $cd /\!/ OX$，$c''d'' /\!/ OZ$； 2. $c'd'=CD$； 3. $c'd'$ 与投影轴的夹角反映 α、γ
侧平线	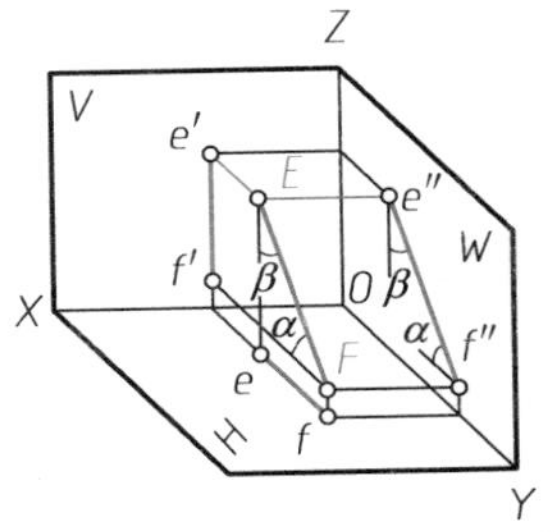 Z V W X H Y e′ f′ E F e″ f″ O e f α β	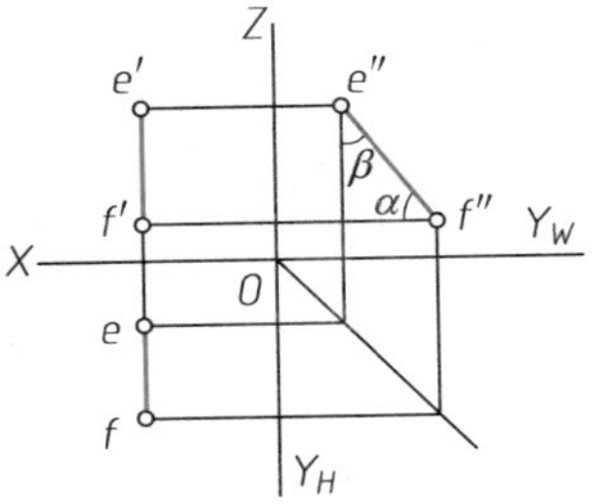 Z e′ e″ f′ f″ X O Y_W Y_H e f α β	1. $ef /\!/ OY_H$，$e'f' /\!/ OZ$； 2. $e''f''=EF$； 3. $e''f''$ 与投影轴的夹角反映 α、β

3. 投影面垂直线

与某一个投影面垂直的直线称为投影面垂直线。它也分为三种：

(1) 垂直于 H 面的直线称为铅垂线，如表 3-2 中 AB 线；

(2) 垂直于 V 面的直线称为正垂线，如表 3-2 中 CD 线；

(3) 垂直于 W 面的直线称为侧垂线，如表 3-2 中 EF 线。

表 3-2　投影面垂直线

名称	立体图	投影图	投影特性
铅垂线	Z V a' A a'' W b' B X O b'' a(b) H Y	Z a' a'' b' b'' X O Y_W a(b) Y_H	1. ab 积聚为一点； 2. $a'b' // a''b'' // OZ$； 3. $a'b' = a''b'' = AB$
正垂线	Z V c'(d') W d'' D O X c'' C d c H Y	Z c'(d') d'' c'' X O Y_W d c Y_H	1. $c'd'$ 积聚为一点； 2. $cd // OY_H$，$c''d'' // OY_W$； 3. $cd = c''d'' = CD$
侧垂线	Z V e' f' W E F e''(f'') X O e f H Y	Z e' f' e''(f'') X Y_W O e f Y_H	1. $e''f''$ 积聚为一点； 2. $ef // e'f' // OX$； 3. $ef = e'f' = EF$

根据表 3-2 中所列三种投影面垂直线，它们的共同投影特性可概括如下：

(1) 直线在所垂直的投影面上的投影积聚为一点；

(2) 直线的另外两个投影平行于相应的投影轴，且反映实长。

【例 3-3】 如图 3-12(a)所示，已知 A 点的两面投影，正平线 $AB = 20$ mm，且 $\alpha = 30°$，作出直线 AB 的三面投影。

作图步骤　根据正平线的投影特性来作图，如图 3-12(b)所示。

(1) 过 a' 作 $a'b'$ 与 OX 成 30°角，且量取 $a'b' = 20$ mm；

(2) 过 a 作 $ab // OX$，由 b' 作投影连线，确定 b；

(3) 由 ab 和 $a'b'$ 作出 $a''b''$。

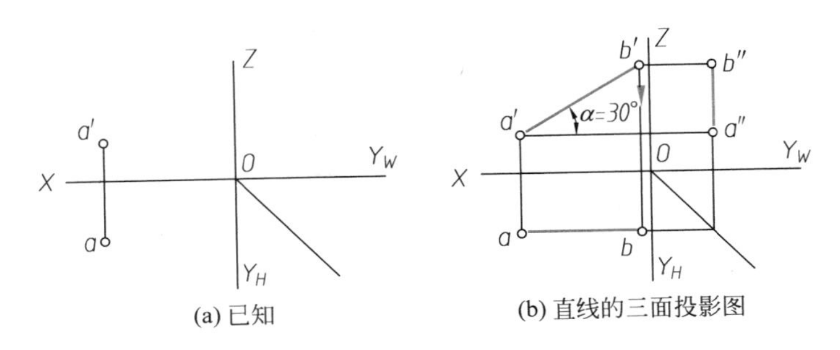

(a) 已知　　(b) 直线的三面投影图

图 3-12　作正平行 *AB* 的投影

讨论

B 点可以在 *A* 点的上、下、左、右四种位置，故本题有四解，图中只作出了其中一解。

3.2.2　用直角三角形法求一般位置直线的实长和倾角（Calculating the True Length and Slope Angle of a Line Segment by Right Triangle Method）

一般线对三个投影面都是倾斜的，因而三个投影均不能直接反映直线的实长和倾角，但可根据直线的投影用作图的方法求出其实长和倾角。

1. 求一般线的实长及 α 角

如图 3-13(a)所示，*AB* 为一般线，在投射平面 *ABba* 内，由 *B* 点作 $BA_1 /\!/ ab$，与 *Aa* 交于 A_1，因 $Aa \perp ab$，故 $AA_1 \perp BA_1$，$\triangle AA_1B$ 是直角三角形。该直角三角形的斜边为实长 *AB*，$\angle ABA_1 = \alpha$，底边 $BA_1 = ab$，另一直角边 AA_1 为 *A* 与 *B* 点的高度差，即 *Z* 坐标差 ΔZ。可见，已知线段的两面投影，就相当于给定了直角三角形的两直角边，便能作出该直角三角形 AA_1B，从而可以求得直线 *AB* 的实长和 α 角。方法如图 3-13(c)所示：

(1) 过 *a* 作 $aA_0 \perp ab$，且令 $aA_0 = Z_A - Z_B = \Delta Z$；

(2) 连 bA_0，则 $bA_0 = AB$，$\angle A_0ba = \alpha$。

图 3-13(d)表示在同样条件下用正面的 *Z* 坐标差的作图方法。因直角三角形作图方便而为人所乐用。

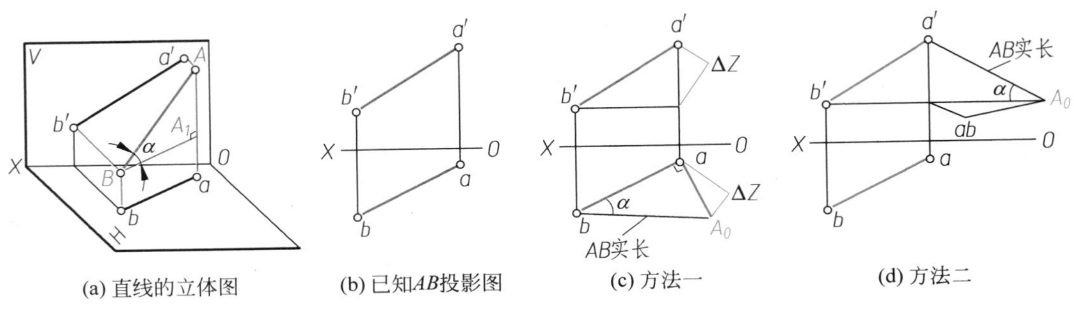

(a) 直线的立体图　(b) 已知*AB*投影图　(c) 方法一　(d) 方法二

图 3-13　求一般线的实长和 α 角

2. 求一般线的实长及β角

如图 3-14 所示，若求作直线 AB 的 β 角，则应以 $a'b'$ 为一直角边，以 ΔY 为另一直角边，所作出的直角三角形可确定 AB 的实长和 β 角。图中实长用 TL 标记（TL 是 True Length 的缩写）。同理，若求 AB 的 γ 角，是以 $a''b''$ 为一直角边，以 ΔX 为另一直角边，作出的直角三角形反映实长和 γ 角（此作图省略）。

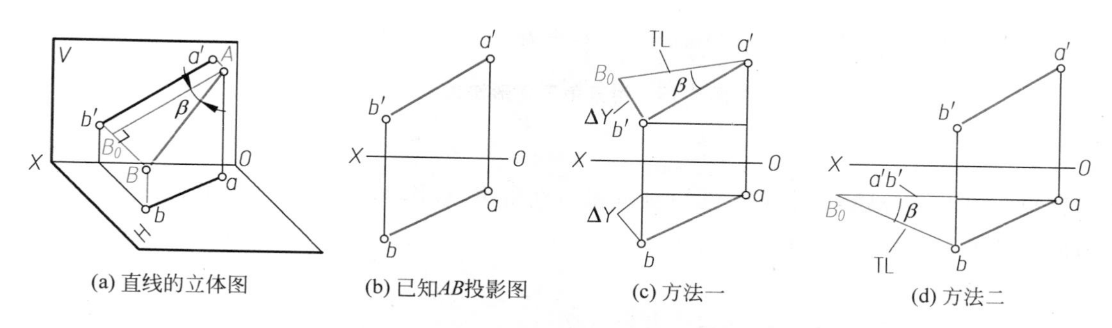

(a) 直线的立体图　(b) 已知AB投影图　(c) 方法一　(d) 方法二

图 3-14　求一般线的实长和 β 角

利用直角三角形求一般线的实长和倾角的方法，称为直角三角形法。上面所述的两个直角三角形是不同的，虽然它们的斜边均为直线的实长，但反映的倾角却不一样。若已知直角三角形的四个要素（两直角边、斜边、夹角）中的任意两个，就可以利用直角三角形法来解题。它们的关系如表 3-3 所示。

表 3-3　线段的投影、实长、倾角和直角三角形

已　知		可　求	
水平投影	Z 坐标差（正面投影）	线段实长	$\alpha(\beta)$
水平投影	线段实长	Z 坐标差（正面投影）	$\alpha(\beta)$
水平投影	$\alpha(\beta)$	Z 坐标差（正面投影）	线段实长
右图是直角三角形法的四个要素关系的示意图	TL　α　ΔZ　H面投影长；TL　β　ΔY　V面投影长；TL　γ　ΔX　W面投影长 H面投影长表示水平投影长，其他类推；ΔZ、ΔY、ΔX 表示坐标差		

【例 3-4】　如图 3-15(a)所示，已知 $EF=20$ mm，试完成图中的 $e'f'$。

分析

本例是确定 f' 的问题。求 f' 只要知道 E、F 两点的 Z 坐标差或 $e'f'$ 的长度即可，这可用直角三角形法求得。图 3-15(b)是利用 ef、实长及直角三角形的条件求 Z 坐标差以确定 $e'f'$；图 3-15(c)是利用两点的 Y 坐标差、实长及直角三角形的条件求 $e'f'$ 长的作图。（F 点可在 E 点的上或下两个位置，故本题有两解，图上只画了一解。）

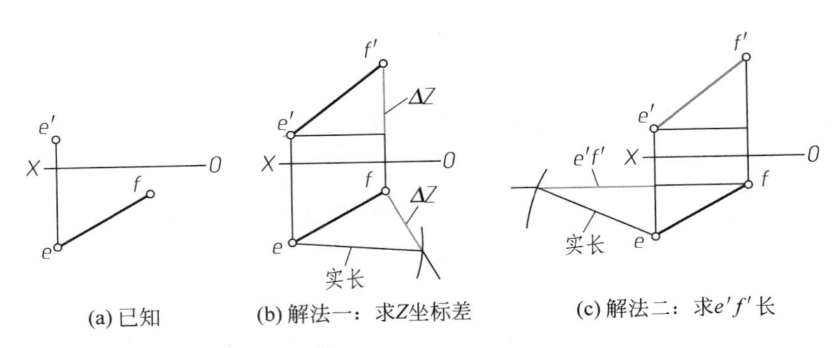

(a) 已知　(b) 解法一：求Z坐标差　(c) 解法二：求$e'f'$长

图 3-15　用直角三角形法求 $e'f'$

讨论

在用直角三角形法解题时，本例是已知斜边和一直角边，求作另一直角边。但如改实长为 α 或 β，则直角三角形同样可以作出，得到相同的结果。

3.2.3　直线上的点(Points on Line)

直线上的点和直线本身有两种投影关系：从属性关系和定比性关系。

1. 从属性关系

若点在直线上，则点的投影必在该直线的同面投影上。图 3-16 中直线 AB 上有一点 K，通过 K 点作垂直于 H 面的投射线 Kk，它必在通过 AB 的投射平面 $ABba$ 内，故 K 点的 H 面投影 k 必在 AB 的投影 ab 上。同理可知 k' 在 $a'b'$ 上，k'' 在 $a''b''$ 上。

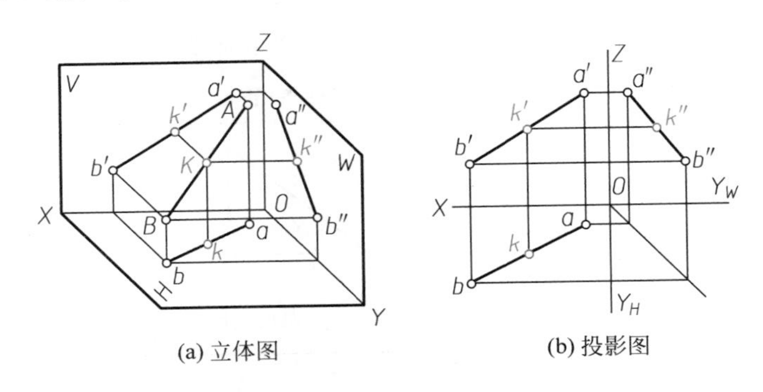

(a) 立体图　(b) 投影图

图 3-16　直线上点的投影

反之，若点的三面投影均在直线的同面投影上，则此点在该直线上。

2. 定比性关系

直线上的点将直线分为几段，各线段长度之比等于它们的同面投影长度之比。如图 3-16 所示，AB 和 ab 被一组投射线 Aa、Kk、Bb 所截，因 $Aa /\!/ Kk /\!/ Bb$，故 $AK : KB = ak : kb$。同理有：$AK : KB = a'k' : k'b'$，

$AK : KB = a''k'' : k''b''$。

反之，若点的各投影分线段的同面投影长度之比相等，则此点在该直线上。

利用直线上点的投影的从属性和定比性关系，可以作直线上点的投影，也可以判断点是否在直线上。

【例 3-5】 如图 3-17(a)所示，已知 ab 和 $a'b'$，求直线 AB 上 K 点的投影，使 $AK : KB = 2 : 3$。

作图步骤(图 3-17(b))

(1) 过 a 任作一直线，并从 a 点开始连续取五个相等长度，得点 1,2,3,4,5；

(2) 连接 b 和 5 点，再过 2 点作 $5b$ 的平行线，交 ab 于 k，于是 $ak : kb = 2 : 3$；

(3) 过 k 作投影连线交 $a'b'$ 于 k'，即完成 k 点的投影。

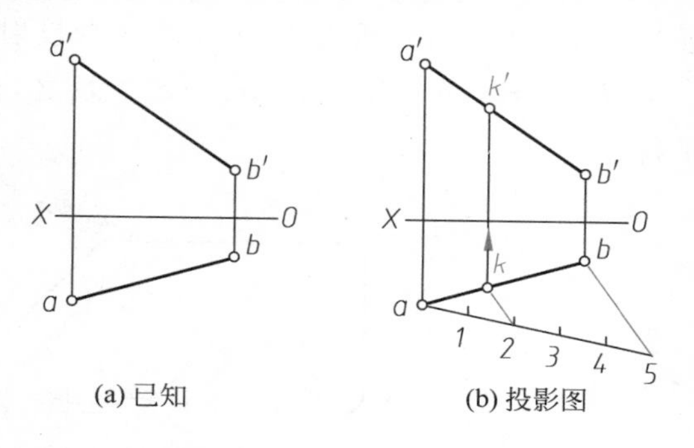

图 3-17　求直线上定比的点

讨论

本题还可过 a' 点作辅助线求 k 点的投影，得到相同的结果。

【例 3-6】 如图 3-18(a)所示，已知侧平线 AB 和 M、N 两点的 H 和 V 投影，判断 M 点和 N 点是否在 AB 上。

解：可用如下两种方法判断。

(1) 根据从属性关系判断，如图 3-18(b)所示。作出直线和点的 W 投影，即可知 M 在 AB 上，N 不在 AB 上。

(2) 根据定比性关系判断，如图 3-18(c)所示。过 a' 任作一直线，在其上量取：$a'1 = am$，$a'2 = an$，$a'3 = ab$。连 $b'3$，$m'1$，$n'2$，因 $m'1 \parallel b'3$，故 M 在 AB 上，又因 $n'2 \nparallel b'3$，故 N 不在 AB 上。

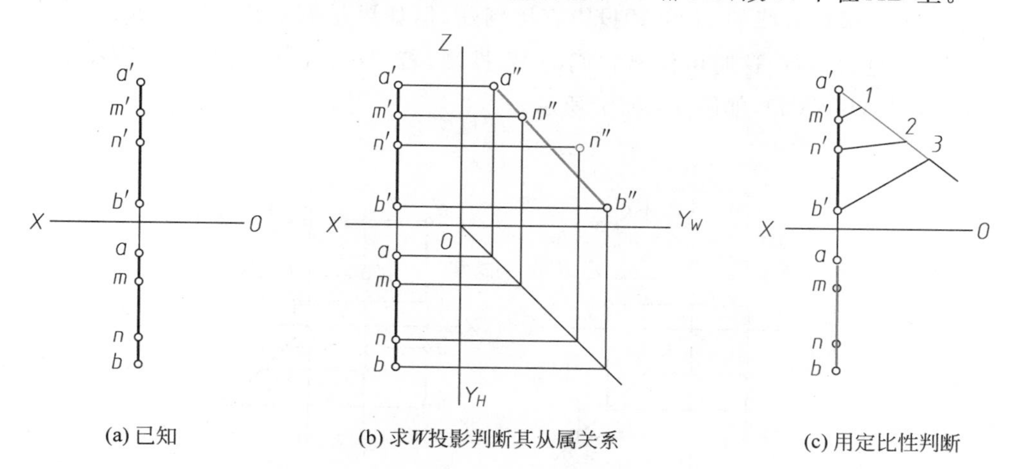

图 3-18　判断点是否在直线上

3.2.4　两直线的相对位置(Relationship of Two Lines)

两直线之间的相对位置有三种：平行、相交、交叉。垂直是相交和交叉位置中的特殊情况。

1. 两直线平行

（1）若两直线互相平行，则它们的同面投影必互相平行（平行性）。如图3-19所示，直线 $AB \parallel CD$，通过 AB 和 CD 所作垂直于 H 面的两个投射平面互相平行，因此它们与 H 面的交线必互相平行，即 $ab \parallel cd$。同理，$a'b' \parallel c'd'$，$a''b'' \parallel c''d''$。反之，若两直线的三组同面投影均互相平行，则在空间两直线必平行。

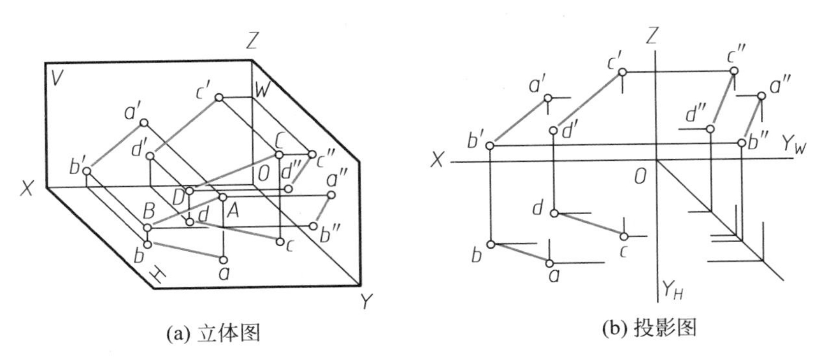

(a) 立体图　　(b) 投影图

图3-19　两直线平行

（2）若两直线互相平行，则它们的长度之比等于它们的同面投影长度之比（定比性）。如图3-19所示，由于 $AB \parallel CD$，它们对 H 面的倾角 α 相等，而 $ab=AB\cos\alpha$，$cd=CD\cos\alpha$，于是 $ab : cd=AB : CD$。同理 $a'b' : c'd'=AB : CD$，$a''b'' : c''d''=AB : CD$。

【例3-7】 如图3-20所示，判断两侧平线 AB 和 CD 是否平行。

解：一般情况下可根据直线的 H 和 V 投影直接判断，但如果是侧平线，虽然 $ab \parallel cd$，$a'b' \parallel c'd'$，还不能断定 AB 和 CD 是否平行，这时可作出它们的 W 投影，若 $a''b'' \parallel c''d''$，则 $AB \parallel CD$，如图3-20(a)所示；若 $a''b'' \nparallel c''d''$，则 $AB \nparallel CD$，如图3-20(b)所示。

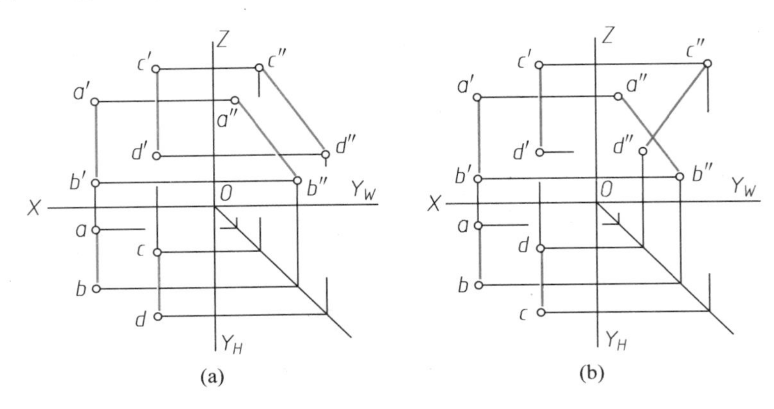

(a)　　(b)

图3-20　判断两侧平线是否平行

此题还可用定比性及分析直线的方向来判断，读者自行思考。

2. 两直线相交

若两直线相交，则它们的同面投影必相交，且相邻两投影交点的连线垂直于相应的投影轴。

如图 3-21 所示，两直线 AB 和 CD 相交于 K 点，K 点是两直线的共有点，它的 H 投影 k 既在 ab 上又在 cd 上，则一定是 ab 与 cd 的交点。同理，$a'b'$ 与 $c'd'$ 相交于 k'，$a''b''$ 与 $c''d''$ 相交于 k''，因 k、k'、k'' 是 K 点的三个投影，所以 $kk' \perp OX$，$k'k'' \perp OZ$。

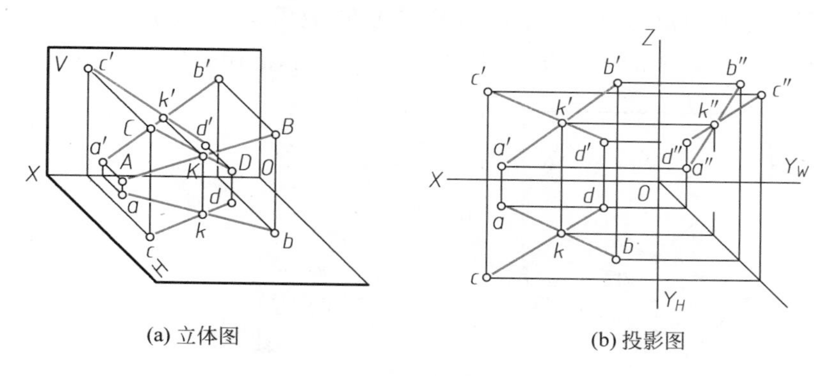

(a) 立体图　　(b) 投影图

图 3-21　两直线相交

反之，若两直线的三组同面投影均相交，且交点符合点的投影规律，则空间两直线必相交。

【例 3-8】 如图 3-22 所示，判断 AB 和 CD 是否相交。

解：一般情况下，根据 V 和 H 两投影就可判定两直线是否相交。但若两直线中有一条是侧平线，则需要作出 W 投影。如图 3-22(a)所示，若 $a''b''$ 与 $c''d''$ 相交于 k''，且 $k'k'' \perp OZ$，则 AB 和 CD 相交；图 3-22(b)所示，若 $a''b''$ 与 $c''d''$ 不相交，或交点不在过 k' 且垂直于 OZ 的投影连线上，则 AB 和 CD 不相交。

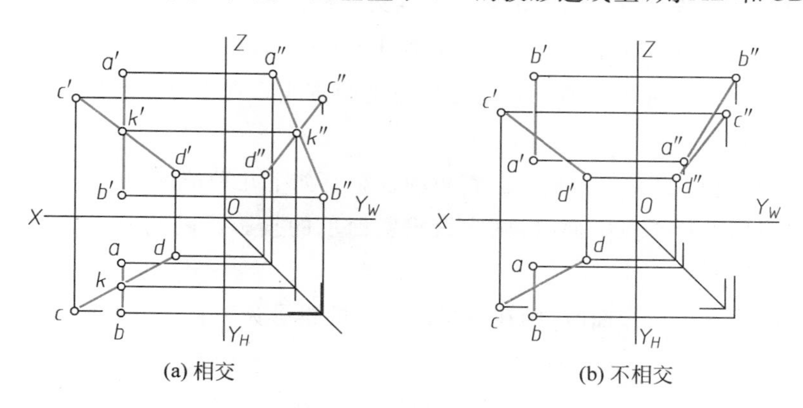

(a) 相交　　(b) 不相交

图 3-22　判别直线是否相交

此题还可用定比性判断，读者自行思考。

3. 两直线交叉

在空间，两直线既不平行，也不相交，称为两直线交叉（或交错、异面）。

若两直线交叉，它们的投影既不符合两直线平行的投影特性，亦不符合两直线相交的投影特性。也就是说，交叉两直线可能有一对或两对投影平行，但绝不可能有三对投影都平行。它们也可能表现为一对、两对或三对投影相交，但这只是假象，在空间它们并无真正的交点，故同面投影的交点的连线与投影轴不垂直。

如图 3-23 所示，AB 和 CD 是交叉两直线，虽然 ab 与 cd 相交，$a'b'$ 与 $c'd'$ 也相交，但交点的投影连线不垂直于 X 轴，不符合点的投影规律。ab 与 cd 的交点实际上是 AB 上 M 点和 CD 上 N 点在 H 面的重影点。根据重影点可见性的判别规则，M 点在上，N 点在下，故用 $m(n)$ 表示。同理，$a'b'$ 与 $c'd'$ 的交点是 CD 上 E 点和 AB 上 F 点在 V 面的重影点，E 点在前，F 点在后，故用 $e'(f')$ 表示。

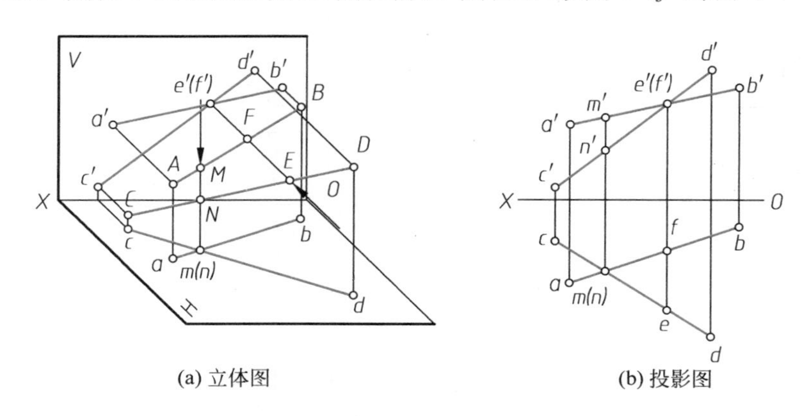

(a) 立体图　　(b) 投影图

图 3-23　两直线交叉

4. 两直线垂直

两直线互相垂直时有两种情况：垂直相交和垂直交叉。

交叉两直线的夹角是这样确定的：过其中一直线上任一点作另一直线的平行线，于是相交两直线的夹角就反映了原交叉两直线的夹角。所以在这里仅讨论两直线垂直相交时的投影特性，所得结论对于两直线垂直交叉时仍同样适用。

两直线垂直相交时，它们的夹角为直角。直角的投影有如下几种情况：

(1) 当直角的两边均平行于投影面时，则在该投影面上的投影反映为直角。如图 3-24 所示，$AB\perp BC$，且 $AB/\!/H$，$BC/\!/H$，于是 $ab\perp bc$。

(2) 当直角的一边垂直于投影面时，则在该投影面上的投影为一直线。如图 3-24 所示，$DE\perp EF$，且 $EF\perp H$，则 def 为直线。

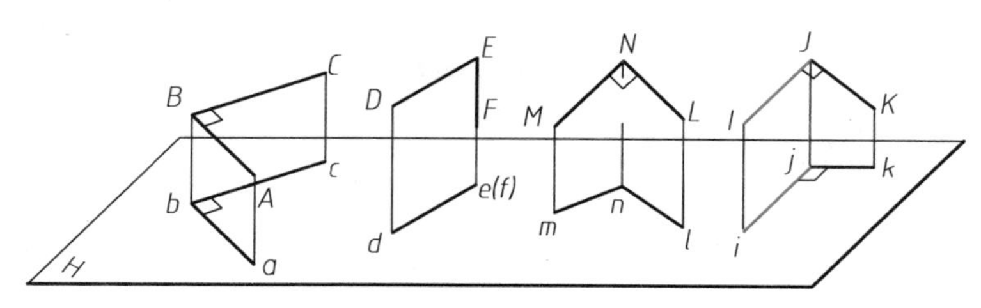

图 3-24　直角的投影

(3) 当直角的两边均倾斜于投影面时，则在该投影面上的投影不反映直角。如图 3-24 所示，$MN \perp NL$，且 $MN \nparallel H$，$NL \nparallel H$，则 mn 与 nl 不垂直。

(4) 当直角的一边平行于投影面，且另一边倾斜于投影面时，则在该投影面上的投影反映直角。如图 3-24 所示，$IJ \perp JK$，且 $IJ /\!/ H$，$JK \nparallel H$，则 $ij \perp jk$。

在上述四种投影情况中，第(4)种投影特性应用最多，通常称为直角投影定理。现作简要证明如下：

如图 3-25(a)所示，已知 $AB \perp BC$，$AB /\!/ H$，$BC \nparallel H$。

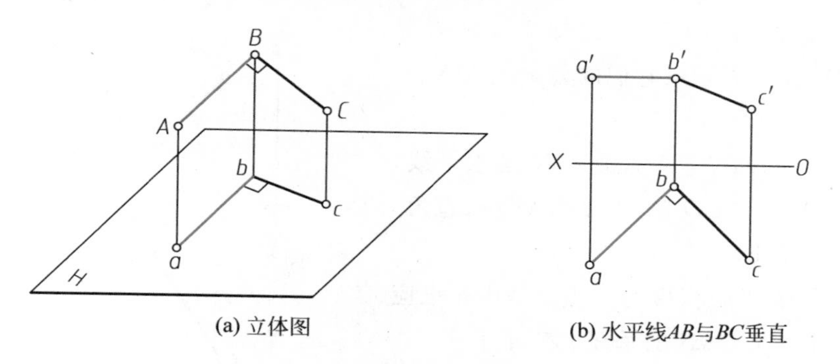

(a) 立体图　　(b) 水平线 AB 与 BC 垂直

图 3-25　直角投影定理

因为 $AB /\!/ H$，$Bb \perp H$　　所以 $AB \perp Bb$

因为 $AB \perp BC$，$AB \perp Bb$　　所以 $AB \perp BCcb$(平面)

因为 $AB /\!/ H$　　所以 $ab /\!/ AB$

因为 $ab /\!/ AB$，$AB \perp BCcb$　　所以 $ab \perp BCcb$

因为 $ab \perp BCcb$　　所以 $ab \perp bc$(证毕)

根据以上证明可知，直角投影定理的逆定理也是成立的。若相交两直线在同一投影面上的投影反映直角，且有一条直线平行于该投影面时，则空间两直线一定垂直。如图 3-25(b)所示，若 $ab \perp bc$，且 $a'b' /\!/ OX$，则 $AB \perp BC$。

【例 3-9】 如图 3-26(a)所示，已知直线 $AB(ab, a'b')$ 和 $C(c, c')$，求 C 点到 AB 的距离。

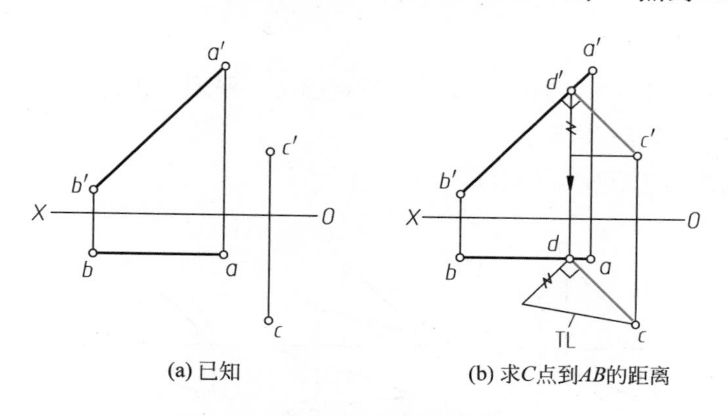

(a) 已知　　(b) 求 C 点到 AB 的距离

图 3-26　求点到直线的距离

分析

过 C 点作 $CD \perp AB$，D 为垂足，则 CD 的实长即为所求距离。由于 AB 为正平线，根据直角投影定理可知 AB 和 CD 的 V 投影反映垂直关系。

作图步骤(图 3-26(b))

(1) 过 c' 作 $a'b'$ 的垂线，交 $a'b'$ 于 d'；再过 d' 作投影连线交 ab 于 d，于是得 AB 的垂线 $CD(cd,c'd')$；

(2) 用直角三角形法求出 CD 的实长，即为所求距离。

【例 3-10】 如图 3-27(a)所示，已知交叉两直线 $AB(ab,a'b')$ 和 $CD(cd,c'd')$，求它们的公垂线 MN。

分析

由于 AB 是铅垂线，$MN \perp AB$，故 MN 是水平线，根据直角投影定理，MN 与 CD 的 H 投影能反映直角。

作图步骤(图 3-27(b))

(1) 直线 AB 的 H 投影积聚为一点 $a(b)$，m 也应与 $a(b)$ 重合，于是过 $a(b)$ 作 cd 的垂线，交 cd 于 n；

(2) 过 n 作投影连线，交 $c'd'$ 于 n'，由于 MN 是水平线，于是过 n' 作 OX 的平行线，交 $a'b'$ 于 m'；

(3) $MN(mn,m'n')$ 即为所求公垂线，公垂线的 H 投影 mn 能反映 AB 和 CD 的距离。

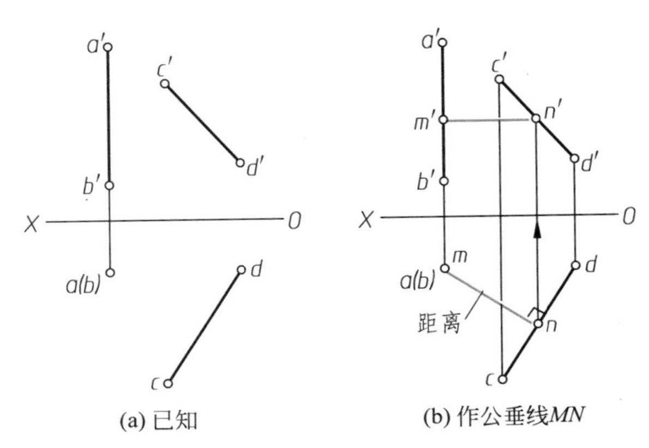

(a) 已知　　(b) 作公垂线MN

图 3-27 求交叉两直线上的公垂线

3.3 平面的投影
(Projections of Planes)

3.3.1 平面的表示(Representations of Planes)

1. 几何元素表示平面

由几何公理可知，在空间不属于同一直线上的三点确定一平面。因此，在投影图中可用下列任何一组几何元素来表示平面，如图 3-28 所示：

(1) 不属于同一直线的三点(A,B,C)；

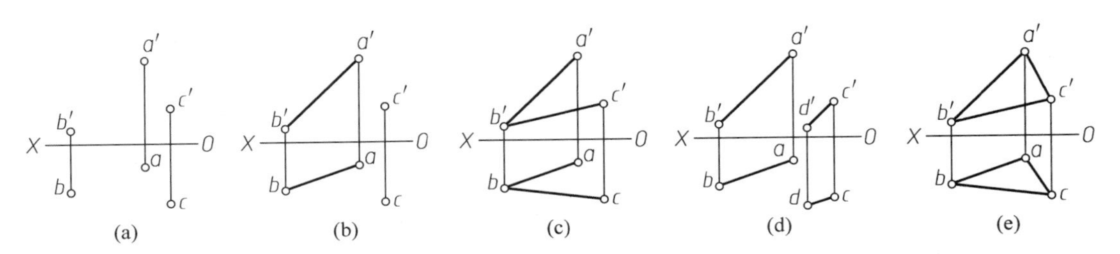

(a)　(b)　(c)　(d)　(e)

图 3-28 几何元素表示平面

(2) 一直线和不属于该直线的一点(AB,C);

(3) 相交两直线($AB \times BC$);

(4) 平行两直线($AB /\!/ CD$);

(5) 平面图形($\triangle ABC$)。

以上五种表示平面的方法,仅是形式不同而已,实质上是相同的,它们可以互相转化。前四种只确定平面的位置,第(5)种不但能确定平面的位置,而且能表示平面的形状和大小,所以一般常用平面图形来表示平面。

2. 迹线表示平面

平面与投影面的交线称为迹线。如图 3-29 所示,P 平面与 H 面、V 面、W 面的交线分别称为水平迹线 P_H、正面迹线 P_V、侧面迹线 P_W。迹线是投影面内的直线,它的一个投影就是其本身,另两个投影与投影轴重合,用迹线表示平面时,是用迹线本身的投影来表示的。

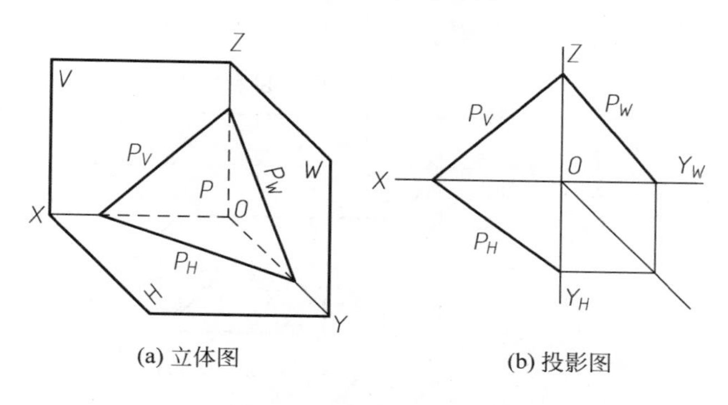

(a) 立体图　　(b) 投影图

图 3-29 迹线表示平面

3.3.2 各种位置平面的投影特性(Projection Properties of all Position Planes)

按平面与三个投影面的相对位置,平面可分为三类:一般位置平面、投影面垂直面、投影面平行面。后两类统称为特殊位置平面。

1. 一般位置平面

对三个投影面都倾斜(既不平行又不垂直)的平面称为一般位置平面,简称一般面。

平面与投影面的夹角称为平面的倾角。平面对 H 面、V 面、W 面的倾角仍分别用 α、β、γ 标记。

由于一般面对三个投影面都是倾斜的,所以平面图形的三个投影均无积聚性,也不反映实形,是原图形的类似图形。如图 3-30 所示,$\triangle ABC$ 是一般面,它的三个投影仍是三角形,但均小于实形。

2. 投影面垂直面

垂直于一个投影面,而倾斜于另外两个投影面的平面,称为投影面垂直面。它分为三种情况:

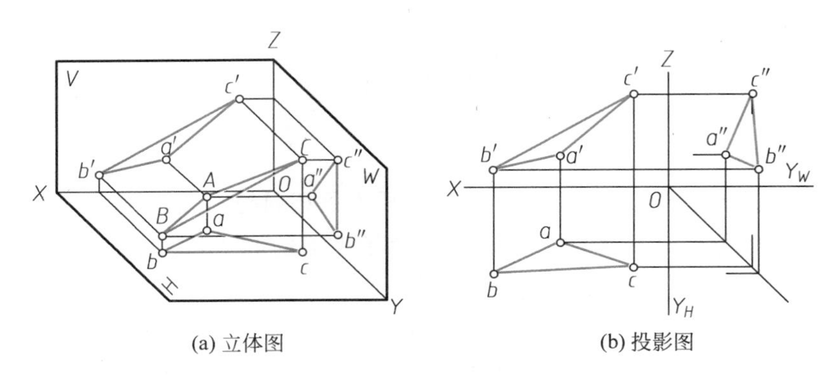

(a) 立体图　　(b) 投影图

图 3-30　一般位置平面

(1) 垂直于 H 面的平面称为铅垂面，如表 3-4 中的 $ABCD$ 平面；

(2) 垂直于 V 面的平面称为正垂面，如表 3-4 中的 ABC 平面；

(3) 垂直于 W 面的平面称为侧垂面，如表 3-4 中的 $ABCD$ 平面。

表 3-4　投影面垂直面的投影特性

名称	铅　垂　面	正　垂　面	侧　垂　面
空间位置			
在形体投影图中的位置			
投影图			

续表

名称	铅垂面	正垂面	侧垂面
投影特性	1. 水平投影为倾斜于 X 轴的直线,有积聚性;它与 OX、OY_H 的夹角即为 β、γ; 2. 正面投影和侧面投影均为与原图形边数相同的类似形	1. 正面投影为倾斜于 X 轴的直线,有积聚性;它与 OX、OZ 的夹角即为 α、γ; 2. 水平面投影和侧面投影均为与原图形边数相同的类似形	1. 侧面投影为倾斜于 Z 轴的直线,有积聚性;它与 OY_W、OZ 的夹角即为 α、β; 2. 水平面投影和正面投影均为与原图形边数相同的类似形

根据表3-4中所列三种投影面垂直面,它们共同的投影特性概括如下:

(1) 平面在所垂直的投影面上的投影积聚成一直线,它与相应投影轴的夹角分别反映该平面对另外两投影面的倾角;

(2) 平面图形的另外两投影是其类似图形,且小于实形。

3. 投影面平行面

平行于某一投影面的平面称为投影面的平行面。它也有三种:

(1) 平行于 H 面的平面称为水平面,如表3-5中的 $ABCD$ 平面;

(2) 平行于 V 面的平面称为正平面,如表3-5中的 $ABCD$ 平面;

(3) 平行于 W 面的平面称为侧平面,如表3-5中的 $ABCDEF$ 平面。

表3-5 投影面平行面的投影特性

名称	水平面	正平面	侧平面
空间位置	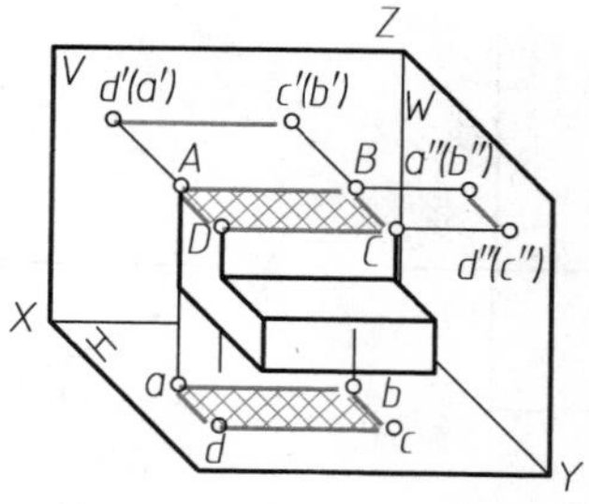 V d'(a') c'(b') Z W A B a''(b'') D C d''(c'') X H a b d c Y	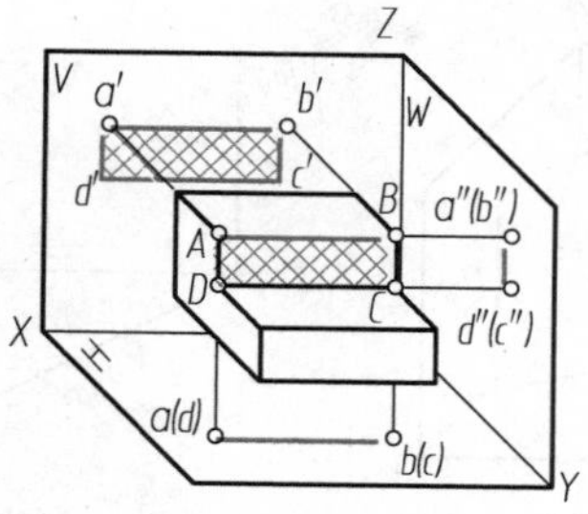 Z V a' b' W d' c' B a''(b'') A D C d''(c'') X H a(d) b(c) Y	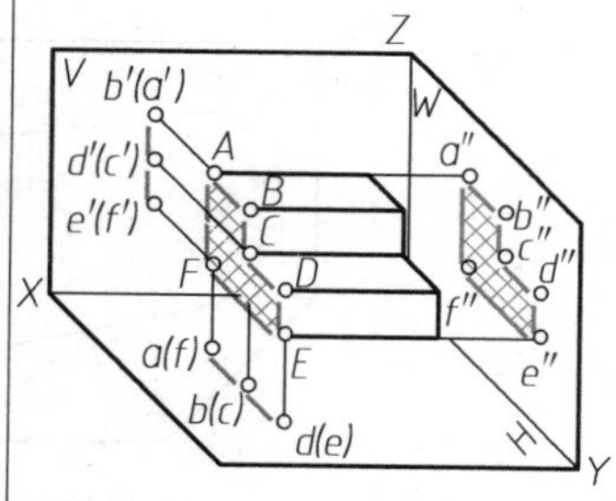 Z V b'(a') W d'(c') A a'' e'(f') B b'' C c'' F D d'' X f'' a(f) E e'' b(c) d(e) H Y
在形体投影图中的位置	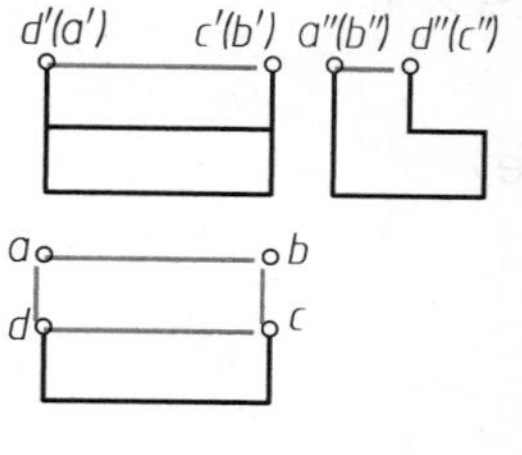 d'(a') c'(b') a''(b'') d''(c'') a b d c	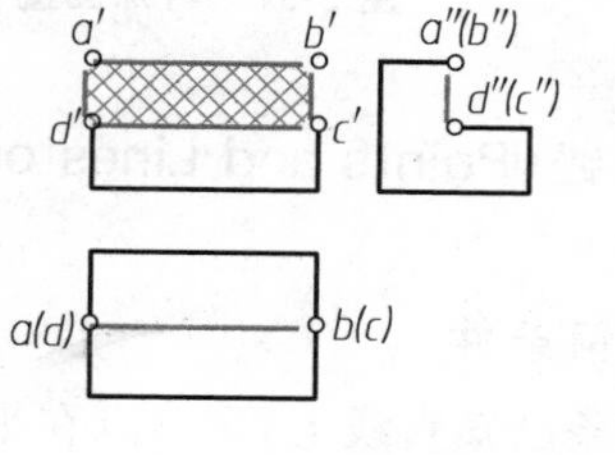 a' b' a''(b'') d''(c'') d' c' a(d) b(c)	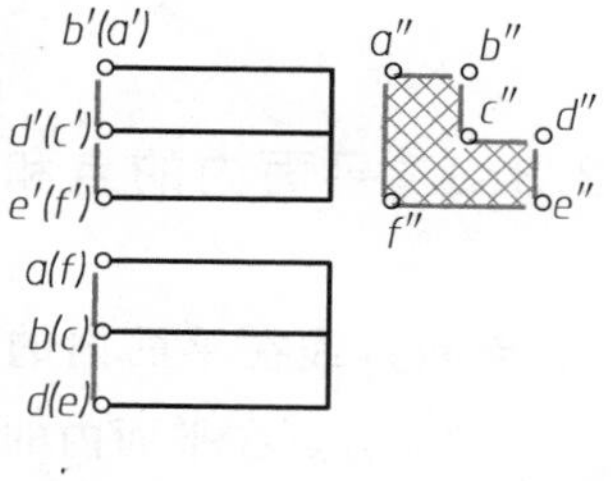 b'(a') a'' b'' d'(c') c'' d'' e'(f') e'' f'' a(f) b(c) d(e)

续表

名称	水平面	正平面	侧平面
投影图			
投影特性	1. 水平投影表达实形； 2. 正面投影为直线，有积聚性，且平行于 OX 轴； 3. 侧面投影为直线，有积聚性，且平行于 OY_W 轴	1. 正面投影表达实形； 2. 水平投影为直线，有积聚性，且平行于 OX 轴； 3. 侧面投影为直线，有积聚性，且平行于 OZ 轴	1. 侧面投影表达实形； 2. 水平投影为直线，有积聚性，且平行于 OY_H 轴； 3. 正面投影为直线，有积聚性，且平行于 OZ 轴

根据表 3-5 中所列三种投影面平行面，它们共同的投影特性概括如下：

(1) 平面图形在所平行的投影面上的投影反映其实形；

(2) 平面的另外两投影均积聚成直线，且平行于相应的投影轴。

特殊位置平面，如果不需表示其形状大小，只需确定其位置，可用迹线来表示，而且常常只用平面有积聚性的投影(迹线)来表示。如图 3-31 所示为铅垂面 P，只需画出 P_H 就能确定其位置，如图 3-31(c) 所示。

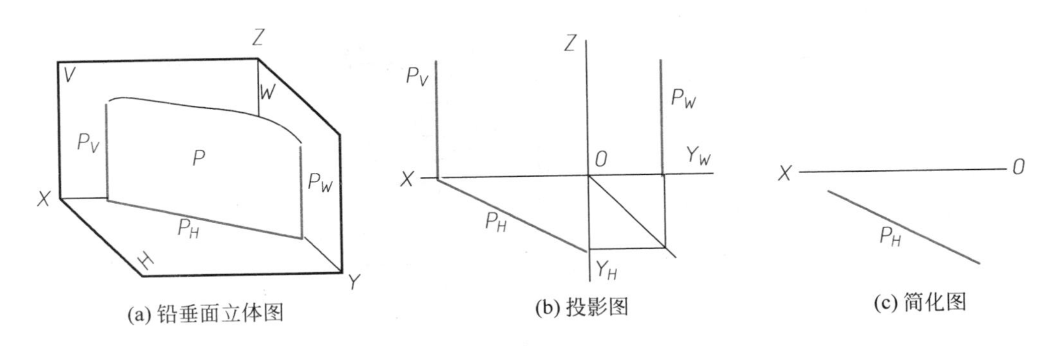

(a) 铅垂面立体图　(b) 投影图　(c) 简化图

图 3-31　特殊位置平面的迹线表示

3.3.3　平面内的点和直线(Points and Lines on Plane)

1. 点和直线在平面内的几何条件

(1) 若点在平面内的一条已知直线上，则该点在平面内。

(2) 若直线通过平面内的两个已知点，或通过平面内的一个已知点，且平行于平面内的另一条已知直线，则该直线在平面内。

如图 3-32 所示，K 点在已知直线 BC 上，故 K 点在平面 ABC 内；M、N 是平面 ABC 内的两个已知点，因此直线 MN 在平面内；由于 C 点是平面内的已知点，且 $CD /\!/ AB$，所以直线 CD 在 ABC 扩展平面内。

根据以上几何条件，不仅可以在平面内取点和直线，而且可以判断点和直线是否在平面内。

【例 3-11】　如图 3-33(a)所示，判断 D 点是否在平面 ABC 内。

分析

如果 D 点在平面 ABC 内的一条直线上，则 D 点在平面内，否则就不在。

作图步骤(图 3-33(b))

(1) 在 H 投影中，过 D 任作辅助直线，如 be 交 ac 于 e；

(2) 作出平面 ABC 内的辅助直线 BE 的 V 投影 $b'e'$；

(3) 由于 d'不在该辅助直线 $b'e'$上，故 D 点不在平面 ABC 内。

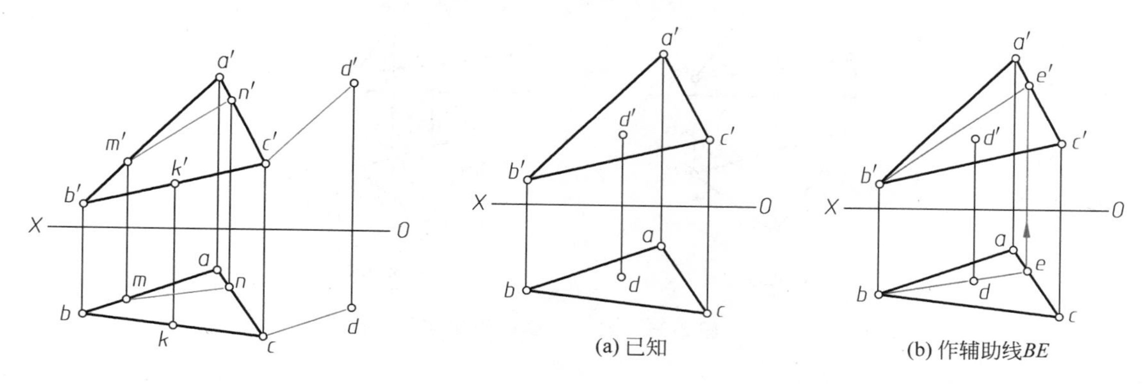

(a) 已知　(b) 作辅助线 BE

图 3-32　平面内的点和直线　　**图 3-33　判断点是否在平面内**

2. 平面内的投影面平行线

平面内的投影面平行线有三种，即平面内的水平线、正平线、侧平线。如图 3-34 所示，在平面 P 内画出了这三种直线，每种直线均互相平行，且与相应的迹线平行，如水平线与 P_H 平行，正平线与 P_V 平行，侧平线与 P_W 平行。

平面内的投影面平行线既应符合平面内直线的几何条件，又要符合投影面平行线的投影特性。

如图 3-35 所示，在△ABC 平面内分别作出了水平线 AD、正平线 CE、侧平线 BF。

【例 3-12】　在△ABC 平面内求作 M 点，使 M 点距 H 面为 10 mm，距 V 面为 13 mm(图 3-36)。

分析

在△ABC 平面内作出距 H 面为 10 mm 的水平线 DE，再作出距 V 面为 13 mm 的正平线 FG，两条线的交点 M 必满足要求。

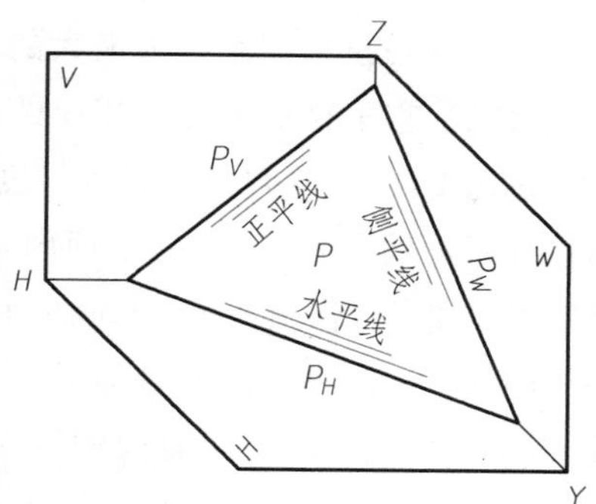

图 3-34　平面内的投影面平行线

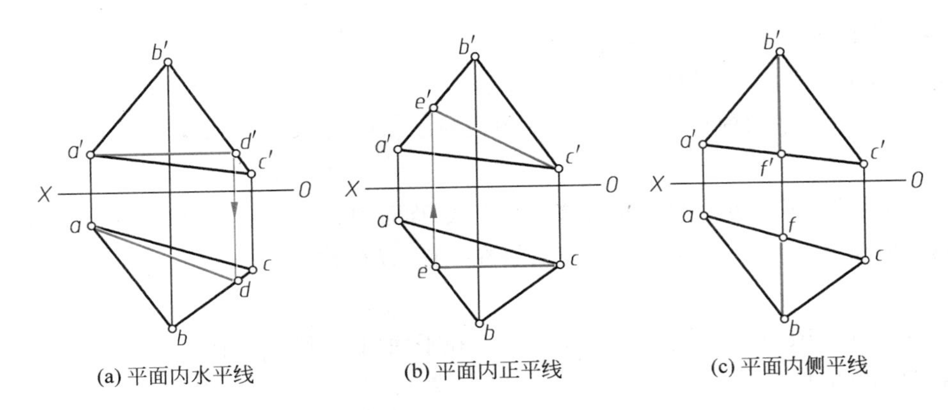

(a) 平面内水平线　(b) 平面内正平线　(c) 平面内侧平线

图 3-35　作平面内的水平线、正平线、侧平线

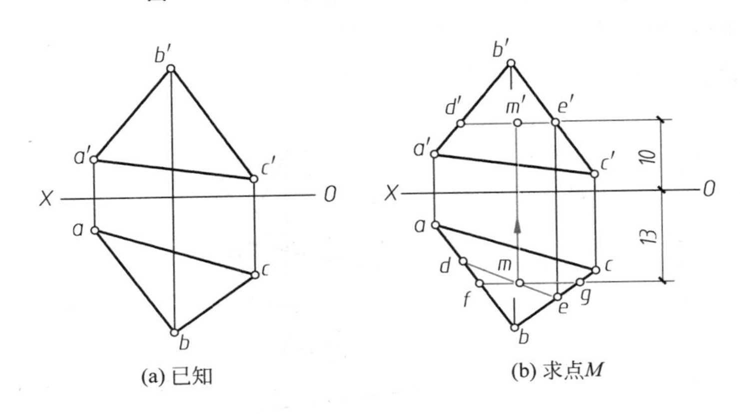

(a) 已知　(b) 求点M

图 3-36　求△ABC 内的 M 点

作图步骤

(1) 先作 $d'e' /\!/ OX$，且距 OX 为 10 mm，再作出 de；

(2) 作 $fg /\!/ OX$，且距 OX 为 13 mm，fg 与 de 相交于 m；

(3) 由 m 作出 $d'e'$上的 m'，$M(m,m')$即为所求。

3. 平面的最大坡度线

平面内对投影面倾角为最大的直线，称为平面的最大坡度线(又叫斜度线)，它垂直于平面内相应的投影面平行线。平面内垂直于水平线的直线，称为对 H 面的最大坡度线；平面内垂直于正平线的直线，称为对 V 面的最大坡度线；平面内垂直于侧平线的直线，称为对 W 面的最大坡度线。在图 3-37 中，画出了 P 平面的三种最大坡度线。

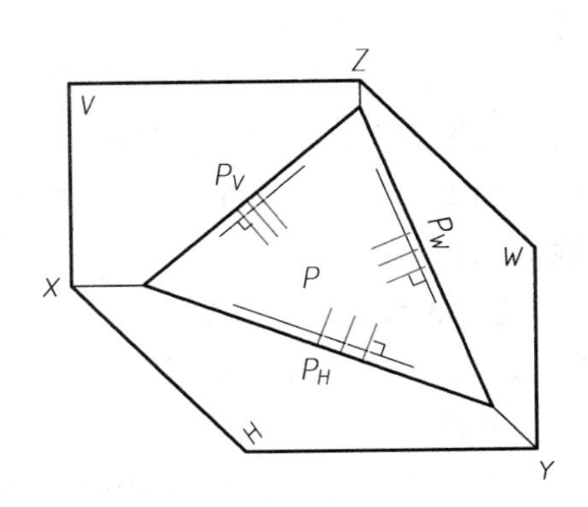

图 3-37　平面的三种最大坡度线

图 3-38 中，AD 是 P 平面内对 H 面的最大坡度线，它垂直于迹线 P_H，P_H 可看作 P 平面内的一条水平线。现证明在 P 平面内的所有直线中，AD 的 α 角最大：

在 P 平面内过 A 点任作一直线 AE，它对 H 面的倾角为 α_1，在直角△AaD 中有 $\sin\alpha=\frac{Aa}{AD}$，在直角△AaE 中有 $\sin\alpha_1=\frac{Aa}{AE}$，因 $AD<AE$（直角边小于斜边），故 $\alpha>\alpha_1$。

由图 3-38 还可以看出，平面 P 对 H 的最大坡度线 AD 的 α 角，就反映了该平面的 α 角。同理可知，对 V 面的最大坡度线的 β 角，反映该平面的 β 角；对 W 面的最大坡度线的 γ 角，反映该平面的 γ 角。因此欲求一般位置平面的倾角，可利用该平面的最大坡度线来作图。

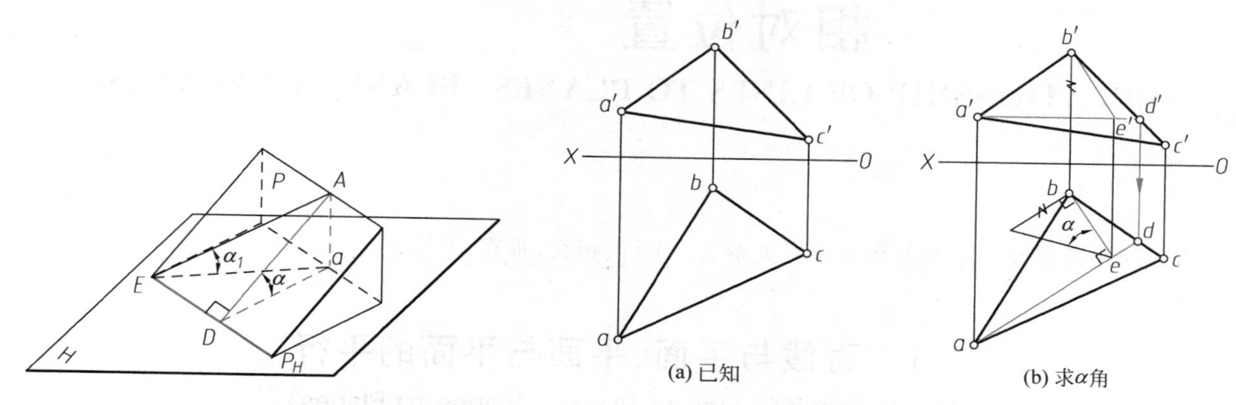

图 3-38 平面内对 H 面的最大坡度线

(a) 已知 (b) 求α角

图 3-39 求一般面的 α 角

【例 3-13】 求△ABC 的倾角 α（图 3-39）。

作图步骤

(1) 作平面内的水平线 $AD(ad,a'd')$；

(2) 作平面内的直线 $BE\perp AD$，$BE(be,b'e')$即为平面对 H 面的最大坡度线；

(3) 用直角三角形法求出 BE 的 α 角，即为△ABC 的 α 角。

【例 3-14】 求△ABC 对 V 面的倾角 β（图 3-40）。

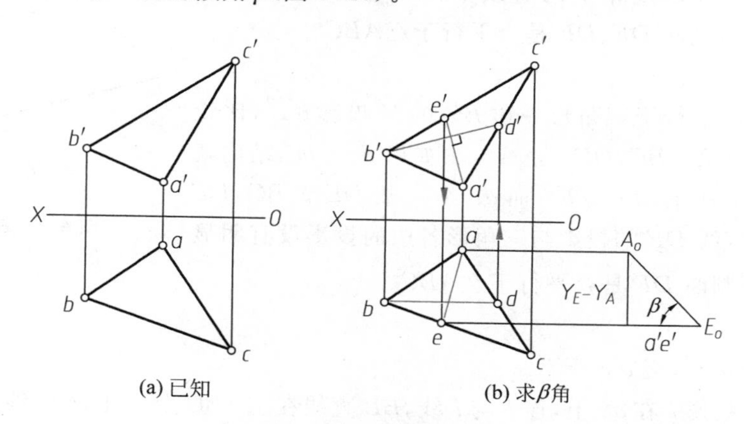

(a) 已知 (b) 求β角

图 3-40 一般面的 β 角

作图步骤

(1) 作平面内的正平线 $BD(bd,b'd')$；

(2) 过点 A 作 $AE\perp BD$，即 $a'e'\perp b'd'$，AE 即为平面对 V 面的最大坡度线；

(3) 在水平投影中用直角三角形法求出 AE 的 β 角，即为△ABC 的 β 角。

第 4 章　直线与平面、平面与平面的相对位置

（RELATIONSHIP OF LINES TO PLANES, PLANES TO PLANES）

直线与平面以及两平面的相对位置关系有：平行、相交、垂直。

4.1　直线与平面、平面与平面的平行

（Parallelism of Lines to Planes, Planes to Planes）

4.1.1　直线与平面平行（Lines Parallel to Planes）

几何关系：当平面外一直线与平面内一直线平行时，则该直线与平面平行（图 4-1）。

要判断直线与平面是否平行，只要看能否在平面内作出该直线的平行线即可。

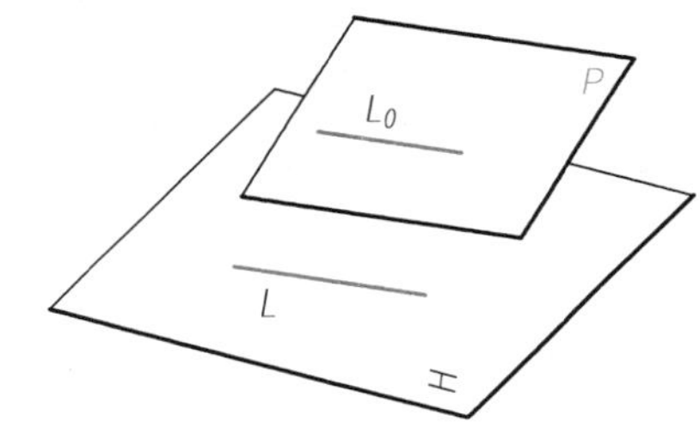

图 4-1　直线与平面平行

【例 4-1】　已知△ABC 及相交两直线 DE、DF 的投影（其中 $d'e'//b'c'$）（图 4-2(a)），判断 DE、DF 是否平行于△ABC?

分析

直线 DE 的 V 投影平行于三角形一边 BC 的 V 投影 $b'c'$，比较 de 与 bc，如 $de//bc$，则 $DE//BC$，$DE//$△ABC；如果 $de \nparallel bc$，结论就是否定的。如图 4-2(a)所示，$d'e'//b'c'$ 而 $de \nparallel bc$ 故 $DE \nparallel BC$，DE 不平行于△ABC。而直线 DF 的投影与三角形各边的投影没有明显的平行关系，故需作图判断 DF 是否平行于△ABC。

作图步骤

(1) 过 b' 作 $b'l'//d'f'$，交 $a'c'$ 于 l'。

(2) 求出 L 的 H 投影 l 在 ac 上，连 b 与 l 线，BL 直线在△ABC 上。比较 bl 线与 df，有 $bl//df$，故 $DF//BL$，所以 $DF//$△ABC（图 4-2(b)）。

【例 4-2】　已知△ABC 及平面外一点 D 的投影（图 4-3(a)），求过 D 点作直线 $DE//$△ABC，同时平行于 H 面。

分析

满足条件的直线 DE 是水平线。一个平面内有无数条直线，过 D 可作无数条直线与已知平面平行。

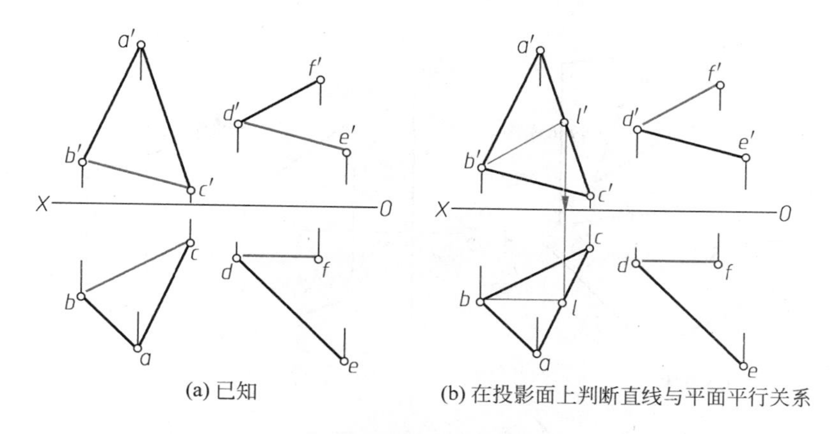

(a) 已知　　(b) 在投影面上判断直线与平面平行关系

图 4-2　判断直线与平面是否平行

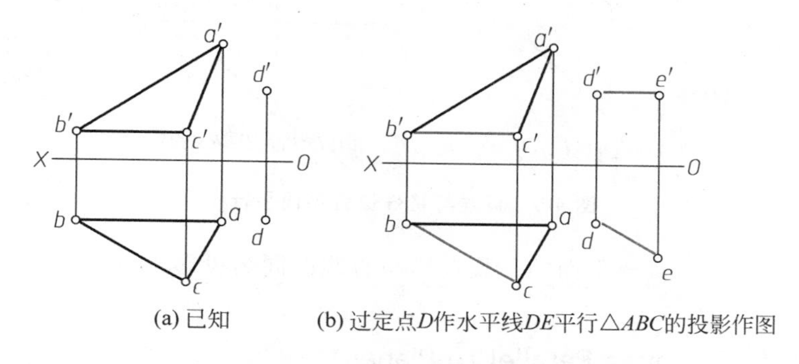

(a) 已知　　(b) 过定点D作水平线DE平行△ABC的投影作图

图 4-3　过定点 D 作水平线与已知平面平行

但平面内的水平线方向是唯一的，现只要过 D 作 DE 平行平面内的水平线即可。

作图步骤

(1) 在△ABC 内任作一条水平线。现由图知：三角形的边 BC 就是水平线，故从略。

(2) 作 $d'e' /\!/ b'c' /\!/ OX$ 轴，$de /\!/ bc$ 即可(图 4-3(b)长度不限)。

如图 4-4 所示，△ABC 各边均为一般位置线段，若过 D 点作 DE 平行于△ABC，而且 DE 又平行于 H 面，则先要在△ABC 内作水平线 $B1$，然后再作 $DE /\!/ B1$，DE 既满足平行于△ABC，又平行于 H 面的要求。

直线与平面平行，当平面处于特殊位置(平面是投影面垂直面或投影面平行面)时，平面的某投影有积聚性，在该投影面上，直线与平面的平行关系可明显地反映出来。如图 4-5(a)、(b)所示，△ABC 是铅垂面，其 H 投影有积聚性，一般位置直线 $L_1 /\!/$ △ABC，$l_1 /\!/ abc(P_H)$；另有铅垂线 $L_2 /\!/$ △ABC，两者的 H 投影都有积聚性，平行关系是不言而喻的。

图 4-5(c)、(d)所示为正垂面 Q，水平面 R 及其平行直线的平行关系。

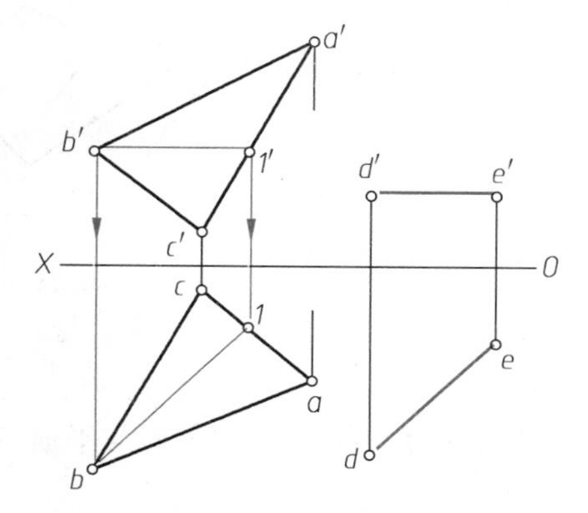

图 4-4　过 D 点作 $DE /\!/$ △ABC，且平行于 H

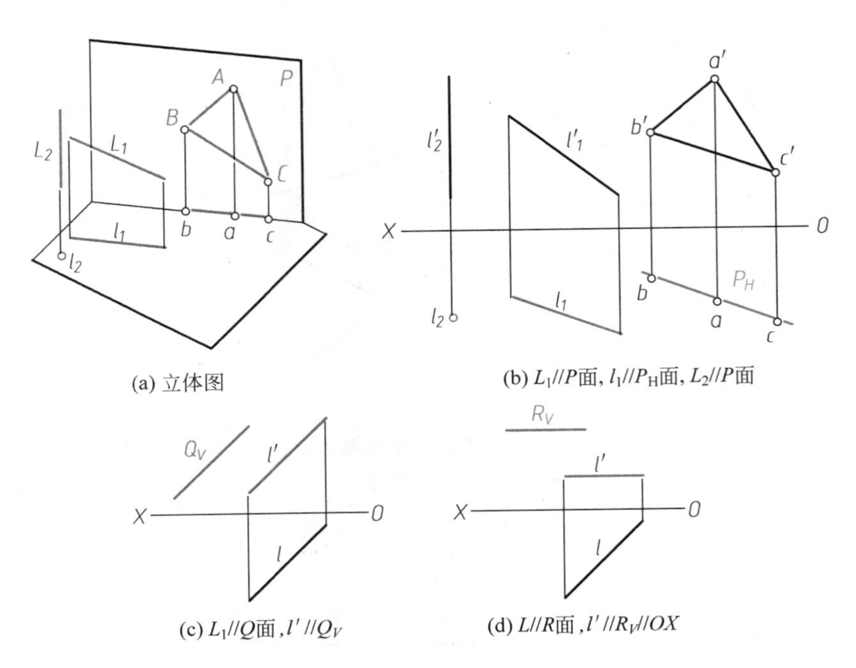

(a) 立体图　(b) $L_1//P$面，$l_1//P_H$面，$L_2//P$面

(c) $L_1//Q$面，$l'//Q_V$　(d) $L//R$面，$l'//R_V//OX$

图 4-5　直线与特殊位置平面平行

当平面垂直于某投影面时，只要平面的积聚投影与直线的同名投影平行，即可确定直线与平面平行。

4.1.2　平面与平面平行(Planes Parallel to Planes)

几何条件：当一平面内的一对相交直线对应地平行另一平面内的一对相交直线时，则两平面平行。图 4-6 所示为两个一般位置平面平行的立体图(图 4-6(a))和投影图(图 4-6(b))。

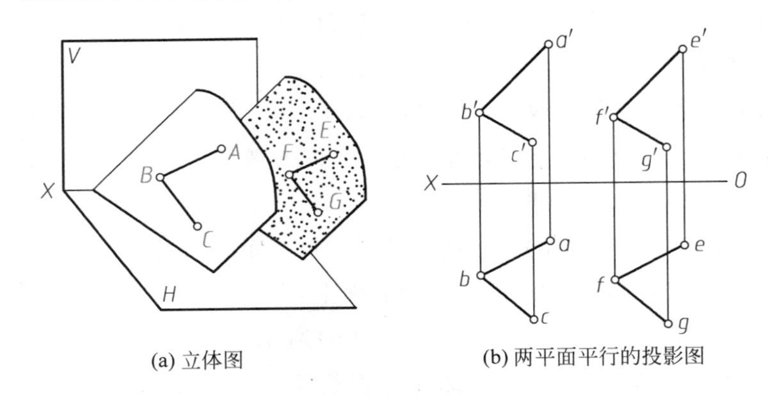

(a) 立体图　(b) 两平面平行的投影图

图 4-6　两平面平行

【例 4-3】　过点 D 作平面与平面 ABC 平行(图 4-7(a))。

分析

根据两平面平行的几何条件，要过已知点 D 作两条相交直线分别平行于平面 ABC 上的两条边就可以了。

作图步骤(图 4-7(b))

(1) 过点 D 作直线 DE 与 AB 边平行($de /\!/ ab$、$d'e' /\!/ a'b'$)。

(2) 过点 D 作直线 DF 与 BC 边平行($df /\!/ bc$、$d'f' /\!/ b'c'$),平面 EDF 为所求。

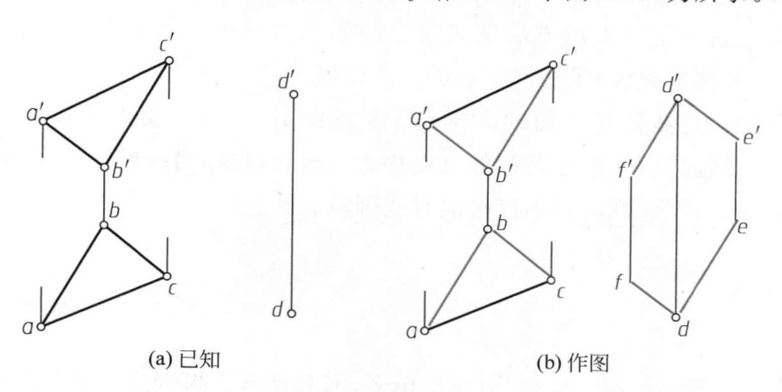

(a) 已知　　(b) 作图

图 4-7　过点作平面与已知平面平行

当两平行平面均垂直于某投影面时,两平面的积聚投影互相平行(图 4-8(a)、(b))。反之,若两平面同时垂直于某投影面,而且它们的积聚投影平行,则两平面平行。图 4-8(c)所示为两个水平面互相平行。

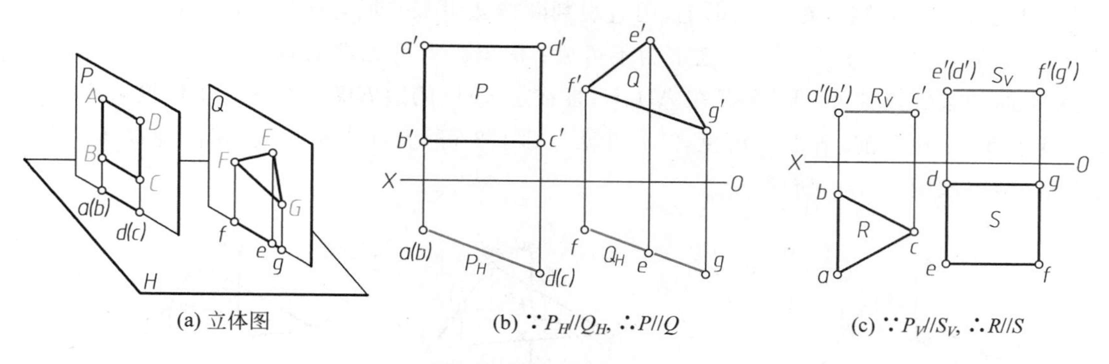

(a) 立体图　　(b) $\because P_H /\!/ Q_H$, $\therefore P /\!/ Q$　　(c) $\because P_V /\!/ S_V$, $\therefore R /\!/ S$

图 4-8　两特殊位置平面平行

4.2　直线与平面、平面与平面的相交
(Intersection of Lines and Planes, Planes and Planes)

直线与平面或两平面若不平行就会相交。在解决相交问题时,应求出直线与平面的交点(公有点)或两平面的交线(公有线),并考虑可见性问题,将被平面遮住的直线段(或另一平面的轮廓线)画成虚线,可见的直线段(或另一平面的轮廓线)画成粗实线。

应注意:在判断可见性时,线面交点及两面交线是同一直线或平面两边可见性的分界。

4.2.1　直线与平面相交（Intersection of Lines and Planes）

在投影作图中，如果给出的直线或平面的投影有积聚性，则利用积聚性可以直接确定交点的一个**投**影，而后再利用线上定点或面上定点的方法求出交点的第二个投影。如果直线或平面的投影没有积聚性，则应用辅助平面（一般用垂直面）求线面交点的方法作图。

直线与平面相交以后，直线便从平面的一侧到了平面的另一侧（以交点为界）。假定平面是不透明的，则沿投射方向观察直线时，位于平面两侧的直线势必一侧看得见，另一侧看不见（被平面遮住）。在作图时，要求把可见的直线画成粗实线，把不可见的直线画成虚线。

1. 投射线与一般面相交

1）求交点 K

图 4-9(a)所示为铅垂线 AB 与一般面△DEF 相交，求交点 K。根据交点的双重属性，K 属于 AB，K 点的 H 投影必积聚在铅垂线 H 投影的点上即 $a(k)(b)$，因此 K 点的 H 投影为已知，交点 K 又属于平面△DEF，问题变为平面△DEF 上一点 K，已知 H 投影 k 求 k'，过(k)作辅助线 $e1$，求出 $e'1'$，k'必在其上（图 4-9(b)）。

2）判断可见性

H 投影可见性无须判别。在 V 投影上，用直观判断方法可知平面轮廓线 EF 在直线 AB 前面，因而，以 k'（必可见）为界，k'之上直线可见，k'之下为不可见；按重影点可见性的判别方法，在 V 投影上选一对分属直线和平面的重影点如Ⅱ、Ⅲ，令Ⅱ在 AB 上，Ⅲ在△EFD 的边 ED 上。过 $2'3'$作投影连线，交 ab 于 2，交 ed 于 3，此时，2 在 3 前，所以 $2'$可见，$3'$不可见。即 $k'2'$可见，画成粗实线，相应地，k'以下部分不可见，画成虚线，结果如图 4-9(c)所示。

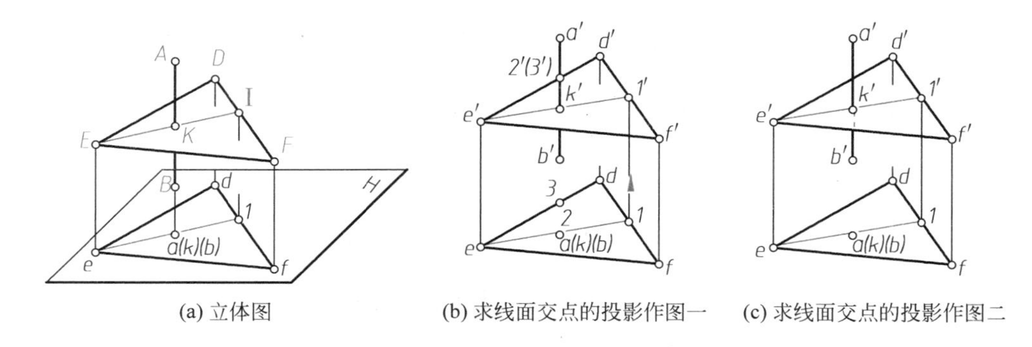

(a) 立体图　　(b) 求线面交点的投影作图一　　(c) 求线面交点的投影作图二

图 4-9　铅垂线 AB 与一般面△DEF 相交

2. 投射面与一般线相交

1）求交点 K

投射面包括所有与某一投影面垂直的平面，它们与一般线相交时，可利用平面在该投影面上的积聚性和交点的共有性直接求交点。如图 4-10(a)所示，铅垂面△ABC 与一般线 DE 相交，交点 K 的 H 投影

k 必在平面的 H 面积聚投影线段$\overline{bac}$上，又必在直线 DE 的 H 投影 de 上，因此 k 必在此两线段$\overline{bac}$与 de 的交点上，定出 H 投影 k 后，据交点公有性，k' 必在 $d'e'$ 上，即过 k 作投影连线，与 $d'e'$ 交于 k'，k、k' 即为 DE 与△ABC 交点的两投影(图 4-10(b))。

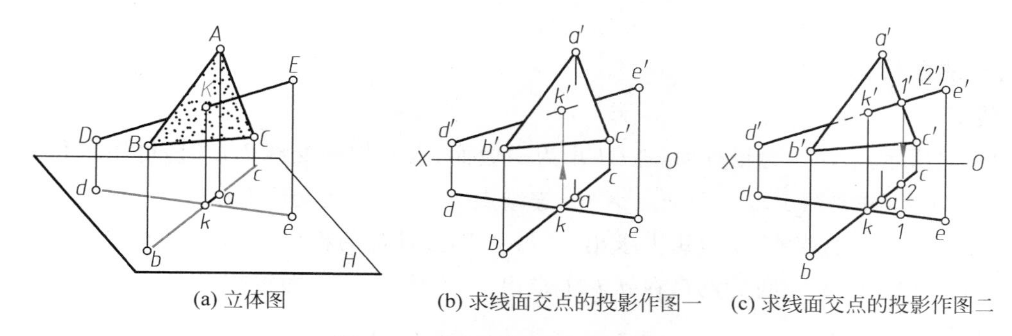

(a) 立体图　(b) 求线面交点的投影作图一　(c) 求线面交点的投影作图二

图 4-10　直线与特殊位置平面相交

2) 判断可见性

H 投影无须判断。在 V 投影面上，$d'e'$ 有一部分在△$a'b'c'$ 范围内，应区分 $d'e'$ 这部分的可见性(k' 为分界，两边可见性不同，图 4-10(c))。在 V 投影上，几何元素的上下、左右关系很清楚，而前后关系需在 H 面(或 W 面)上判别。因此，要判断 V 投影上的可见性，即判断谁前谁后、谁遮住谁的问题，必须要结合 H 投影进行分析。基本方法是：

(1) 用重影点判断，在 V 投影上选一对分属直线和平面的重影点如 Ⅰ、Ⅱ，令 Ⅰ 在 DE 上，Ⅱ 在△ABC 的边 AC 上。过 $1'2'$ 作投影连线，交 de 于 1，交 ac 于 2，此时，1 在 2 前，所以 $1'$ 可见，$2'$ 不可见，即 $k'1'$ 可见，画成粗实线，相应地，k' 以左部分不可见，画成虚线(k' 是分界点，图 4-10(c))。

(2) 直观判断法判断，留意观察该例的 H 投影，可判断直线与平面大致上的位置关系：平面(abc)自左前伸向右后，直线(de)自左后伸向右前，从交点 k 到 e 段位于平面的前方，故此，可判定，在 V 上，$k'e'$ 可见，k' 以左部分(△$a'b'c'$ 以内)不可见。这种判断可见性的方法为直观法。

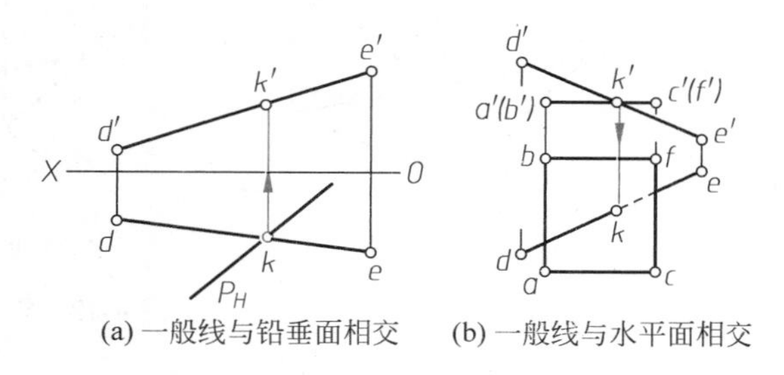

(a) 一般线与铅垂面相交　(b) 一般线与水平面相交

图 4-11　利用平面积聚投影求交点

图 4-11(a)所示为用积聚投影 P_H 表示的铅垂面 P 与一般位置直线 DE 相交，求交点的情况(因 P 面的 V 投影未绘出，故不用判断可见性)。

图 4-11(b)所示为水平面 $ABFC$ 与一般线 DE 相交，求交点 K 的作法。

4.2.2　平面与平面相交(Intersection of Planes)

平面与平面相交有一条交线，交线是两平面的共有线，即同时位于两个平面上的直线。

在投影作图中，如果给出的平面(至少有一个平面)的投影有积聚性，则利用积聚性可以直接确定交线的一个投影，然后再用面上画线的方法求出交线的第二个投影。如果给出的平面的投影没有积聚性，则可用线面交点法或辅助平面法作图。

两平面相交以后，假定两个平面都是不透明的，则它们必定互相遮挡，而且不管对哪个平面来说，都是以交线为分界，被遮挡的部分不可见，未被遮挡的部分为可见。

1．投射面与一般面相交

1）求交线 KL

如图 4-12(a)所示△ABC 为铅垂面，△DEF 为一般面，求它们的交线 KL 时，可用求投射面与一般线相交求交点的方法，并要两次求得两交点 K、L，连结点 K 与 L 即得交线 KL。

求交线 KL 的方法：直接在 H 投影上求出 de 与平面△ABC 的积聚投影$\overline{bac}$的交点 k，在 $d'e'$ 上求出 k'；在 H 投影上求出 df 与$\overline{bac}$的交点 l，在 $d'f'$ 上求出 l'，连结 k' 与 l'，即得交线 KL 的两面投影 $k'l'$、kl。

2）判断可见性

直观判断 V 投影上的可见性，从 H 投影可知，△DEF 的 F 角自两面交线 KL 伸向铅垂面的前方，故 F 角的该部分的 V 投影可见。$k'l'$ 的左方△DEF 与△ABC 的重影部分为不可见，如图 4-12(b)所示。应注意可见性是相对的，有遮住就有被遮住，两平面图形投影重叠部分的可见性判断应完整，不要顾此失彼，而两平面图形投影不重叠的部分不需判断，都是可见的。

图 4-12(c)所示为用积聚投影 P_H 表示的铅垂面 P 与一般位置平面△DEF 相交，求交线的情况。因 P 面的 V 投影未绘出，所以可见性不必判断。

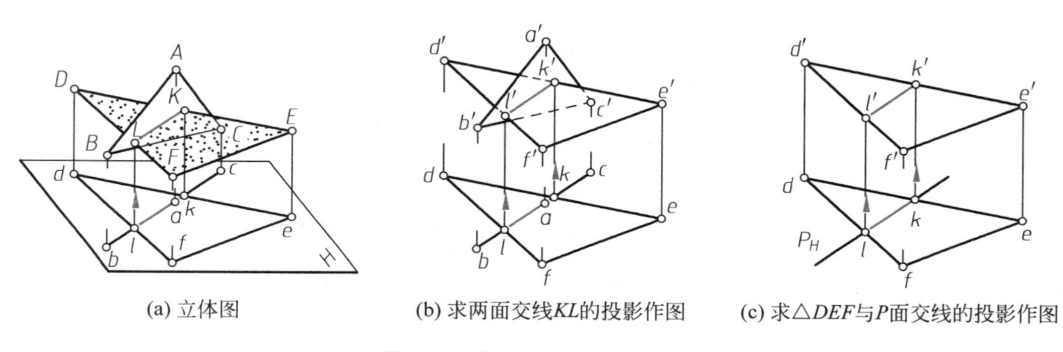

(a) 立体图　(b) 求两面交线KL的投影作图　(c) 求△DEF与P面交线的投影作图

图 4-12　铅垂面与一般面相交

当两铅垂面相交时，其交线为一条铅垂线。如图 4-13 所示，交线的 H 投影是一个点，在两平面积聚投影 P_H、Q_H 的交点 $l(k)$处，交线的 V 投影 $l'k' \perp OX$ 轴。

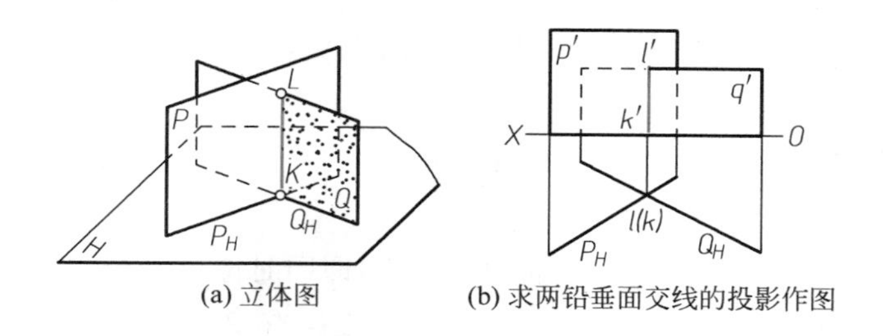

(a) 立体图　(b) 求两铅垂面交线的投影作图

图 4-13　两铅垂面相交

同理，两个正垂面的交线为一条正垂线，两个侧垂面的交线为一条侧垂线。

【例 4-4】 已知三棱锥 $S\text{-}ABC$ 及正垂面 P 的投影(图 4-14(a)、(b))，求三棱锥 $S\text{-}ABC$ 各表面与 P 面的交线。

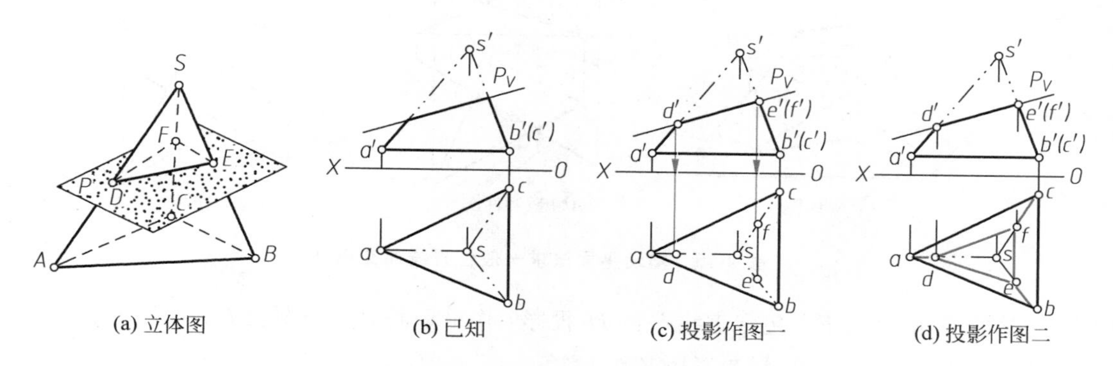

图 4-14　求正垂面与三棱锥表面的交线

分析

如图 4-14(a)、(b)所示，正垂面 P 与三棱锥的三个侧棱面均相交(△SAB、△SAC 为一般位置平面，△SBC 为正垂面)。只要分别求 P 平面与三个侧棱面的交线 DE、EF、FD 或分别求三条棱线与 P 面的交点 D、E、F，并依次连结即可。因为 $P\perp V$ 面，P 的 V 投影有积聚性，线面交点或两面交线都容易求出。

作图步骤

(1) 在 V 投影上求出 $s'a'$、$s'b'$、$s'c'$ 与 P 面的积聚投影 P_V 的交点 d'、e'、f'(因 $s'b'$ 与 $s'c'$ 重合，故 $e'(f')$ 重影)。分别在 sa、sb、sc 上求出 d、e、f(因△$SBC\perp V$ 面，故 P 面与△SBC 的交线 EF 是正垂线，$ef\perp OX$ 轴)(图 4-14(c))。

(2) 依次连结 d'、e'、f' 及 d、e、f，完成三条棱线实际存在部分的投影，并分别判断两投影上的可见性，描粗可见线段(V 面上 4 条线分别表示棱线 SA、底面△ABC、侧面△SBC 及切口，4 条线均可见；H 投影上由于棱锥上小下大，表面上所有直线均可见)。实际不存在的部分棱线可画成细双点长画线(图 4-14(c)、(d))。

2. 一般位置直线与一般位置平面相交

1) 求交点 K

设一般位置直线 L 与一般位置平面△DEF 相交的交点 K 已求出，则过 K 点在△DEF 平面上可作无数条直线，每一条直线与 L 线组成一个平面，在这些平面中必有一个铅垂面或正垂面，如图 4-15(a)所示，△DEF 平面上所作的 Ⅰ Ⅱ 线与 L 线组成一个铅垂面 P，则 Ⅰ Ⅱ 线也就是 P 面与△DEF 的交线。由此分析，可得到求一般线 L 与一般面△DEF 交点 K 的方法，这种方法称线面交点法。

空间作图步骤与方法：①包含一般位置直线 L 作辅助平面 P；②求辅助平面 P 与已知一般位置平面的交线 Ⅰ Ⅱ；③求交线 Ⅰ Ⅱ 与已知一般线 L 的交点 K，此交点即为一般线与一般面的交点(图 4-15(a))。

投影作图步骤如下。

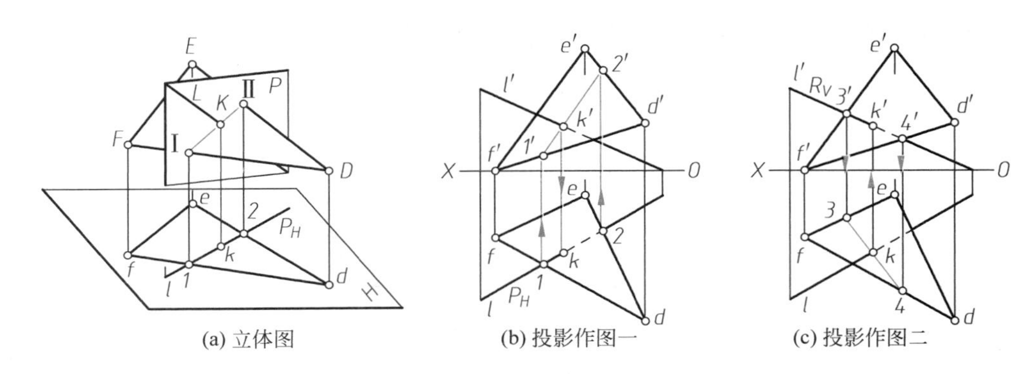

(a) 立体图　　(b) 投影作图一　　(c) 投影作图二

图 4-15　辅助平面法求一般位置线面交点

(1) 过直线作辅助平面 P。包含直线 L 的 H 投影 l 作铅垂面 P_H，只要在 l 上标注 P_H，铅垂面 P 即作出(或包含 l' 作 P_V 也可)，P 面 V 投影不必作。

(2) 求辅助平面 P 与已知平面△DEF 的交线ⅠⅡ。求出 fd、ed 与 P_H 的交点 1、2，1′在 $f'd'$ 上，2′在 $e'd'$ 上，求出 1′2′线，ⅠⅡ即是△DEF 与 P 面的交线。

(3) 求交线ⅠⅡ与直线 L 的交点。l' 与 1′2′的交点即为 k'，k 必在 l 上，求出 k，分别判断 V、H 上的可见性(图 4-15(b))。

图 4-15(c)所示为采用过 L 线作正垂面 R 求一般线 L 与一般面△DEF 交点 K 的作图方法。

2) 判断可见性

方法与前面相同。

3. 一般面与一般面相交，求交线

求两个一般位置平面的交线，也可用线面交点法，即分别求一平面内两条直线与另一平面的交点(将以上作图步骤重复两次)，两个交点所决定的直线即是两平面的交线。求出交线后，还需判别可见性。也可用辅助平面法(即三面共点原理)求两一般面的交线。

方法一：按线面交点法求两一般面的交线。

【例 4-5】 已知△ABC 和△DEF 的 V、H 投影(图 4-16(a))，求两平面的交线。

分析

如图 4-16(a)所示，两平面均为一般位置，同名投影互相重叠。可选择△DEF 的两边 DE、DF，分别求它们与△ABC 的交点 K、L，连结 K、L 的同名投影，并判别可见性即可。

作图步骤

(1) 包含 DE 作正垂面 P(积聚投影 P_V)，P 面与另一平面的两边 AC、BC 相交，求出 P 与△ABC 交线ⅠⅡ的 H 投影 12，12 与 de 交于 k，K 是 DE 与△ABC 的交点，则 k' 必在 $d'e'$ 上，求出 k'(图 4-16(b))。

(2) 包含 DF 作正垂面 Q，重复步骤(1)，求出 Q 面与△ABC 的交线Ⅲ Ⅳ，继而求出 DF 与△ABC 的交点 L 的两投影 l、l'(图 4-16(c))。

(3) 连 k' 与 l'、k 与 l 得交线 KL 的投影 $k'l'$、kl，分别判断 V、H 上的可见性(选重影点，比较上下或前后关系)(图 4-16(d))。

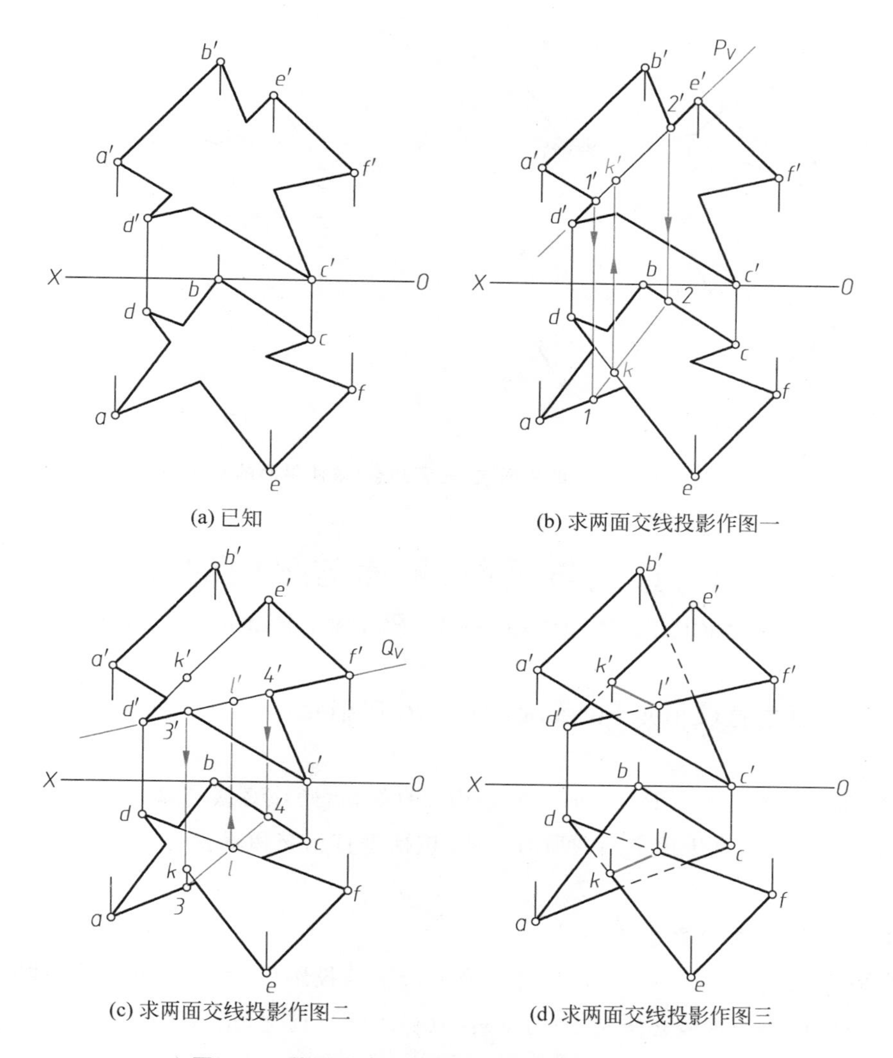

(a) 已知　(b) 求两面交线投影作图一

(c) 求两面交线投影作图二　(d) 求两面交线投影作图三

图 4-16　线面交点法求两个一般位置平面的交线

方法二：辅助平面法求两一般面的交线。

如果参与相交的两平面的同名投影不重叠，则不宜用线面交点法而要用到三面共点原理即辅助平面法求两面交线。如图 4-17 所示，欲求平面 P、Q 的交线，先作一特殊位置的辅助平面 S_1，分别求 S_1 与 P 和 Q 面的交线，两条交线的交点 K 即是三面的共点，也就是 P、Q 面交线上的一点；再作一辅助平面 S_2，将上述步骤重复一次，可求出 S_2、P、Q 三面共点 L 即为 P、Q 面交线上另一点。连点 K 与 L，KL 即为 P、Q 两平面的交线。

为使作图简便，一般选 $S_1 // S_2$ 面，而且均平行于某投影面。这样，P 面（Q 面）与两个辅助面的交线是互相平行的。作图过程如图 4-18 所示。

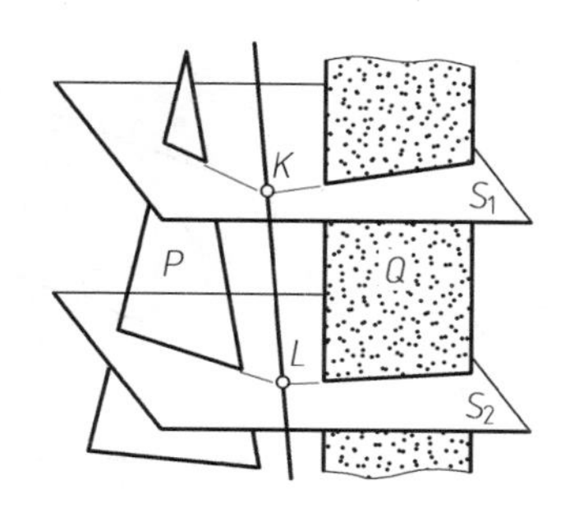

图 4-17　辅助平面法（三面共点）求两平面的交线

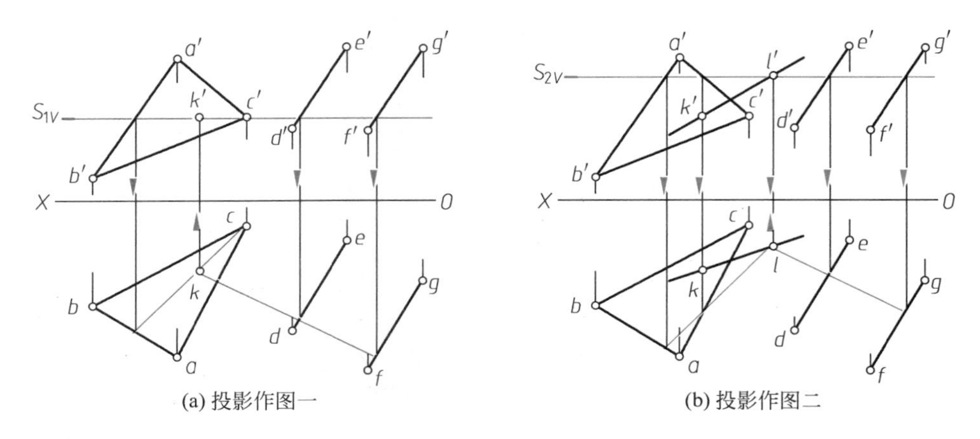

(a) 投影作图一　　(b) 投影作图二

图 4-18　辅助平面法(三面共点)求两平面的交线

4.3　直线与平面、平面与平面的垂直
(Perpendicularity of Lines to Planes, Planes to Planes)

4.3.1　直线与平面垂直(Lines Perpendicular to Planes)

由初等几何知：当直线垂直于一平面内两条相交直线时，则该直线与该平面相互垂直。若直线垂直于一个平面，则该直线必垂直于该平面内所有直线(包括垂直相交和垂直交叉)。

1. 特殊位置的直线与平面的垂直关系

当直线(或平面)处于特殊位置时，即垂直于或平行于某投影面时，其垂面(或垂线)必定也处于特殊位置。例如，H 面平行面的垂线必定是 H 面垂直线(铅垂线)，反之，铅垂线的垂面必定是水平面。

如图 4-19(a)所示，$\triangle DCE$ 所在的平面垂直于 H 面，AB 是该平面的一条垂线，故 $AB /\!/ H$ 面。此时，$\triangle DCE$ 的 H 投影有积聚性，AB 的 H 投影 $ab \underline{/\!/} AB$，$ab \perp dce(P_H)$，即水平线 AB 的水平投影必垂直于铅垂面的积聚投影(图 4-19(b)、(c))。

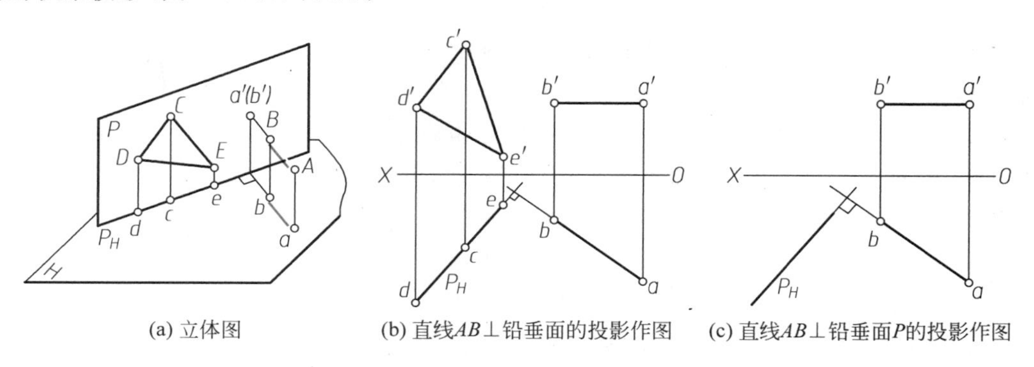

(a) 立体图　　(b) 直线$AB\perp$铅垂面的投影作图　　(c) 直线$AB\perp$铅垂面P的投影作图

图 4-19　铅垂面及其垂线

【例 4-6】 已知正垂面和平面外的一点 A 的投影(图 4-20(a)),求 A 点到平面的距离。

分析

求点到平面的距离,就是求过点和平面的垂线并求垂足。点到垂足的距离实长即为所求。

已知平面是正垂面,其垂线 AK 必定是平行于 V 面的正平线,AK 与平面的垂直关系可在 V 投影上直接反映,即 $a'k'\perp$平面的积聚投影。而垂足 k 就是垂线与平面的交点,k'在平面的积聚投影上。由于 $AK/\!/V$ 面,故 $ak/\!/OX$ 轴,$a'k'$就是 AK 实长即点 A 到平面的距离。作图方法如图 4-20(b)所示。

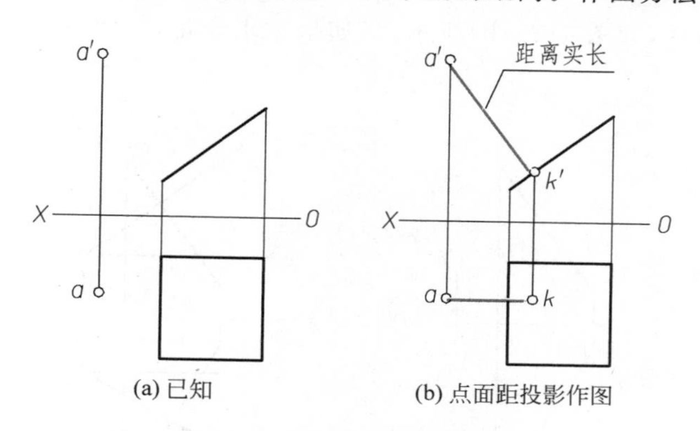

(a) 已知　　(b) 点面距投影作图

图 4-20　求点到正垂面的距离

2. 一般位置的直线与平面的垂直关系

当直线(或平面)处于一般位置时,其垂面(或垂线)必定也处于一般位置。此时,线面的垂直关系不能在 V 或 H 面上像特殊位置线面垂直那样明显地反映出来。

根据立体几何知,如图 4-21(a)所示,直线 AB 若垂直于平面 P 内的一对相交直线,则直线 AB 垂直于平面 P,AB 也必垂直于 P 面内所有直线,当然 AB 也垂直于平面内的正平线和水平线。由直角投影特性:AB 与正平线的垂直关系在 V 投影上反映,即 $a'b'$垂直于正平线的 V 投影;而 AB 与水平线的垂直关系在 H 投影上反映,即 ab 垂直于水平线的 H 投影。由此得一般位置线面垂直的投影特性为:直线

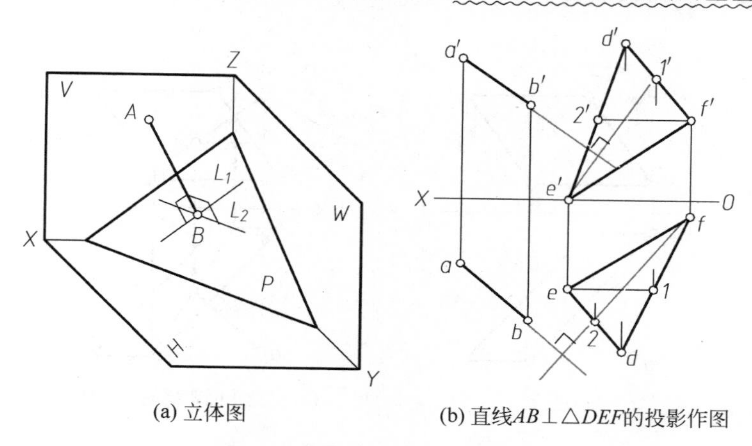

(a) 立体图　　(b) 直线$AB\perp\triangle DEF$的投影作图

图 4-21　一般位置平面及其垂线

$AB\perp$平面时，则直线 V 投影 $a'b'$ 必垂直于平面上正平线的 V 投影，直线的 H 投影 ab 必垂直于平面上水平线的 H 投影。反之，只要直线的两面投影满足上述条件，则直线垂直于平面。

如图 4-21(b)所示，$\triangle DEF$ 及其垂线 AB 的两面投影已知。在$\triangle DEF$ 中作正平线 EⅠ和水平线 FⅡ，由线面垂直的投影特性，必有 $a'b'\perp e'1'$，$ab\perp f2$ 线。

如图 4-22(a)所示，若已知 A 点及直线 L，要过 A 点作平面垂直 L 直线，只需过 A 点分别作正平线 AⅠ和水平线 AⅡ均与 L 垂直，即作 $a'1'\perp l'$，$a1/\!/OX$，作 $a2\perp l$，$a'2'/\!/OX$，则由相交两直线(AⅠ×AⅡ)构成的平面必垂直于 L 直线，如图 4-22(b)所示。(如果欲求垂足，可进一步求线面交点，参见本节相交部分内容。)

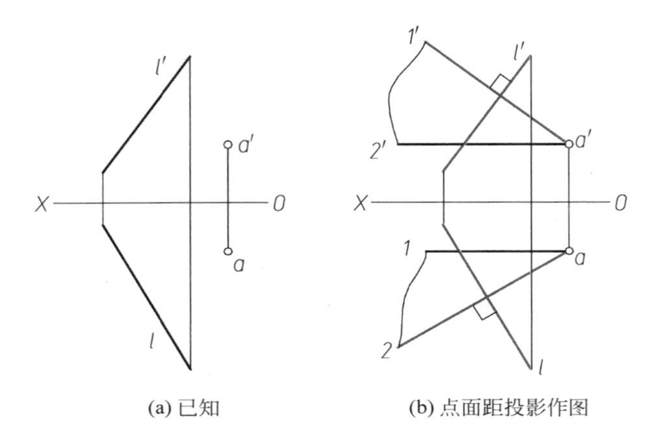

图 4-22　含点 A 作平面与一般位置直线垂直

【例 4-7】 已知点 A 及平行四边形 $CDEF$(其边 CD、EF 是正平线，DE、CF 是水平线)(图 4-23(a))，求点到平面 $CDEF$ 的距离。

分析

求点到平面的距离，就是过点作平面的垂线，求出垂足，点到垂足的距离实长即为所求。平面 $CDEF$ 为一般位置平面，可过点 A 作线垂直于平面 $CDEF$，按线面交点法求出垂足 B，再求 AB 实长。

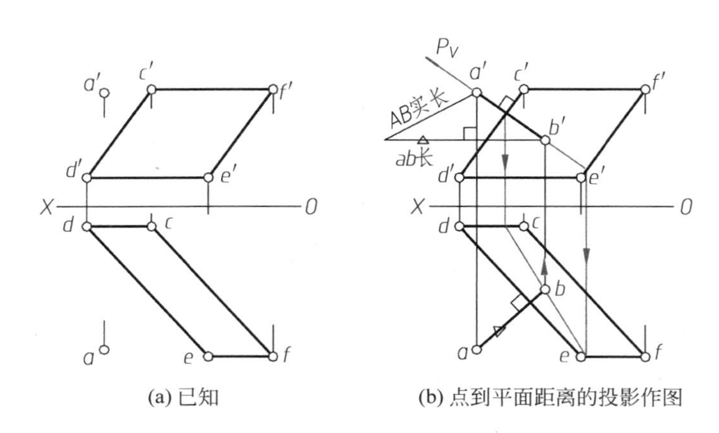

图 4-23　求点到平面的距离

作图步骤

(1) 作平面的垂线，过 a' 作 $c'd'$ 的垂线，过 a 作 de 的垂线，即得垂线的两面投影。

(2) 求垂足，包含垂线的 V 投影作正垂面 P_V，求出 P 面与四边形的交线，与垂线交于 B 点，即垂足。

(3) 求垂线 AB 的实长，用直角三角形法求 AB 的实长即为所求(图 4-23(b))。

4.3.2　两平面相互垂直(Planes Perpendicular to Planes)

由初等几何知：当一平面通过另一平面的一条垂线时，则两平面相互垂直。

如图 4-24 所示，直线 AB 与 AC 构成一个平面，另一平面 $\triangle DEF$ 的边 DF 是正平线($df \parallel OX$)，DE 是水平线($d'e' \parallel OX$)，而且 $a'b' \perp d'f'$、$ab \perp de$，所以 AB 垂直于 $\triangle DEF$。因此，平面($AB \times AC$)与 $\triangle DEF$ 相互垂直。

事实上，包含一条直线可作无数个平面。包含 AB 同样可作无数个平面，这些平面均与 $\triangle DEF$ 垂直，即图 4-24 中如果仅要求两平面相互垂直，AC 可以是任意方向。

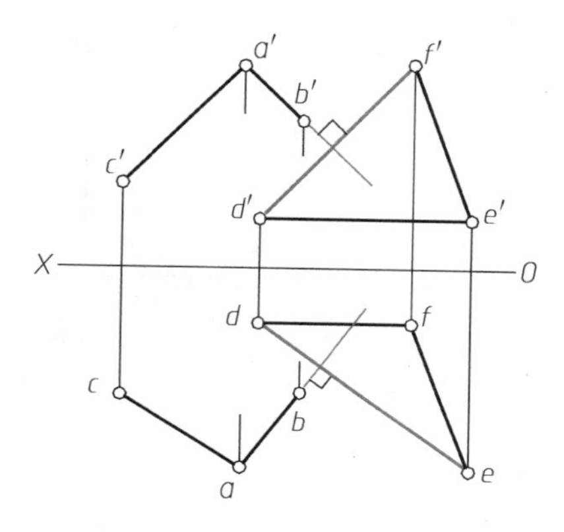

图 4-24　两平面相互垂直

【例 4-8】　已知 $\triangle DEF$、直线 L 与 A 点的投影(图 4-25(a))，求过点 A 作平面垂直于 $\triangle DEF$ 并平行于直线 L。

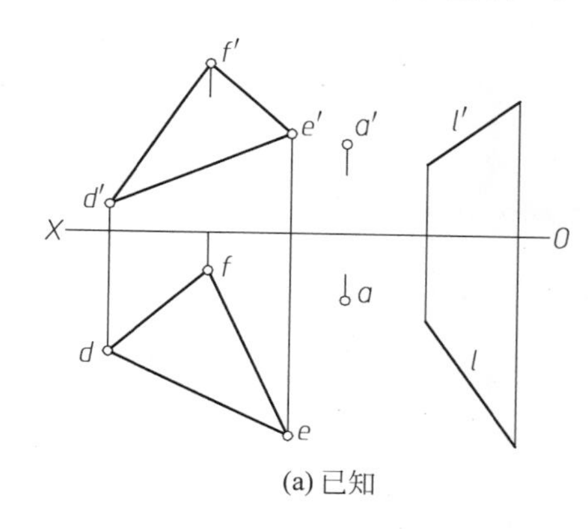

(a) 已知

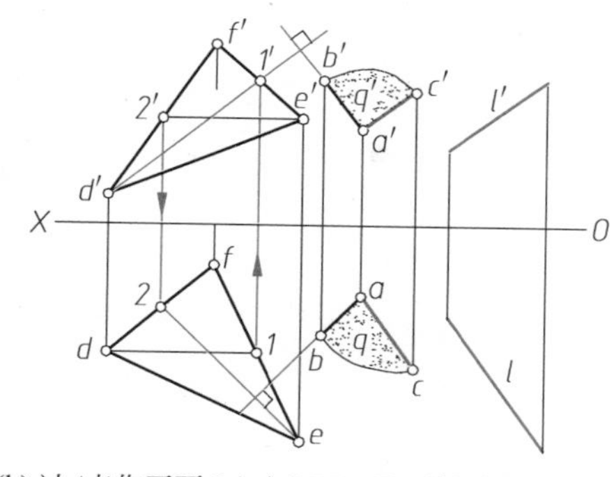

(b) 过A点作平面$Q \perp \triangle DEF$，又平行于L线的投影作图

图 4-25　过点作平面垂直于已知平面并平行于已知直线

分析

根据(图 4-25(a))条件，所求平面内必须包含一条 $\triangle DEF$ 的垂直线及一条直线 L 的平行线。过 A 点作 $\triangle DEF$ 的垂直线 AB，再过 A 点直线 L 的平行线 AC，相交两直线($AB \times AC$)所决定的平面即为所求。

作图步骤(图 4-25(b))

(1) 在 $\triangle DEF$ 内作正平线 DⅠ 和水平线 EⅡ。

(2) 过 a' 作 $a'b' \perp d'1'$，过 a 作 $ab \perp e2$，AB 即是 $\triangle DEF$ 的垂线。

(3) 作 $a'c' /\!/ l'$,$ac /\!/ l$。平面($AB \times AC$)即为所求。

当相互垂直的两个平面都垂直于某一投影面时,两平面的垂直关系在该投影面上将直接反映出来。如图 4-26 所示,P、Q 面均为铅垂面且相互垂直,在 H 投影上必有 $P_H \perp Q_H$。这是因为此时两平面的交线垂直于 H 面,两平面所成二面角的平面角平行于 H 面,角度反映实形的缘故(实际上,不仅是直角,无论两铅垂面夹角多大,在 H 投影上将如实反映出来)。

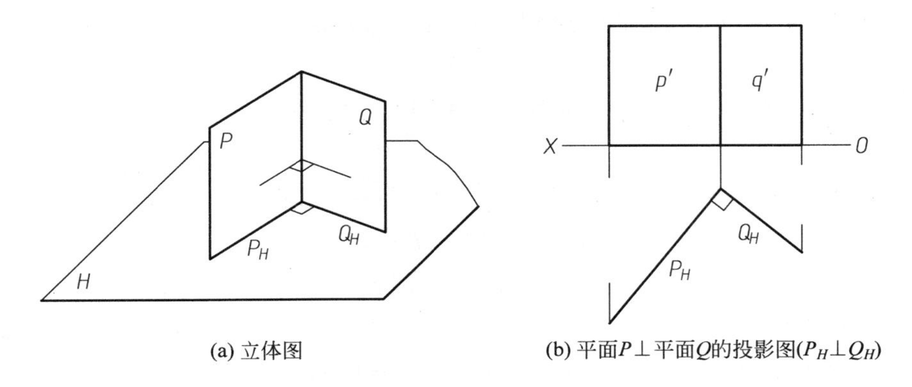

(a) 立体图 (b) 平面$P\perp$平面Q的投影图($P_H \perp Q_H$)

图 4-26 两个铅垂面相互垂直

第5章 投影变换

(SUBSTITUTION OF PROJECTION)

5.1 概　　述

(Introduction)

根据前面几章学过的投影原理和投影特性可知，当直线或平面与投影面处于特殊位置时，它们的投影具有所需要的度量性，如反映线段的实长、倾角的实形、平面图形的实形、点线距和点面距的距离实长、交错线公垂线的位置和间距实长、线面夹角的实形等，如图5-1所示。为此，要将与投影面处于一般位置的几何元素，通过一定方法将其变换成与投影面处于特殊的位置，以利于解题，这时空间几何元素本身及其相互间的度量问题或定位问题的解决就会简化，这种变换称为投影变换。所以投影变换一般是将原来在原投影面体系中处于一般位置的空间几何元素改变为与投影面处于有利于解题的位置，以达到简化解题的目的。

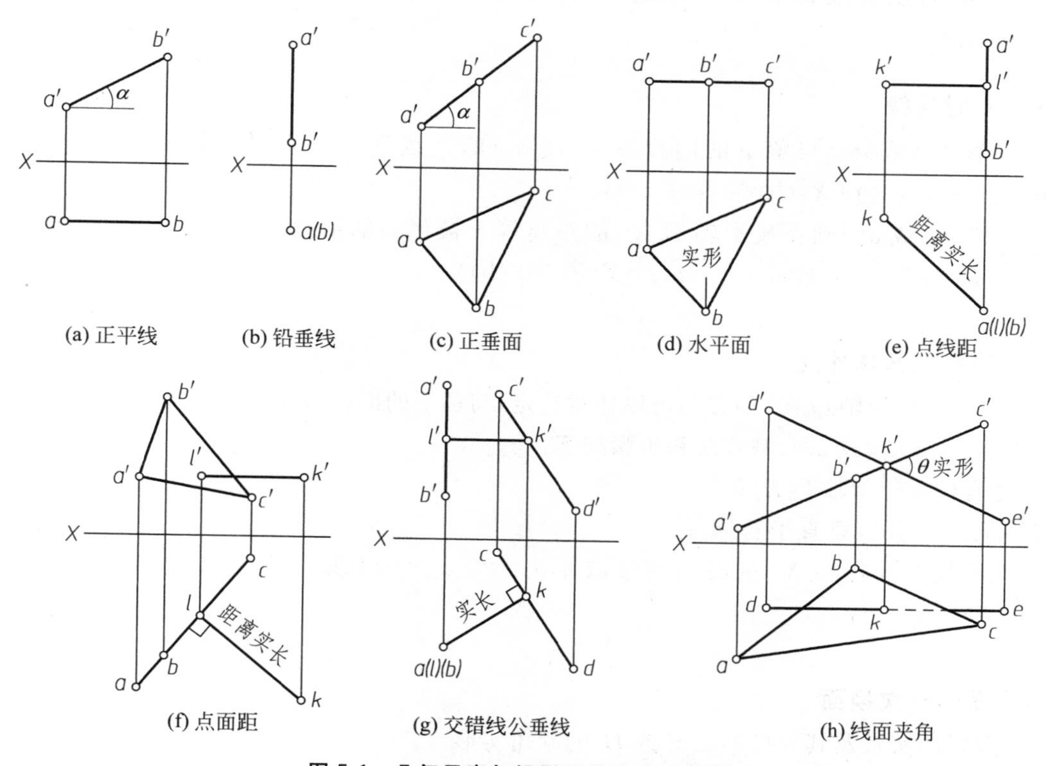

图5-1　几何元素与投影面处于特殊位置

进行投影变换的方法有多种，本章主要介绍两种方法：换面法和旋转法。

5.2 换 面 法
(Substitution Method)

换面法就是空间几何元素不动，设立新的投影面代替原有的(称旧的)投影面中的一个，使新投影面与几何元素处于利于解题的位置。

5.2.1 换面法的基本规定(Basic Rules for Substitution Method)

(1) 每一次只能更换一个投影面，可按下列次序之一更换：

$$\frac{V}{H}\rightarrow\frac{V_1}{H}\rightarrow\frac{V_1}{H_2}\rightarrow\frac{V_3}{H_2}\cdots \quad 或 \quad \frac{V}{H}\rightarrow\frac{V}{H_1}\rightarrow\frac{V_2}{H_1}\rightarrow\frac{V_2}{H_3}\cdots$$

(2) 新的投影面必须垂直于留下的旧投影面，即仍用正投影方法求新投影。如用 V_1 面代替 V 面，留下原投影面是 H 面，这时 V_1 面必须垂直于 H 面，即 $V_1\perp H$(图 5-2(a)、(b))。同理，如用 H_1 代替 H，则留下 V 面，这时 H_1 面必须垂直于 V 面，即 $H_1\perp V$(图 5-2(d)、(e))。

5.2.2 换面法的投影规律和基本作法(Projection Law and Basic Practice of Substitution Method)

1. 换面法的投影规律

(1) 新投影 a_1'(或 a_1)与留下的旧投影 a(或 a')的连线垂直于新投影轴 O_1X_1，即 $a_1'a\perp O_1X_1$(图 5-2(b)、(c))，$a_1a'\perp O_1X_1$(图 5-2(e)、(f))。

(2) 新投影 a_1'(或 a_1)到新投影轴 O_1X_1 的距离等于被代替的旧投影 a'(或 a)到原轴的距离。即 $a_1'a_{X1}=a'a_X=Z$(图 5-3(a))或 $a_1a_{X1}=aa_X=Y$(图 5-3(b))。

2. 求点的新投影的基本作法

图 5-2、图 5-3 中新轴 O_1X_1 的方向可以任意选定，与留下的旧投影 a'(或 a)的距离也是任意的。

若已知 a'、a，求 a_1'(或 a_1)，其作法和步骤如下：

(1) 在适宜位置作新轴 O_1X_1；

(2) 过 a(或 a')作线垂直于 O_1X_1；

(3) 在此垂线上并在 O_1X_1 的另一侧量取 $a_1'a_{X1}=a'a_X=Z$(或 $a_1a_{X1}=aa_X=Y$)，即得 a_1'(或 a_1)(图 5-3(a)、(b))。

3. 直线和平面的一次换面

1) 求一般线的实长及其与投影面 V 或 H 的倾角实形

由直线的投影特性可知，当直线段平行于某一投影面时，它在该面上的投影反映实长和某些倾角的实形，其余投影则平行于相应的投影轴。如图 5-4(a)所示，对于一般位置直线段 AB，可设立一新投影面 V_1，使 $V_1 \perp H$ 且 $/\!/ AB$，那么 AB 的新投影 $a_1'b_1'$ 可反映 AB 的实长和 α 角的实形。此时，V_1 面平行于梯形 $AabB$，$ab /\!/ O_1X_1$ 轴。展开后的投影图如图 5-4(b)所示，其中，$ab /\!/ O_1X_1$，$a_1'b_1' = AB$ 实长，$a_1'b_1'$ 与 O_1X_1 轴的夹角即为 α 角的实形。图 5-4(c)所示为用一次换面求一般线 CD 的 V 面倾角 β 实形。作图时，用 H_1 代替 H，这时，$H_1 \perp V$，新轴 $O_1X_1 /\!/ c'd'$，求出 CD 在新投影面 H_1 上的新投影 c_1d_1，此时 c_1d_1 即为 CD 实长，c_1d_1 与 O_1X_1 轴夹角 β 即为 CD 与 V 面倾角的实形。

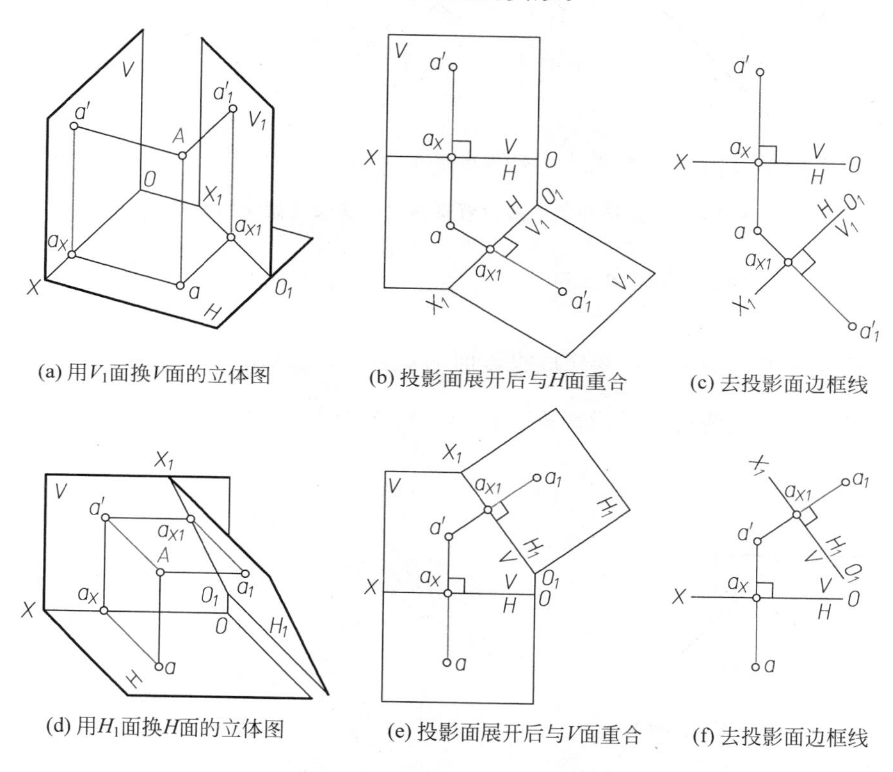

(a) 用V_1面换V面的立体图　(b) 投影面展开后与H面重合　(c) 去投影面边框线

(d) 用H_1面换H面的立体图　(e) 投影面展开后与V面重合　(f) 去投影面边框线

图 5-2　换面法投影规律(一)

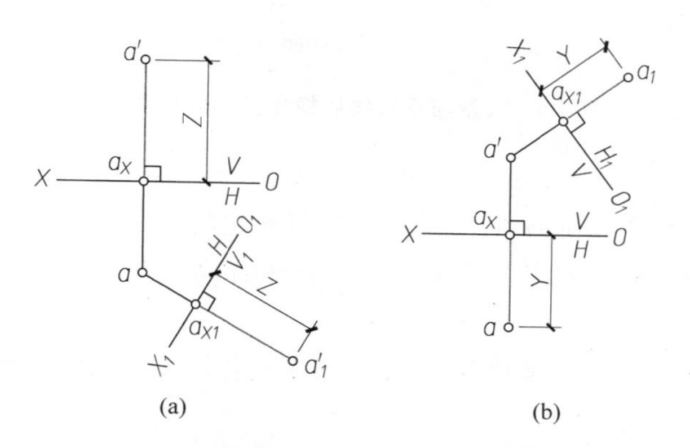

(a)　(b)

图 5-3　换面法投影规律(二)，新投影作图方法

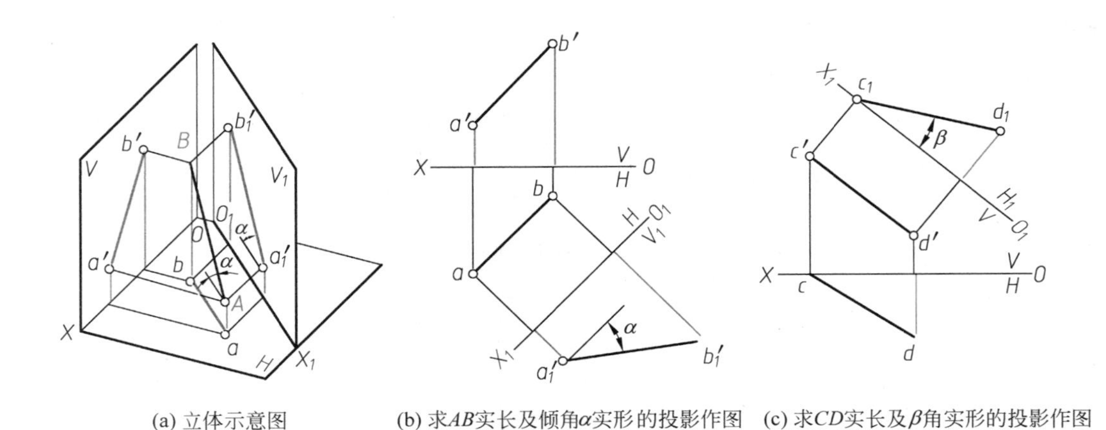

(a) 立体示意图 (b) 求AB实长及倾角α实形的投影作图 (c) 求CD实长及β角实形的投影作图

图 5-4 一次换面求一般位置直线段的实长及倾角的实形

2）把投影面平行线变换成投影面垂直线

分析

如图 5-5(a)所示，为把正平线 AB 变换成投影面的垂直线，应该用 H_1 面去替换 H 面，并让 $H_1 \perp V$、$H_1 \perp AB$（注意，新轴必须与直线的实长投影垂直，即 $O_1X_1 \perp a'b'$），直线 AB 在$\dfrac{V}{H_1}$体系中即为 H_1 面的垂直线。

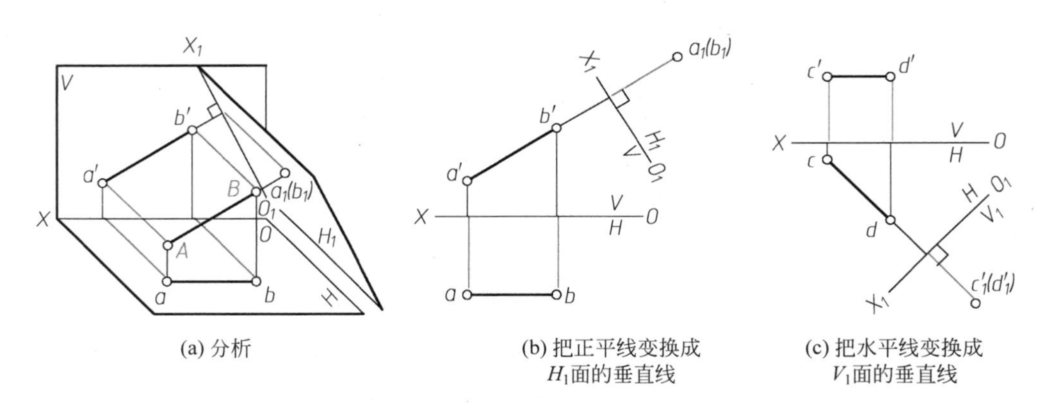

(a) 分析 (b) 把正平线变换成 H_1面的垂直线 (c) 把水平线变换成 V_1面的垂直线

图 5-5 投影面平行线变换成投影面垂直线

作图步骤(图 5-5(b))

(1) 在适宜位置作新轴 O_1X_1，使 $O_1X_1 \perp a'b'$（距离可随意确定）；

(2) 作出 A、B 两点在 H_1 面上的新投影 a_1 和 b_1（应重合成一点），即为直线 AB 在 H_1 面上的积聚投影。

图 5-5(c)表明了把水平线 CD 变换成 V_1 面的垂直线的作图方法。图中新轴 O_1X_1 应垂直于实长投影 cd，新投影 $c_1'd_1'$应积聚成一点。

3）求投射面的实形和一般面的倾角实形

图 5-6(a)所示为求投射面的实形，其中图(a_1)、图(a_2)给出了铅垂面△ABC，为把它变换成投影面平

行面，必须用 V_1 面去替换 V 面，只要 V_1 面平行于△ABC，也就必然垂直于 H 面（注意，新轴 $O_1X_1 /\!/ \overline{abc}$），求出△$ABC$ 在 V_1 上的新投影△$a_1'b_1'c_1'$，即为所求的△ABC 的实形。

图 5-6(a)中的图(a_3)表明，为把正垂面△DEF 变换成投影面平行面，必须用 H_1 面去替换 H 面，只要 $H_1 /\!/ DEF(\perp V)$，就可以把△DEF 变换成$\dfrac{V}{H_1}$体系中的 H_1 面的平行面。作图时新轴 $O_1X_1 /\!/ \overline{d'e'f'}$，求出新投影 $d_1e_1f_1$，即为△DEF 的实形。

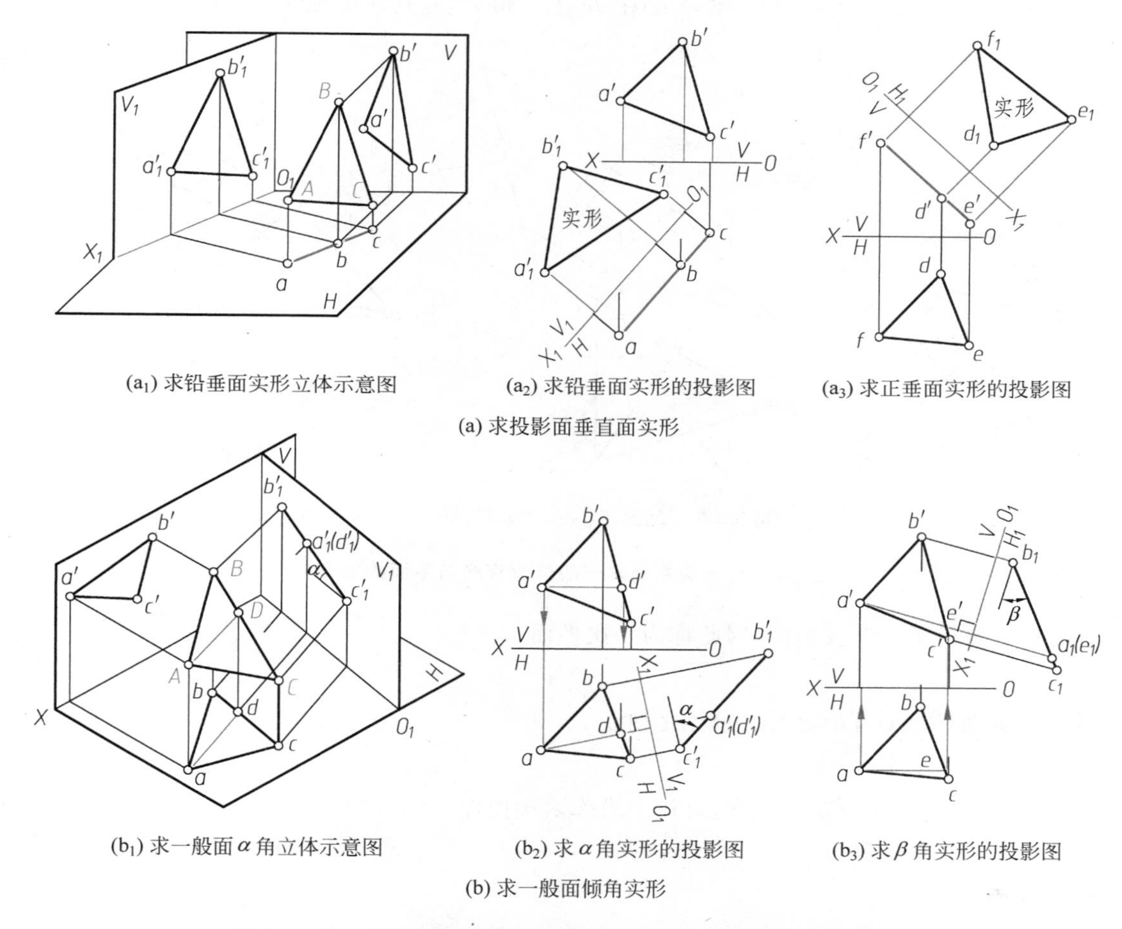

(a_1) 求铅垂面实形立体示意图　(a_2) 求铅垂面实形的投影图　(a_3) 求正垂面实形的投影图

(a) 求投影面垂直面实形

(b_1) 求一般面 α 角立体示意图　(b_2) 求 α 角实形的投影图　(b_3) 求 β 角实形的投影图

(b) 求一般面倾角实形

图 5-6　用一次换面求投影面垂直面的实形和一般面倾角的实形

图 5-6(b)所示为将一般面变为投射面，并求一个倾角 α 的实形。根据两面垂直的几何关系，先在平面上作一水平线 AD，使新轴 O_1X_1 垂直于水平线 AD 的 H 投影 ad，即 $ad \perp O_1X_1$，这时新投影面 V_1 既垂直于 H 面又垂直于△ABC，求出△ABC 在 V_1 面上的新投影 $b_1'a_1'(d_1')c_1'$，积聚为一直线，说明△ABC $\perp V_1$ 面并且反映倾角 α 实形，如图 5-6(b)中图(b_1)、(b_2)所示。求 β 角时，先在△ABC 平面上作一条正平线 AE，使新轴 O_1X_1 垂直于 AE 的 V 投影 $a'e'$（即 $a'e' \perp O_1X_1$）并求出新投影 $b_1a_1(e_1)c_1$（积聚为直线段），即可得到平面对 V 投影面倾角 β 的实形，如图 5-6(b)中图(b_3)所示。

4）求一般面与一般线的交点

如图 5-7(a)所示，直线 DE 及△ABC 均处于一般位置，现用一次换面求线面交点。设想保留 V 面（保留 H 面也可以），用 H_1 换 H，使△ABC 在 H_1 面上的投影有积聚性。如图 5-7(b)所示，在△ABC 内作正平线 BL（bl 线 // OX 轴），令 O_1X_1 轴 $\perp b'l'$，则平面的新投影积聚成一条直线段 $\overline{a_1b_1(l_1)c_1}$。求出 DE 的新投影 d_1e_1，它与 $\overline{a_1b_1(l_1)c_1}$ 的交点就是直线与平面交点 K 的新投影 k_1。如图 5-7(c)所示，作 $k_1k' \perp O_1X_1$，k' 必落在 $d'e'$ 上。再作 $k'k \perp OX$ 轴，k 必在 de 上。最后，应判断可见性。

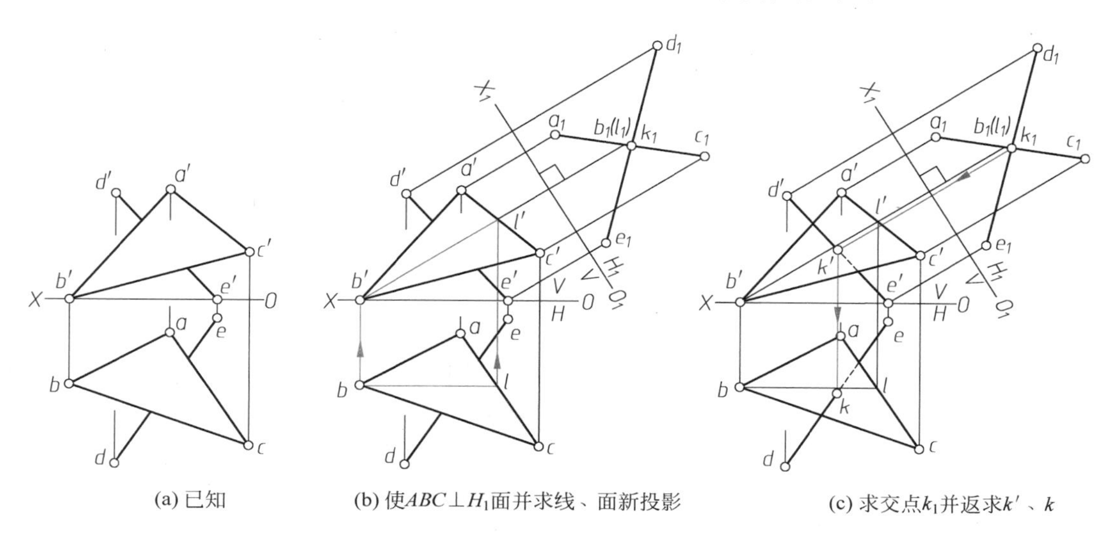

(a) 已知　(b) 使$ABC \perp H_1$面并求线、面新投影　(c) 求交点k_1并返求k'、k

图 5-7　用一次换面求一般位置直线与平面的交点

以上作法，只更换了一个投影面，因此称为一次换面。

5.2.3　两次换面(Two-Time Substitution)

根据以上换面法的两个规定和规律，可用来求作两次换面。

1. 点的两次换面

图 5-8(a)所示为求 A 点的两次换面的作图方法的立体图，其投影图（图 5-8(b)）作法如下：先作 O_1X_1 轴，过 a 作线垂直于 O_1X_1 轴，在 O_1X_1 轴的另一侧取 $a_1'a_{X1}=a'a_X$，求得点 A 的一次换面新投影 a_1'，即为 A 点在 V_1 面上的新投影。在第二次换面时，可把 V 投影丢开不管，而把 H 和 V_1 投影看作原有的旧投影面体系。这样两次换面的作图方法，实质上是进行两次一次换面的作图，所以，第二次再作新轴 O_2X_2，过 a_1' 作线垂直于新轴 O_2X_2，在新轴 O_2X_2 的另一侧量取 $a_2a_{X2}=aa_{X1}$，于是求得了 A 点的两次换面后的新投影 a_2，即 A 点在 H_2 面上的新投影（即先用 V_1 换 V，留下 H，这时 $V_1 \perp H$，再用 H_2 换 H，这时留下 V_1，$V_1 \perp H_2$）。

求 A 点的两次换面时，新投影轴 O_1X_1 和 O_2X_2 的方向都是任意选取的，但在求直线、平面和点线面空间几何元素的度量问题和定位问题时，新轴的方向不能任意选定，必须根据解题需要来选择。

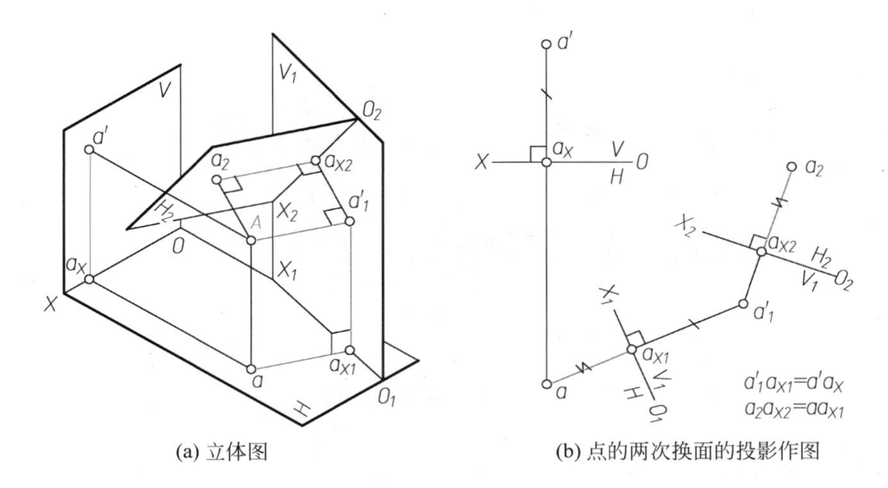

(a) 立体图　　(b) 点的两次换面的投影作图

图 5-8　点 A 的两次换面

2. 一般线的两次换面

【例 5-1】　已知一般线 AB 的投影(图 5-9(a)、(b)),试把它改造为投影面垂直线。

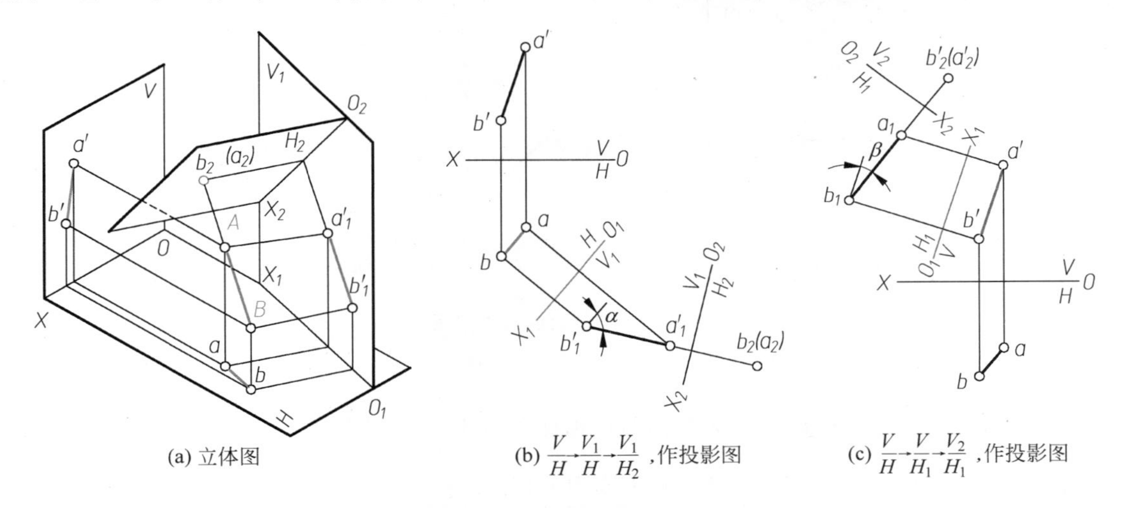

(a) 立体图　　(b) $\frac{V}{H}\to\frac{V_1}{H}\to\frac{V_1}{H_2}$,作投影图　　(c) $\frac{V}{H}\to\frac{V}{H_1}\to\frac{V_2}{H_1}$,作投影图

图 5-9　一般线的两次换面

分析

直线 AB 在 V/H 体系中处于一般位置,如果先建立一个与 AB 垂直的新投影面,则该新投影面在原体系中也处于一般位置,不符合换面法的规定,不能与 V 或 H 面组成正投影体系,因此,必须进行两次换面。首先,将一般线变换成投影面平行线,然后,再将此平行线变换为垂直于投影面的直线。现在,先设立 $V_1 /\!/ AB$,在 V_1/H 体系中 AB 处于正平线的位置,求出 AB 在 V_1 面上的新投影 $a'_1b'_1$,然后,再设立一个垂直于 AB 和 V_1 面的新投影面 H_2,在 V_1/H_2 投影面体系中 AB 处于投射线位置,新投影 $b_2(a_2)$积聚为一点(图 5-9(a))。

作图步骤(图 5-9(b))

换面的次序是$\frac{V}{H}\rightarrow\frac{V_1}{H}\rightarrow\frac{V_1}{H_2}$。

(1) 作 $O_1X_1 /\!/ ab$,根据规律求出新投影 $a_1'b_1'$,它反映 AB 的实长,并且反映 α 角的实形。

(2) 作 $O_2X_2 \perp a_1'b_1'$,求出 $b_2(a_2)$即为所求。

图 5-9(c)所示换面的次序是$\frac{V}{H}\rightarrow\frac{V}{H_1}\rightarrow\frac{V_2}{H_1}$,可求出 AB 与 V 面倾角的实形 β 角。

3. 一般面的两次换面

【例 5-2】 已知$\triangle ABC$ 的两投影(图 5-10),求$\triangle ABC$ 实形。

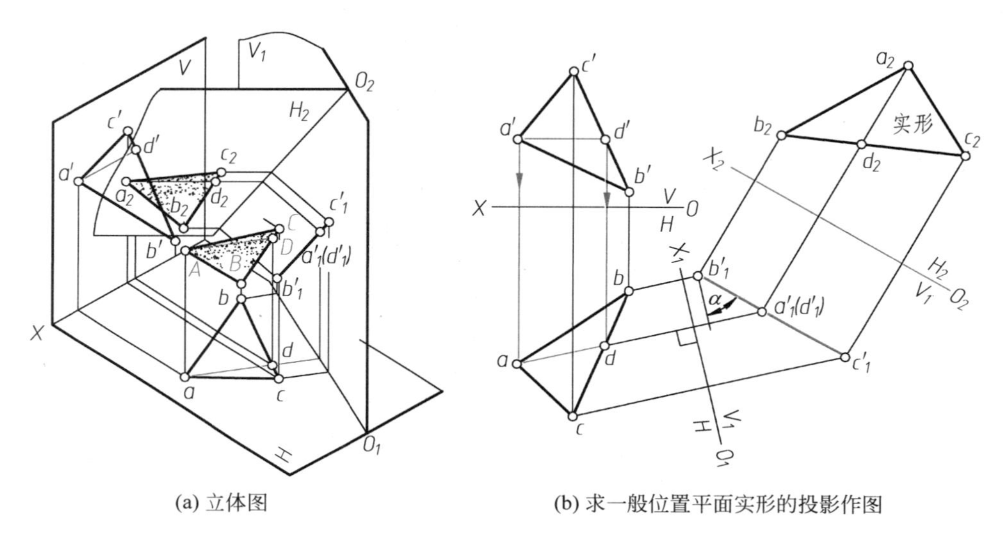

(a) 立体图　　(b) 求一般位置平面实形的投影作图

图 5-10　一般面的两次换面

分析

$\triangle ABC$ 为一般位置平面,求实形时,若先使新投影面平行于$\triangle ABC$,这个新的投影面在 V/H 体系中必为一般面,故需先使$\triangle ABC$ 变为投射面,然后才能变为平行面。换面的次序为$\frac{V}{H}\rightarrow\frac{V_1}{H}\rightarrow\frac{V_1}{H_2}$(图 5-10(a))。

作图步骤(图 5-10(b))

(1) 在$\triangle ABC$ 内作水平线 AD 的两投影 ad、$a'd'$。

(2) 作 $O_1X_1 \perp ad$,求出$\overline{a_1'b_1'c_1'}$积聚为一直线,即图 5-10(b)中的$\overline{b_1'a_1'(d_1')c_1'}$。

(3) 作 $O_2X_2 /\!/ \overline{b_1'a_1'(d_1')c_1'}$(两平行线的间距可以任意),求出$\triangle a_2b_2c_2$,此三角形即为$\triangle ABC$ 的实形。

5.2.4 应用换面法求解综合题(Compositive Examples of Substitution Method)

【例 5-3】 已知$\triangle ABC$ 及平面外一点 K 的两投影(图 5-11(b)),求 K 点到$\triangle ABC$ 平面的距离。

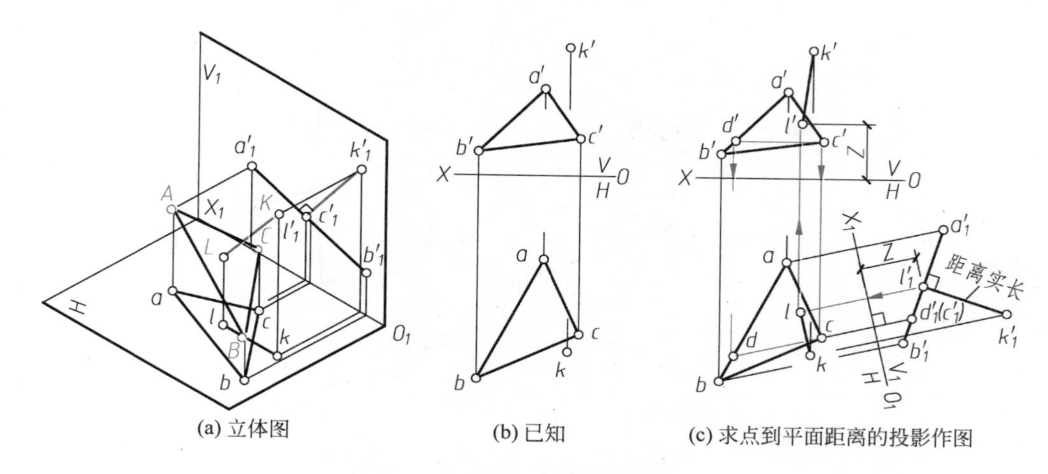

(a) 立体图　(b) 已知　(c) 求点到平面距离的投影作图

图 5-11　求点到平面的距离

分析

由图5-11得知△ABC为一般面，要求点到平面的距离，可自K点向△ABC平面引垂线，求出垂足L，再求K点与垂足L的距离(即KL实长)，利用换面法，可将一般面变为投影面的垂直面(即△$ABC\perp V_1$或△$ABC\perp H_1$)，在平面积聚为线段的投影上，自点的新投影向平面的积聚线段作垂线$k_1'l_1'$，此垂线即为点到平面的距离实长($k_1'l_1'=KL$)。本题用一次换面即可求解(图5-11(a))。

作图步骤(图5-11(c))

(1) 在V、H投影中作△ABC平面的水平线CD的投影$c'd'$及cd。

(2) 作$O_1X_1\perp cd$，这时△ABC垂直于V_1平面，在V_1面上求出△ABC的新投影$\overline{a_1'd_1'(c_1')b_1'}$(积聚为直线)，并求出$k_1'$。

(3) 过k_1'向$\overline{a_1'd_1'(c_1')b_1'}$线作垂线得垂足$l_1'$，这时$k_1'l_1'$即为点面距$KL$的实长。

(4) 过垂足的V_1投影l_1'引轴的垂线，根据投影面平行线的特性，在H投影中过k作O_1X_1的平行线与所引的O_1X_1垂线相交于l点。

(5) 过l点作OX轴的垂线，在V_1投影中量取l_1'到新轴O_1X_1的距离Z等于V投影中l'到OX轴的距离Z，于是求得了K点到△ABC距离的投影$k'l'$、kl。

【例5-4】 已知两面交错直线AB、CD的投影，求公垂线及垂足(或求最短距离)，如图5-12(b)所示。

分析

两交错直线的距离，只有它们的公垂线为最短(又称间距)，要作出此公垂线，并求出其实长，可利用两次换面，使其中一直线如AB线成为新投影面H_2的垂直线，此时，公垂线KL必平行于H_2平面，KL的新投影k_2l_2反映实长。如图5-12(a)所示，由于KL是H_2平面的平行线，则KL与CD的垂直关系将在H_2投影中得到反映，即$k_2l_2\perp c_2d_2$。由于k_2l_2为实长，则在V_1投影中$k_1'l_1'$必平行于O_2X_2轴，于是求得$k_1'l_1'$，再反求KL的H、V投影kl和$k'l'$。

本题新轴的方向选择是以直线AB为依据，CD则跟着换面过来。

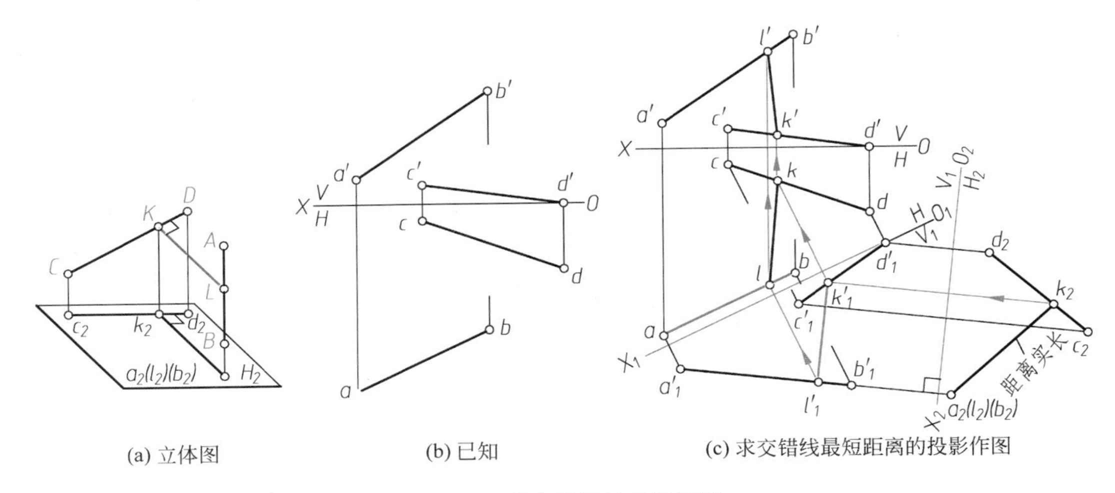

(a) 立体图　　(b) 已知　　(c) 求交错线最短距离的投影作图

图 5-12　求交错线的最短距离

作图步骤(图 5-12(c))

(1) 在适当位置作 $O_1X_1 /\!/ ab$(用 V_1 代 V,使 $V_1 \perp H$),并求出 $a'_1b'_1$($a'_1b'_1$反映实长)和 $c'_1d'_1$(CD 在 V_1/H 体系中仍为一般线)。

(2) 作 $O_2X_2 \perp a'_1b'_1$(用 H_2 代 H,使 $H_2 \perp V_1$),并求出 $a_2(b_2)$(积聚为一点)和 c_2d_2(CD 在 V_1/H_2 体系中仍为一般线)。

(3) 根据一边平行投影面的直角投影原理,过 $a_2(b_2)$点作线垂直于 c_2d_2 得 k_2l_2 即为交错两直线 AB、CD 的最短距离的实长。

(4) 过 k_2 作 O_2X_2 轴的垂直线与 $c'_1d'_1$交于 k'_1点,在 V_1 面投影中过 k'_1点作线平行于 O_2X_2 与 $a'_1b'_1$交于点 l'_1。

(5) 根据 k'_1和 l'_1反求 KL 的 H、V 投影。

【例 5-5】 图 5-13(a)所示是由四个梯形平面组成的料斗,求料斗相邻两平面 $ABCD$ 和 $CDEF$ 的夹角 θ。

分析

若将两个平面同时变换成同一投影面的垂直面,也就是将它们的交线变换成投影面的垂直线,则两平面积聚投影之间的夹角就反映出两平面的夹角(如图 5-13(c))。料斗相邻两平面的交线 CD 是一般位置直线,要将它变换成投影面垂直线必须经过两次换面,即先将一般位置直线变换成投影面的平行线,再将此平行线变换成投影面的垂直线。

由于直线与线外一点就能确定一个平面,为了简便作图,在对平面 $ABCD$ 和 $CDEF$ 进行投影变换时,只需分别变换 CD 和点 A、点 E 即可。

作图步骤(图 5-13(b))

(1) 将一般位置直线 CD 变换为投影面平行线,本例变换 V 投影面。作轴 $O_1X_1 /\!/ cd$,按投影变换基本作图法求出两平面 $ABCD$ 和 $CDEF$ 在 V_1 投影面上的投影 c'、d'_1、a'_1、e'_1,连结 c'_1、d'_1,即得 CD 变换成 V_1/H 中的 V_1 面平行线的 V_1 面投影。

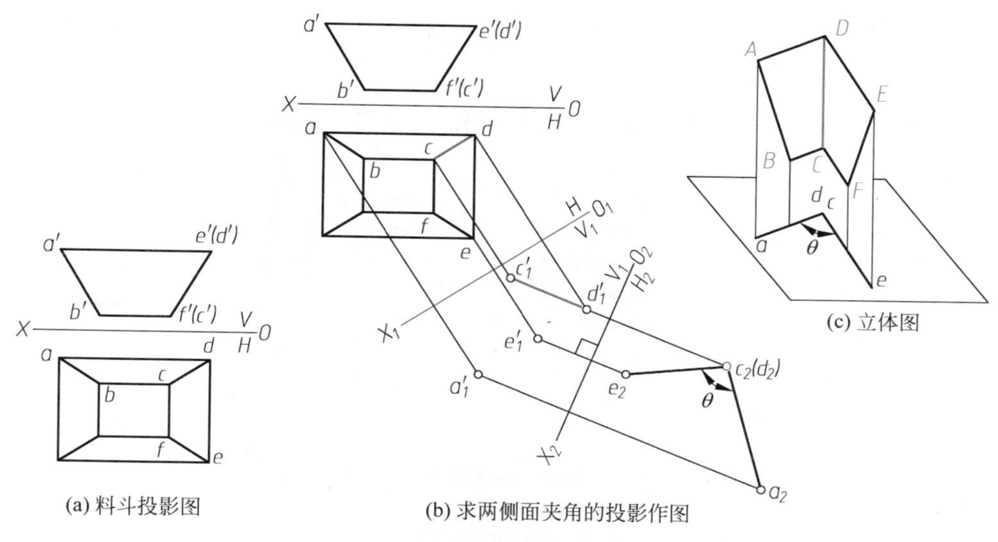

(a) 料斗投影图　(b) 求两侧面夹角的投影作图　(c) 立体图

图 5-13　求作两平面的夹角

(2) 将投影面平行线 CD 变换为新投影面的垂直线。作 $O_2X_2 \perp c_1'd_1'$，求出 c_2、d_2、a_2、e_2，其中 c_2 与 d_2 重影，$c_2(d_2)$即为 CD 变换成 V_1/H_2 中的 H_2 面垂直线的有积聚性的 H_2 面投影。

(3) 将 a_2、e_2 分别与 $c_2(d_2)$相连，得到两个平面有积聚性的 H_2 面投影 a_2c_2、$e_2(d_2)$，它们之间的夹角即为所求的夹角 θ。

5.3 旋　转　法

(Rotation Method)

旋转法是原投影面体系不动，将空间几何元素绕某一轴线旋转，使之达到有利于解题的位置。

绕投影面垂直线为轴旋转的基本知识如下。

(1) 每一次只能以垂直于一个投影面的直线为轴旋转。旋转顺序与换面法类似，垂直于 H 面与垂直于 V 面交替进行，如第一次轴线垂直于 H 面，则第二次轴线应垂直于 V 面，即以 $\perp H \rightarrow \perp V \rightarrow \perp H$ 或 $\perp V \rightarrow \perp H \rightarrow \perp V$，本书只介绍一次旋转。

(2) 旋转过程中空间各几何元素之间的相对位置不能改变，因此，必须使各几何元素作同轴、同方向、同角度旋转。

(3) 旋转规律：点以直线为轴旋转时，其旋转轨迹为圆，有旋转中心、旋转半径。故当点绕垂直于某一投影面的直线旋转时，旋转的轨迹圆和旋转半径在该面上的投影反映实形(圆)、实长(半径)，另一个投影为投影轴的平行线(图 5-14(a)、(b))。图 5-14(a)中 II_1 轴 $\perp H$(II_1 为铅垂线)，旋转半径 $I_AA=R$。当点绕垂直于 H 面的轴旋转时，点的 H 投影沿圆周移动，圆的中心在轴线上，点的 V 投影沿直线移动，该直线与旋转轴垂直，即与 OX 轴平行。图 5-14(b)所示轴线垂直于 V 面，当点绕垂直于 V 面的轴线 II_1 旋转时，点的 V 投影沿着圆周移动，该圆的中心在旋转轴上；点的 H 投影沿直线移动，该直线与旋转轴垂直，即平行于 OX 轴。

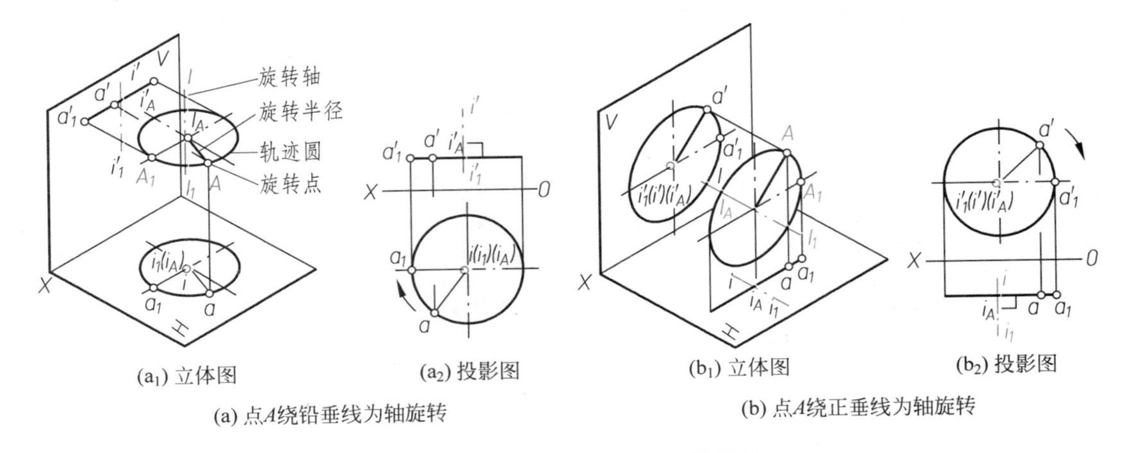

(a) 点A绕铅垂线为轴旋转　(b) 点A绕正垂线为轴旋转

图 5-14　点绕投影面垂直线为轴旋转

掌握了这两个基本规律后，就不难求解综合性问题。

【例 5-6】 已知一般线 AB 的投影 ab、$a'b'$(图 5-15(a))，求 AB 的实长和对 H 面倾角 α 的实形。

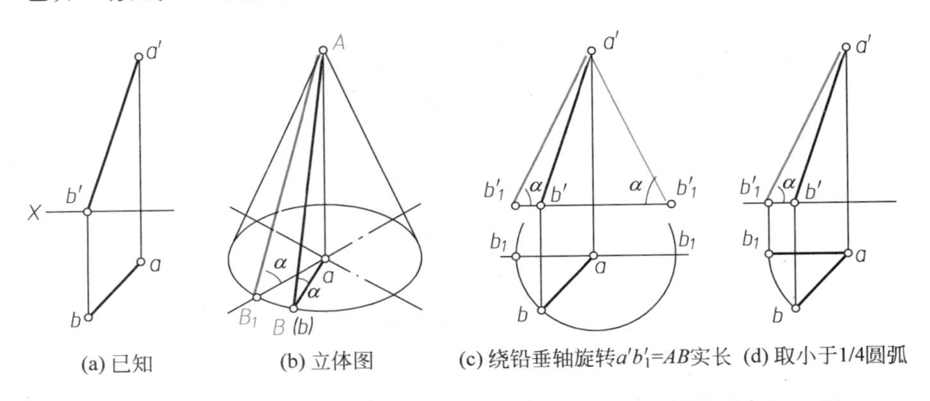

(a) 已知　(b) 立体图　(c) 绕铅垂轴旋转$a'b'_1=AB$实长　(d) 取小于1/4圆弧

图 5-15　一次旋转求一般位置直线 AB 实长及 α——旋转轴垂直于 H 面

分析

为了使作图简化，通常设想一个垂直于 H 面的直线并通过 A 点的旋转轴。这时，AB 线可以看作以 OO(图中未示出，实际在 Aa 线上)为轴，A 为顶点的正圆锥面上的一条素线，B 点的旋转轨迹圆是圆锥的底圆，旋转半径 $R=ab$，锥顶 A 点在轴上不动，当 AB 素线旋转到平行于 V 面时，圆锥的 V 投影轮廓素线即反映 AB 实长并反映倾角 α 的实形(图 5-15(b)、(c))。通常轴线在图中可不表示，只要设想有这个轴存在，并且记住，这个轴的投影积聚为一点并与 a 点重合即可，也不必画出整个圆锥(图 5-15(d))。

作图步骤

(1) 设轴⊥H 并过 A 点，即以 a(实质为 O)为中心，$ab=R$ 为半径作圆弧使 ab 旋转一角度后与 OX 平行，得 b_1 点，即 $ab_1 /\!/ OX$ 轴(图 5-15(b)、(c))。

(2) 过 b' 作直线与 OX 轴平行，并与过 b_1 的投影连线交于 b'_1，这时 $a'b'_1=AB$，且反映倾角 α 的实形(图 5-15(c))。

(3) 如果只求直线的倾角实形和实长，则不必绘出圆锥的整个底圆或半圆，只需作小于 1/4 圆弧即可(图 5-15(d))。

若要求 β 角,则应选择轴线 $\perp V$,即可求得(图 5-16)。

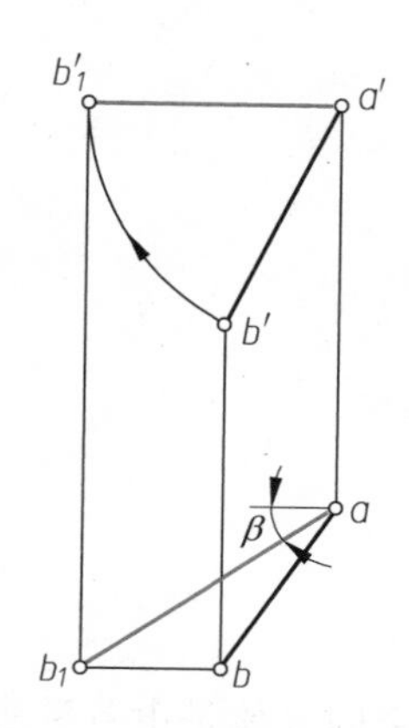

图 5-16　求一般位置直线 AB 的 β 角——旋转轴垂直于 V 面

【例 5-7】 已知铅垂面的投影(图 5-17(a)),求 $\triangle ABC$ 的实形。

分析

由于 $\triangle ABC$ 是铅垂面,只要旋转一次使 $\triangle ABC$ 平行于 V 面的位置,它的新 V 投影即反映实形,选择轴 $\perp H$,并通过 C 点(新旧投影尽可能重合)。

作图步骤

(1) 设轴 $OO \perp H$ 并通过 C 点,即在 H 投影中,以 $c(o)$ 为中心,$R=ca$、cb 长为半径作圆弧,使 $cb_1a_1 /\!/ OX$ 轴。

(2) 过 b'、a' 分别作直线与 OX 轴平行,并与过 a_1、b_1 的投影连线交于点 a_1'、b_1'。

(3) 连 $\triangle a_1'b_1'c'$,即是 $\triangle ABC$ 的实形(图 5-17(b))。

从上例可知,当需要改变几何元素对 V 面的相对位置时,可选择旋转轴垂直于 H 面,这时,直线或平面对 H 面的倾角不变,所以,在 H 面上投影的长度或形状不变。反之,当需要改变几何元素与 H 面的相对位置时,可选择旋转轴垂直于 V 面,这时,直线或平面对 V 面的倾角不变,V 面投影长度或形状不变。因此,必须根据解题需要确定旋转轴垂直于哪个投影面。

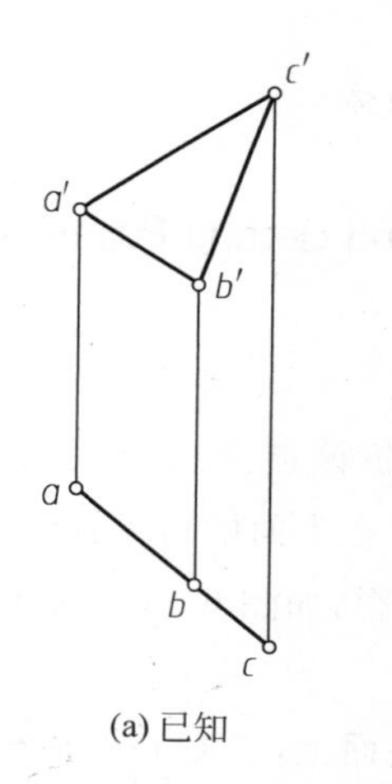

(a) 已知

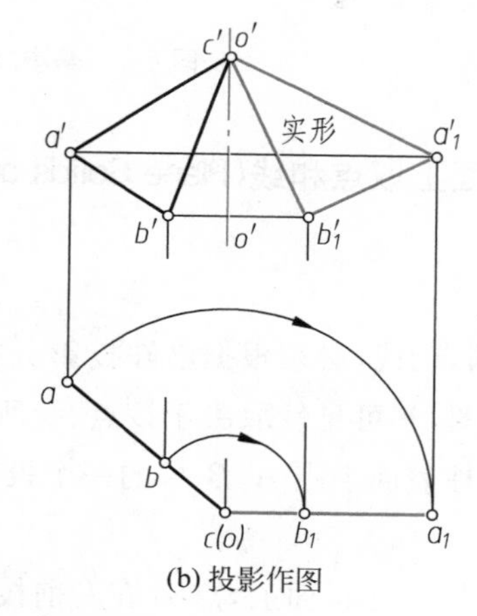

(b) 投影作图

图 5-17　求铅垂面实形

第6章　立　　体

(SOLIDS)

6.1　立体表面上取点和线

(Points and Lines on Surfaces of Solids)

空间立体是由各种表面组成，按立体表面性质不同分为平面立体和曲面立体。工程构件一般由比较简单的被称为基本立体的立体经过组合或者截切形成。平面基本立体有长方体、正方体、正棱柱、正棱锥和正棱台；曲面基本立体有圆柱、圆锥、圆台和球，如图6-1(a)、(b)所示。

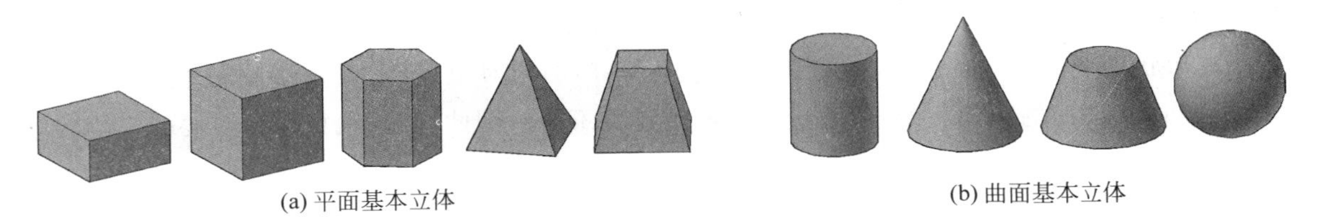

(a) 平面基本立体　　(b) 曲面基本立体

图6-1　基本立体

6.1.1　平面立体及其表面上取点和线(Plane Solids and Getting Points and Lines on the Surfaces)

1. 棱柱表面上取点和线

求作平面立体表面上的点、线，必须根据已知投影分析该点、线属于哪个表面，并利用在平面上求作点、线的原理和方法进行作图，其可见性取决于该点、线所在表面的可见性。

【例6-1】 已知正六棱柱表面上点 A、B、C 的一个投影，如图6-2(a)所示，求作该三点的其他投影。

分析

根据题目所给的条件，点 A 在顶面上，点 B 在左前棱面上，点 C 在右后棱面上，利用表面投影的积聚性和投影规律可求出其余投影。

作图步骤

如图6-1(b)所示，正六棱柱左前表面上有一点 B，其正面投影 b' 为已知，由于该棱面的水平投影有积聚性，故可利用积聚性先求出 b，然后根据“宽相等”(y_b)的关系可求出 b''。同法可求出其余各点。判别可见性。

(1) 点 A 所在平面的正面投影和侧面投影有积聚性，不作判别；

(2) 点 B 在左前棱面上，侧面投影可见；

(3) 点 C 在右后棱面上，正面投影不可见。

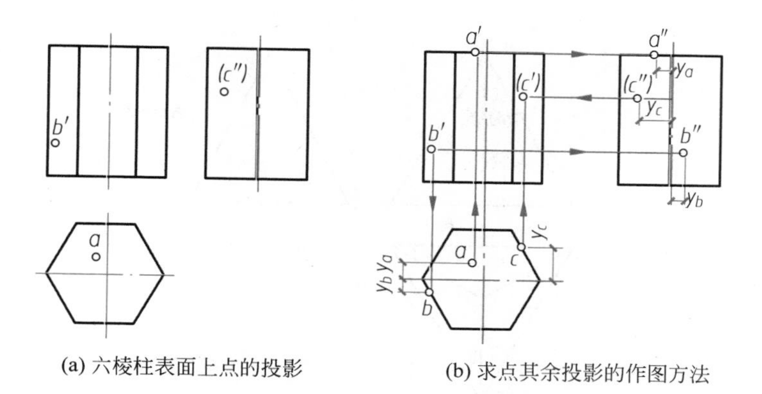

(a) 六棱柱表面上点的投影　　(b) 求点其余投影的作图方法

图 6-2　六棱柱表面上点的投影

【例 6-2】 已知属于三棱柱表面的折线段 AB 的正面投影，求其他投影，如图 6-3(a)所示。

分析

由于 AB 在三棱柱表面上，故 AB 实际上是一条折线，其中 AC 属于左棱面，CB 属于右棱面。可根据面内取点的方法作出点 A、B、C 的三面投影，连接各同面投影，即为所求。

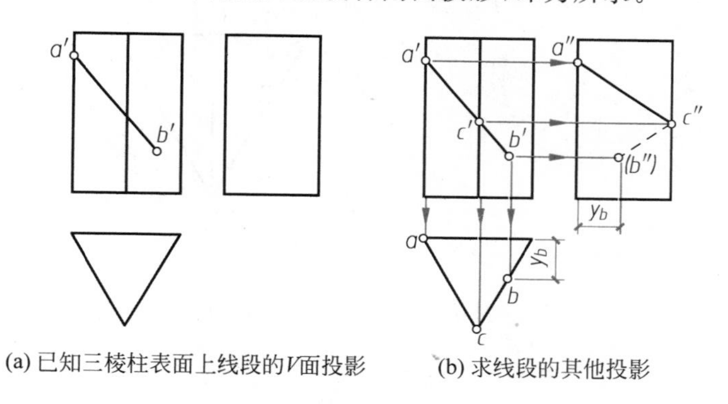

(a) 已知三棱柱表面上线段的V面投影　　(b) 求线段的其他投影

图 6-3　三棱柱表面上的线段

作图步骤

作图方法如图 6-3(b)所示，判别可见性：

(1) 水平投影有积聚性，不作判别；

(2) 点 B 在右棱面上，其侧面投影 b''不可见，$c''b''$不可见。

2．棱锥表面上取点和直线

【例 6-3】 已知正三棱锥表面上点 K 的正面投影 k'，点 N 的侧面投影 n''，求点 K、N 的其余投影，如图 6-4(a)所示。

分析

根据已知条件可知，点 K 属于棱面 SAB，点 N 属于棱面 SBC。利用面内取点的方法，可求得其余投影。

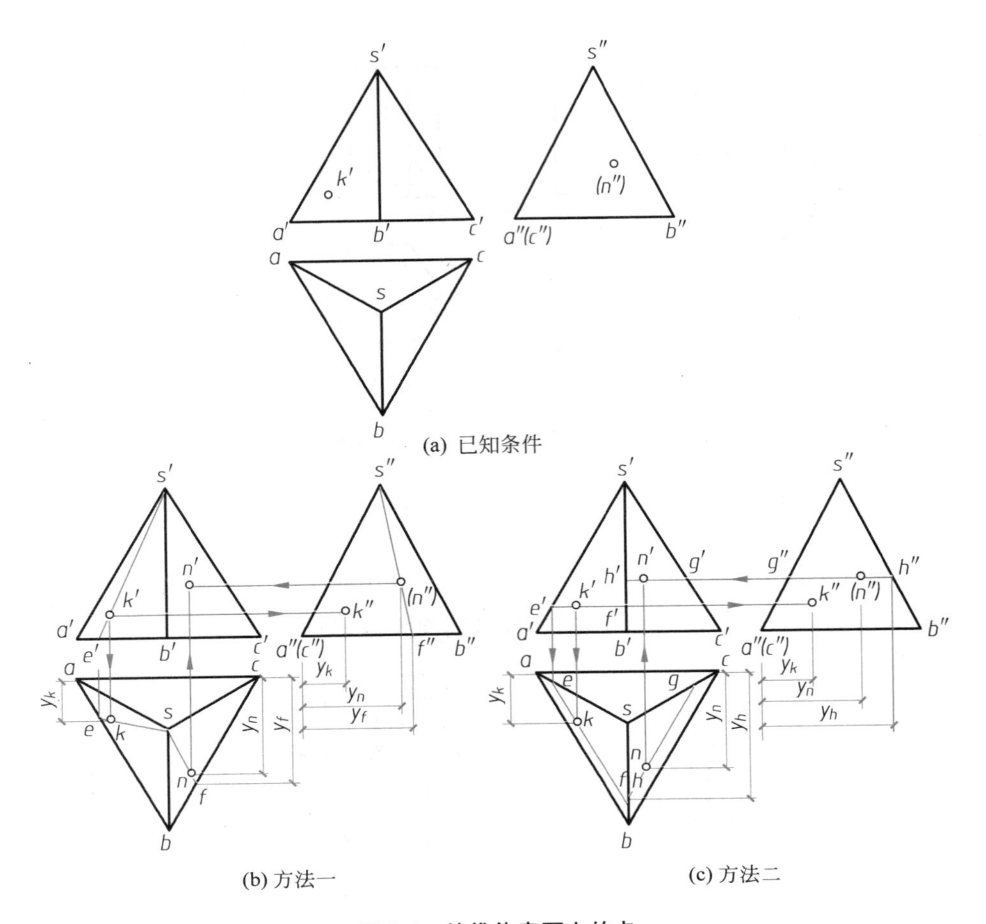

(a) 已知条件

(b) 方法一

(c) 方法二

图 6-4 棱锥体表面上的点

作图步骤

作图可用以下两种方法。

方法一：如图 6-4(b)所示，在正面投影上过锥顶 s'和 k'作直线 $s'e'$，在水平投影图中找出点 e，连接 se，根据点属于线的投影性质求出其水平投影 k 和侧面投影 k''；同理，可在侧面投影图中过点 n''作出 $s''f''$，然后再依次求出 n、n'。

方法二：如图 6-4(c)所示，在正面投影图中过点 k'作直线 $e'f' /\!/ a'b'$，点 e'在 $s'a'$上，在侧面投影图中找出点 e，作 $ef /\!/ ab$，同样可求出其水平投影 k 和侧面投影 k''，同理，可在侧面投影图中过点 n''作出 $g''h'' /\!/ b''c''$，然后再依次求出 n、n'。

判别可见性：

(1) 由于锥顶在上，K、N 的水平投影均可见；

(2) 点 K 属于左棱锥面，侧面投影可见；点 N 属于右棱锥面，侧面投影不可见。

【例 6-4】 求棱锥表面上线 MN 的水平投影和侧面投影，如图 6-5(a)所示。

分析

MN 实际上是三棱锥表面上的一条折线 MKN，如图 6-5(b)所示。

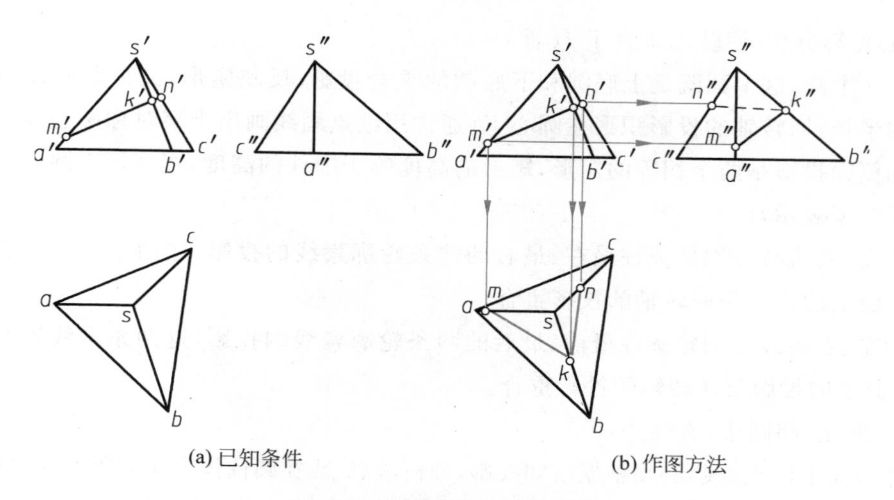

(a) 已知条件 (b) 作图方法

图 6-5 棱锥体表面上的线段

作图步骤

求出 M、K、N 三点的水平投影和侧面投影，连接同面投影即为所求投影。判别可见性：由于棱面 SBC 的侧面投影不可见，所以直线 KN 的侧面投影 $n''k''$ 不可见。

6.1.2 曲面立体及其表面上取点和线(Curved Solids and Getting Points and Lines on the Surfaces)

由曲面或曲面和平面围成的立体称为曲面立体。常见的曲面立体有圆柱、圆锥、圆球、圆环等。

1. 圆柱体

1）圆柱体的形成

如图 6-6 所示，两条平行的直线，以一条为母线另一条为轴线回转，所得的曲面即为圆柱面。由圆柱面和上、下底面围成的立体，就是圆柱体(也可以看作矩形绕其一边旋转而成)。

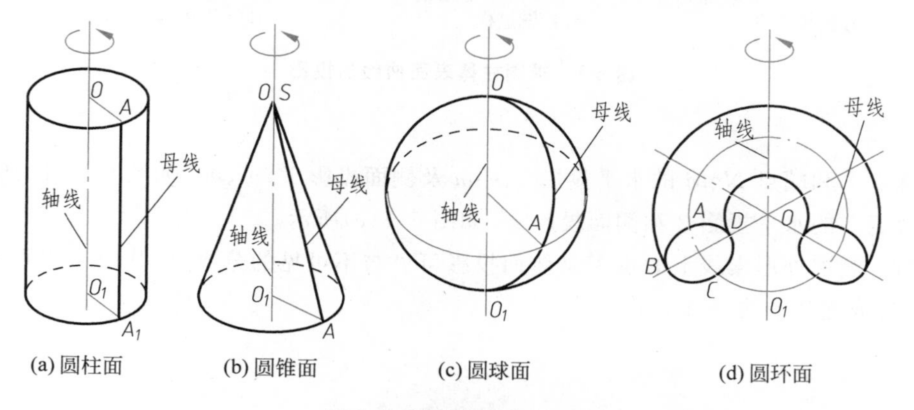

(a) 圆柱面 (b) 圆锥面 (c) 圆球面 (d) 圆环面

图 6-6 回转曲面的形成

2）圆柱体的投影分析（回转轴垂直于 H 面）

水平投影是一个圆，这个圆既是上底圆和下底圆的重合投影，反映实形，又是圆柱面的积聚投影，其半径等于底圆的半径，回转轴的投影积聚在圆心上（通常用细点画线画出十字对称中心线）。

正面投影和侧面投影是两个相等的矩形，矩形的高度等于圆柱的高度，宽度等于圆柱的直径（回转轴的投影用细点画线来表示）。

正面投影的左、右边线分别是圆柱最左、最右的两条轮廓素线的投影，这两条素线把圆柱分为前、后两半，他们在 W 面上的投影与回转轴的投影重合。

侧面投影的左、右边线分别是圆柱最前、最后的两条轮廓素线的投影，这两条素线把圆柱分为左、右两半，他们在 V 面上的投影与回转轴的投影重合。

3）圆柱表面取点（纬圆法、素线法）

求作圆柱体表面上的点、线，必须根据已知投影，分析该点、线在圆柱体表面上所处的位置，并利用圆柱体表面的投影特性，求得点、线的其余投影。所求点、线的可见性，取决于该点、线所在圆柱体表面的可见性。

【例 6-5】 如图 6-7(a)所示，已知属于圆柱表面上的曲线 MN 的正面投影 $m'n'$，求其余两投影。

分析

根据题目所给的条件，MN 属于前半个圆柱面。因为 MN 为一曲线，故应求出 MN 上若干个点，其中转向线上的点——特殊点必须求出。

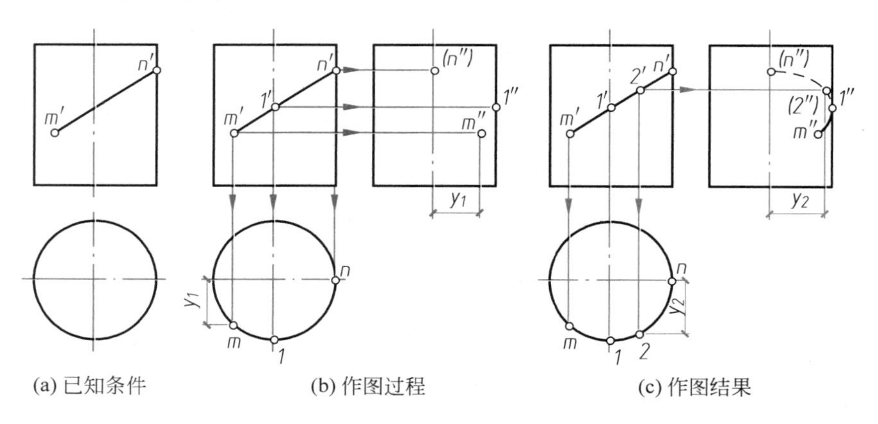

(a) 已知条件　(b) 作图过程　(c) 作图结果

图 6-7　求圆柱体表面曲线的投影

作图步骤

(1) 作特殊点 Ⅰ 和端点 N、M 的水平投影 1、n、m 及侧面投影 $1''$、n''、m''，如图 6-7 (b)所示；

(2) 作一般点 2 的水平投影 2 和侧面投影 $2''$，如图 6-7(c)所示。

判别可见性：侧视外形素线上的点 $1''$ 是侧面投影可见与不可见的分界点，其中 $m''1''$ 可见，$1''2''n''$ 不可见，将侧面投影连成光滑曲线 $m''1''2''n''$。

2. 圆锥体

1）圆锥体的形成

两条相交的直线，以一条为母线另一条为轴线回转，所得的曲面即为圆锥面。由圆锥面和底面围成的立体，就是圆锥体（也可以看作直角三角形绕一直角边旋转而成），如图 6-6(b)所示。

2）圆锥体的投影分析（回转轴垂直于 H 面）

水平投影是一个圆，这个圆是圆锥底圆和圆锥面的重合投影，反映底圆的实形，其半径等于底圆的半径，回转轴的投影积聚在圆心上，锥顶的投影也落在圆心上（通常用细点画线画出十字对称中心线）。

正面投影和侧面投影是两个相等的等腰三角形，高度等于圆锥的高度，底边长等于圆锥底圆的直径（回转轴的投影用细点画线来表示），正面投影的左、右边线分别是圆锥最左、最右的两条轮廓素线的投影，这两条素线把圆柱分为前、后两半，他们在 W 面上的投影与回转轴的投影重合，在 H 面上的投影与圆的水平中心线重合。

侧面投影的左、右边线分别是圆锥最前、最后的两条轮廓素线的投影，这两条素线把圆柱分为左、右两半，他们在 V 面上的投影与回转轴的投影重合，在 H 面上的投影与圆的竖直中心线重合。

3）圆锥表面取点（纬圆法、素线法）

求作圆锥表面上的点、线，必须根据已知投影，分析该点在圆锥体表面上所处的位置，再过该点在圆锥体表面上作辅助线（素线或纬圆），以求得点的其余投影。

【例 6-6】 已知圆锥体表面上点 K 的水平投影 k，求其余投影，如图 6-8 所示。

分析

根据题目所给的条件，点 K 在圆锥面上，且位于主视转向线之前的右半部。

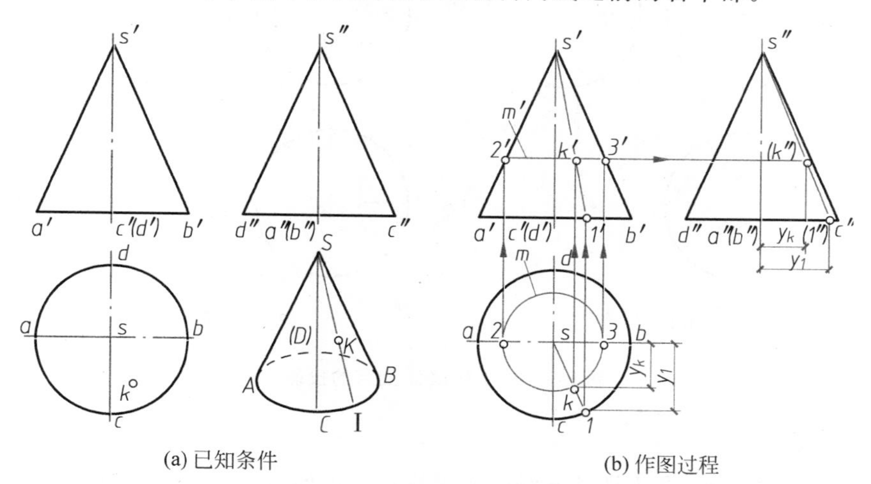

(a) 已知条件　　(b) 作图过程

图 6-8　求圆锥体表面上点的投影

作图步骤

求圆锥表面上点的基本方法有两种：一是直素线法；二是纬圆法。圆锥表面上的素线是过圆锥顶点的直线段，如图 6-8(b)中的直线段 SⅠ；圆锥表面上的纬圆是垂直于轴线的圆，纬圆的圆心在轴线上，如图 6-8(b)中的圆 M。

方法一：以素线为辅助线。过 k 作 sk，延长与底圆交于 1，作出 $s'1'$、$s''1''$，即可求得 k'、k''。

方法二：以纬圆为辅助线。过 k 作纬圆 M 的水平投影 m（圆周）与主视转向线 SA、SB 的水平投影交于 2 和 3，再作出其正面投影 $2'$、$3'$，并连线，即可求得 k'。由 k 和 k' 求出 k''，如图所示。

判别可见性：因点 K 位于圆锥面的右前半部，故其正面投影 k' 可见，侧面投影 k'' 不可见。

3．球体

1）球体的形成

球体是半圆形绕其直径旋转而成。如图 6-6(c)所示。

2）球体的投影分析

球体的三个投影为直径相等并等于球体直径的圆。但这三个圆并不是球体上同一个圆周的投影。

3）球体表面取点、线

求作圆球体表面上的点、线，必须根据已知投影，分析该点在圆球体表面上所处的位置，再过该点在球面上作辅助线（正平圆、水平圆或侧平圆），以求得点的其余投影。

【例 6-7】 已知球体表面上点 A 和点 B 的正面投影 a'、b'，求其余投影，如图 6-9(a)所示。

分析

根据题目所给的条件，点 A 属于主视转向线，且位于俯视转向线之上的左半部；点 B 位于主视转向线之后的右下部。

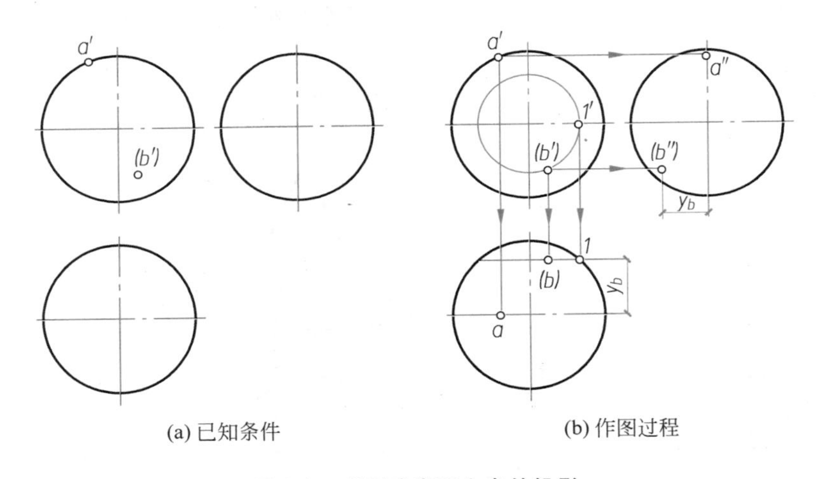

(a) 已知条件　　(b) 作图过程

图 6-9　求圆球表面上点的投影

作图步骤(图 6-9(b))

(1) 根据点、线的从属关系，在主视转向线的水平投影和侧面投影上，分别求得 a 和 a''；

(2) 过 b'作正平圆的正面投影，与俯视转向线的正面投影交于 $1'$；

(3) 由 $1'$求得 1，过 1 作该正平圆的水平投影，求得 b；

(4) 由 b'、b，求得 b''。

判别可见性：由于点 B 位于球面的下半部，故 b 不可见；又由于 B 位于球面的右半部，故 b''不可见。

4．圆环体

1）圆环体的形成

圆环体由圆环面围成，如图 6-6(d)所示。它是由离回转轴一定距离的母线圆绕回转轴线回转而成的。

2）圆环体的投影分析

在图6-10(a)中，水平投影中不同大小的粗实线圆是圆环面上最大圆和最小圆的水平投影，也是圆环面对 H 面的转向轮廓线。用点画线表示的圆是母线圆圆心轨迹的投影。

正面投影中左边的小圆反映母线圆的实形。粗实线的半圆弧是外环面对 V 面的转向轮廓线。虚线的半圆弧为内环面对 V 面的轮廓线，对 V 面投影时，内环面是看不见的，所以画成虚线。两个小圆的上、下两条公切线是内、外环面分界处的圆的正面投影。

侧面投影中的两个小圆是圆环内、外环面对 W 面的转向轮廓线。

3）圆环体表面取点、取线

求作圆环体表面上的点、线，必须根据已知投影，分析该点、线在圆环体表面上所处的位置，再过该点在圆环体表面上作辅助线(垂直于轴线的圆)，以求得点的投影。

【例6-8】 已知圆环体表面上点 A 和点 B 的水平投影 a 和 b，求其余投影，如图6-10(a)所示。

分析

根据题目所给的条件，A、B 两点均在圆环体上半部的表面上。点 B 在分界圆上，点 A 在外环面上。

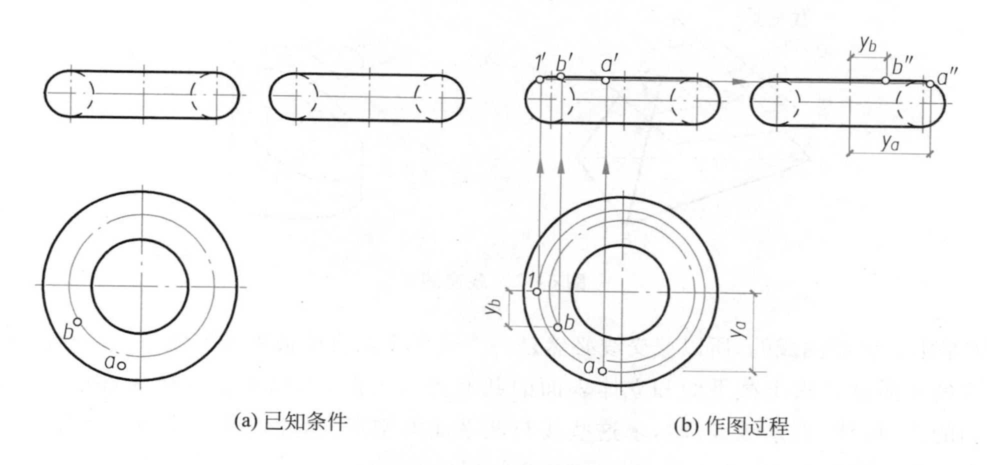

(a) 已知条件　　(b) 作图过程

图6-10　圆环体表面取点

作图步骤(图6-10(b))

(1) 过点 a 作水平圆的水平投影，与水平中心线交于1。

(2) 由1求得 $1'$，过 $1'$ 作该水平圆的正面投影，求得 a；由 a'、a 求得 a''。

(3) 利用点、线从属关系，求得 b'、b''。

判别可见性：由于 A、B 两点均处于主视转向线之前、侧视转向线之前的外环面上，故其正面投影和侧面投影均可见。

6.2 截 交 线

(Cutting Lines)

平面与立体相交，可看作立体被平面所截割，如图 6-11 所示，东北林业大学体育馆的球壳屋面，其四周的轮廓线就是由平面截割半球壳而形成的交线。

假想用来截割形体的平面称为截平面(cutting plane)。截平面与立体表面的交线称为截交线(Intersection line)。截交线围成的平面图形称为截断面(truncation plane)(如图 6-12 所示)。

为了正确地画出截交线的投影，应掌握截交线的基本性质。

(1) 截交线是截平面和立体表面交点的集合，截交线既属于截平面，又属于立体表面，是截平面和立体表面的共有线。

图 6-11 东北林业大学体育馆

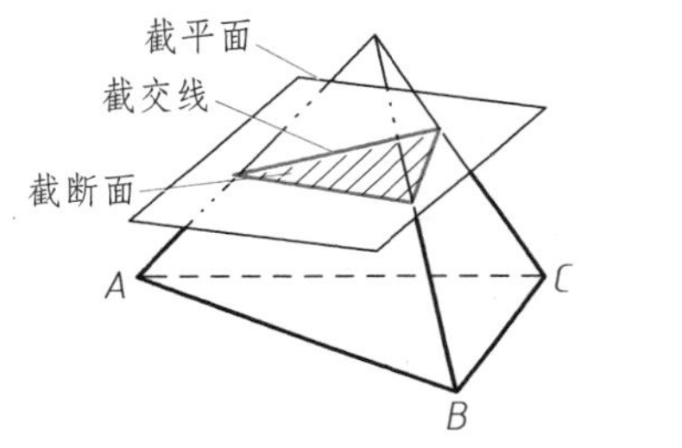

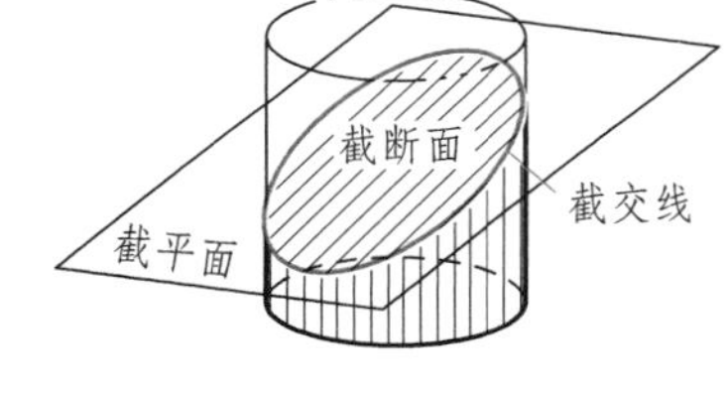

图 6-12 截交线

(2) 立体是由其表面围成的，所以截交线必然是一个或多个由直线或平面曲线围成的封闭平面图形。

求截交线的实质就是求出截平面和立体表面的共有点。为此，可以根据立体表面的性质，在其上选取一系列适当的线(棱线、直素线或圆)，求这些线与截平面的交点，然后按其可见或不可见性用实线或虚线依次连成多边形或平面曲线。

6.2.1 平面立体的截交线(Cutting Lines of Polyhedrals)

平面与平面立体相交，其截交线的形状是由直线围成的多边形。多边形的顶点为平面立体上有关棱线(包括底面边线)与截平面的交点。

求平面立体截交线的方法，可归结为求立体各棱线与截平面的交点，然后依次连接而得，或者求出立体各表面与截平面的交线而围成截交线。

求截交线的步骤：

(1) 空间及投影分析。

① 分析截平面与体的相对位置，确定截交线的形状；

② 分析截平面与投影面的相对位置，确定截交线的投影特性。

(2) 画出截交线的投影。

① 求出截平面与被截棱线的交点，并判断可见性；

② 依次连结各顶点成多边形，注意可见性。

(3) 完善轮廓。

【例 6-9】 求作六棱柱被正垂面 P_V 截割后的投影(图 6-13)。

分析

截平面与六棱柱的四个侧棱面均相交，且与顶面也相交，故截交线为五边形。截交线的 V 投影与截平面的积聚投影重合。H 投影的四条边与四个棱面的积聚投影重合，正垂面与顶面的截交线为正垂线。

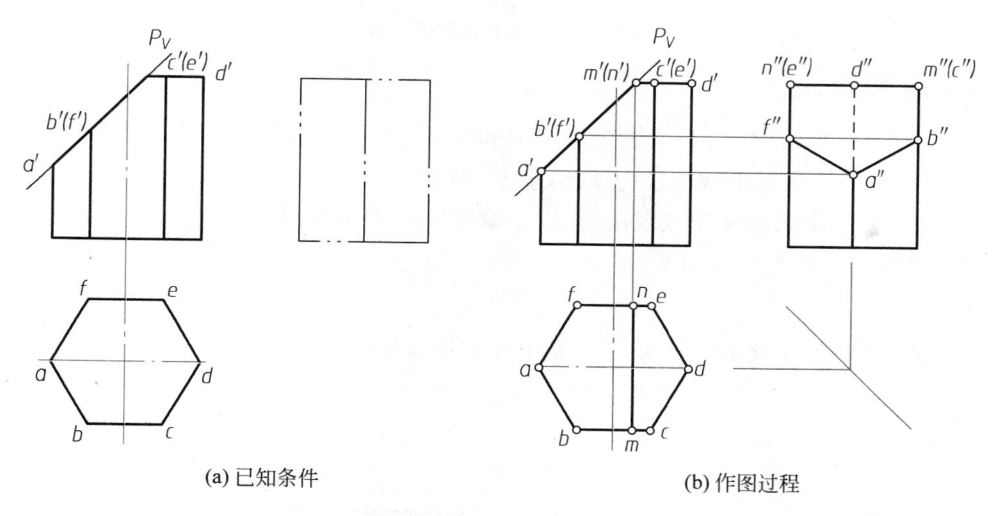

(a) 已知条件　　(b) 作图过程

图 6-13　六棱柱的截交线

作图步骤

(1) 求交点 A、B、M、N、F 的投影。利用正垂面 P_V 的积聚性求出 a''、b''、m''、n''、f''；由于 MN 是正垂线，可直接作出 mn。由于 MN 落在顶面上，且 y 坐标与 E、C 相同，因此 M、N 侧面投影分别与 e''、c''重合(图 6-13(b))。

(2) 截交线五条边 $ABMNF$ 均在六棱柱的可见棱面或积聚棱面的轮廓上，所以直接将同一棱面的两交点用直线连结起来，得截交线 $ABMNF$ 的三面投影。右侧未被截去的一段棱线在 W 投影中应画虚线。

【例 6-10】 三棱锥与一正垂面 P 相交，求截交线的投影，如图 6-14 所示。

分析

正垂面 P 的正面投影有积聚性，即 P_V，可直接求出平面 P 与棱线 SA、SB、SC 的交点 Ⅰ(1,1′)、Ⅱ(2,2′)及Ⅲ(3,3′)。顺次连结各顶点，得截交线为△ⅠⅡⅢ(△123,△1′2′3′)。

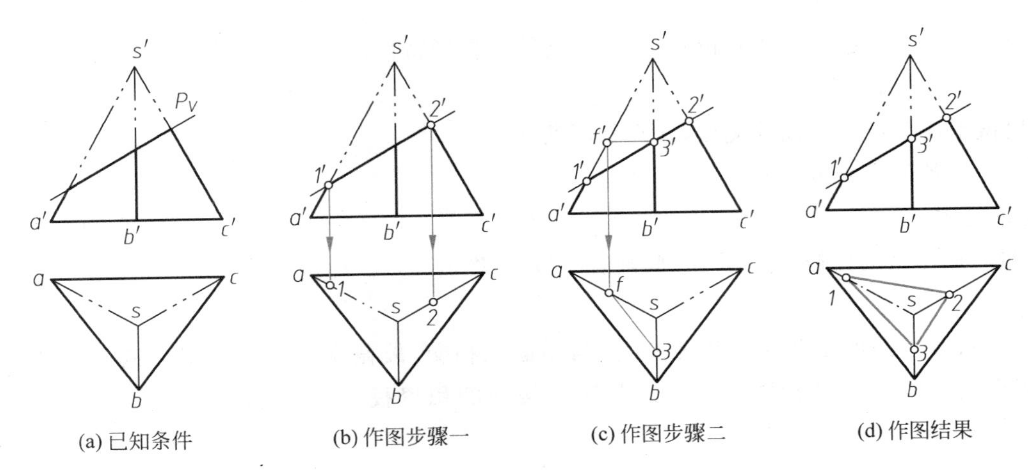

图 6-14　求三棱锥的截交线

作图步骤(图 6-14(b)～(d))

(1) 求交点 1、2、3。利用 P_V 的积聚性求出 1、1′和 2、2′(图 6-14(b))。侧平线 SB 上的交点 3 的 H 投影可通过侧棱面 SAB 上的辅助线 FⅢ(∥AB)求出(图 6-14(c))。

(2) 把位于同一侧面上的两截交点依次连结,得截交线的 H 投影 123,均为可见(图 6-14(d))。

【例 6-11】　已知一个歇山屋顶的 V、W 投影,补画 H 投影(图 6-15)。

分析

由已知的 V、W 投影可知歇山屋顶为一三棱柱被正垂面和侧平面截割而成。正垂面在 V 投影上积聚成一条斜线,侧平面在 V、H 投影上积聚成直线,截交线投影均在这些积聚性投影上。根据截交线的正面和侧面投影,可作出水平投影。

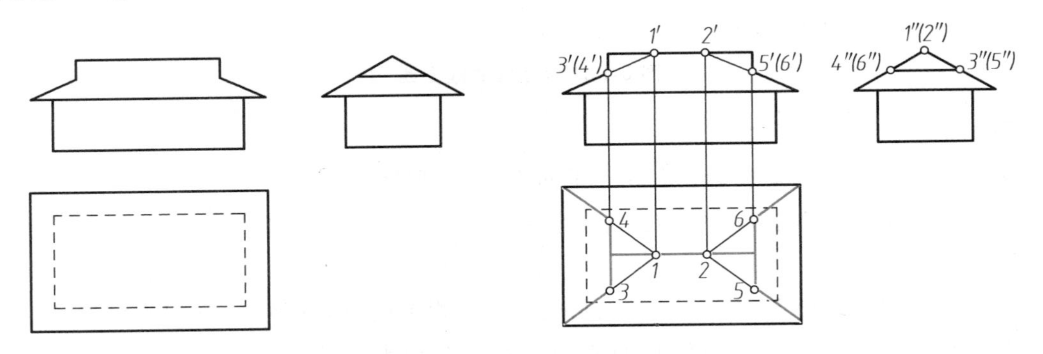

图 6-15　求歇山屋顶的表面交线

作图步骤(图 6-15)

(1) 根据投影关系画出屋脊线,即三棱柱上最高的一条棱线的 H 投影。

(2) 将 V 投影中的两个正垂面分别延长,交屋脊线于 1′和 2′,由此可求出 H 投影 1 和 2。

(3) 正垂面和侧垂面的交线为正垂线,在 V 投影中积聚为点 3′(4′)和 5′(6′),W 投影为 3″4″和(5″)(6″),根据投影关系求得 H 投影 34 和 56,此亦为侧平面的 H 投影。

(4) 歇山屋顶 H 投影的截交线均可见,画实线。屋顶下部的四棱柱体,在 H 投影中不可见,画虚线。

6.2.2 曲面立体的截交线(Cutting Lines of Curved Solids)

平面与曲面立体相交,其截交线形状一般为封闭的平面曲线。曲线上的任何一点,都可当作曲面上某一条线(直素线或圆)与截平面的公有点(common points)。

曲面体截交线的性质:

(1) 截交线是截平面与回转体表面的共有线(common lines);

(2) 截交线的形状取决于回转体表面的形状及截平面与回转体轴线的相对位置;

(3) 截交线都是封闭的平面图形(封闭曲线或由直线和曲线围成)。

求曲面体截交线的基本方法有素线法(element method)、纬圆法(circle method)和辅助平面法(auxiliary-plane method)。

求截平面与曲面上被截各素线的交点,然后依次光滑连结,并按其可见与不可见分别用实线和虚线画出。

求截交线的步骤如下。

(1) 空间及投影分析。

① 分析回转体的形状以及截平面与回转体轴线的相对位置,确定截交线的形状。

② 分析截平面与投影面的相对位置,如积聚性、类似性等;找出截交线的已知投影,预见未知投影,确定截交线的投影特性。

(2) 画出截交线的投影。截交线的投影为非圆曲线时,作图步骤为:

① 先找特殊点(special points)(外形素线上的点和极限位置点);

② 补充一般点(general points);

③ 光滑连结各点,并判断截交线的可见性。

(3) 完善轮廓。

工程上常见的回转体是圆柱、圆锥、圆球等简单的回转体。以下分别介绍它们与平面相交时,其截交线的形状分析及作图。

1. 平面与圆柱体相交

平面与圆柱体相交,按截平面的不同位置,其截交线有矩形(rectangle)、圆(circle)、椭圆(ellipse)三种形式,见表6-1。

表6-1 平面与圆柱体相交

截平面	截平面垂直于轴线	截平面倾斜于轴线	截平面平行于轴线
立体图	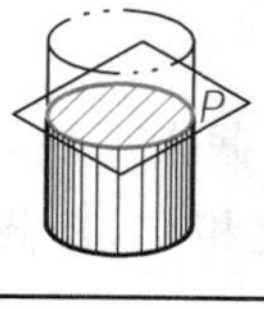 P	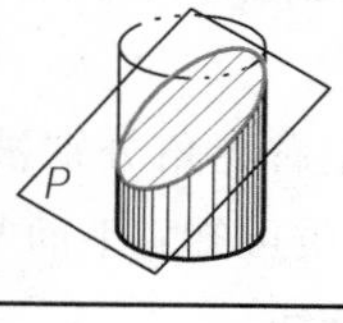 P	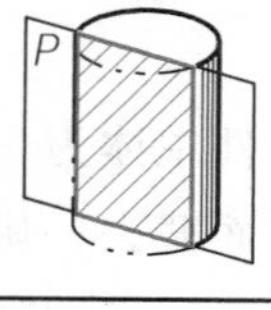 P

续表

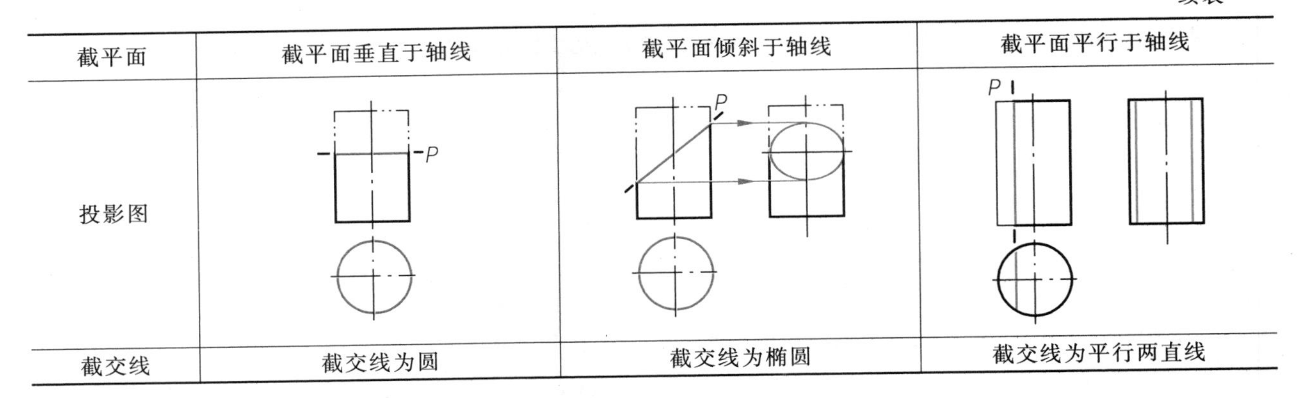

截平面	截平面垂直于轴线	截平面倾斜于轴线	截平面平行于轴线
投影图			
截交线	截交线为圆	截交线为椭圆	截交线为平行两直线

【例 6-12】 正垂面 P 与圆柱相交，求截交线的投影(图 6-16)。

分析

正垂面 P 与圆柱面轴线倾斜相交，其截交线为椭圆。由于截平面是正垂面，截交线的正面投影积聚在 P_V 上，又由于圆柱面的轴线是侧垂线，截交线的侧面投影积聚在圆上，于是可以根据截交线的两面投影，求出其水平投影。

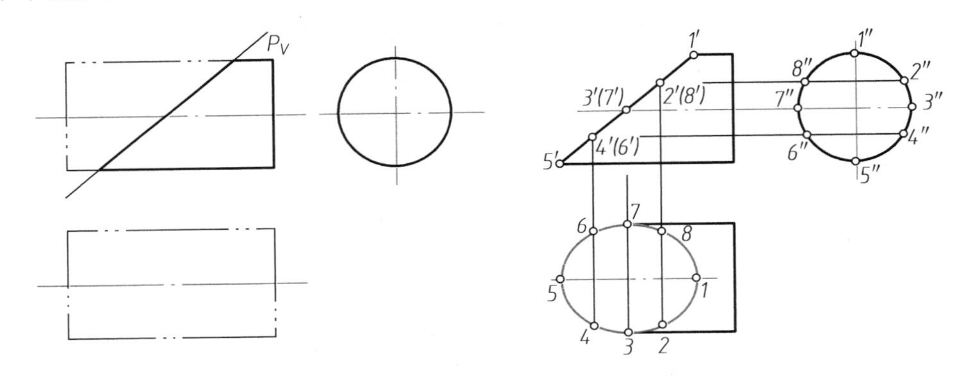

图 6-16 圆柱的截交线

作图步骤

(1) 在截交线上选取若干点(如 8 个点)。先在侧面投影上确定它们的位置 1″、2″、…、8″，再在正面投影 P_V 上对应地确定 1′，2′，…，8′。

(2) 根据各点的两面投影，按点的投影关系求出它们的水平投影 1，2，…，8。

(3) 依次光滑连结各点，并区分可见性。水平投影仍为椭圆，线段 15、37 分别为其长、短轴。由于圆柱体左半部分被切割，整个断面可见，故其水平投影曲线 12345678 可见，画成实线。

【例 6-13】 图 6-17(a)所示为一简化后的零件，已知其 V 面投影，试补全其 H 面和 W 面投影图。

分析

此零件主体为一直立圆柱，它的左右上角分别被水平面和侧平面截去一块，它的中下部又被水平面和两侧平面截去一块。由圆柱截切性质可知：平面与圆柱面轴线垂直相交，其截交线为圆；平面与圆柱面轴线平行相交，其截交线为一对平行线。

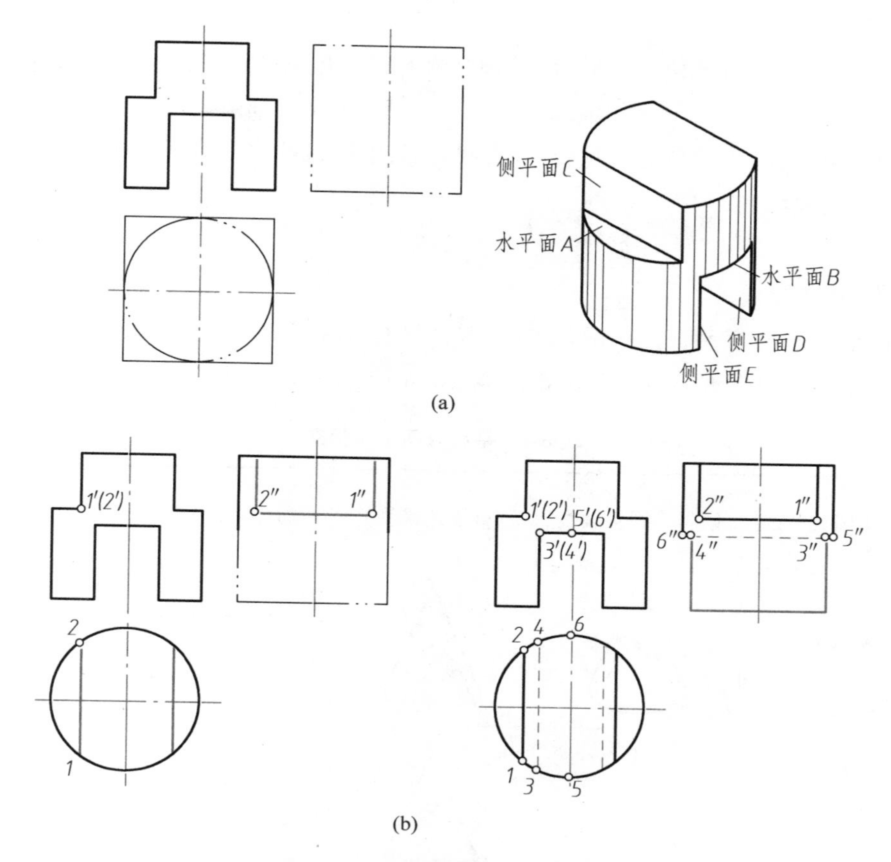

图 6-17　圆柱形零件的三面投影图

作图步骤

（1）绘制左右上角切口的投影。由于左右切口对称，所以其切割圆柱体的截交线也对称。水平面截割圆柱，截交线为水平圆；侧平面截割圆柱，截交线为侧平矩形。

（2）按五个截平面的实际位置画出它们的正面投影。由于五个截平面分别为水平面和侧平面，故其正面投影分别积聚为两条水平线段和三条垂直线段，按其所在位置和大小分别画在正面投影图上。

（3）根据投影关系，作出各截平面的水平投影。

（4）根据两面投影求侧面投影。

① 求各水平面的侧面投影：水平面 A 及 B 的侧面投影各积聚为一水平线段 $1''2''(=12)$ 和 $5''6''(=56)$。

② 求各侧平面的侧面投影：侧平面 C 及 D 的侧面投影各为一矩形，宽度为 $1''2''(=12)$ 和 $3''4''(=34)$；侧平面 E 的侧面投影与 D 的侧面投影重合。

（5）去掉多余的线。

① 由于圆柱的左、右上角被截去，故正面投影图的左、右上角不画线；同理，圆柱下中部被截去，故圆柱下中部的正面投影中间一段线也不画。

② 由于圆柱下中部被截去，故侧视转向线下段及底圆前、后两段圆弧的侧面投影，也不应画线。

（6）判别可见性。

① 水平投影图中：左、右上切口投影为可见，故画实线；下、中切口投影为不可见，故中间两条线段画成虚线。

② 侧面投影图中：左、上切口为可见，故画实线；下、中切口的水平截平面 B 在圆柱体的中间，被圆柱左部挡住的部分画成虚线。

2．平面与圆锥体相交

平面与圆锥体相交，按截平面的不同位置，其截交线有五种形式，即圆(circle)、椭圆(ellipse)、抛物线(parabola)和双曲线(hyperbola)，统称为圆锥曲线(conic)。如表 6-2 所示。

表 6-2　平面与圆锥体相交

截平面位置	垂直于圆锥轴线	倾斜于圆锥轴线	平行于圆锥轴线	平行于圆锥的一条素线	通过圆锥顶点
立体图	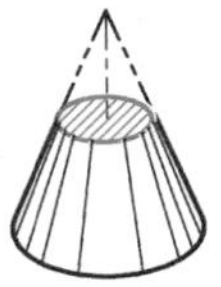	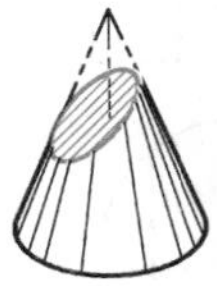			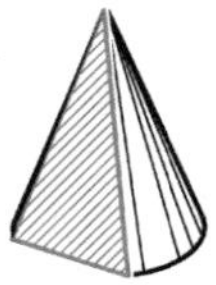
投影图	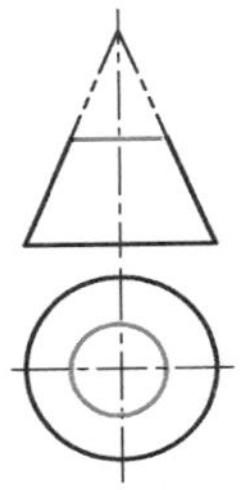	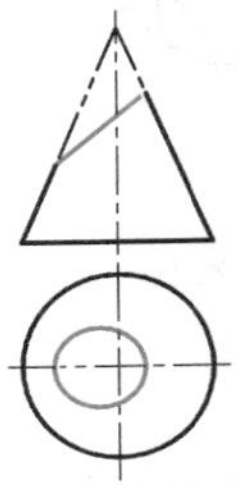	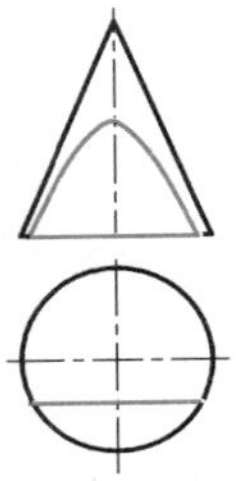	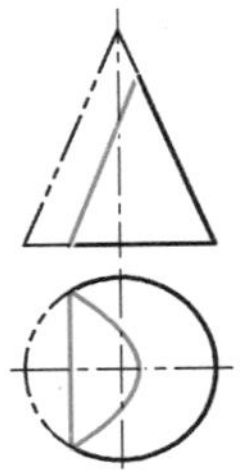	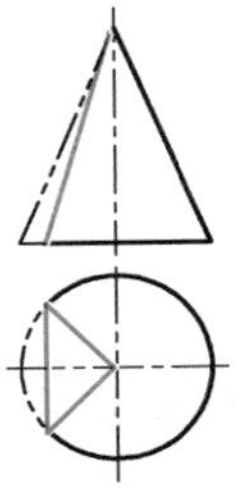
截交线形状	圆	椭圆	双曲线加直线段	抛物线加直线段	等腰三角形

作圆锥曲线的投影，实质上是圆锥面上定点的问题。用素线法或纬圆法，求出截交线上若干点的投影后，依次连结起来即可。

【例 6-14】 如图 6-18 所示，试求圆锥被正垂面 P 截割后的截交线。

分析

由截平面 P 与圆锥的相对位置可知截交线为椭圆。由于圆锥轴线垂直于 H 面，P 为正垂面，因此椭圆的正面投影与 P_V 重合，即为 $1'2'$，故本题仅需求椭圆的水平和侧面投影。

椭圆的长轴端点Ⅰ、Ⅱ处于圆锥面的正视转向线上，且长轴实长为 $1'2'$，根据椭圆长短轴互相垂直平分的性质，椭圆中心 O 应处于线段ⅠⅡ的中点($1'2'$的中点)；椭圆短轴端点的正面投影 $3'$、$4'$与椭圆中心的投影 o'重合，椭圆端点的水平投影，可应用辅助平面的方法求得。本例圆锥轴线为铅垂线，故选用水平面为辅助平面。

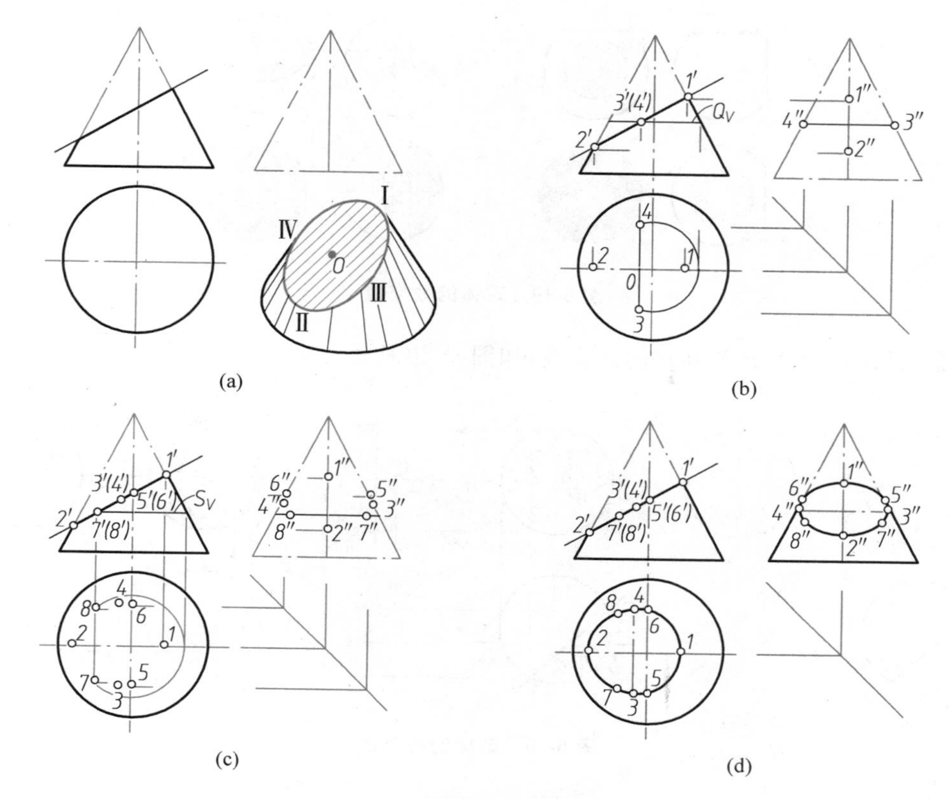

图 6-18　求圆锥体的截交线

作图步骤

(1) 求椭圆长轴端点Ⅰ、Ⅱ。Ⅰ、Ⅱ是圆锥面上左、右两条正视转向线上的点，根据投影关系可直接求出投影 1、(1″)和 2、2″。

(2) 求椭圆中心 O。取 $1'2'$ 中点 o'，即 $o'1'=o'2'$，由 o' 求出 o、o''。

(3) 求椭圆短轴端点Ⅲ、Ⅳ。过椭圆中心 O 作水平辅助平面 Q，然后根据应用辅助平面求共有点的作图步骤，求出水平投影 3、4 和侧面投影 3″、4″。

(4) 求圆锥面侧视转向线上的点Ⅴ、Ⅵ。由于 5′、6′必重合在 P_V 与轴线投影的交点上，故可求出 5″、6″，再求出 5、6。

(5) 求一般点Ⅶ、Ⅷ。作水平辅助平面 S，即可求得 7′、7、7″，8′、8、8″。

(6) 判别可见性，并连接所求各点。对于 W 面而言，截交线处于圆锥面左半部的线段可见；处于圆锥面右半部的线段不可见，可见与不可见的分界点是侧视转向线上的点Ⅴ、Ⅵ，因而侧面投影 5″1″6″不可见，画成虚线，其余部分可见，画成实线。由于锥顶在上，故截交线的水平投影全可见。

3. 平面与圆球相交

任何平面与圆球相交，其截交线总是圆(图 6-19)，但这个圆的投影可能是圆、椭圆或直线，取决于截平面相对于投影面的位置。

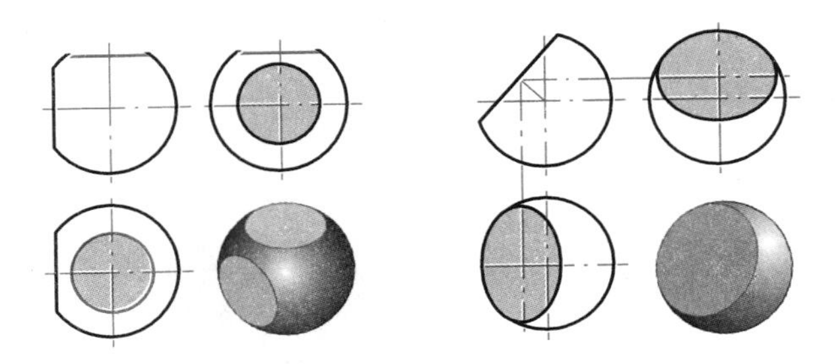

图 6-19 球体的截交线

【例 6-15】 试求铅垂面 P 与圆球的截交线，如图 6-20 所示。

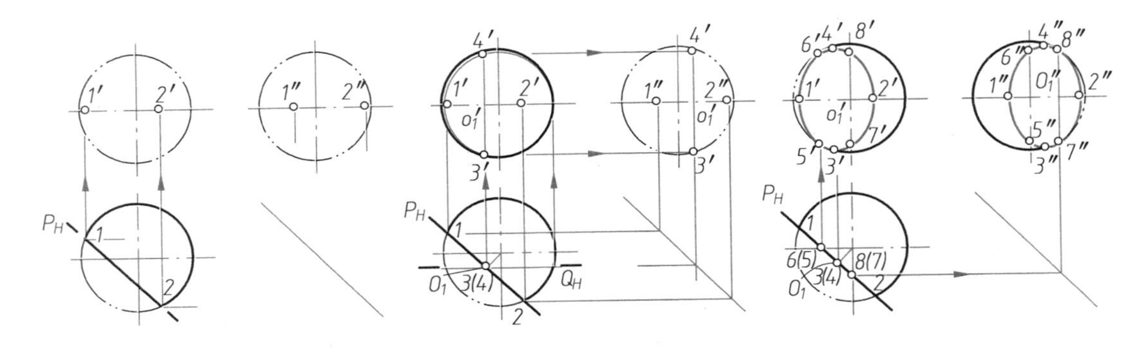

图 6-20 圆球的截交线

分析

由于截平面 P 是铅垂面，所以截交线的水平投影积聚于 P_H，正面和侧面投影均为椭圆。这两个椭圆都可以通过找出一系列共有点，然后光滑连接而求得。

作图步骤

(1) 求截交线正面、侧面投影椭圆的短轴端点($1'$、$2'$，$1''$、$2''$)。P_H 与球面俯视转向线的水平投影(圆)交于点 1、2，则 12 为截交线圆的水平投影，且 12 为该圆直径的实长，由 1、2 可求出($1'$)、$2'$，$1''$、($2''$)。$1'2'$，$1''$($2''$)分别是正面、侧面投影椭圆的短轴。

(2) 求截交线圆的圆心 O_1。由球心 O 的水平投影向 P_H 引垂线，其垂足 o_1(12 线段的中点)即为截交线圆的圆心 O_1 的水平投影，再按投影关系求出 o_1'、o_1''。

(3) 求截交线的正面、侧面投影椭圆的长轴端点($3'$、$4'$，$3''$、$4''$)。截交线圆中，垂直于 H 面的直径 ⅢⅣ 其水平投影 34 与 o_1 重合，其正面、侧面投影反映直径的实长，以 o_1' 为中心取 $o_1'3'=o_1'4'=o_1 1=o_1 2$，得 $3'$、$4'$，并求出 $3''$、$4''$，则 $3'4'$、$3''4''$ 为正面、侧面投影椭圆的长轴。$3'$、$4'$，$3''$、$4''$ 的另一种求法是利用辅助平面，如过 O_1 作正平面 Q 为辅助平面，Q 面与球面的交线为圆，$3'$、$4'$ 必在该交线圆的正面投影上，再由 3、4，$3'$、$4'$ 求出 $3''$、$4''$。

(4) 求截交线在圆球正视转向线上的两点 Ⅴ、Ⅵ。该两点的水平投影 5、6 必在 P_H 与球面正视转向线水平投影的交点上，再按投影关系求出 $5'$、$6'$，$5''$、$6''$。

同样，求出截交线在圆球侧视转向线上的点 Ⅶ、Ⅷ。

(5) 判别可见性，光滑连结各点，并补全圆球可见的轮廓线。

【例 6-16】 试求半圆球切槽后的水平、侧面投影(图 6-21)。

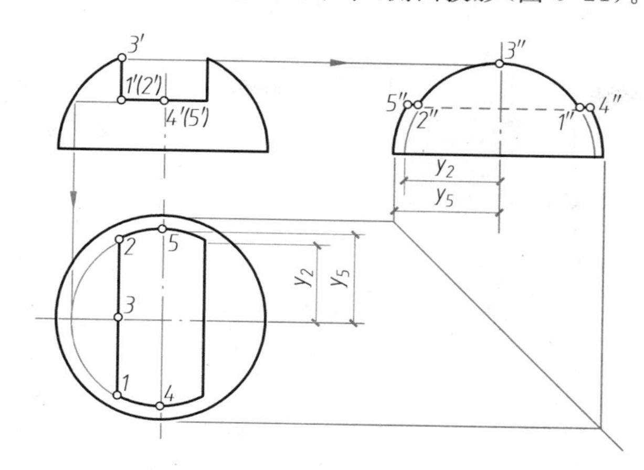

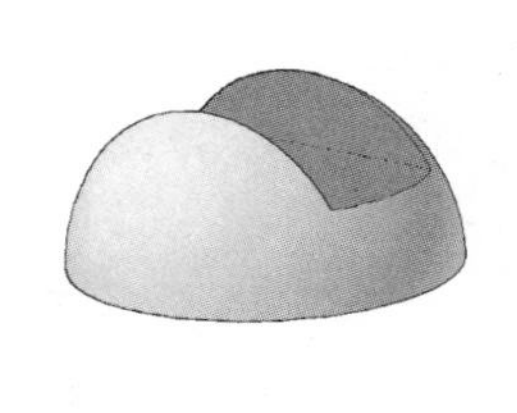

图 6-21　半球切槽的投影图

分析

半圆球被两个侧平面和一个水平面截切,其截交线均为圆弧,但截交线的正面投影分别积聚在截平面的正面投影上,积聚成直线段。水平面切半圆球产生的圆弧其水平投影反映实形,而侧面投影积聚成直线段;两个侧平面切半圆球产生的圆弧其侧面投影反映实形,且投影重合,其水平投影积聚成直线段。作图步骤见图 6-21。

作图时需注意:半球的侧视转向线在水平截平面以上部分已被切去,因此该部分的侧面投影不应画出。两侧平面与水平面的交线被左边球体遮住,其侧面投影不可见,画成虚线。由于截交线都处在半圆球朝上的球面上,所以其水平投影都可见,画成实线。

6.3　求相贯线

(Intersection Lines)

两个立体相交产生的表面交线,称为相贯线(intersection line)。相贯线是两形体表面的公有线(common lines)。相贯线上的点即为两形体表面的公有点(common points)。如图 6-22 所示,广西科技馆为珍珠贝母造型,各曲面体表面的交线即为相贯线。

图 6-22　广西科技馆

1. 相贯线的性质

(1) 相贯线是两立体表面的共有线,也是两立体表面的分界线。

(2) 一般情况下,相贯线是封闭的空间曲线,特殊情况下为平面曲线或直线。

因此，求相贯线的实质就是求两立体表面上一系列的共有点，然后顺次光滑连接，并区分其可见性。

2. 求相贯线常用的三种方法

(1) 利用积聚性求相贯线；

(2) 辅助平面法；

(3) 辅助球面法。

(a) 平面立体相交

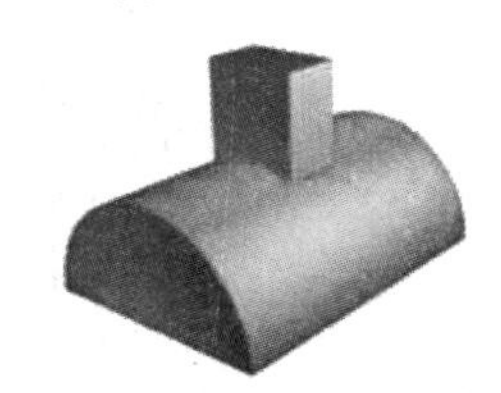

(b) 平面立体与曲面立体相交

(c) 曲面立体相交

图 6-23 立体与立体相交

3. 作图过程

(1) 投影分析，确定投影范围；

(2) 先找特殊点；

(3) 再找一般点；

(4) 判断可见性；

(5) 光滑连线；

(6) 整理轮廓线。

因立体分为平面立体和曲面立体，所以立体相贯分为三种情况：

(1) 平面立体与平面立体相贯，如图 6-23(a)所示；

(2) 平面立体与曲面立体相贯，如图 6-23(b)所示；

(3) 曲面立体与曲面立体相贯，如图 6-23(c)所示。

6.3.1 两平面立体相贯(Intersection of Two Polyhedral Solids)

两平面立体相交其相贯线是封闭的空间折线或平面多边形。求相贯线可归结为求两立体相应棱面的交线，或求一立体的棱线与另一立体表面的交点。

【例 6-17】 求三棱锥与三棱柱的相贯线(图 6-24)。

分析

三棱柱各棱面都是铅垂面。三棱锥 S-ABC 从三棱柱 DEF 的 EF 棱面穿进，由 DE 棱面穿出，相贯线是两个三角形。其中一个三角形可看作是 EF 平面与三棱锥的截交线，另一个三角形可看作是 DE 平面与三棱锥的截交线。它们的水平投影分别积聚在 EF、DE 面的水平投影上，因此只需求出相贯线的正面投影。

作图步骤

(1) 求 DE 平面与三棱锥的截交线△ⅠⅡⅢ。水平投影 sa、sb、sc 与 ed 交于 1、2、3 三点，由它们求出相应的正面投影 $1'$、$2'$、$3'$，连成△$1'2'3'$即为所求。$s'b'c'$不可见，所以 $2'3'$不可见，画成虚线。

(2) 求 EF 平面和三棱锥的截交线△ⅣⅤⅥ。水平投影 sa、sb、sc 与 ef 交于三点 4、5、6，由它们求出相应的正面投影 $4'$、$5'$、$6'$，连成△$4'5'6'$即为所求。正面投影 $s'b'c'$不可见，所以 $5'6'$不可见，画成虚线。

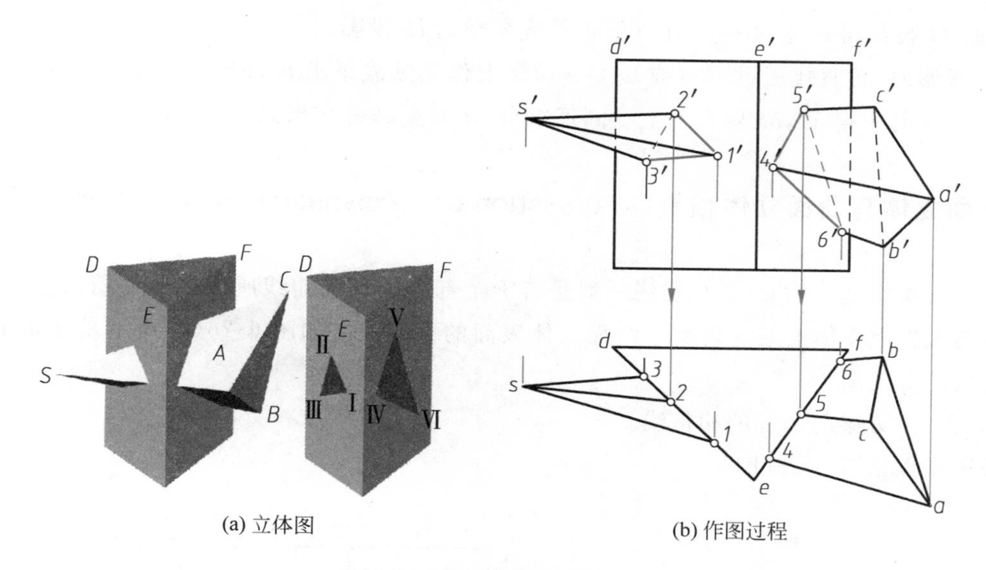

(a) 立体图　　　　(b) 作图过程

图 6-24　立体与立体相交

【例 6-18】 已知屋面及屋面上气窗的 V、W 投影(图 6-25),求气窗与坡屋面交线的 H 投影。

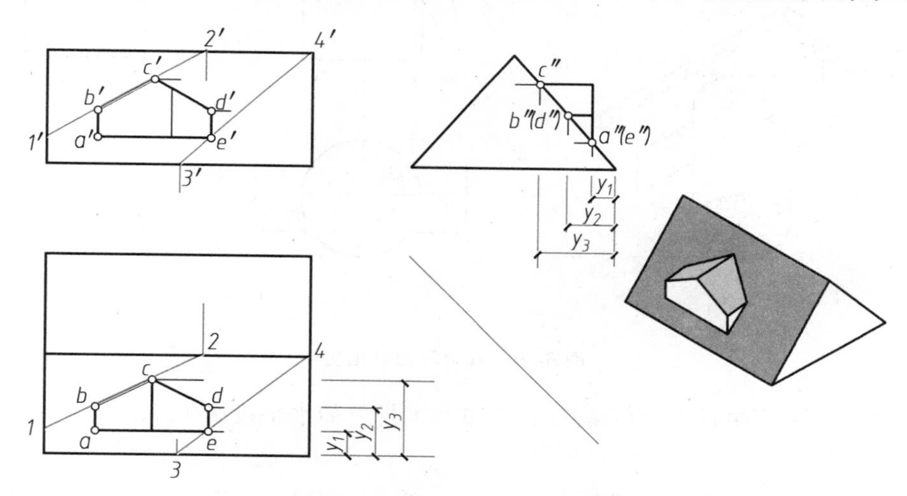

图 6-25　气窗与坡屋面相贯的投影图

分析

气窗可视为侧棱垂直于 V 面的五棱柱,相贯线的 V 投影与气窗的 V 投影五边形重合;前屋面是侧垂面,W 投影积聚成斜线,相贯线的 W 投影落在此斜线上,只需求出屋面、气窗及它们的相贯线的 H 投影。

作图步骤

(1) 补绘屋面的 H 投影;

(2) 补绘气窗的 H 投影,遵循投影规律,量取 y_1、y_2、y_3,作出 A、B、C、D、E 各点的 H 投影;

(3) 依次连接各点的 H 投影成封闭折线。

(4) 判断 H 投影可见性，并过 c 作气窗正垂线屋脊的 H 投影。

若无 W 投影时，可直接通过 BC(或 CD)在屋面上作辅助线来求 bc，即延长 $b'c'$，分别与檐口线和屋脊线交于 $1'2'$，由此求得 12，bc 皆在其上。同理求出 cd 和点 e，并作出侧垂线 AE(图 6-25)。

6.3.2 平面立体与曲面立体相贯(Intersection of a Polyhedral and a Curved Solid)

平面立体与曲面立体相交，其相贯线一般是若干个部分的平面曲线所组成的封闭的空间曲线，求相贯线可归结为求平面立体上某一表面与曲面立体表面的截交线。如图 6-26(a)所示是建筑上常见构件柱、梁、板连接的直观图。

【例 6-19】 求方梁与圆柱的相贯线。

具体作图步骤见图 6-26(b)。

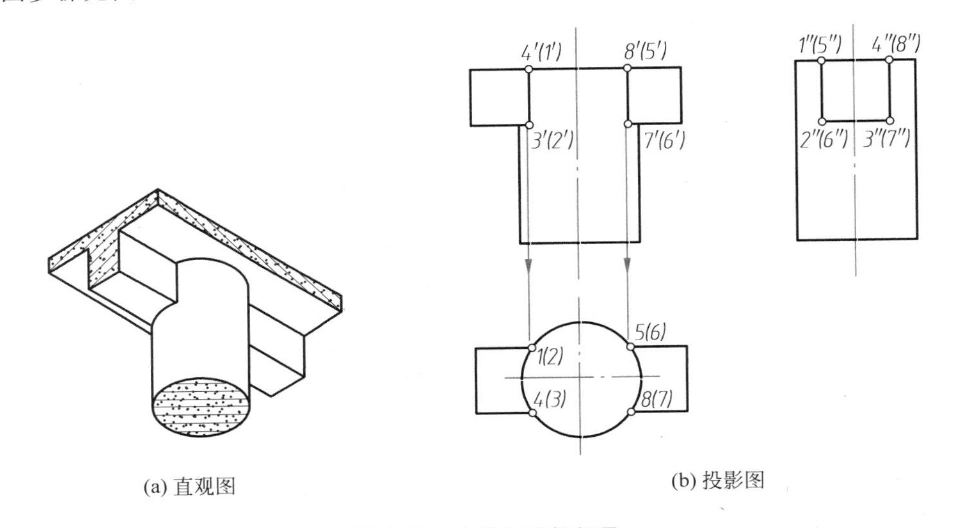

(a) 直观图　　(b) 投影图

图 6-26　方梁与圆柱相贯

(1) 首先根据 H、W 积聚投影，直接标注出相贯线上折点的水平投影 1、2、3、4、5、6、7、8 和侧面投影 $1''$、$2''$、$3''$、$4''$、$5''$、$6''$、$7''$、$8''$。

(2) 利用点的投影规律求出相贯线的正面投影 $1'$、$2'$、$3'$、$4'$、$5'$、$6'$、$7'$、$8'$。

【例 6-20】 如图 6-27(a)所示，给出圆锥薄壳的主要轮廓线，求作相贯线。

作图步骤

(1) 求特殊点，先求相贯线的转折点，即四条双曲线的联结点 A、B、M、G，可根据已知的四个点的 H 投影，用素线法求出其他投影。再求前面和左面双曲线最高点 C、D；

(2) 同样用素线法求出两对称的一般点 E、F 的 V 投影 e'、f' 和一般点 Ⅰ、Ⅱ 的 W 投影 $1''$、$2''$；

(3) 连点，V 投影连接 a'- e'-c'-f' -b'，W 投影连接 a''-$1''$-d''-$2''$-g''；

(4) 判别可见性，相贯线的 V、W 投影都可见，相贯线的后面和右面部分的投影，与前面和左面部分重影。

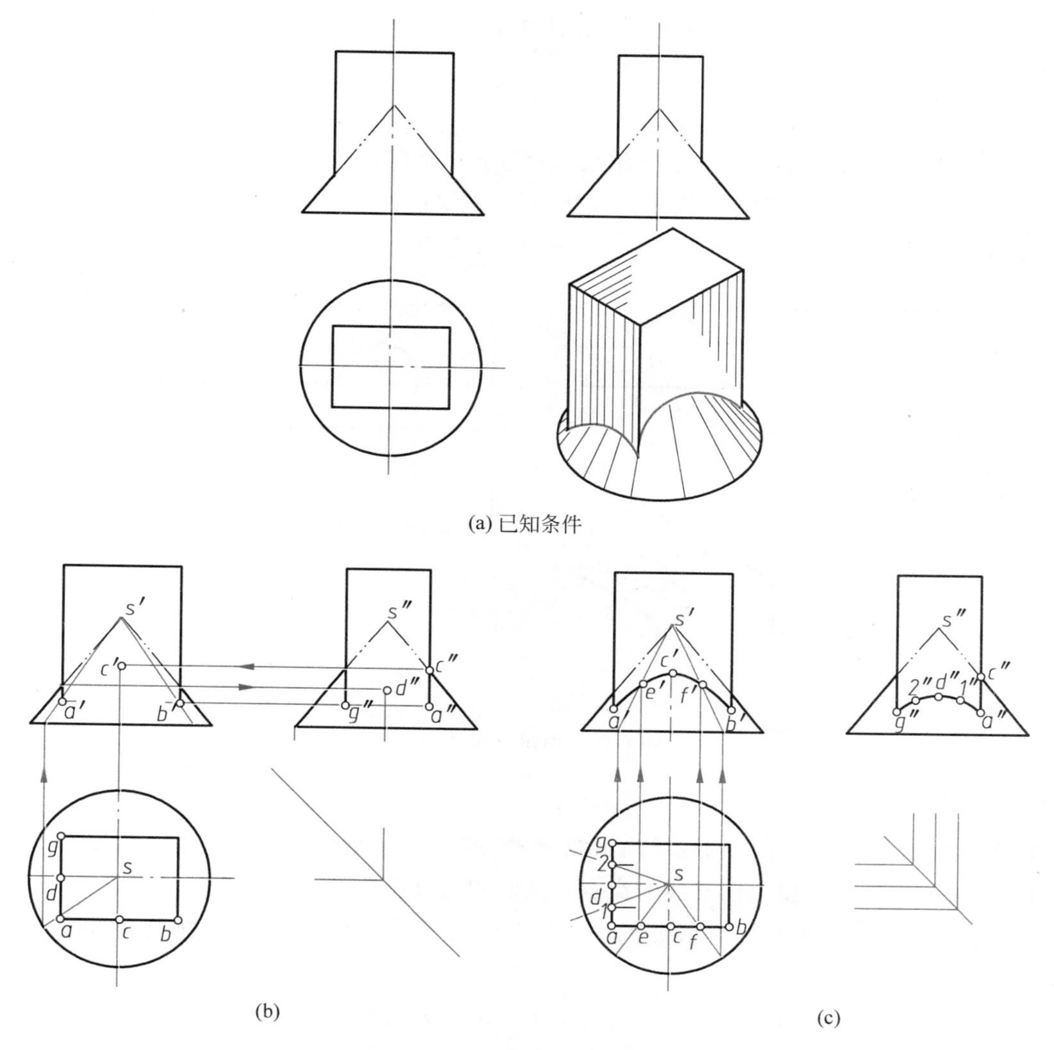

(a) 已知条件

(b)　　(c)

图 6-27　方柱与圆锥的相贯线

6.3.3　两曲面立体相贯(Intersection of Two Curved Solids)

两曲面体相贯,其相贯线一般是封闭的空间曲线。两曲面立体的相贯线,是两曲面立体的公有线,可以通过求一系列公有点后连线而成。求公有点时,应先求出相贯线上的特殊点,如最高、最低、最左、最前、最后及轮廓线上的点等,再求其他点。

求相贯线的作图步骤如下。

(1) 分析:分析两立体之间及它们与投影面的相对位置,确定相贯线形状。

(2) 求点:求点方法主要有两种,①利用立体表面的积聚性直接求解;②利用辅助平面法求解。

(3) 连线:依次光滑连结各共有点,并判别相贯线的可见性。

求相贯线的基本作图问题是求两立体表面共有点的问题,其作图方法有利用积聚性投影法、利用辅助平面法、利用辅助球面法作图三种，本节只介绍前两种方法。

1. 利用积聚性投影

利用积聚性投影作图：当两立体中包含轴线垂直于投影面的圆柱时，相贯线在此投影面上的投影必定积聚在圆柱面的该投影上，成为已知投影。因此，利用积聚性投影可求出其他投影。

【例 6-21】 如图 6-28 所示，已知两拱形屋面相交，求它们的交线。

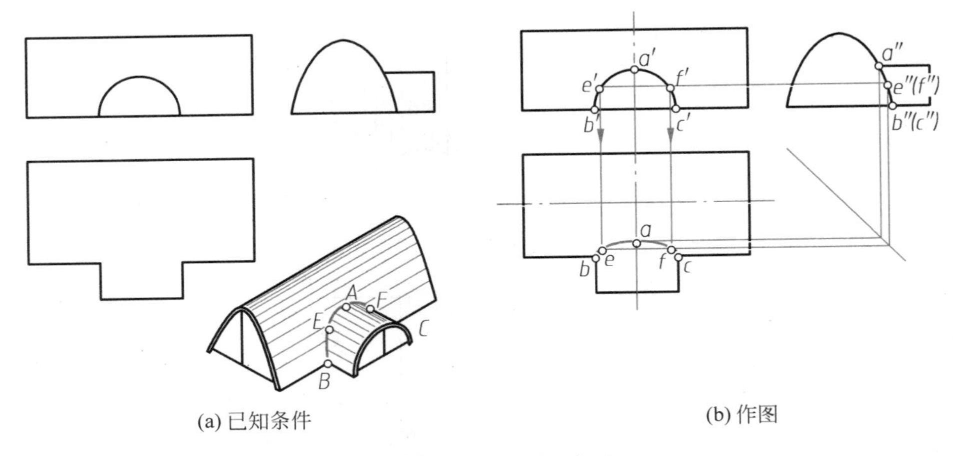

图 6-28 两拱形屋面相交

作图步骤

(1) 求特殊点。最高点 A 是小圆柱最高素线与大拱的交点。最低、最前点 B、C(也是最左、最右点)，是小圆柱最左、最右素线与大拱最前素线的交点。他们的三投影均可直接求得。

(2) 求一般点 E、F。在相贯线 V 投影的半圆周上任取点 e' 和 f'。$e''(f'')$ 必在大拱的积聚投影上，据此求得 e、f。

(3) 连点并判别可见性。在 H 投影上，依次连接 b-e-a-f-c，即为所求。由于两拱形屋面的投影均为可见，所以相贯线的 H 投影为可见，画为实线。

【例 6-22】 求两轴线正交圆柱的相贯线，如图 6-29 所示。

分析

两异径圆柱垂直相交，相贯线为一条封闭的空间曲线，其投影左右前后对称。由于小圆柱的 H 投影和大圆柱的 W 投影都有积聚性，因此相贯线的 H 投影和 W 投影均为已知，只需利用积聚性作出相贯线的 V 投影。

作图步骤

(1) 求特殊点。直立圆柱的最左、最右素线与水平圆柱最高素线的交点 A、B 是相贯线上的最高点，也是最左、最右点。a'、b' 和 a、b 均可直接求得。直立圆柱的最前、最后素线和水平圆柱的交点 C、D 是相贯线上最低点，也是最前、最后点，c''、d'' 和 c、d 可直接求出，再根据 c''、d'' 和 c、d 求得 c'、d'。

(2) 求一般点。利用积聚性和投影关系，在 H 投影和 W 投影上定出 1、2、1″、2″，再求出 1′(2′)。

(3) 连线。将各点的 V 投影光滑地连接成相贯线。由于相贯线前后对称，V 投影重合，故画实线。

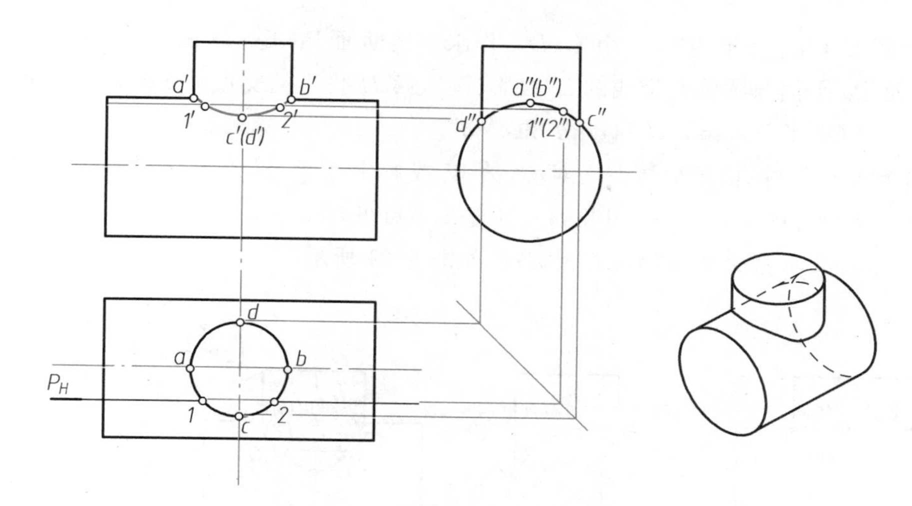

图 6-29　两轴线正交圆柱的相贯线

2. 以平面为辅助面求相贯线

在没有积聚性投影的情况下，一般是利用基于三面共点原理的辅助平面法求出相贯线。

【例 6-23】 如图 6-30 所示，求圆柱与圆锥的相贯线。

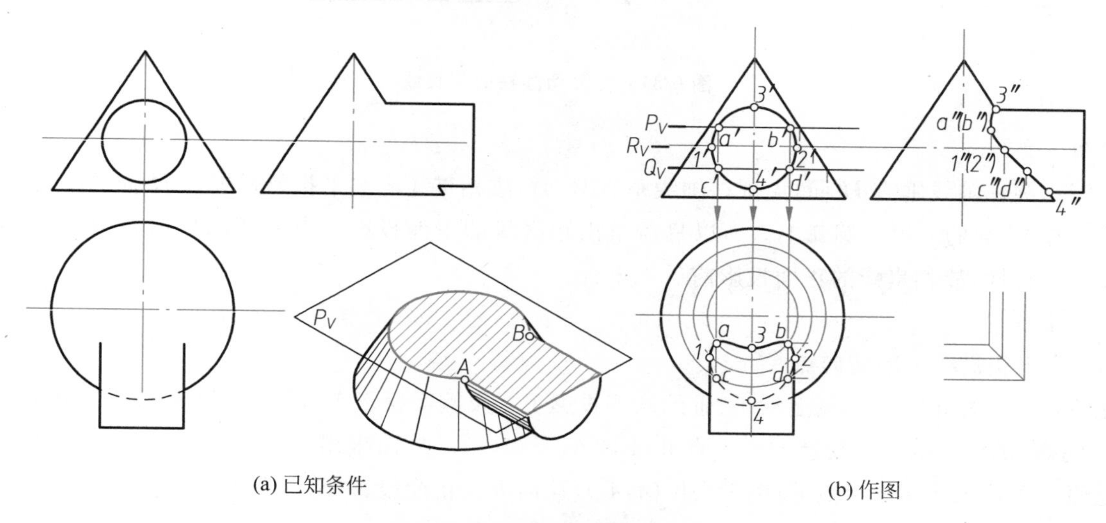

(a) 已知条件　　(b) 作图

图 6-30　求圆柱与圆锥的相贯线

作图步骤

(1) 利用积聚性求出相贯线的最高点 3′、3″ 和最低点 4′、4″，根据点的投影规律求出 3 和 4；

(2) 利用辅助面求出相贯线的最左、最右点，其 V 投影 1′、2′ 直接标出。过圆柱作水平辅助面 R 与圆锥的交线是水平纬线圆，其 H 投影与圆柱面的前后两条轮廓线投影的交点就是最左点和最右点的 H 投影 1、2。由 1′、1 和 2′、2 求 1″、2″。

(3) 作辅助面 P、Q,求一般点 A、B 和 C、D。作水平辅助面 P_V、Q_V,求出 P_V 平面与圆柱面交线的 H 投影(矩形),以及 P_V 平面与圆锥面交线的 H 投影(圆),两 H 投影的交点 a、b 即求出。由 a、b 求出 a'、b' 和 a''、b''。同理利用 Q_V 平面求出 c、d 和 c'、d' 和 c''、d''。

(4) 连点并判断可见性,由于形体左右对称,故 W 投影中 $3''$-a''-$1''$-c''-$4''$ 与 $3''$-b''-$2''$-d''-$4''$ 重叠,左边可见,右边不可见。H 投影中 1-a-3-b-2 可见,1-c-4-d-2 不可见。

【例 6-24】 求轴线垂直交叉两圆柱的相贯线,如图 6-31 所示。

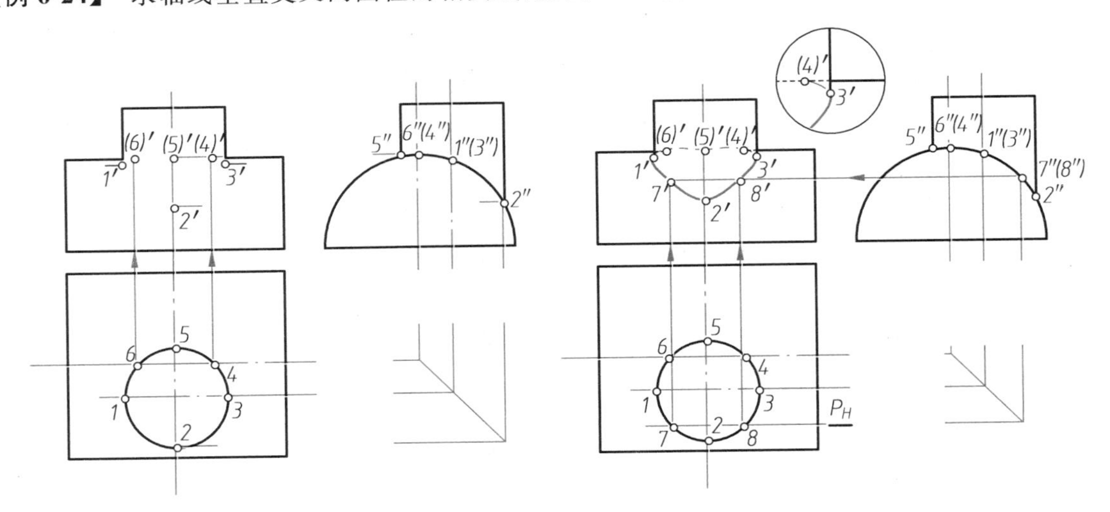

图 6-31 交叉两圆柱的相贯线

分析

由于小圆柱轴线垂直 H 面,大圆柱轴线垂直 W 面,故相贯线的水平投影积聚在 H 面的小圆上,侧面投影积聚在 W 面的一段大圆弧上。所以只需求出相贯线的正面投影。由于两圆柱偏心相贯,其相贯线没有前后对称性,故相贯线的正面投影前后不重合。

作图步骤

(1) 作出相贯线上的**转向点**。

先确定小圆柱正视转向线上点Ⅰ、Ⅲ的水平投影 1、3 及侧面投影 $1''$、$3''$,再按投影关系求出正面投影 $1'$、$3'$。同样,确定小圆柱侧视转向线上点Ⅱ(2,$2''$)、Ⅴ(5,$5''$),从而求出正面投影 $2'$、($5'$)。然后确定大圆柱上面一条正视转向线上点Ⅵ(6,$6''$)、Ⅳ(4,$4''$),从而求出正面投影($6'$)、($4'$)。

(2) 求出相贯线上的**一般点**。

作正平面 P 为辅助平面得相贯线上两点Ⅶ(7,$7''$)、Ⅷ(8,$8''$),从而求出正面投影 $7'$、$8'$。根据具体情况可求出相贯线上足够数量的一般点。

(3) 顺次光滑连接各点的正面投影,并判别可见性。

相贯线上Ⅰ-Ⅱ-Ⅲ 段在小圆柱的前半圆柱面上,故其正面投影 $1'$-$2'$-$3'$可见;而Ⅰ-Ⅴ-Ⅲ 段在后半圆柱面上,故其正面投影 $1'$-$5'$-$3'$不可见,画成虚线。$1'$、$3'$为相贯线正面投影可见与不可见部分的分界点。

(4) 将两圆柱看作一个整体,去掉或补上部分转向线。

两圆柱正视转向线的正面投影的正确画法,用其右上角的局部放大图来表示:小圆柱转向线的正面投影画到3′,并与曲线相切,全部可见,画成实线。大圆柱转向线的正面投影画到(4′),也与曲线(虚线)相切,但被小圆柱挡住的一小段应画成虚线。由于Ⅵ、Ⅳ两点间不存在大圆柱的正视转向线,故(6′)、(4′)之间不能画线。

3. 相贯线的特殊情况

(1) 蒙日定理:若两个二次曲面公切于第三个二次曲面(圆球),则这两个曲面交于两平面曲线。如图6-32所示,圆柱、圆锥相交且内部公切于圆球时,其相贯线为两条椭圆线。

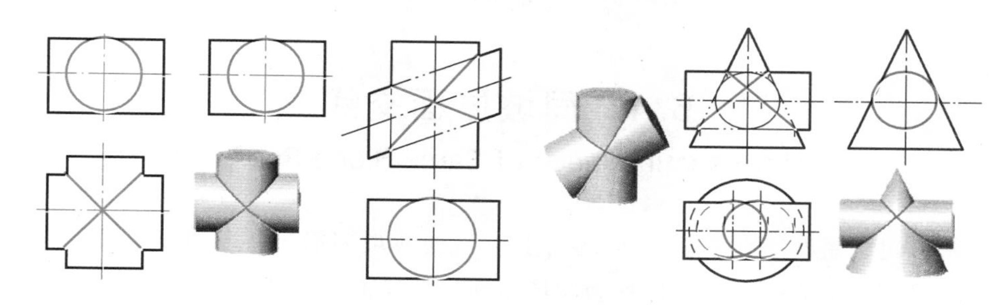

图6-32　两个二次曲面公切于第三个二次曲面

(2) 具有公共轴线的回转体相交,或当回转体轴线通过球心时,其相贯线为圆,如图6-33所示。

(3) 两轴线平行的圆柱相交及共顶的圆锥相交,其相贯线为直线,如图6-34所示。

图6-33　具有公共轴线的回转体相交图

图6-34　两轴线平行的圆柱相交及共顶的圆锥相交

4. 相贯线的变化趋势

相贯线的空间形状取决于两立体的形状、大小及它们的相对位置;而相贯线的投影形状还取决于它们对投影面的相对位置。

(1) 尺寸大小变化对相贯线形状的影响如图6-35所示。

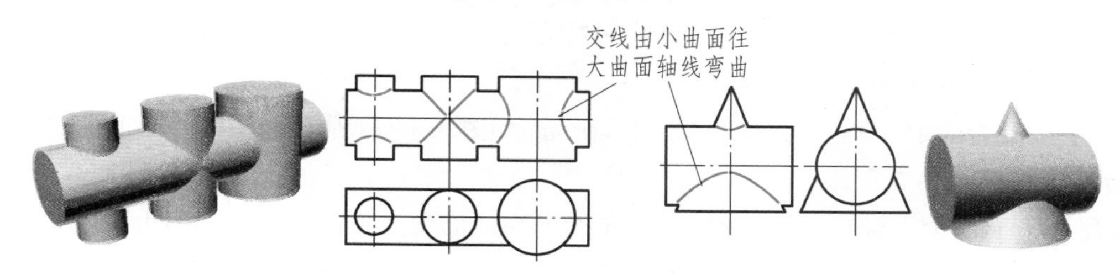

图6-35　尺寸大小变化对相贯线形状的影响

(2) 相对位置变化对相贯线形状的影响，如图 6-36 所示。

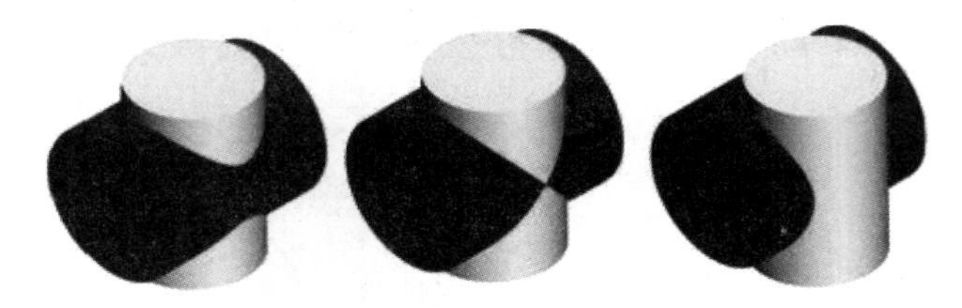

图 6-36 相对位置变化对相贯线形状的影响

6.4 同坡屋面交线

(Intersecting Lines of Same-Slope Roofs)

为了排水需要，建筑屋面均有坡度，当坡度大于 10%时称坡屋面。坡屋面分单坡、二坡和四坡屋面。当各坡面与地面(H 面)倾角 α 都相等时，称为同坡屋面。坡屋面的交线是两平面立体相交的工程实例，但因其特性，与前面所述的作图方法有所不同。坡屋面各种交线的名称如图 6-37 所示。

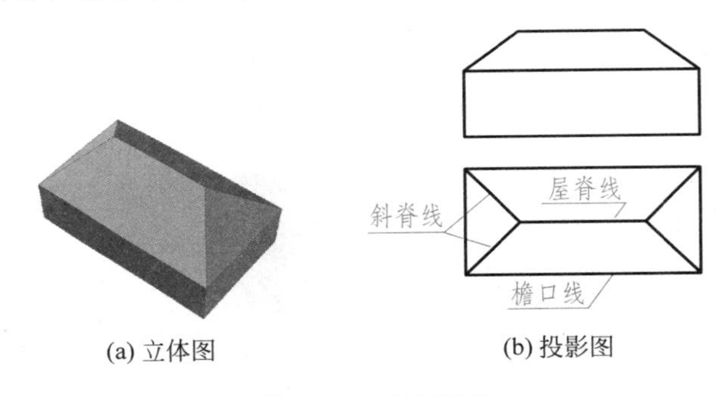

图 6-37 同坡屋面

同坡屋面有如下特点：

(1) 坡屋面如前后檐口线平行且等高时，前后坡面必相交成水平的屋脊线，屋脊线的 H 投影，必平行于檐口线的 H 投影，且与檐口线等距。

(2) 檐口线相交的相邻两个坡面，必相交于倾斜的斜脊线或天沟线。

(3) 在屋面上如果有两斜脊、两天沟或一斜脊一天沟相交于一点，则必有第三条屋脊线通过该点。

作同坡屋面的投影图，可根据同坡屋面的投影特点，直接求得水平投影，再根据各坡面与水平面的倾角求得 V 面投影以及 W 面投影。

【例 6-25】 已知屋面倾角 $\alpha=30°$和屋面的平面形状，如图 6-38(a)所示，求屋面的 V、W 投影和屋面交线。

作图步骤

(1) 在屋面平面图形上经每一屋角作 45°分角线。在凸墙角上作的是斜脊，在凹角上作的是天沟，其中两对斜脊分别交于点 a 和点 f，见图 6-38(b)。

(2) 作每一对檐口线(前后和左右)的中线，即屋脊线。通过点 a 的屋脊线与墙角 2 的天沟线相交于

b，过点 f 的屋脊线与墙角 6 的斜脊线相交于 e。对应于左右檐口(23 和 67)的屋脊线与墙角 3 和墙角 7 的斜脊线分别相交于点 d 和点 c，如图 6-38(c)所示。

(3) 连接 bc 和 de，折线 a-b-c-d-e-f 即所求屋脊线。a-1、a-8、c-7、d-3、f-4、f-5、b-c、d-e 为斜脊线，b-2、e-6 为天沟线。

(4) 根据屋面倾角 α 和投影规律，做出屋面 V、W 的投影，见图 6-38(d)。

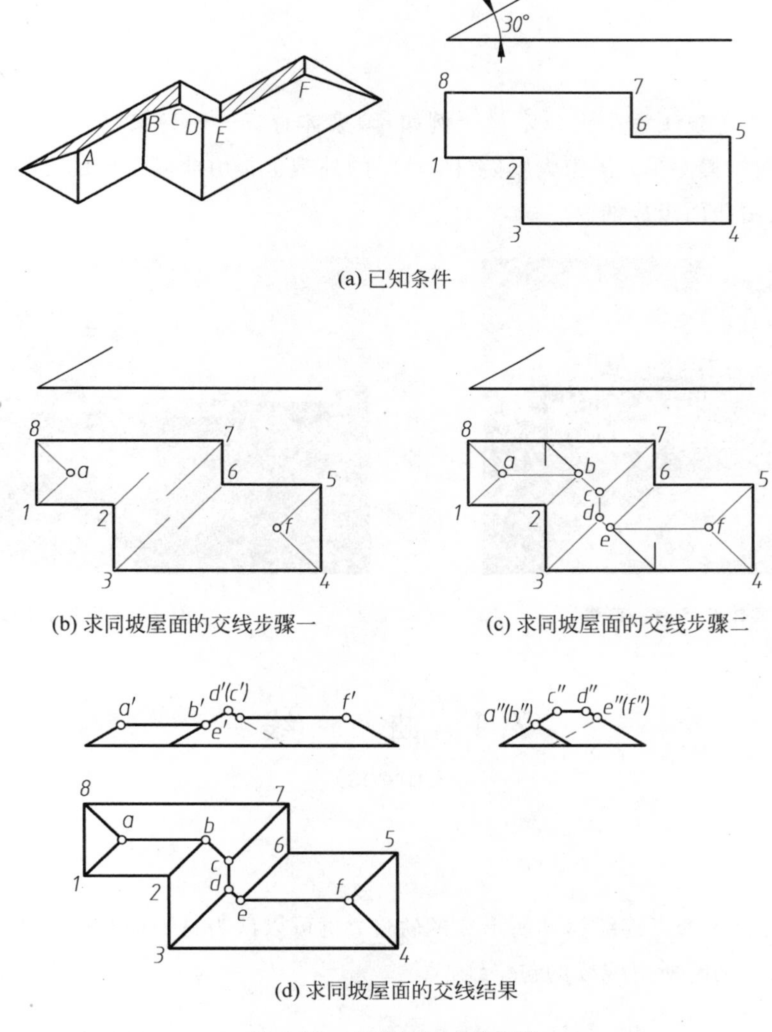

(a) 已知条件

(b) 求同坡屋面的交线步骤一

(c) 求同坡屋面的交线步骤二

(d) 求同坡屋面的交线结果

图 6-38　求同坡屋面的交线

第7章　曲线与曲面

(CURVES AND CURVED SURFACES)

曲线与曲面在土木建筑工程中十分常见。例如，国家体育场——鸟巢(图7-1)，钢架结构呈双曲面马鞍形，赛场是南北向的椭圆形；国家大剧院(图7-2)的外观也是由曲面组成的，是半椭球形；还有我们常见的隧道洞顶也是由曲面组成的。

图7-1　国家体育场——鸟巢

图7-2　国家大剧院

7.1　曲　　线

(Curves)

1. 曲线的形成

曲线可以认为是一个动点连续运动所形成的轨迹；也可以认为是平面与曲面或两曲面的交线，或者曲线或直线在平面内运动时所得线族的包络线。

2. 曲线的分类

曲线分为平面曲线和空间曲线两大类。根据点的运动有无规律，曲线可以分为规则曲线和不规则曲线，规则曲线一般可以列出其代数方程。

(1) **平面曲线**：点在一个平面内运动所形成的曲线叫做平面曲线，分为规则曲线和不规则曲线两种，规则曲线有圆、椭圆、双曲线、抛物线等，不规则曲线有任意平面曲线。

(2) **空间曲线**：点不在一个平面内运动所形成的曲线叫做空间曲线，分为规则曲线和不规则曲线两种，规则曲线有螺旋线，不规则曲线有任意空间曲线。

图 7-3 中的北京理工大学体育馆为双曲线屋顶。

图 7-3　北京理工大学体育馆

3. 曲线投影的性质

(1) 曲线的投影一般仍为曲线，如图 7-4(a)所示。在特殊情形下，当平面曲线所在的平面垂直于某投影面时，它在该投影面上的投影为直线，如图 7-4(b)所示。当平面曲线所在的平面与投影面平行时，它在该投影面上的投影反映曲线的实形，如图 7-4(c)所示。

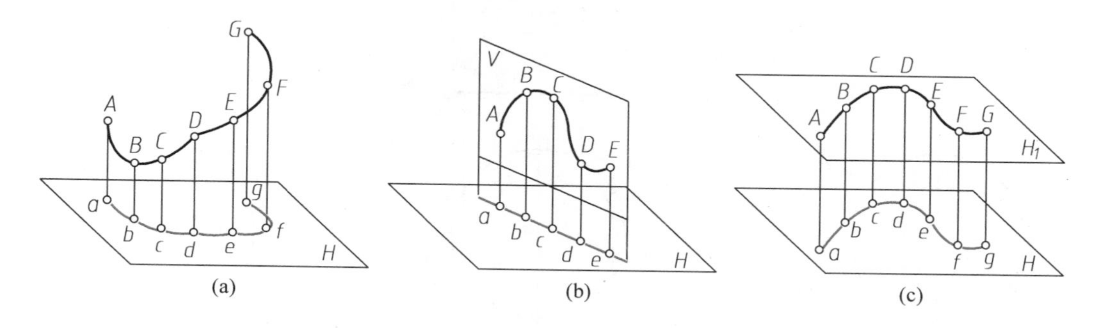

图 7-4　曲线的投影

(2) 二次曲线的投影一般为二次曲线，例如圆和椭圆的投影一般为椭圆。

(3) 曲线的切线，它的投影一般仍与曲线的同面投影相切。

4. 平面曲线

圆是一种常见的平面曲线。圆相对于投影面的位置有三种情况：

(1) 当圆平行于投影面时，圆的投影依然是等直径的圆，反映实形。

(2) 当圆垂直于投影面时，圆的投影是直线，直线的长度等于圆的直径。

(3) 当圆倾斜于投影面时，圆的投影是椭圆。

5. 空间曲线

螺旋线是工程中常用的空间曲线之一，下面以圆柱螺旋线为例介绍空间曲线。

(1) 圆柱螺旋线的形成：当圆柱表面上一动点 A 沿圆柱的轴线方向作等速直线运动，同时绕圆柱的轴线作等速回转运动时，则动点的运动轨迹称为圆柱螺旋线。A 点旋转一周沿轴向移动的距离称为导程。

(2) 圆柱螺旋线的作图步骤(图 7-5)：

① 设圆柱轴线垂直于 H 面，根据圆柱的直径 d 和导程 h 作出圆柱的两面投影，如图 7-5(a)所示。

② 将水平投影和正面投影上的导程分成相同的等份，如 12 等份。由圆周上各等分点引直线，与导程上相应各等分点所作的水平线相交，交点 1、2、…、12 即为螺旋线上各点的正面投影，如图 7-5(b)所示。

③ 依次将 0、1、2、…、12 各点连成光滑曲线，即得到螺旋线的正面投影。在可见圆柱面上的螺旋线是可见的，其投影画成实线，在不可见圆柱面上的螺旋线是不可见的，其投影画成虚线，如图 7-5(c)所示。

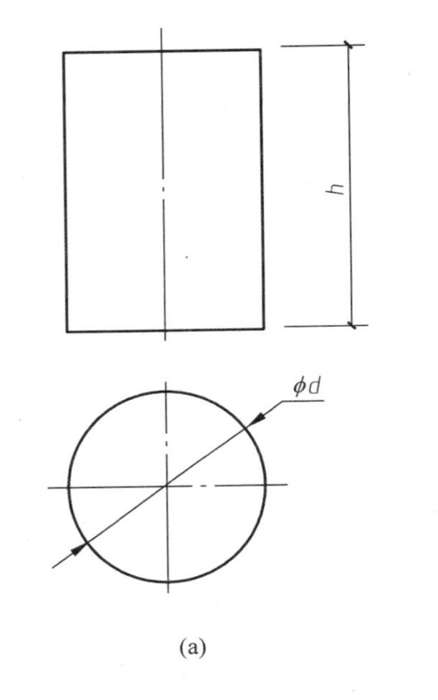

(a)

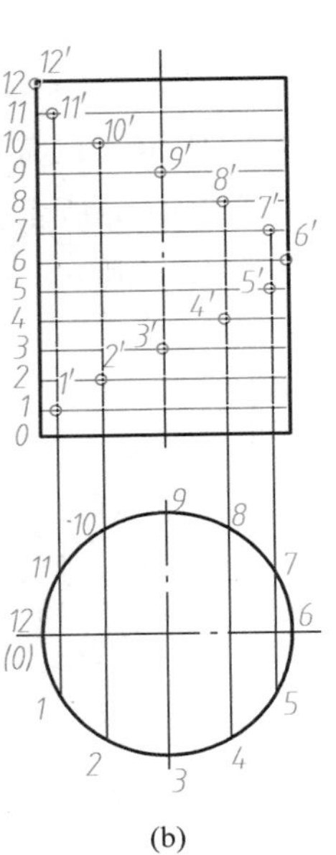

(b)

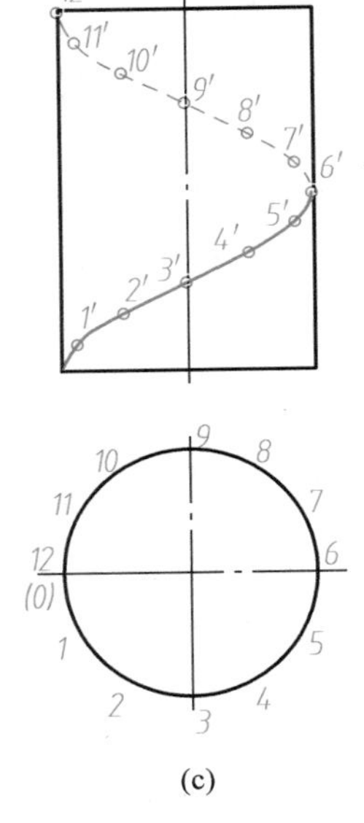

(c)

图 7-5 圆柱螺旋线的画法

7.2 曲 面

(Curved Surfaces)

1. 曲面的形成

曲面可以看作是由直线或曲线运动的轨迹。运动的直线或曲线称为母线(generatrix)。母线在曲面上的任一位置称为该曲面的素线(element)。控制母线运动的线和面分别称为导线(directrix line)和导面(directrix plane)。如图 7-6 所示的曲面是由直母线沿曲导线运动并始终平行于直导线而形成的。

2. 曲面的分类

曲面分为规则曲面(regular curved surface)和不规则曲面(irregular curved surface)两大类。母线作规则运动而形成的曲面就是规则曲面。本章主要讨论规则曲面。

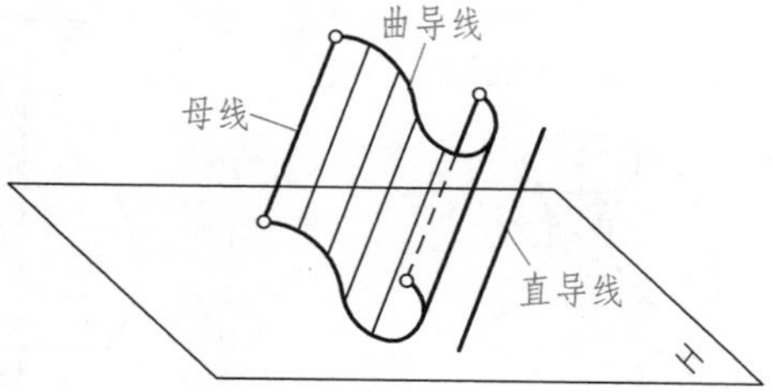

根据母线是直线还是曲线,曲面可分为以下两大类:

(1) 直纹面——由直母线运动所形成的曲面称为直纹面;

(2) 曲线面——由曲母线运动所形成的曲面称为曲线面。

图 7-6　曲面的形成

根据母线运动方式的不同,曲面分为以下两大类:

(1) 回转面——由母线绕一定轴旋转而形成的曲面称为回转面,如圆柱面、圆锥面、球面、环面、单叶双曲回转面等;

(2) 非回转面——由母线按一定规律运动而非绕定轴旋转而形成的曲面称为非回转面,如锥面、柱面、锥状面、柱状面、双曲抛物面、平圆柱螺旋面等。

7.3 回　转　面
(Revolved Surfaces)

在工程中回转面的母线一般为平面曲线,且与回转轴共面。如图 7-7 所示,母线 AB 绕同一平面内的轴线 O 旋转时,母线上任一点的运动轨迹为垂直于回转轴的圆,称为纬圆(latitude circle)。最大的纬圆称为赤道圆(equator circle),最小的纬圆称为颈圆(neck circle)。

工程上常见的回转面如圆柱面、圆锥面、球面、圆环面等在第 6 章已经介绍过,本节介绍单叶双曲回转面。

1. 单叶双曲回转面的形成

单叶双曲回转面是由直母线绕与它交叉的轴线旋转而成的。如图 7-8(a)所示,轴线为 O,直母线为 AB,母线上任一点旋转的轨迹为一圆,A 点和 B 点分别旋转成该曲面的顶圆(top circle)和底圆(bottom circle),母线上距轴线最近的点形成该曲面的颈圆(neck circle)。图 7-8(b)为单叶双曲回转面的投影图。

2. 单叶双曲回转面的投影

只要给出直母线 AB 和回转轴 O,即可作出单叶双曲回转面的投影图,如图 7-9(a)所示。作图步骤如下:

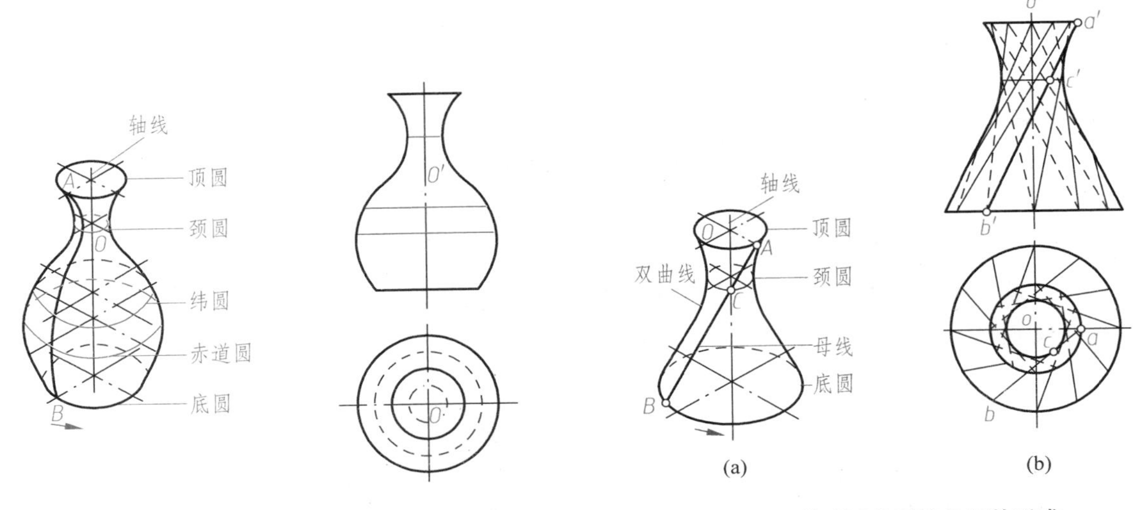

图 7-7 回转曲面的形成及投影

图 7-8 单叶双曲回转曲面的形成

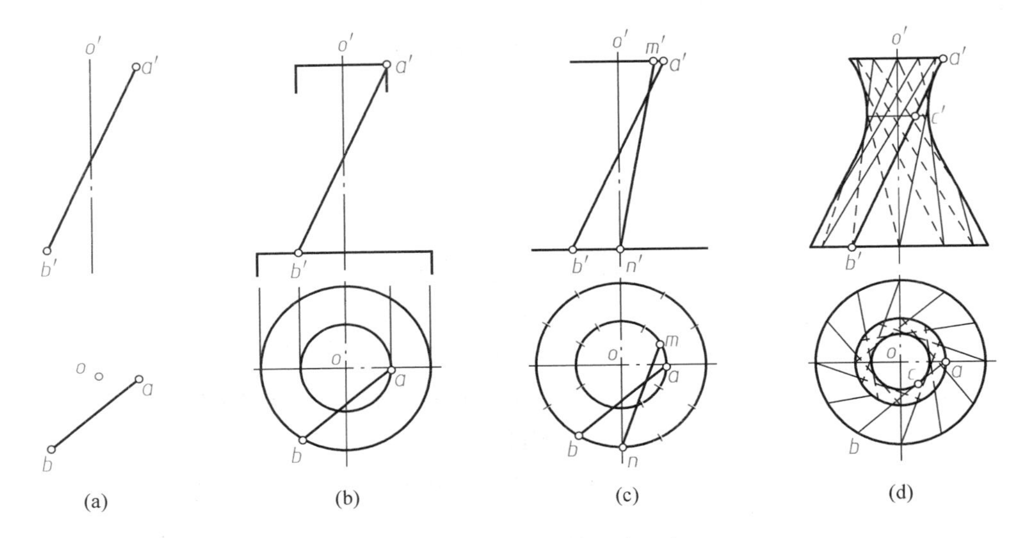

图 7-9 单叶双曲回转面的画法

(1) 作出母线 AB 和轴线 O 的两面投影 $a'b'$、ab 和 $o'o$，轴线 O 垂直于水平面。以轴线的水平投影 o 为圆心，分别以 oa、ob 为半径作圆则得顶圆和底圆的水平投影，它们的正面投影分别是过 a' 和 b' 的水平线，其长度分别等于顶圆和底圆的直径，如图 7-9(b)所示。

(2) 将顶圆和底圆分别从点 A 和 B 开始等分圆周(如分为 12 等份)。AB 旋转 30°后就是素线 MN。根据 MN 的水平投影 mn 作出相应的正投影 $m'n'$，如图 7-9(c)所示。

(3) 依次作出每旋转 30°后各素线的水平投影和正面投影。

(4) 用光滑曲线作为包络线与各素线的正面投影相切，即得该曲面正面投影的外形线，它是一对双曲线。曲面各素线的水平投影也有一条包络线，它是一个圆，即曲面颈圆的水平投影。每条素线的水平投影均与颈圆的水平投影相切，如图7-9(d)所示。

在单叶双曲回转面上取点，可用纬圆法或素线法。

图7-10是单叶双曲回转面在电视塔、冷凝塔上的应用实例。

(a) 广州电视塔

(b) 冷凝塔

图7-10　单叶双曲回转面的应用

7.4　非回转直纹曲面
(Non-Revolution Ruled Surfaces)

7.4.1　柱面(Cylinders)

1. 柱面的形成

一直母线 M 沿着曲导线 L 移动且始终平行于直导线 K 而形成的曲面称为柱面，如图7-11(a)所示。曲导线可以是闭合的，也可以是不闭合的。柱面上所有素线都互相平行。

2. 柱面的投影

柱面是按曲面的投影特点来表示的。在投影图上表示柱面一般要画出导线及曲线对投影面的外形轮廓线，如图7-11(b)所示。

在柱面上取点常用素线法。

现代建筑中大量采用了圆柱形结构。上海宝安大厦和北京天坛是柱面的应用实例，如图7-12所示。

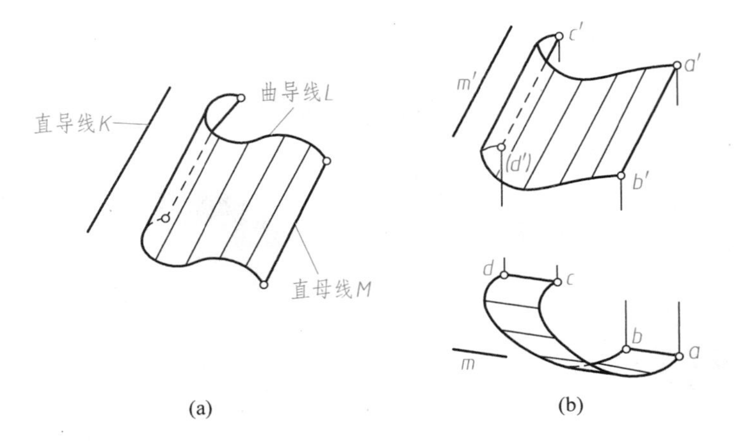

图 7-11　柱面的形成

(a) 上海宝安大厦　　(b) 北京天坛

图 7-12　柱面的应用

7.4.2　锥面(Cones)

1. 锥面的形成

一直母线沿着曲导线移动且始终通过一定点而形成的曲面称为锥面,如图 7-13(a)所示。锥面上所有素线相交于定点 S,该定点称为锥顶。曲导线可以是闭合的,也可以是不闭合的。

2. 锥面的投影

锥面的投影图类同于柱面,都是按曲面的投影特点来表示的。在投影图上表示锥面一般要画出锥顶 S 和曲导线 K 的投影,如图 7-13(b)所示。

在锥面上取点常用素线法。

圆锥面在工程上应用广泛。图 7-14 所示水塔和辽宁电视塔是圆锥面的应用实例。

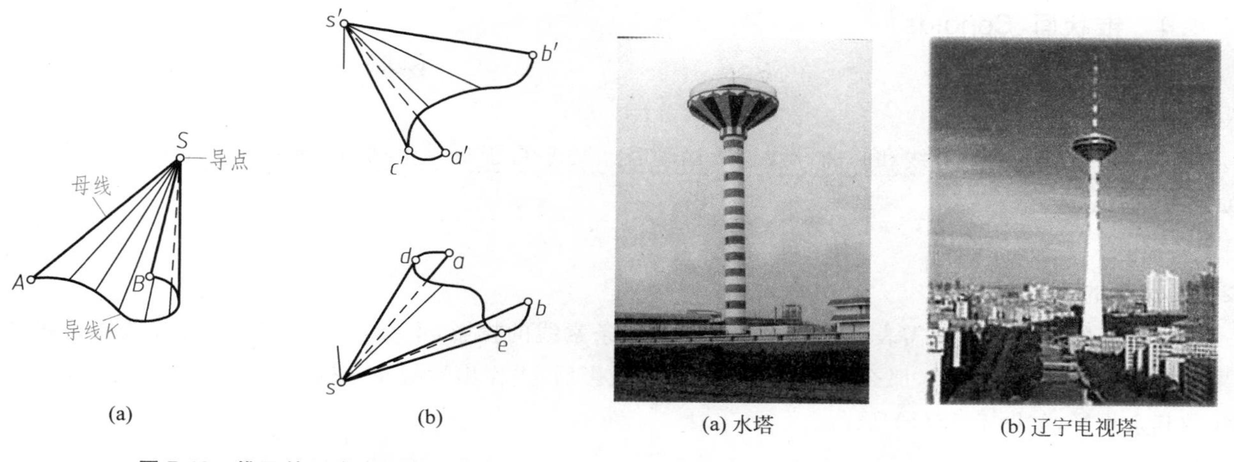

(a)　(b)

图 7-13　锥面的形成及投影

(a) 水塔　(b) 辽宁电视塔

图 7-14　锥面的应用

7.4.3 柱状面(Cylindroids)

1. 柱状面的形成

一直母线沿着两条曲导线运动且始终平行于某一导平面，这样形成的曲面称为柱状面，如图 7-15(a)所示。

2. 柱状面的投影

柱状面的投影图中只需表示两条曲导线和若干条素线的投影，不必表示导平面。如果导平面垂直于某投影面，那么在作出两曲导线的投影后，先作出素线在该投影面上的投影，然后再作素线的其余投影，如图 7-15(b)所示。

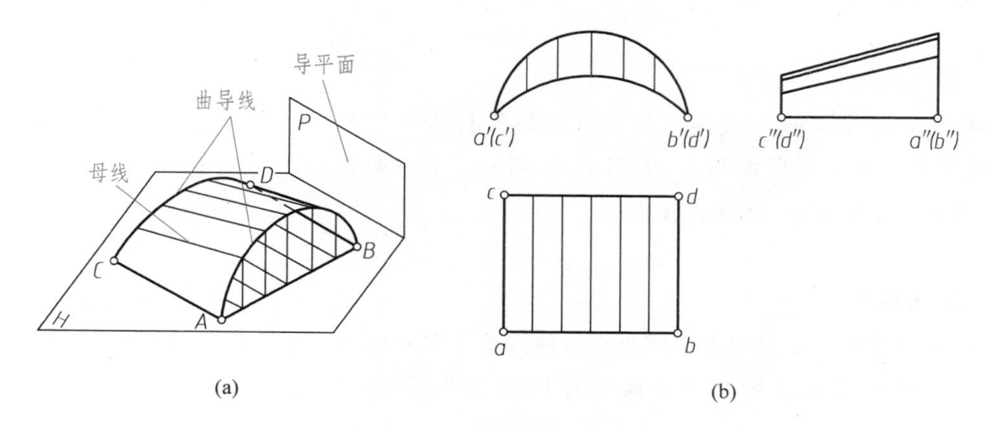

(a)　(b)

图 7-15　柱状面的形成及投影

7.4.4 锥状面(Conoids)

1. 锥状面的形成

一直母线沿着一直导线和一曲导线连续运动且始终平行于一导平面，这样形成的曲面称为锥状面，如图 7-16(a)所示。

2. 锥状面的投影

锥状面的投影图中只需表示两条曲导线和若干条素线的投影，不必表示导平面。与柱状面相同，如果导平面垂直于某投影面，那么在作出两曲导线的投影后，先作出素线在该投影面上的投影，然后再作素线的其余投影，如图 7-16(b)所示。

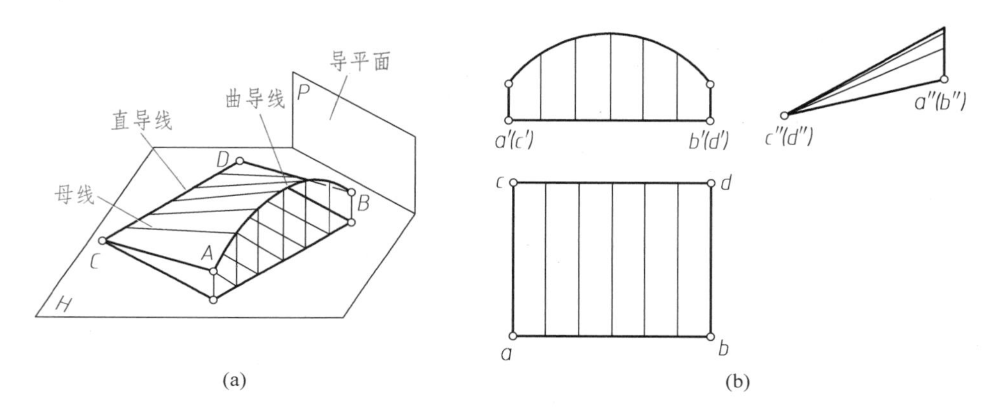

图 7-16 锥状面的形成及投影

7.4.5 双曲抛物面(Hyperbolic Paraboloids)

1. 双曲抛物面的形成

一直母线沿着两交叉直导线连续运动且始终平行于一导平面，这样形成的曲面称为双曲抛物面，如图 7-17 所示。双曲抛物面上的素线都平行于导平面，且彼此成交叉位置。

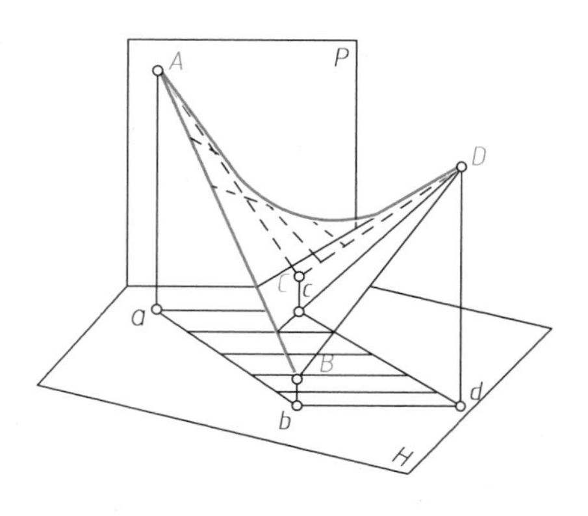

图 7-17 双曲抛物面的形成

2. 双曲抛物面的投影

双曲抛物面的投影图中只需表示两条直导线和若干条素线的投影，不必表示导平面的投影。双曲抛物面的画法如图 7-18 所示。

很多建筑的屋面采用了双曲抛物面的形式。例如，图 7-19(a)所示的四川德阳体育馆的屋面是双曲抛物面网壳结构；图 7-19(b)

所示的北京石景山体育馆的屋面由三片四边形的双曲抛物面双层钢网壳组成。

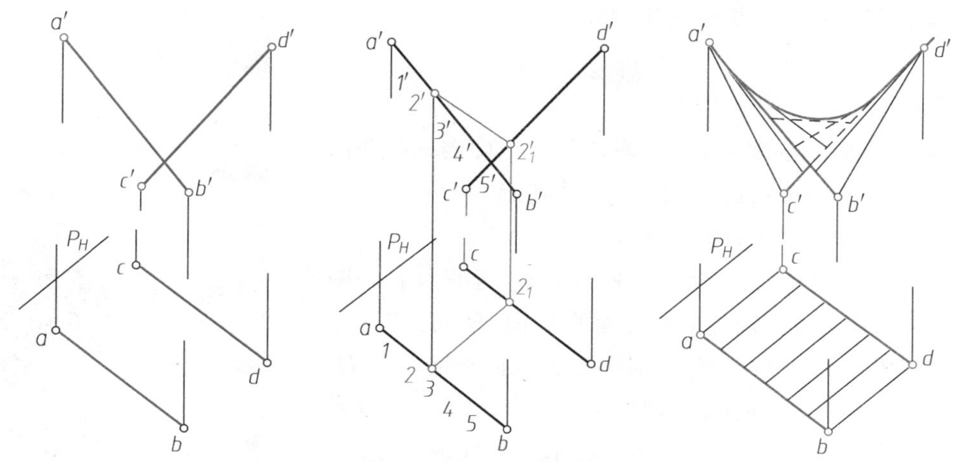

(a) 已知导线AB、CD和导平面P　(b) 作过等分点素线的V投影　(c) 作与各素线V投影相切的包络线

图 7-18　双曲抛物面的画法

(a) 四川德阳体育馆

(b) 北京石景山体育馆

图 7-19　双曲抛物面的应用

7.4.6　螺旋面(Helicoids)

1. 螺旋面的形成

螺旋面是以圆柱螺旋线及其轴线为导线，直母线沿此两导线移动而同时又使它与轴线相交成一定角度，这样形成的曲面称为螺旋面。若母线与轴线垂直，则为正螺旋面，或称平螺旋面；若母线与轴线不垂直，则为斜螺旋面。本节只讨论正螺旋面。

2. 螺旋面的投影

作正螺旋面的投影图时应先画出圆柱螺旋线的曲导线及其直导线（轴线）的两面投影，并把圆柱螺旋线分成若干等份，然后过等分点作素线的两面投影。素线的正面投影都是水平线，素线的水平投影交于圆心。如果螺旋面被一个同轴小圆柱所截,则小圆柱与螺旋面的交线是一条与螺旋曲导线有相等螺距的螺旋线。

3. 螺旋面的应用

螺旋楼梯是平螺旋面在建筑中的一种应用。螺旋楼梯的底面是平螺旋面,内、外边缘是两条螺旋线,如图 7-20 所示。

螺旋楼梯的作图步骤如下(图 7-21):

(1) 根据给出的螺旋梯所在的内、外圆柱直径,导程及转一圈的步级数(如十二级),作出有内圆柱的螺旋面的 V 面、H 面投影;

(2) 根据螺旋梯各级踏步的高度,对应于各踢面和踏面的 H 投影,可分别作出各步级相应踢面的 V 面投影;

(3) 由各踏步的两侧向下量出楼梯板的垂直方向的厚度,将所得点相连,即可连出楼梯底面的两条边缘螺旋线。

图 7-20 螺旋楼梯

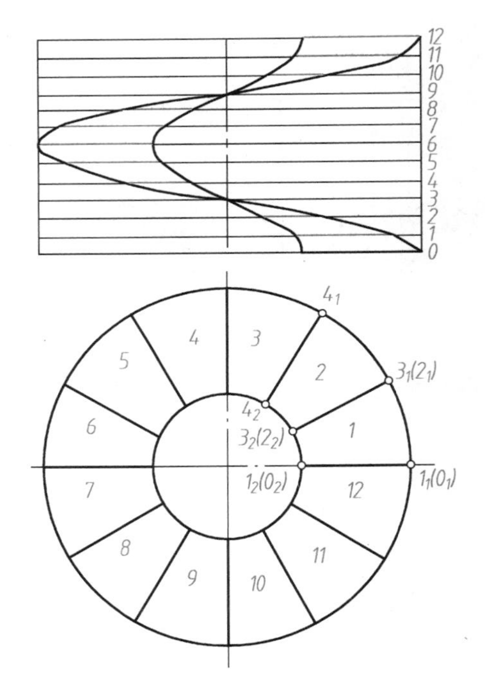

(a) 作出圆柱螺旋面的V、H投影

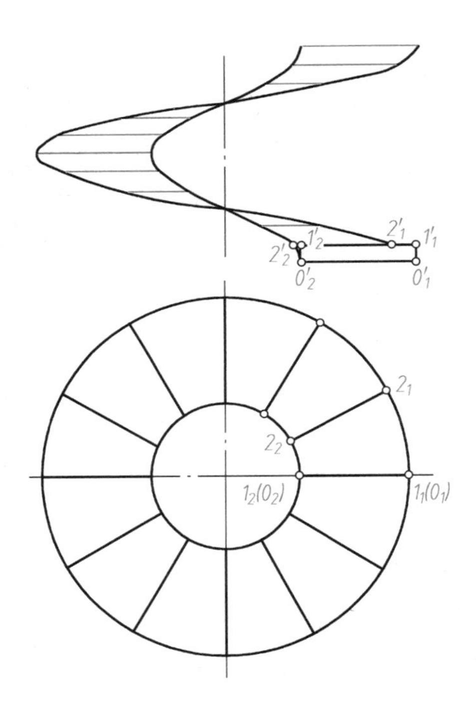

(b) 作出第一步级踢面和踏面的V投影

图 7-21 旋转楼梯的画法

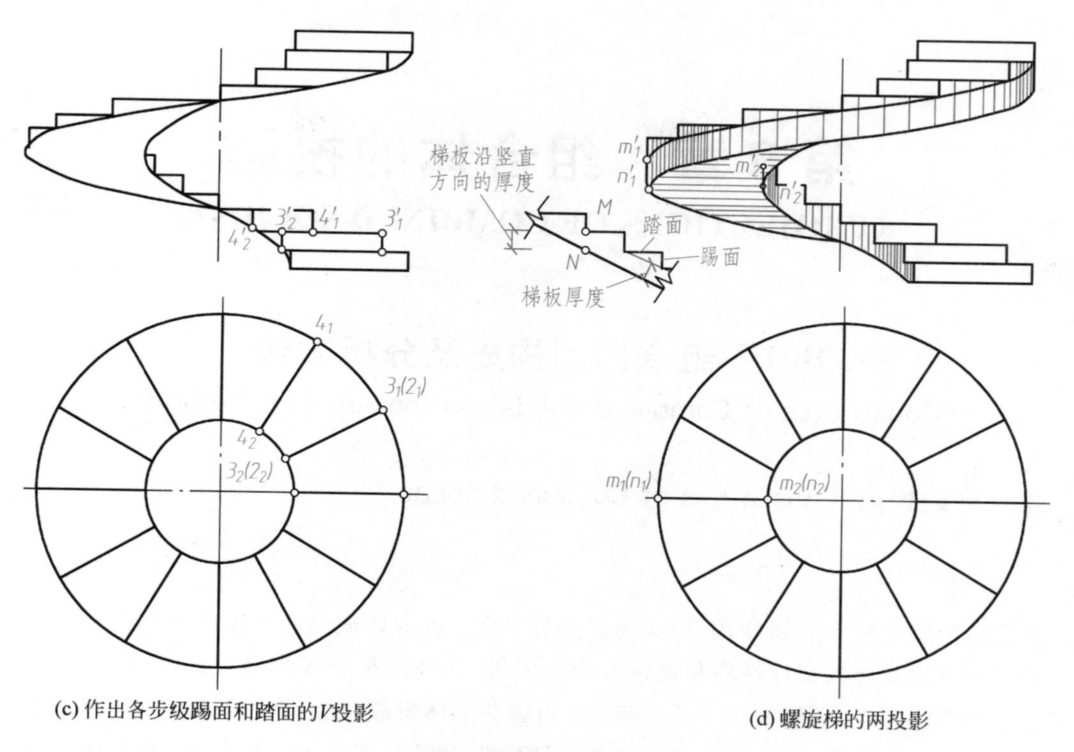

(c) 作出各步级踢面和踏面的V投影

(d) 螺旋梯的两投影

图 7-21　（续）

第8章 组合体的投影

(PROJECTIONS OF COMBINED SOLIDS)

8.1 组合体的构成及分析方法

(Constitutes of Combined Solids and the Analysis Methods)

8.1.1 组合体的构成(Constitutes of Combined Solids)

1. 概述

如果从几何形状考察一个物体,总可认为它由若干个平面立体或曲面立体或平面立体与曲面立体组合而成。假如不考虑物体的物理性质和建筑方面的要求,就称这种物体为组合体。画组合体的图形时,要仔细观察它的形体特点,搞清楚以下几个问题:由哪些立体组成,每一立体是否完整;有无空腔、切槽,腔体的表面是平面还是曲面,或者是两者的组合;有无截交线,是截单体还是多体;相邻两体的相对位置如何,分界线有何特点,是不是相贯线?分析了这些情况,就可以针对各部分的特点,采取相应的画图方法,看图也是如此。

如图8-1(c)所示,挡土墙可以看成是由图8-1(b)中的五个几何形体组合而成,图8-1(a)为其投影图。

2. 组合体的组合形式

(1) 叠加式:由基本几何形体叠砌而成,如图8-1所示。

(2) 截割式:由基本几何体被一些面截割后而成。如图8-2(a)所示,组合体是由长方体被三个平面

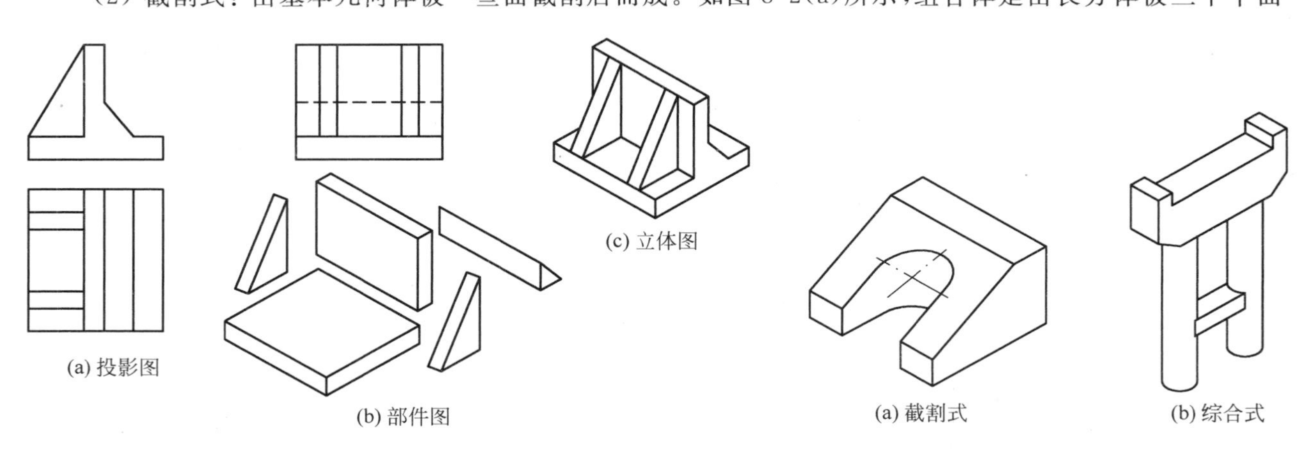

图8-1 叠加式挡土墙的组合体

图8-2 组合体的组合方式

和一个半圆柱面截割而成。

(3) 综合式：由基本几何形体叠加和被截割而成，如图 8-2(b)所示。

3. 基本体之间表面连接关系

从组合体的整体来分析，各基本体之间都有一定的相对位置，并且各形体之间的表面也存在一定的连接关系。

1）共面与不共面

当相邻两形体的表面互相平齐连成一平面，结合处没有界线，在画图时，立面图的上下形体之间不应画线，如图 8-3(a)所示。

如果两形体的表面不共面，而是相错，如图 8-3(b)所示，则在立面图上要画出两表面间的界线。

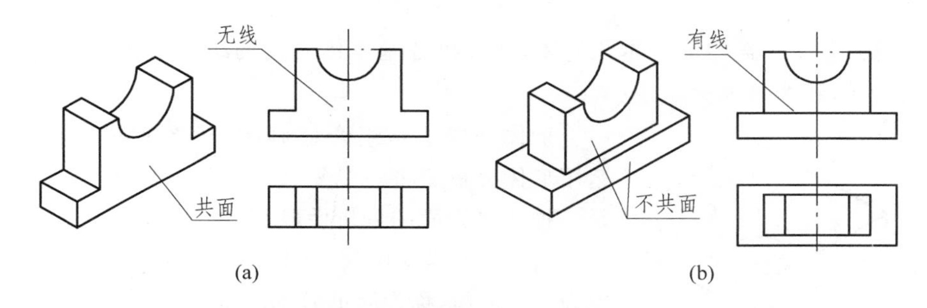

图 8-3 形体表面连接关系——共面与不共面

2）两形体表面相切

相切是指两个基本体的相邻表面(平面与曲面或曲面与曲面)光滑过渡，如图 8-4 所示。相切处不存在轮廓线，在视图上一般不画出分界线。

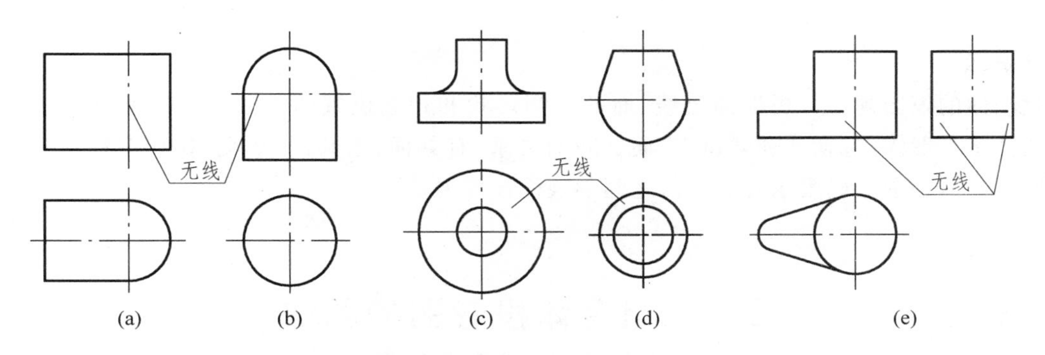

图 8-4 形体表面连接关系——相切

3）两形体表面相交

相交是指两基本体的表面相交所产生的交线(截交线和相贯线)，应画出交线的投影，如图 8-5 所示。

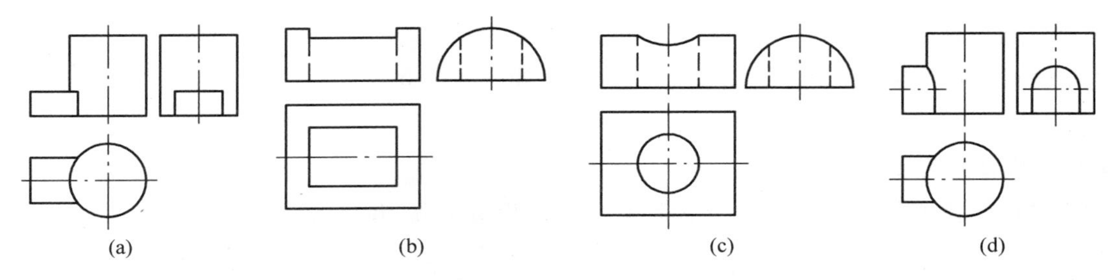

图 8-5 形体表面连接关系——相交

8.1.2 组合体的分析方法(Analysis Methods of Combined Solids)

1. 形体分析法

将组合体分解为若干个简单的基本几何体,并分析各基本体之间的组成形式,相邻表面间的相互位置及连接关系的方法,称为形体分析法。

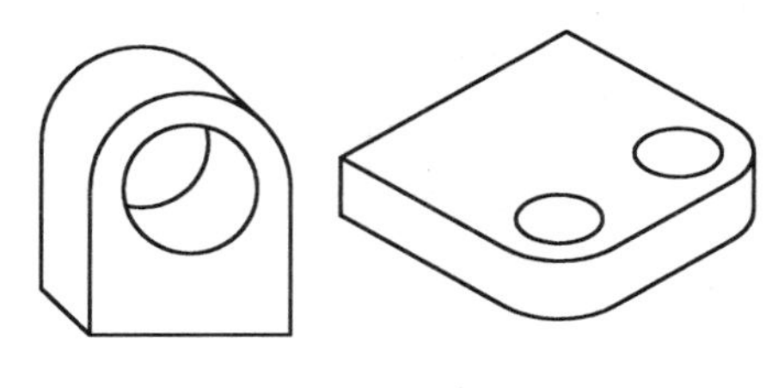
图 8-6 简单形体

形体分析法是组合体画图、读图和尺寸标注的基本方法。运用形体分析法将一个复杂的形体分解为若干个基本的几何体是一种化繁为简的分析手段。

对于一些常见的简单组合体,如带孔的直板、底板等,通常可视为一个形体,称为简单形体,一般不必再作更细的研究,如图 8-6 所示。有时,同一组合体会出现几种不同的形体分析结果,这时就应该选择其中最便于画图、读图和尺寸标注的形体分析方法。

注意:形体分析仅仅是认识对象的一种思维方法,实际物体仍是一个整体,其目的是把握住物体的形状,便于画图、读图和配置尺寸。

2. 线面分析法

运用线、面的投影规律分析形体上线、面的空间形状和相互位置的方法称为线面分析法,在组合体中,相邻两个基本形体(包括孔和切口)表面之间的关系,有共面、不共面、相交、相切四种情况(前面已介绍),作投影图时,必须正确表示各基本体之间的表面连接关系。

8.2 组合体投影图的画法
(Drawing of Combined Solids Projections)

画图是运用正投影法把空间物体表达在平面图形上——由物到图降维。在降维过程中,将运用图形思维方法即用画图的方式来表达事物之间的关系和属性,借以帮助人们分析问题、解决问题。

画组合体视图的基本方法是形体分析法,即通过形体分析,深刻理解“物”与“图”之间的对应关系;同时,分析该组合体由哪些简单形体组成,各简单形体的相对位置及相邻表面之间的连接关系。必要时,再用线面分析法分析组合体上某些线或面的投影,以明确它们在组合体中的位置及形状,从而有步骤地进行画图，下面以图 8-7 所示的涵洞口为例说明画图的方法、步骤。

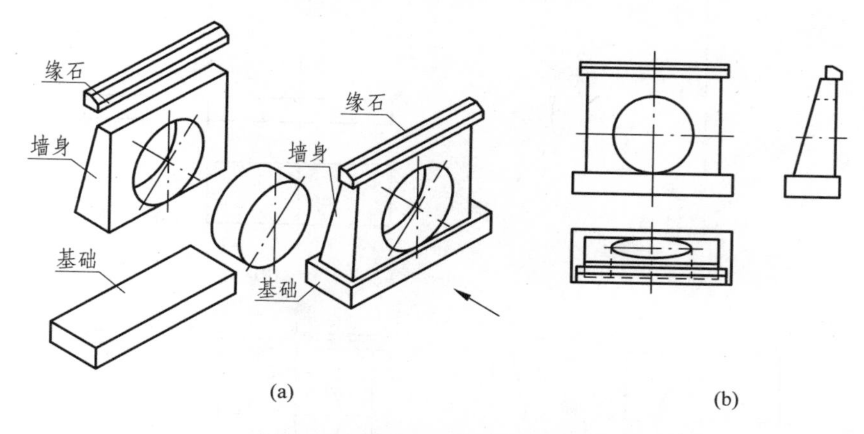

(a)　(b)

图 8-7　涵洞口的立体图及投影图

1. 形体分析

首先对组合体进行形体分解——分块，其次弄清各部分的形状及相对位置关系。

从图 8- 7(a)可以看出，涵洞口左右对称，由基础、墙身和缘石三部分组成。基础是四棱柱体，缘石是五棱柱体，墙身也是四棱柱体，并且在当中挖掉一个圆柱体。

2. 选定主视图的投射方向

主视图的选择对组合体形状特征的表达效果和图样的清晰程度会有明显的影响，由于主视图是三视图中的主要投影，因此，首先应选择主视图，其原则如下：

(1) 组合体应安放平稳并符合自然位置、工作位置，使它的对称面、主要轴线或大的端面与投影面平行或垂直；

(2) 将最能反映组合体形体特征的投射方向作为主视图投射方向，如图 8-7(a)中箭头所示；

(3) 可见性好，尽量使各视图中的虚线最少；

(4) 为了合理利用图纸，使物体较大的一面平行于正立投影面。

3. 画图步骤

(1) 布置图面。根据组合体的实际大小和复杂程度，先选定适当的绘图比例和图幅，再根据形体的总长、总宽、总高匀称布置图面，在图纸合适处画出每个视图的水平方向和竖直方向的作图基准线，对称的图形应以对称中心线作为作图基准线，如图 8-8(a)所示。此外，要注意留有标注尺寸的位置，并使两视图之间的距离和视图与图框之间的距离适当。

(2) 画底稿。根据形体分析的结果，用较淡的 H 或 2H 铅笔逐个画出各简单形体的三视图，如图 8-8(b)、(c)、(d)所示，先画反映形体特征的或主要部分的轮廓线投影，再画次要形体及局部细节；先画大的部分，后画小的部分；三视图按“长对正、高平齐、宽相等”的投影规律同时画。

(3) 校核、加深图线。检查底稿，注意相邻两形体表面间连接的画法，补漏、改错、确认无误后，按规定线型加深、加粗，完成投影作图，如图 8-8(e)、(f)所示。

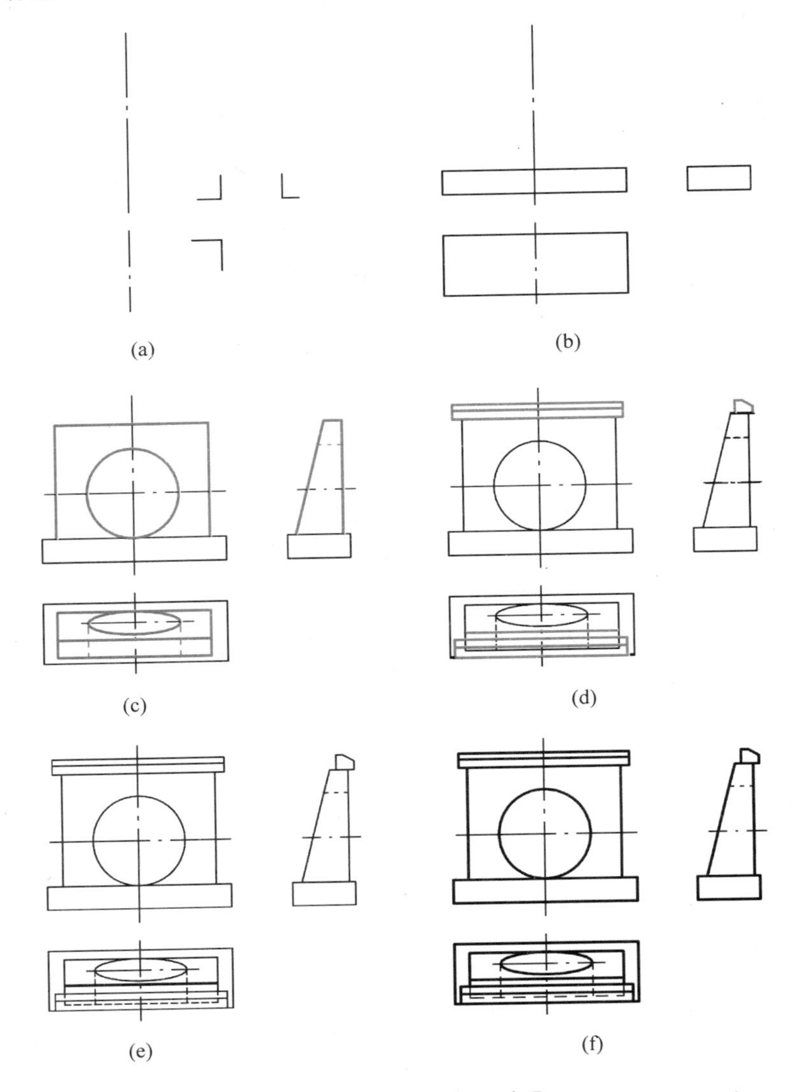

图 8-8 涵洞口的画图步骤

画组合体三视图时，应注意以下两点：

(1) 画图过程中要始终保持三视图之间"长对正、高平齐、宽相等"的投影关系，并将各基本体的三个视图联系起来，同时作图；

(2) 注意各部位之间的相对位置关系并准确表达表面的连接关系。

8.3 组合体的尺寸标注

(Dimensioning of Combined Solids)

组合体视图只能表达立体的形状，而立体的真实大小及各部分之间相互的位置，要由视图上标注的尺寸来确定。因此，正确地标注尺寸极为重要。

标注尺寸的基本要求如下。

(1) 正确：尺寸标注符合相应专业国家制图标准中的有关规定。(本节内容参考《建筑制图标准》(GB/T 50104—2001))。

(2) 完整：尺寸标注要齐全，能完全确定出物体的形状和大小，不遗漏、不重复。

(3) 清晰：尺寸的布局清晰恰当，便于看图和查找尺寸。

组合体由基本体组成，研究组合体的尺寸标注的基础是基本体的尺寸标注。

8.3.1 基本体的尺寸标注(Dimensioning of Basic Solids)

常见基本几何体的尺寸标注如图 8-9 所示。

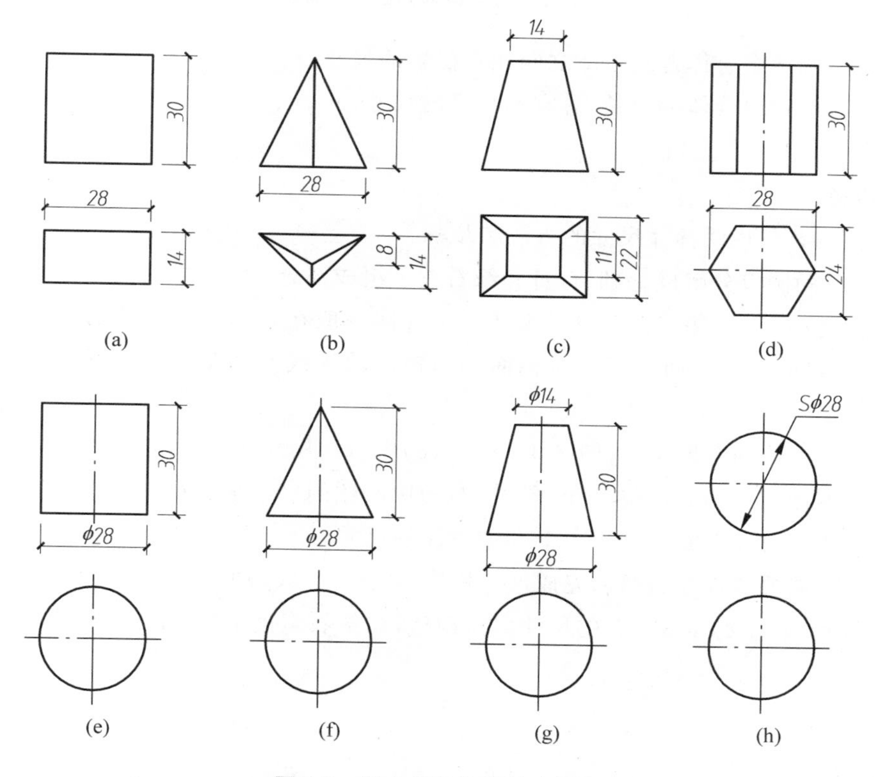

图 8-9　基本几何体的尺寸标注

带切口形体的尺寸标注如图 8-10 所示。

8.3.2 组合体的尺寸标注(Dimensioning of Combined Solids)

1. 尺寸的类型

组合体的尺寸，应在进行形体分析的基础上标注以下三类尺寸。

(1) 定形尺寸：确定组合体中各基本体大小的尺寸。

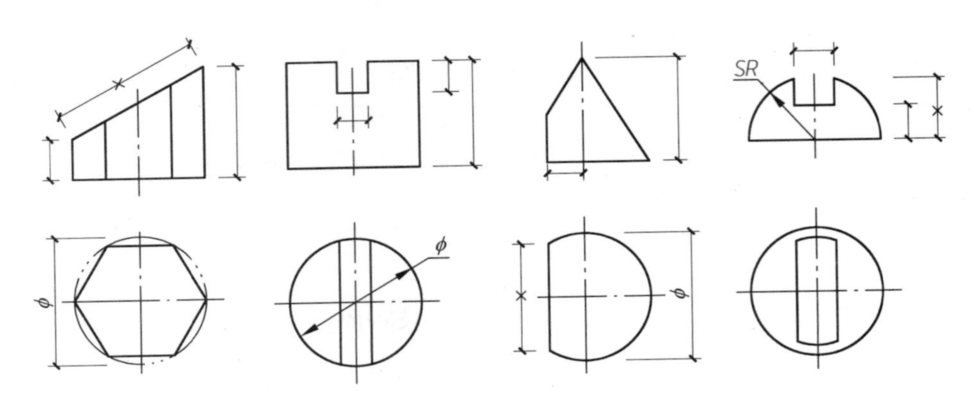

图 8-10 带切口形体的尺寸标注

(2) 定位尺寸：确定组合体各基本体之间相对位置的尺寸。

(3) 总体尺寸：确定组合体的总长、总宽和总高的尺寸。

2. 标注尺寸的步骤

以图 8-11 所示为例，说明标注尺寸的方法和步骤。

(1) 形体分析：涵洞口分解成基础、台身和缘石三个组成部分。

(2) 确定尺寸基准，即标注定位尺寸的起点：组合体一般在长、宽、高三个方向上至少各有一个基准。通常以组合体较重要的端面、底面、对称面和回转体的轴线作为基准。该涵洞口的定位基准选择如图 8-11(a)所示。

(3) 标注每个基本体的定形尺寸，图 8-11(b)～(d)中所注尺寸是各基本体的定形尺寸。

(4) 标注各基本体相互间的定位尺寸，图 8-11(e)中所注的尺寸是缘石、台身及其圆孔的定位尺寸。

(5) 标注组合体的总体尺寸，如图 8-11(f)中所注的尺寸。

(6) 按尺寸标注的要求检查、校核、完成尺寸标注，如图 8-11(g)所示。由于总长 300、总宽 102 在标注定形尺寸时已经标注，不必重复；有的尺寸需作调整，如缘石宽度 29 可由台身顶宽 29 及定位尺寸 10 得出，可以不标。

3. 尺寸配置应注意的问题

(1) 尺寸标注要明显。尺寸一般应尽量注在反映形体特征的投影图上，布置在图形轮廓线之外，但又应靠近轮廓线。

(2) 尺寸标注要集中。表示同一结构或形体的尺寸尽量集中标注，首先考虑在俯视图和主视图上标注尺寸，再考虑在左视图上标注。

(3) 尺寸标注应整齐清晰。尺寸线尽可能排列整齐，与两投影图有关的尺寸应尽量标注在两投影图之间。可把长、宽、高三个方向的定形、定位尺寸组合起来排成几道，尺寸线间隔应相等，相互平行的尺寸应按“大尺寸在外，小尺寸在内”的方法布置。

(4) 其他问题。某些局部尺寸允许注在轮廓线内，但任何图线不得穿越尺寸数字。尽量避免在虚线

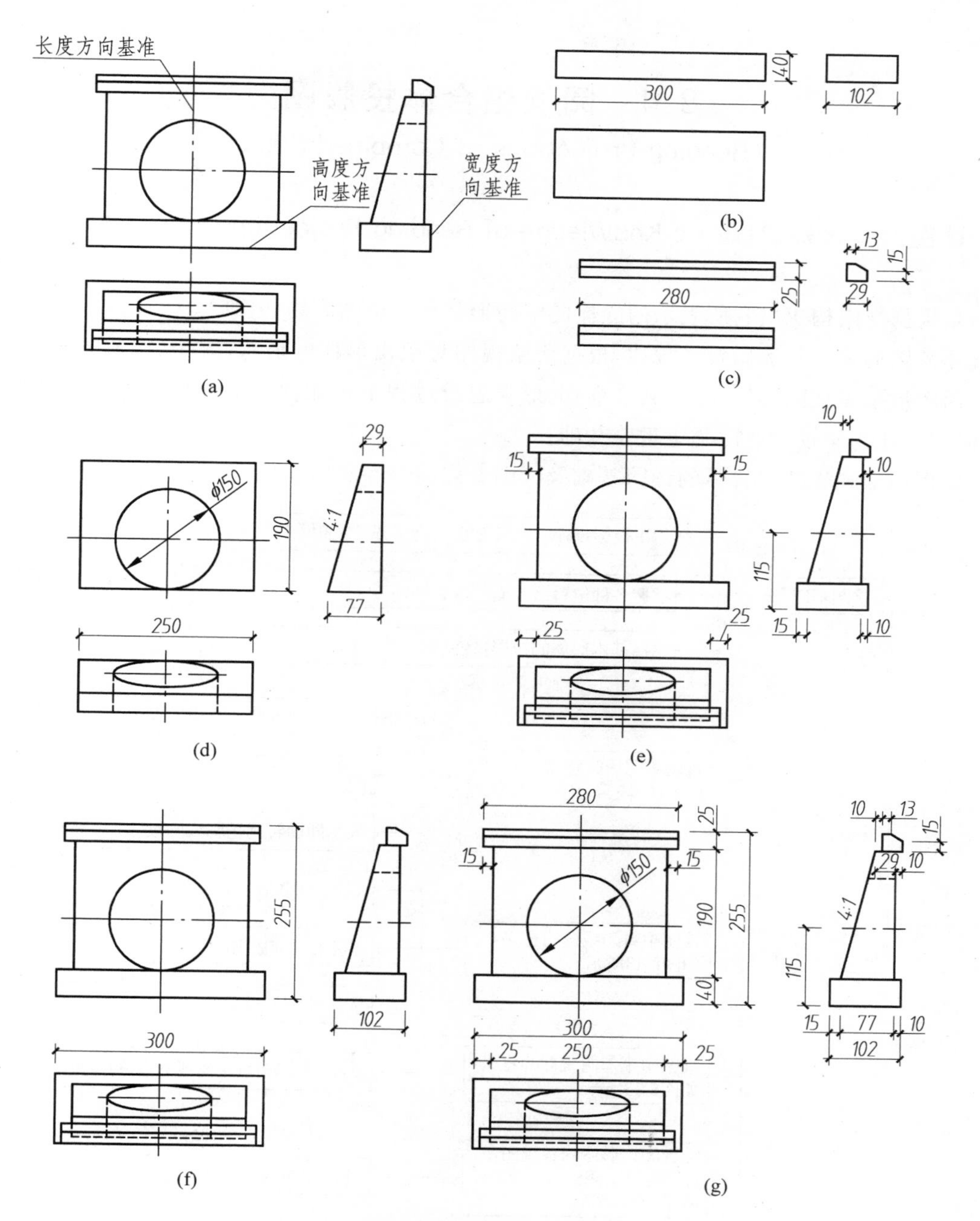

图 8-11　涵洞口的尺寸标注

上标注尺寸。

标注尺寸是很细致的工作,考虑的因素也很复杂。除满足上述要求外,工程建筑物的尺寸标注还应满足设计和施工的要求,这涉及有关的专业知识。如从施工生产的角度来标注尺寸,只是标注齐全、清晰还不够,还要保证读图时能直接读出各个部分的尺寸,到施工现场不需再进行计算等。这些要求需要在具备了一定的设计和施工知识后才能逐步做到。

8.4　阅读组合体投影图

(Reading Projections of Combined Solids)

8.4.1　读图的基本知识(Basic Knowledge of Reading Projections)

读图是根据视图构想出它所表示的立体的空间形状——由图到物(升维)。

组合体视图的读图是运用投影规律,根据所给视图想象出形体的形状、大小、构成方式和构造特点,这种由平面图形想象空间形体(二维到三维)的形象思维过程不仅能促进空间想象能力和投影分析能力的提高和发展,还为阅读专业图奠定重要基础。

下面以框图形式表达组合体的读图基础及读图要点。

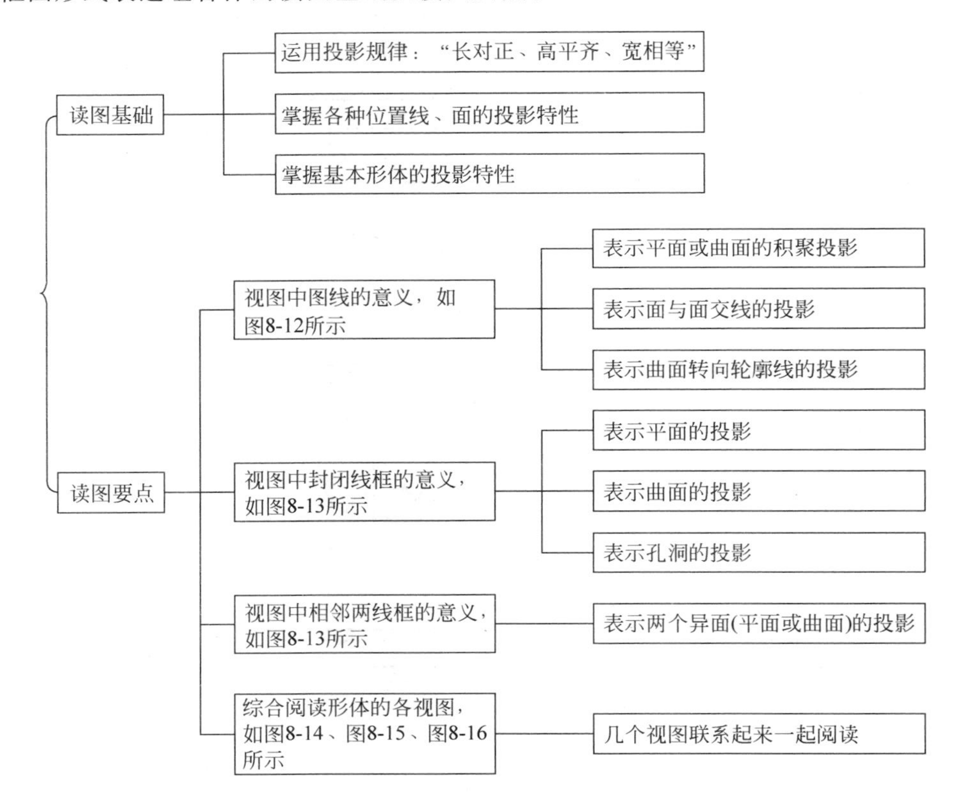

1. 几个视图联系起来看图

一般情况下,一个视图不能完全确定物体的形状,需要两个或两个以上的视图才能完全确定。

如图 8-14 所示的四组视图,它们的俯视图都相同,但实际上是四种不同形状的物体。只有将主视图也联系起来一起看,才能完全确定物体的空间形状。

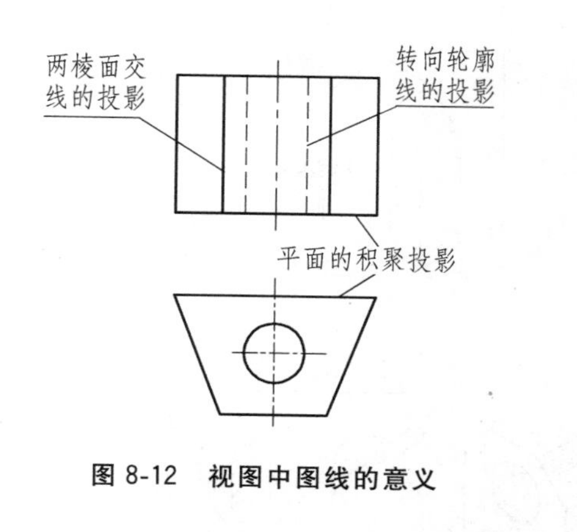

图 8-12　视图中图线的意义

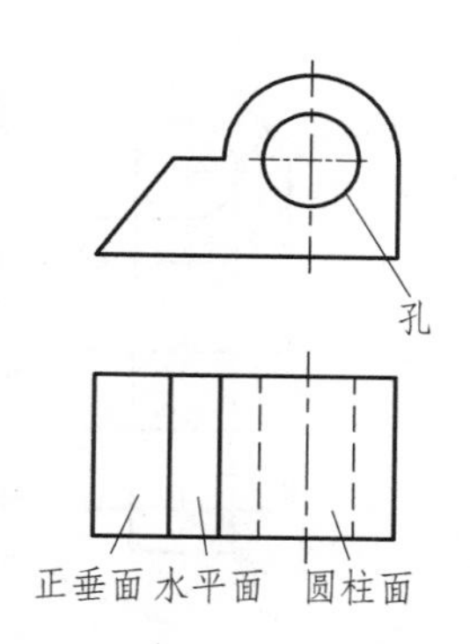

图 8-13　视图中线框的意义

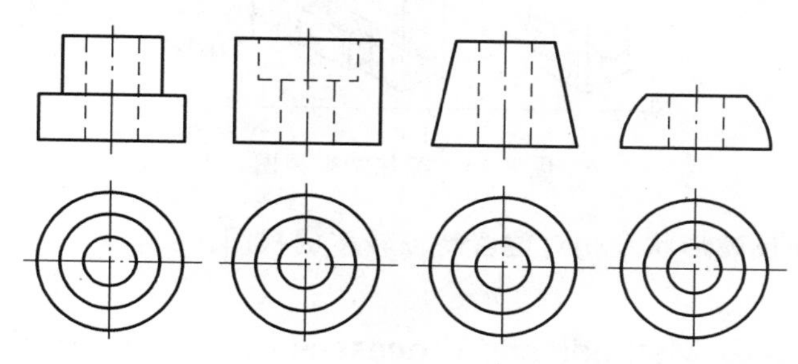

图 8-14　两个视图结合起来看图

又如图 8-15 所示不同的立体，主、俯视图完全相同，只有将左视图也联系起来一起看，才能完全确定物体的空间形状。

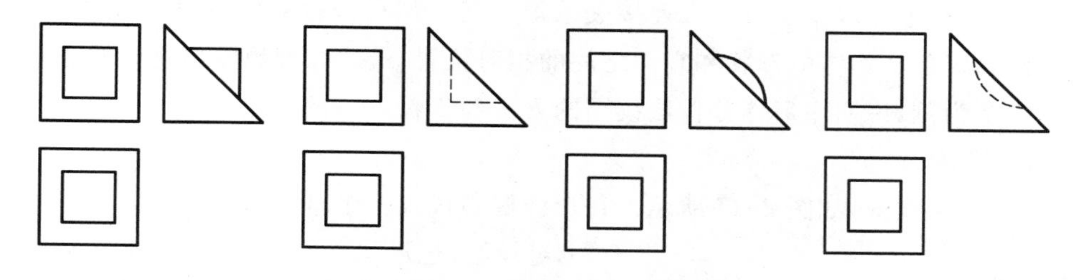

图 8-15　三个视图结合起来看图

2. 抓住特征视图

看图时还要注意抓住物体的特征视图。所谓特征视图，就是把物体的形状特征及相对位置特征反映得最充分的那个视图。例如图 8-14 中的主视图及图 8-15 中的左视图，就是物体的特征视图。找到这样的视图，再配合其他视图，就能较快地认清物体了。

但是，由于组合体的组成方式不同，物体的形状特征及相对位置特征并非总是集中在一个视图上，有时是分散于各个视图上。例如图 8-16 所示的物体，如果只看主、俯视图，无法辨认主视图中圆 Ⅰ 和矩形线框 Ⅱ 的凸和凹，就会产生至少四种可能的形体，而如果结合左视图来看，就很容易想清楚圆 Ⅰ 和矩形线框 Ⅱ 的凸和凹了，此时的左视图就是表达形体各组成部分之间相对位置特征最明显的视图。

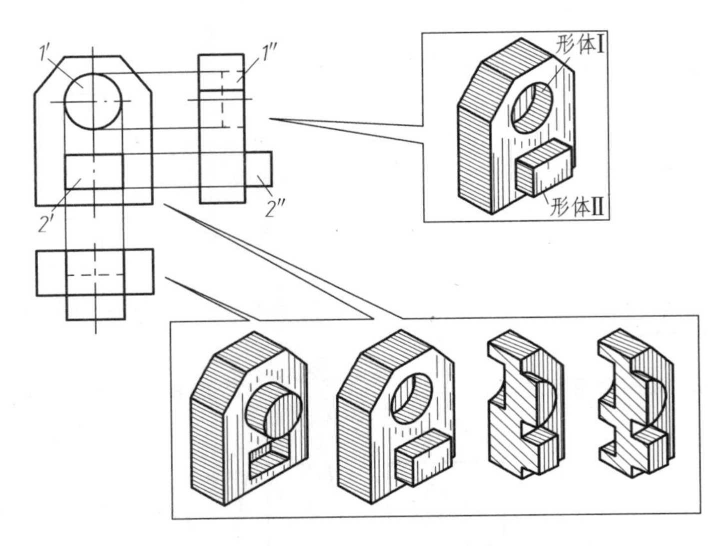

图 8-16 抓住特征视图

所以在读图时，要抓住反映形状及相对位置特征较多的视图。

8.4.2 读图的方法和步骤(Methods and Processes of Reading Projections)

1. 形体分析法读图

形体分析法是读图的基本方法。一般是从反映物体形状特征的主视图着手，对照其他视图，初步分析出该物体是由哪些基本体以及通过什么连接关系形成的。然后按投影特性逐个找出各基本体在其他视图中的投影，以确定各基本体的形状和它们之间的相对位置，最后综合想象出物体的总体形状。

下面以图 8-17 为例，说明用形体分析法读图的方法和步骤。

1) 画线框，分形体

将主视图分为三个线框，如图 8-17 所示。每个线框各代表一个基本形体。

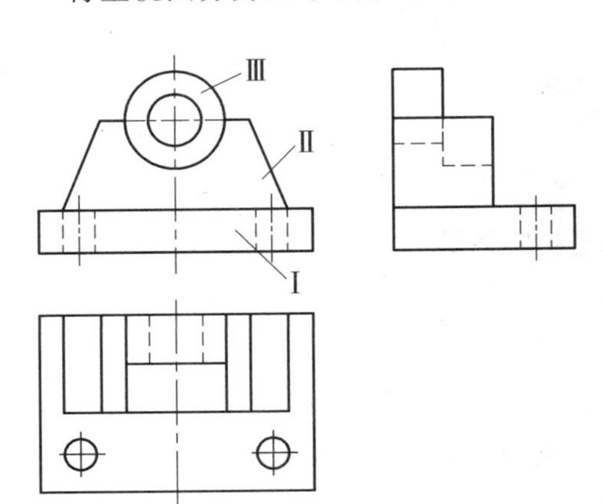

图 8-17 已知组合体的三视图

2) 对投影，想形状

分别找出各线框对应的其他投影，并结合各自的特征视图，逐一构思出每组投影所表示的形体的形状，如图 8-18 所示。

3) 合起来，想整体

根据各部分的形状和它们的相对位置综合想象出其整体形状，如图 8-19 所示。

2. 线面分析法读图

对形体比较清晰的物体，用形体分析法就能完全看懂视图。但是，当形体被多个平面切割，形体形状不规则或在某视

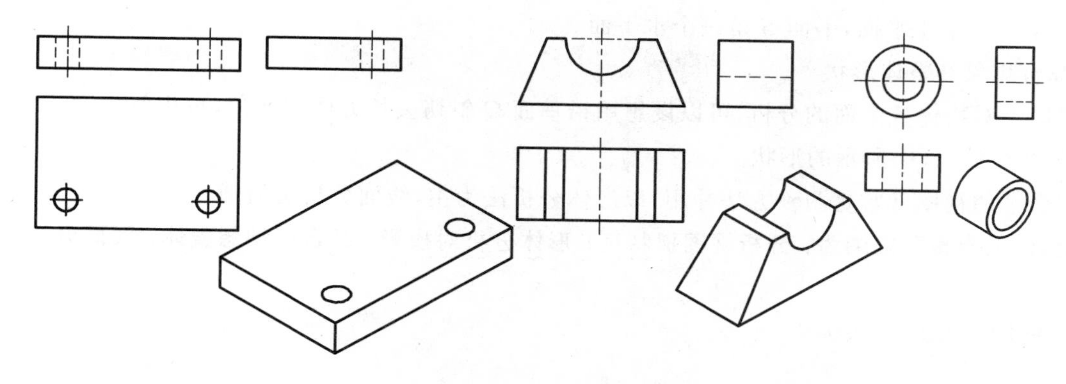

图 8-18　将形体分解

图中形体结构的投影关系重叠时，应用形体分析法往往难于读懂。这时，需要运用线、面投影理论来分析物体的表面形状、面与面的相对位置以及面与面之间的表面交线，并借助立体的概念来想象物体的形状。这种方法称为线面分析法。

线面分析法是一种辅助的看图方法，主要适用于切割体。线面分析法的关键是弄懂视图中的图线和线框的含义，只要分析清楚图线和线框，就可想象出物体或物体某部分的形状。

下面以图 8-20 所示组合体为例，说明线面分析的读图方法和步骤。

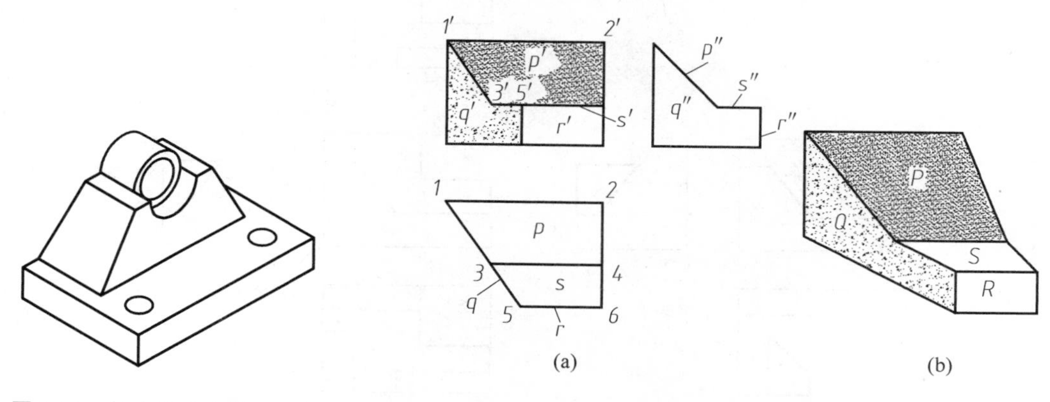

图 8-19　综合想象物体的形状

图 8-20　线面分析

1）确定物体的整体形状

根据图 8-20(a)所示的组合体外形是有缺角和缺口的矩形，可初步认定该物体的原始形状是长方体。

2）确定切割面的位置和面的形状

先查看主视图中的线框 p'，它是一个梯形。梯形的其余投影要么是梯形（类似性），要么是线段（积聚性）。按照投影关系，线框 p'可能对应于俯视图中的的梯形 p 或线段 12。但由于 p'只能对应于左视图中的倾斜线段 p''，所以，物体表面 P 是一个侧垂面，由切割长方体前方形成的，其俯视图只能是梯形 p，而不是线段 12。再从主视图中分析线框 q'，与它对应的俯视图只能是倾斜线段 15，由此说明平面 Q 是一个铅垂面，由切割长方体左侧形成的，它的左视图是与 q'同边数的图形（五边形）q''。用同样的方法可以分

析出平面 R 是一个正平面，平面 S 是一个水平面。

3）综合想象其整体形状

根据以上对物体各个面的分析，可以设想用铅垂面 Q 斜切去长方体左前角，再用侧垂面 P 和水平面 S，切割成如图 8-20(b)所示的形状。

读组合体的视图常常是两种方法并用，以形体分析法为主，线面分析法为辅。

综上，读图步骤可归纳为：分析视图抓特征；形体分析对投影；综合归纳想整体；线面分析攻难点。

8.4.3 举例(Examples)

根据两个视图补画第三个视图，也是培养读图和画图能力的一种有效手段。现举例如下。

【例 8-1】 如图 8-21(a)所示，已知组合体主、左视图，补画俯视图。

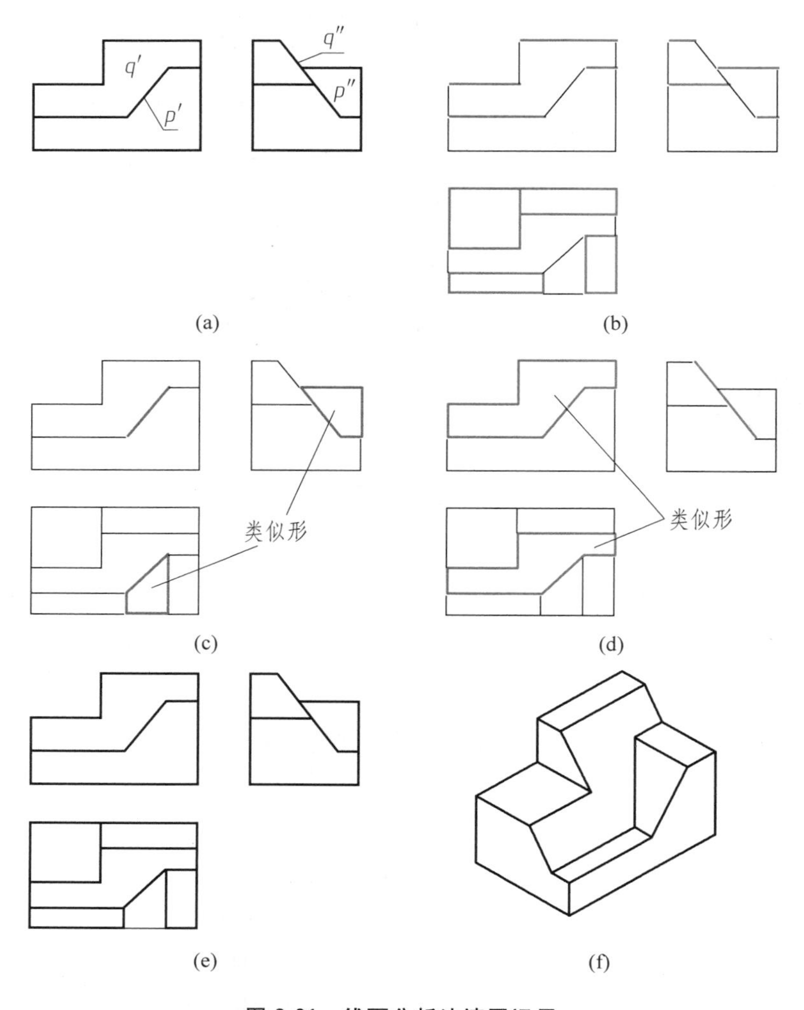

图 8-21 线面分析法读图运用

分析

根据两个视图可以看出，此形体是由长方体被多个平面截切而形成。由于截面较多，具体读图时主要运用线面分析法进行分析，由图可知该形体是平面体。因此图中线的意义是平面与平面的交线或是平面的积聚投影。由图中相互对应的水平线可知它们是水平面。由左视图的梯形线框 p''在主视图上找不到类似形，根据不类似必积聚，分析得出：P 平面是正垂面，p''与 p 是类似形。同理可知 Q 是侧垂面，q'与 q 是类似形。

作图步骤

(1) 根据"长对正、高平齐、宽相等"的投影规律，作出四个水平截平面截得的交线的水平投影，如图 8-21(b)所示。

(2) 作出正垂截平面截得的交线的水平投影，注意与对应的侧面投影是类似形，如图 8-21(c)所示。

(3) 作出侧垂截平面截得的交线的水平投影，注意与对应的正面投影是类似的八边形，如图 8-21(d)所示。

(4) 检查、校核、加粗图线，如图 8-21(e)所示。图 8-21(f)为其立体图。

【例 8-2】 如图 8-22(a)所示，已知组合体主、俯视图，补画左视图。

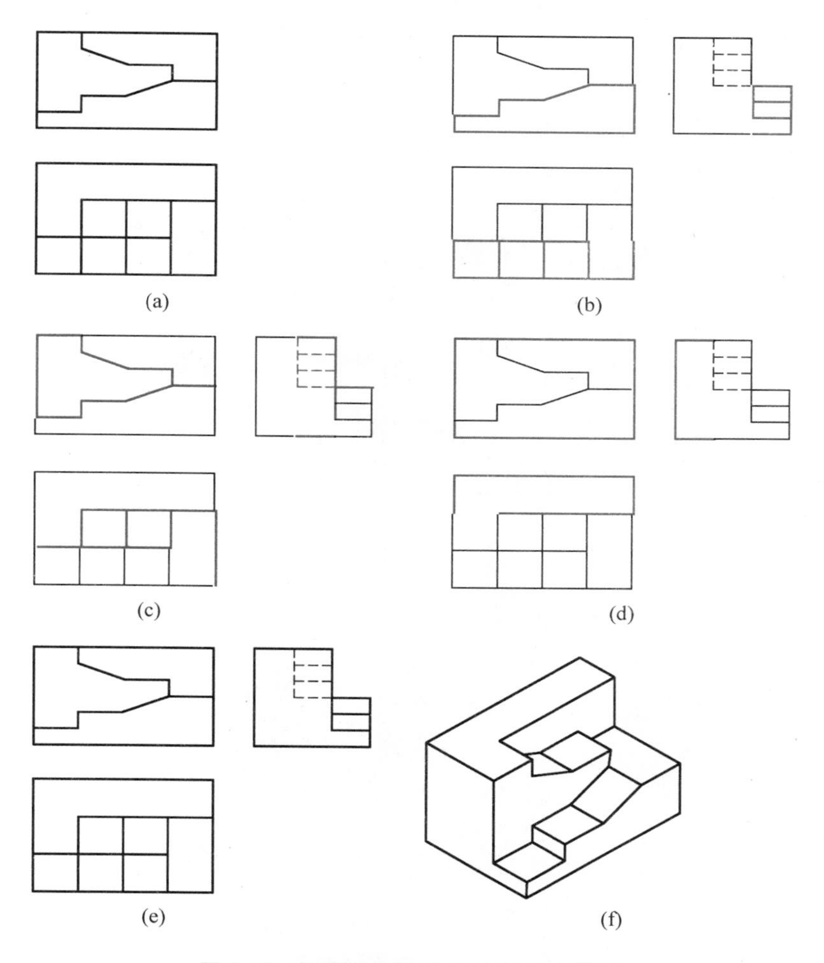

图 8-22　根据两个视图，补画第三个视图

分析

由俯视图得知，形体沿宽度方向明显地被分成了前、中、后三部分，由于主视图全是实线，所以形体是前低后高，主视图的三个线框依次是下面的在前、上面的在后，由于俯视图无斜线，所以该形体上无一般位置平面，全是特殊位置平面。

根据投影“三等”规律作图，作图过程如图 8-22(b)～(e)所示。

第9章 工程形体图样的画法
(REPRESENTATION OF ENGINEERING SOLIDS)

9.1 视　　图
(Views)

在工程制图中，用正投影的方法表达工程实体的图形，称为视图。当物体的形状和结构比较复杂时，仅用前面所讲的三面投影图难以将物体表达清楚，因此，制图标准规定了多种表达方法，画图时可根据形体的具体情况灵活采用。

1. 基本视图

如图9-1所示，表示一个物体可有六个基本投射方向，相应地有六个基本的投影平面分别垂直于六个基本投射方向。物体在基本投影面上的投影称为基本视图。物体的正面投影，即物体由前向后投影所得的图形，通常反映所画物体的主要形状特征，称为正立面图；由上向下投影所得的图形，称为平面图；由左向右投影所得的图形，称为左侧立面图；由右向左投影所得的图形，称为右侧立面图；由后向前投影所得的图形，称为背立面图；由下向上投影所得的图形，称为底面图。

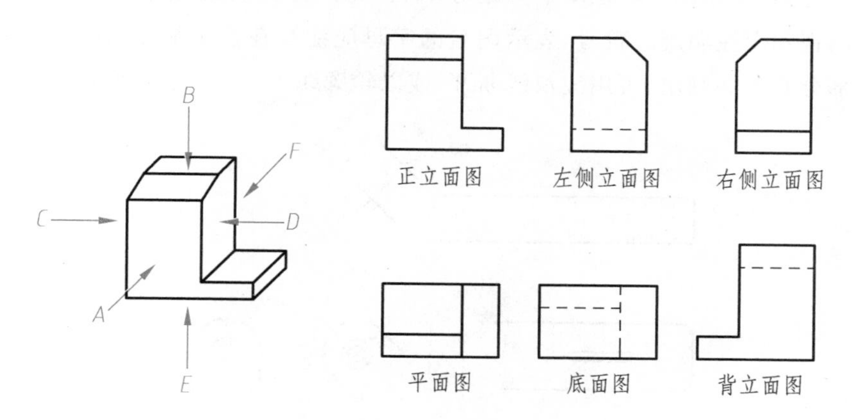

图9-1　基本视图

同三面视图一样，六面视图之间也保持着一定的投影关系和“长对正、宽相等、高平齐”的规律。用基本视图表达工程形体时，正立面图应尽量反映工程形体的主要特征，其他视图的选用，可在保证图样表达完整、清楚的前提下，使视图数量最少，以力求制图简便。

2. 镜像视图

当某些工程物体直接用正投影法绘制不方便时，可用镜像投影法绘制。如图 9-2(a)所示，把镜面放在形体的下面，代替水平投影面，在镜面中反射得到的图像则称为“平面图(镜像)”。绘制镜像投影图时，应在图名后注写“镜像”二字，如图 9-2(b)所示，或按图 9-2(c)所示方法画出镜像投影画法识别符号。镜向平面图对于表现室内吊顶的装饰图很方便，因此被广泛使用。

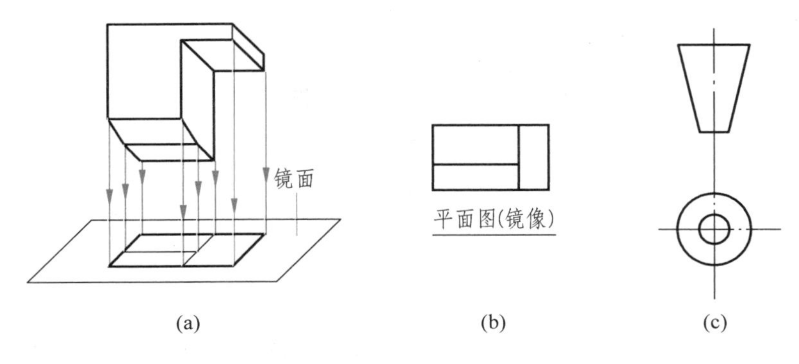

图 9-2 镜向投影法

3. 斜视图

物体向不平行于任何基本投影面的平面投影所得的视图，称为斜视图。它相当于画法几何中用换面法得到的实形投影。

画斜视图时，在反映斜面的积聚投影的视图中用箭头表示斜视图的观看方向，并进行标注，如图 9-3 所示，视图中标注字母 A，在作出的斜视图下方注写“A”。允许将斜视图旋转一定角度，摆正配置在适当的位置上，但需在斜视图上注明旋转符号，表示图名的字母应注写在箭头端。斜视图只要求表示出倾斜部分的实形，其余部分则不必画出，可用波浪线断开，或以轮廓线为界，省去其他部分。

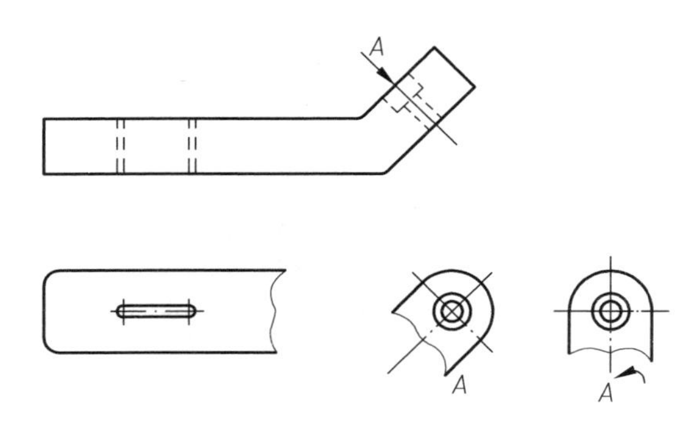

图 9-3 斜视图

9.2 剖 面 图
(Sections)

用视图表达物体的形状时,物体的可见部分要画成实线,不可见部分要画成虚线。在工程中,绘制建筑形体投影图时,由于建筑物内外形状都比较复杂,若用通常的绘制方法来绘制,则可能会在每面视图中产生很多虚线,造成图面虚实线交错,混淆不清,会给读图造成极大的困难。为了解决这些问题,工程上采用剖切的方法,即假想将物体剖开,使原来看不见的内部结构成为可见,然后用实线画出这些内部构造的投影图。

9.2.1 剖面图的形成(Formation of Sections)

如图 9-4 所示,假想用剖切平面剖开物体,将处在观察者和剖切平面之间的部分移去,而将剩余部分向投影面投射,所得图形称为剖面图,简称剖面。

由于剖切是假想的,所以只在画剖面时才能假想将形体切去一部分,而在画另一个投影时,则应按完整的形体画出,而且根据需要,对一个物体可以作几个剖面,每次作剖面,都是从完整的物体上经过剖切而得到的。

9.2.2 剖面图的表示方法(Representation of Sections)

1. 确定剖切位置和投射方向

画剖面图时,首先要根据形体的特点和图示的要求确定剖切平面的剖切位置和投射方向,使剖切后画出的剖面图能够准确、清楚地表达物体的内部结构。在有对称面时,一般选在对称面上,或通过孔、洞、槽的中心线,并且平行于某一投影面。为了读图方便,需要用剖切符号把所画的剖面图剖切位置和投射方向在投影图上表示出来,并对剖切符号进行编号,以免混乱,如图 9-5 所示。

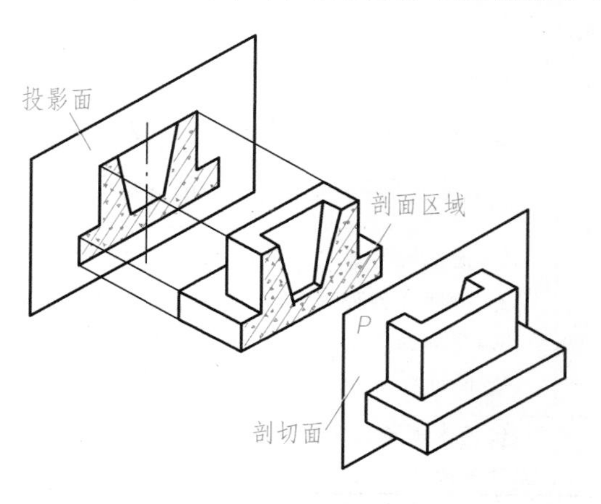

图 9-4 剖面图的形成

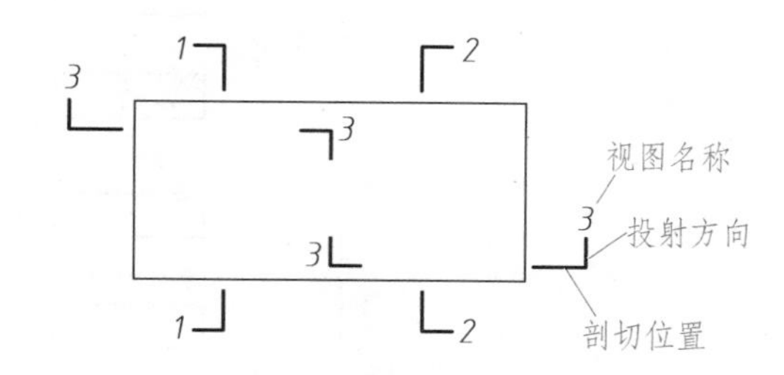

图 9-5 剖面的剖切符号

2. 画剖面图的有关规定

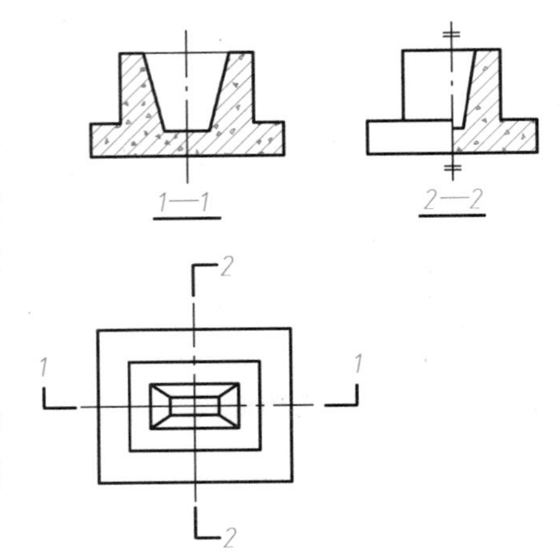

图 9-6　剖面图的画法

（1）由表示剖切位置的剖切位置线及表示投射方向的剖视方向线所组成的剖切符号，均用粗实线绘制。剖切位置线的长度宜为 6～10 mm；剖视方向线应垂直画在剖切位置线的一端，长度宜为 4～6 mm。剖面的剖切符号不宜与图面上的图线相接触，要留有适当的空隙。

（2）剖切符号的编号要用数字或字母，注写在剖视方向线的端部，并在对应的剖面图下方标出剖面的编号名称作为该图的图名，如 1—1、2—2，图名下方画上一条与字位等长的粗实线。

（3）形体被剖切后，在被剖切到的截交线内按制图国家标准的规定画出相应的材料图例。常用材料的断面符号见表 9-1。当不需要表明材料的种类时，均画上平行等间距的 45°细实线，称为剖面线，如图 9-6 所示。

表 9-1　常用材料断面符号

序号	名　　称	图　　例	备　　注
1	自然土壤		包括各种自然土壤
2	夯实土壤		
3	砂、灰土		
4	砂砾石，碎砖三合土		
5	石材		
6	毛石		
7	普通砖		包括实心砖、多孔砖、砌块等砌体。断面较窄、不易绘出图例线的，可涂红
8	耐火砖		包括耐酸砖等砌体
9	空心砖		指非承重砖砌体
10	饰面砖		包括铺地砖、马赛克、陶瓷锦砖、人造大理石等
11	焦渣，矿渣		包括水泥、石灰等混合而成的材料
12	混凝土		1. 本图例指能承重的混凝土及钢筋混凝土 2. 包括各种强度等级、骨料、添加剂的混凝土 3. 在剖面图上画出钢筋时，不画图例线 4. 断面图形小、不易画出图例线时，可涂黑
13	钢筋混凝土		
14	多孔材料		包括水泥珍珠岩、沥青珍珠岩、泡沫混凝土、非承重加气混凝土、软木、蛭石制品等

续表

序号	名　称	图　例	备　注
15	纤维材料		包括棉矿、岩棉、玻璃棉、麻丝、木丝板、纤维板等
16	泡沫塑料、材料		包括聚苯乙烯、聚乙烯、聚氨酯等多孔聚合物类材料
17	木材		1. 上图为横断面，上左图为垫木、木砖或木龙骨 2. 下图为纵断面
18	胶合板		应注明为×层胶合板
19	石膏板		包括圆孔、方孔石膏板，防水石膏板等
20	金属		1. 包括各种金属 2. 图形小时，可涂黑
21	网状材料		1. 包括金属、塑料网状材料 2. 应注明具体材料名称
22	液体		应注明具体液体名称
23	玻璃		包括平板玻璃、磨砂玻璃、夹丝玻璃、钢化玻璃、中空玻璃、夹层玻璃、镀膜玻璃等
24	橡胶		
25	塑料		包括各种软、硬塑料及有机玻璃等
26	防水材料		构造层次多或比例大时，可采用上图比例
27	粉刷		本图例采用较稀的点

注：序号1、2、5、7、8、13、14、16、17、18、22、23图例中的斜线、短斜线、交叉斜线等一律为45°。

9.2.3 几种常用的剖面图(Commonly Used Sections)

画剖面图时，针对不同特点和要求的形体，在表达它的内部构造时，采用不同的剖切方式，画出不同类型的剖面图。常用剖面图的种类有全剖面、阶梯剖面、半剖面、局部剖面和旋转剖面。

1. 全剖面图

用一个剖切面将形体全部剖开所得到的剖面图称为全剖面图。全剖面图常用于不对称建筑形体或形体内部结构较复杂，需要完整地表达内部结构的形体。

如图9-7(a)所示的房屋，为了表达它的内部布置情况，假想用一个水平剖切平面，通过门窗洞将房屋剖开，移去剖切平面及其以上部分，将剩下部分投影到H面上，得到的是房屋的水平全剖面图。这种水平全剖面图在房屋建筑图中称为平面图。

2. 阶梯剖面图

当用一个剖切平面不能将形体上需要表达的地方同时剖开时，可用两个或两个以上相互平行的剖切平面，将形体沿着需要表达的地方同时剖开所得到的剖面图，称为阶梯剖面图，如图 9-7(b)所示的房屋剖面图。

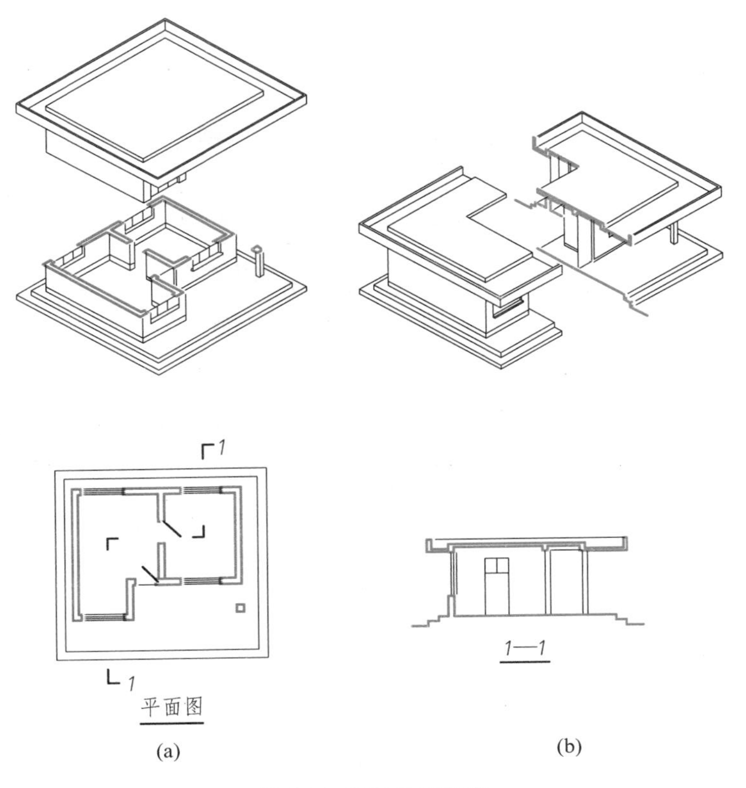

图 9-7　房屋的剖面图

在画阶梯剖面图时要注意，由于是假想用剖切平面进行剖切，两平行的剖切面之间的转折面并不存在于实体中，因此，在作剖面图时不应画出剖切平面转折处的界线。剖切平面的转折处也不应与图中轮廓线重合。在剖切平面的起止和转折处均应进行标注，画出剖切符号，并标注相同的数字或字母，如图 9-8 所示。

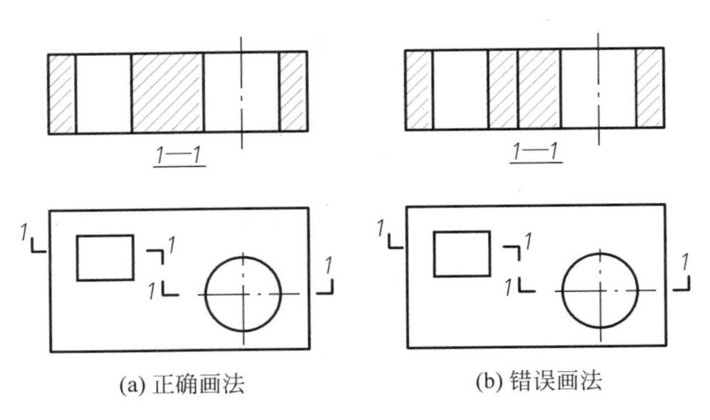

图 9-8　阶梯剖面图

3. 半剖面图

当形体具有对称平面时，在垂直于对称平面的投影面上的视图，可以对称中心线为界，一半画成表示外形的视图，另一半画成表示内部结构的剖面图，这种以半个视图和半个剖面组成的视图称为半剖面图。半剖面图主要用于表达内外形状均较复杂且对称的形体，如图 9-9 所示。

4. 局部剖面图

用剖切平面局部地剖开物体所得的剖面图，称为局部剖面图。局部剖面图适用于内外形状均需表达的不对称物体，也适用于仅仅需要表达局部内形的建筑形体，如图 9-10 所示。

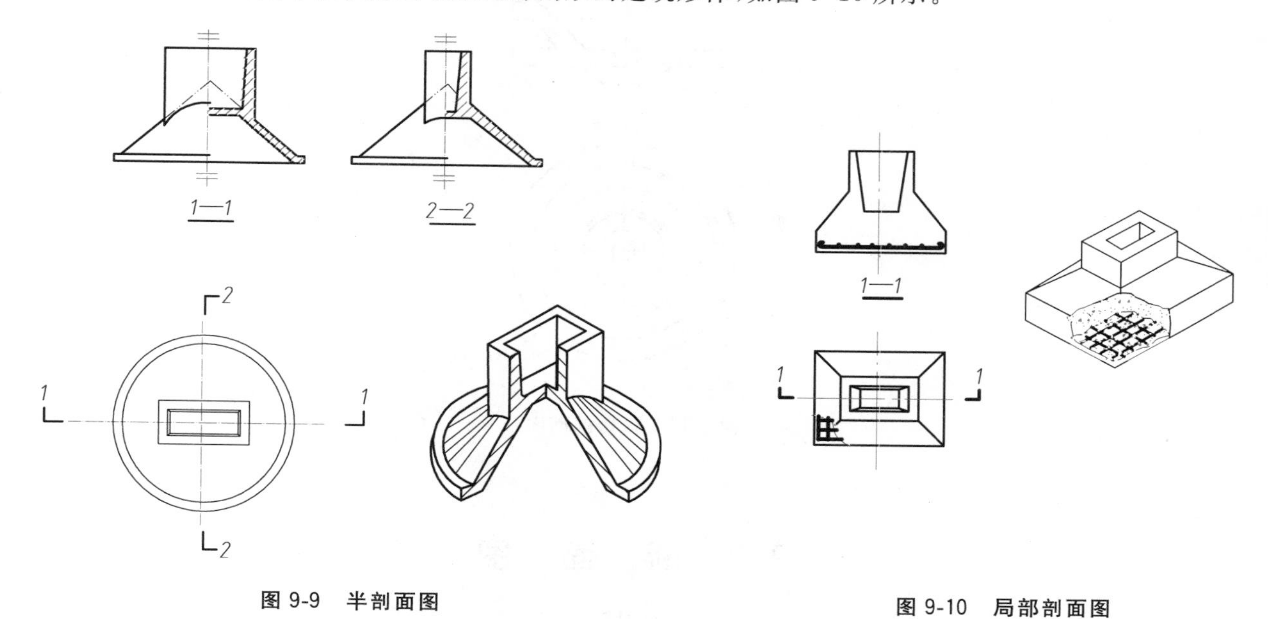

图 9-9　半剖面图　　　　图 9-10　局部剖面图

在专业图中常用局部剖面来表示多层结构所用材料和构造的做法，按结构层次逐层用波浪线分开，因此称为分层局部剖面图，如图 9-11 所示。

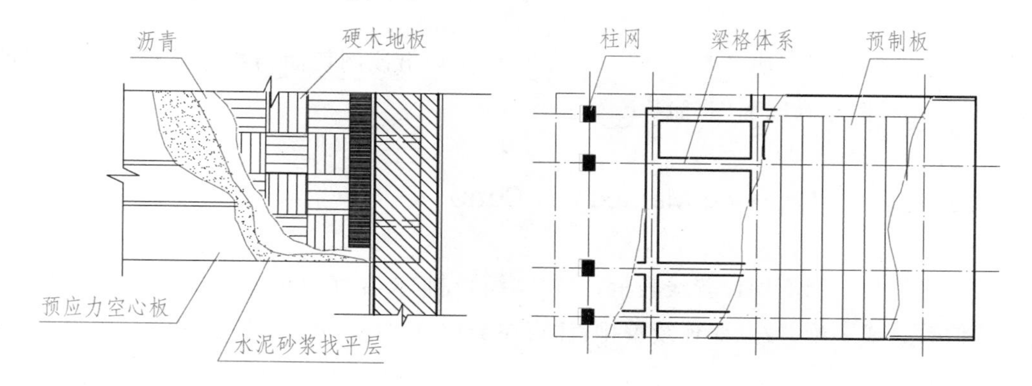

图 9-11　分层局部剖面图

5. 旋转剖面图

当物体的某一局部与投影面倾斜，不能用平行于投影面的剖切平面把物体剖开时，可以假想用两个相交的平面剖开物体，物体剖开后还要把倾斜部位的物体旋转到与投影面平行的位置上，然后再向投影面进行投射，这样得到的剖面图称为旋转剖面图，如图 9-12 所示。

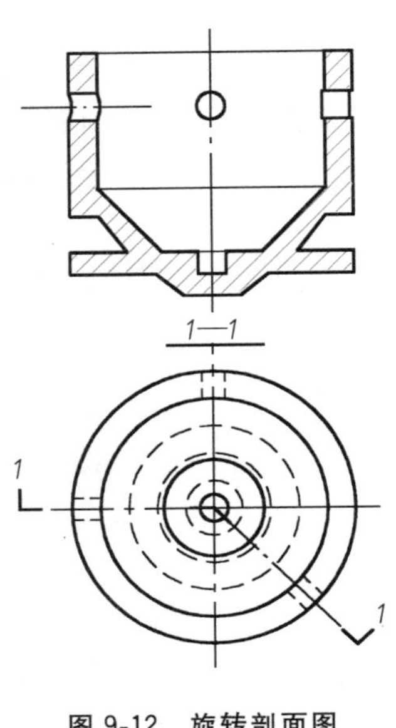

图 9-12 旋转剖面图

9.3 断 面 图

(Cuts)

9.3.1 断面图的形成(Formation of Cuts)

如图 9-13 所示，假想用剖切平面将物体剖切开后，仅画出该剖切面与物体接触部分的图形，即截交线所围成的图形，这种图称为断面图，简称断面。

9.3.2 断面图的画法(Drawing Methods of Cuts)

断面图的剖切符号只用剖切位置线表示，以粗实线绘制，长度宜为 6～10 mm。断面图剖切符号的编号宜采用阿拉伯数字或字母，按顺序连续编排，注写在剖切位置线一侧，编号所在的一侧为该断面的投射方向，如图 9-14 所示。

断面图与剖面图的区别在于：断面图只画出了物体被剖开后断面的投影；而剖面图除了画出断面图形外，还要画出沿投射方向看到的部分。断面图仅是剖切平面与物体相交的面的投影；而剖面图是物体被剖切平面剖切后剩下部分的投影，如图 9-13(b)与图 9-15 所示。

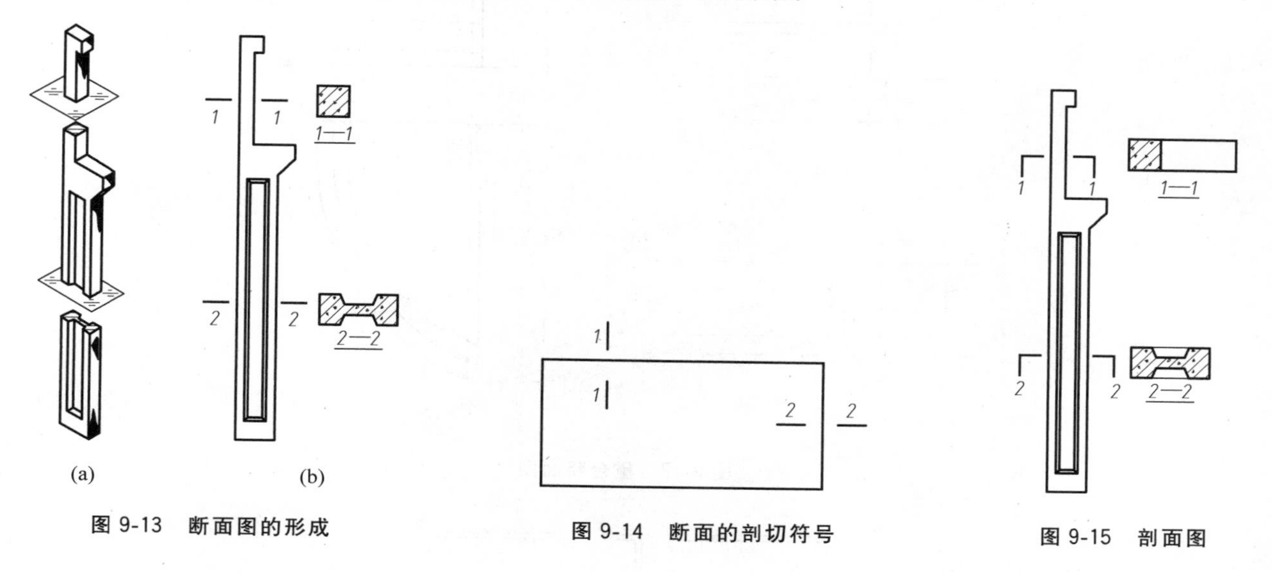

图 9-13　断面图的形成　　图 9-14　断面的剖切符号　　图 9-15　剖面图

9.3.3　断面图的种类(Types of Cuts)

1. 移出断面图

画在形体投影图之外的断面图，称为移出断面图。移出断面图的轮廓线用粗实线绘制，并进行标注。在移出断面图的下方正中，应注明与剖切符号相同编号的断面图的名称，如 1—1、2—2，可不必写“断面图”字样，如图 9-16 所示。

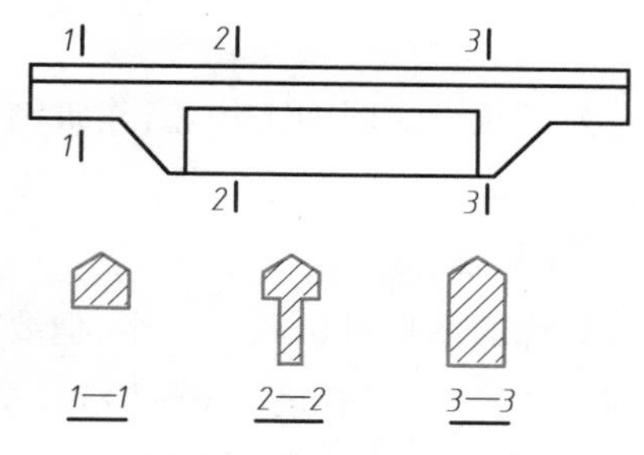

图 9-16　移出断面图

2. 重合断面图

在不影响图形清晰条件下，断面图可以直接画在图形内，这种重合画在形体投影图之内的断面图，称为重合断面图，如图 9-17 所示。这时可以不加任何标注，只需在断面图的轮廓线之内沿轮廓线边缘画出材料图例符号。当断面尺寸较小时，可将断面图涂黑。

3. 中断断面图

当构件较长时常把投影图断开，把断面图画在中间断开处，称为中断断面图。中断断面图的轮廓线用粗实线绘制，轮廓线之内画出材料图例符号，这时可以不加任何标注。投影图的中断处用波浪线或折断线绘制，这时不画剖切符号，如图 9-18 所示。

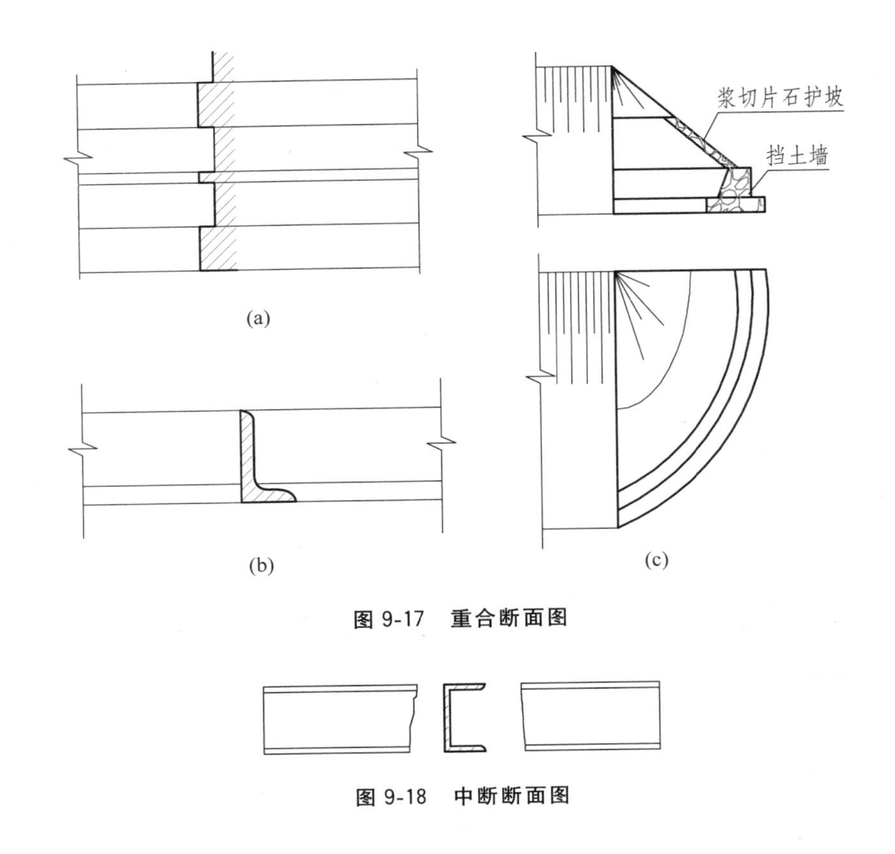

图 9-17　重合断面图

图 9-18　中断断面图

9.4 简化画法

(Simplified Representation)

为了减少绘图的工作量，建筑制图国家标准允许采用下列简化画法。

1. 对称画法

对称的图形可以只画一半，但要加上对称符号。对称线用细点画线表示；对称符号用一对平行等长的细实线表示，其长度为 6～10 mm，每对的间距宜为 2～3 mm。对于左右对称、上下对称的平面图形，可只画出四分之一，并在两条对称线的端部都画上对称符号，如图 9-19 所示。

2. 折断简化画法

对于较长的物体，如果沿长度方向的形状相同或按一定规律变化，可以断开省略绘制，只画物体的两端，将中间折断部分省略不画。在断开处，应以折断线表示。其尺寸应按折断前原长度标注，如图 9-20 所示。

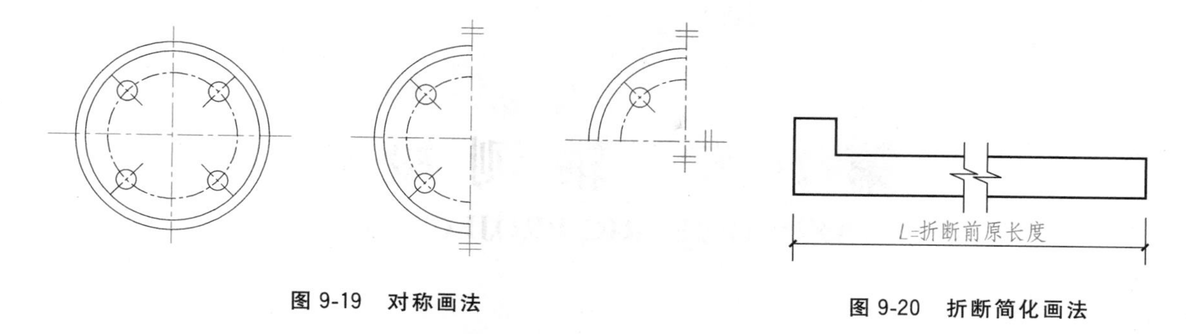

图 9-19　对称画法　　　　图 9-20　折断简化画法

当只需要表示物体某一部分的形状时，可以只画出该部分的图形，其余部分不画，并在折断处画上折断线。

3. 相同要素的简化画法

如果物体上有多个完全相同而且连续排列的结构要素时，可以只在两端或适当位置画出其完整形状，其余部分以中心线或中心线交点表示，如图 9-21 所示。

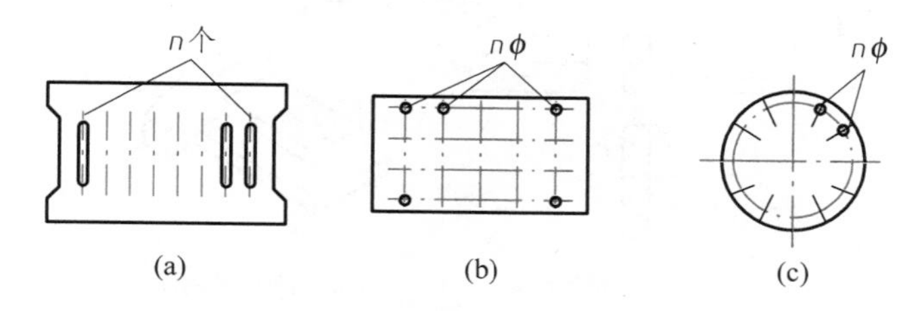

图 9-21　相同要素简化画法

4. 局部不同的简化画法

如果一个构件与另一个构件仅部分不相同，则该构件可以只画不同部分，但应在两个构件的相同部分与不同部分的分界线处分别绘制连接符号，如图 9-22 所示。

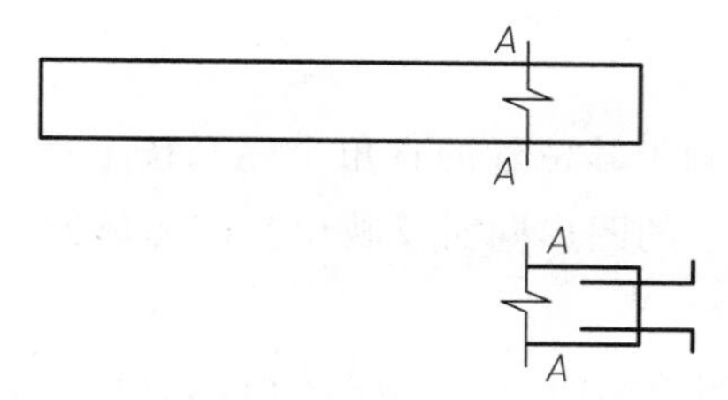

图 9-22　局部不同的简化画法

第10章　轴测投影
（AXONOMETRIC PROJECTION）

正投影图能够完整、准确地表达形体的形状和大小，且作图简便，所以在工程中被广泛采用。但是这种图缺乏立体感，要有一定的读图能力才能看懂。如图10-1(a)所示为台阶的三面投影图。图10-1(b)所示为台阶的轴测图，这种立体图能在单面投影中反映长、宽、高三个方向的形状，基本接近人们观察物体所得出的视觉形象，而且图形的绘制也相对准确和简单，因而轴测图在工程中亦有较多的应用。在工程中轴测图常被用作辅助图样来表达物体，以适应管理层和决策层及其他方面的需要。

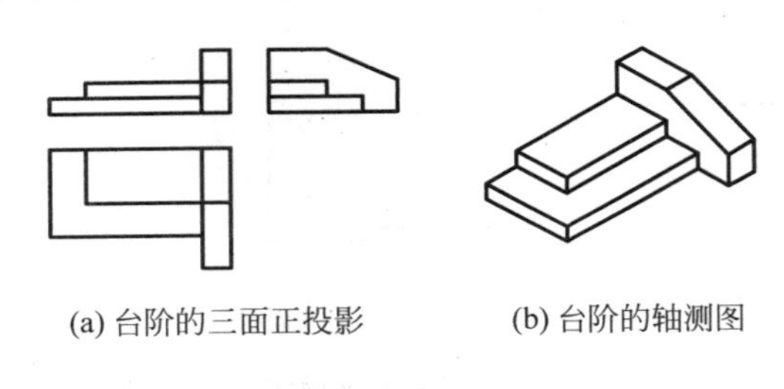
(a) 台阶的三面正投影　　(b) 台阶的轴测图

图10-1　轴测投影的作用

10.1　轴测图的形成及分类
（Formation and Classification of Axonometric Projection）

1. 轴测投影的形成与作用

如图10-2所示，将空间形体及确定其位置的直角坐标系按不平行于任一坐标面的方向S一起平行地投射到一个平面P上，使平面P上的图形同时反映出空间形体的长、宽、高三个尺度，这个图形就称为轴测投影，简称轴测图。

在轴测投影中，投影面P称轴测投影面，三个坐标轴OX、OY、OZ在轴测投影面上的投影ox_p、oy_p、oz_p称为轴测投影轴，简称轴测轴。

2. 轴测投影中的轴间角和轴向伸缩系数

两根轴测轴之间的夹角，如图10-3中，$\angle x_po_py_p$，$\angle x_po_pz_p$，$\angle y_po_pz_p$称为**轴间角**(axes angle)。轴测轴上的单位长度与相应坐标轴上的单位长度的比值称为**轴向伸缩系数**(coefficient of axial deformation)。

从图 10-3 中可以看出，由于空间坐标轴与投影面均成一定的夹角，因而规定各轴的轴向伸缩系数分别为 p,q,r，其定义如下：

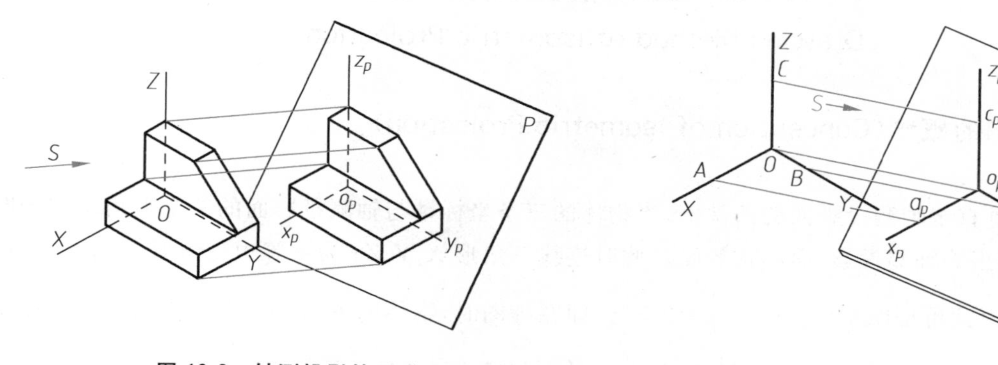

图 10-2　轴测投影的形成

图 10-3　轴测轴的形成

OX 轴向伸缩系数　　$p=\dfrac{o_pa_p}{OA}$

OY 轴向伸缩系数　　$q=\dfrac{o_pb_p}{OB}$

OZ 轴向伸缩系数　　$r=\dfrac{o_pc_p}{OC}$

轴间角和轴向伸缩系数是绘制轴测图时必须具备的主要参数，按不同的轴间角和轴向伸缩系数可绘制效果不同的轴测图。

3. 轴测投影的分类

随着投射方向、空间物体和轴测投影面三者相对位置的变化，能得到无数不同类型的轴测投影。根据投影方向是否垂直于轴测投影面，轴测图可分为两类。

(1) 正轴测图(orthogonal axonometric projection)：投射方向与轴测投影面垂直所得的轴测图。物体所在的三个基本坐标面都倾斜于轴测投影面。

(2) 斜轴测图(oblique axonometric projection)：投射方向与轴测投影面倾斜所得的轴测图。一般在投影时可以将某一基本坐标面平行于轴测投影面。

这两类轴测投影按其轴向变化率的不同，又可分为以下三种。

(1) 正(或斜)等轴测投影：三个轴向变化率都相等，简称正(或斜)等测；

(2) 正(或斜)二测轴测投影：三个轴向变化率有两个相等，简称正(或斜)二测；

(3) 正(或斜)三测轴测投影：三个轴向变化率各不相等，简称正(或斜)三测。

10.2 正等轴测图的画法
(Drawing Method of Isometric Projection)

10.2.1 正等测的概念(Conception of Isometric Projection)

在投射方向垂直于轴测投影面的条件下,当物体的三条坐标轴与轴测投影面的三个夹角均相等时所得到的投影,称为正等轴测投影,简称正等测。此时迹线三角形 $X_pY_pZ_p$ 为一等边三角形,且 $p=q=r$,如图 10-4(a)所示,由此可证明 $p=q=r=\frac{2}{3}=0.82$。即在画图时,物体的各长、宽、高方向的尺寸要缩小约 0.82 倍。如图 10-4(b)所示为正等测图的轴间角和轴向伸缩系数。

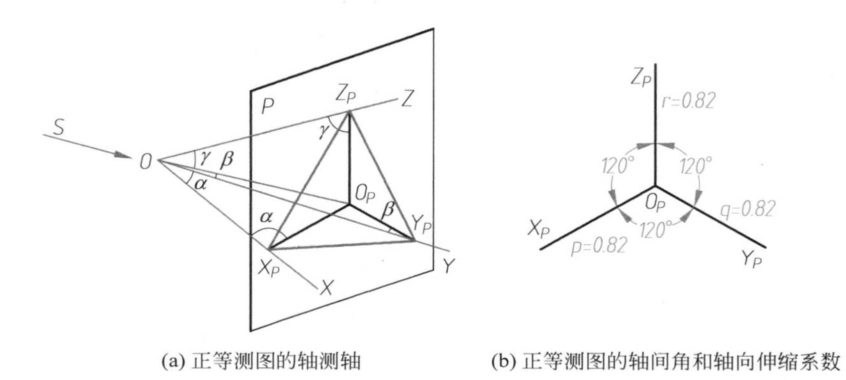

(a) 正等测图的轴测轴　　(b) 正等测图的轴间角和轴向伸缩系数

图 10-4　轴测图的形成及其相关参数

10.2.2 正等测作图(Drawing of Isometric Projection)

画形体的正等轴测图时,通常把 OZ 轴画成铅垂位置,这时 OX、OY 轴与水平线交 30°角(图 10-5(a))。又由于正等测各轴的轴向伸缩系数都相等,为了作图方便,通常采用简化的轴向伸缩系数 $p=q=r=1$。这样在工程中画图时,凡平行于各坐标轴的线段,可直接按物体上相应线段的实际长度量取,不必换算。这样画出的结果沿各轴向的长度分别都放大了 1/0.82=1.22 倍,但其形状没有改变,如图 10-5(b)所示。

轴间角和轴向伸缩系数确定之后,可根据形体的特征,选用各种不同的方法,如坐标法、叠加或切割法、端面法等,作出形体的轴测图。

1. 坐标法

对物体引入坐标系,这样就确定了物体上各点相对于坐标系的坐标值,由此可以画出各点的轴测投影,从而得到整个物体的图形。轴测投影中一般不画出虚线。

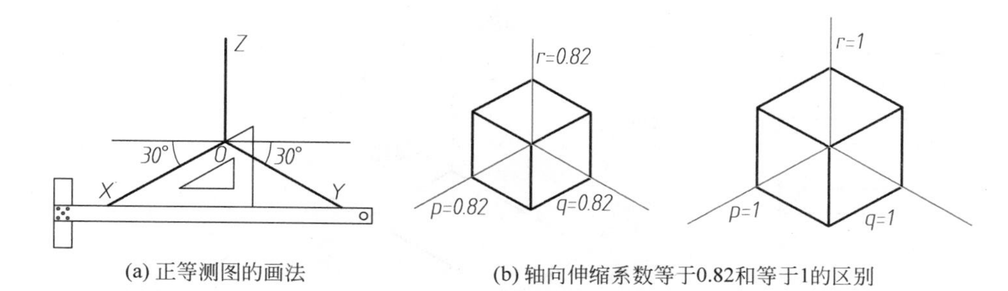

(a) 正等测图的画法　　(b) 轴向伸缩系数等于0.82和等于1的区别

图 10-5　正等测图

【例 10-1】 绘制正六棱柱的正等轴测图。

作图步骤

(1) 根据正六棱柱的结构特点，可将其轴线设置为与 OZ 轴重合，并按图 10-6(a)所示各点的空间坐标位置分别求出其在轴测图中的坐标。一般先求出底面上各点，在作图时尽可能利用对称关系和平行关系，如图 10-6(b)所示。

(2) 得到底面上各点后，可根据六棱柱的高度沿各点平行于 OZ 轴方向向上引直线，即可找到上底面各端点，如图 10-6(c)所示。

(3) 依次连接上底面上各点及各条可见棱线，擦去不可见轮廓及作图线并描粗，即得到轴测投影结果。一般情况下，不可见轮廓不要求画出虚线，图 10-6(d)即正六棱柱正等轴测投影结果。

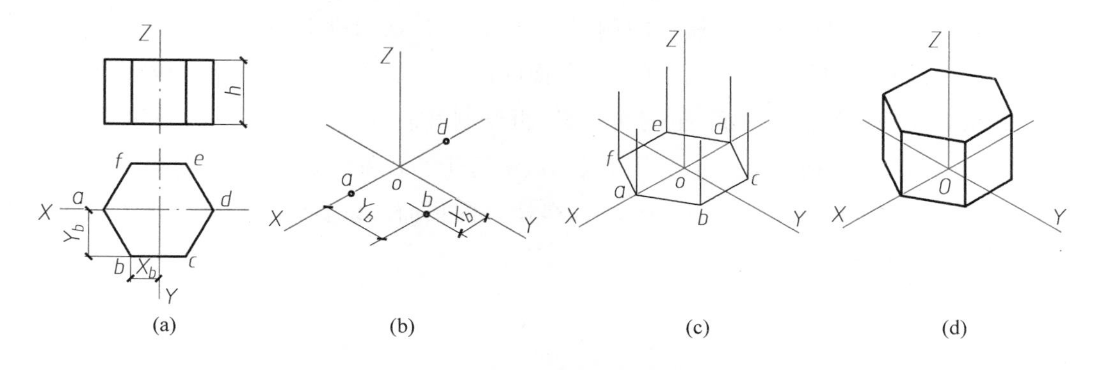

(a)　(b)　(c)　(d)

图 10-6　正六棱柱的正等测画法

2. 叠加法

画组合体的轴测投影时，可将其分为几个部分，然后分别画出各个部分的轴测投影，从而得到整个物体的轴测投影。画图时应特别注意各个部分相对位置的确定。如例 10-2 基础是由棱柱和棱台叠加而成。

【例 10-2】 求作如图 10-7(a)所示杯口基础的正等测图。

作图步骤

(1) 对基础进行形体分析，基础由棱柱和棱台组成，可从下而上，先画棱柱，再画棱台。

(2) 先画轴测轴，然后根据下半部分的尺寸大小，按其所在位置，作出棱柱体的轴测图，如图 10-7(b)所示。

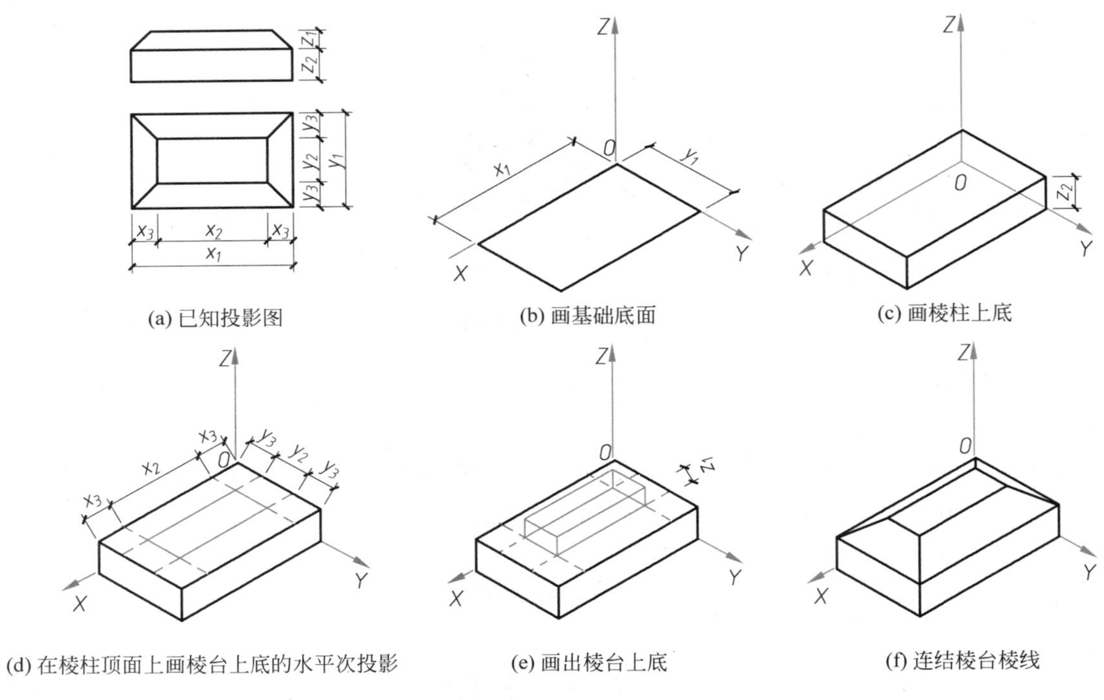

(a) 已知投影图　(b) 画基础底面　(c) 画棱柱上底

(d) 在棱柱顶面上画棱台上底的水平次投影　(e) 画出棱台上底　(f) 连结棱台棱线

图 10-7　基础的正等测画法

(3) 棱台下底面与棱柱顶面重合。棱台的侧棱是一般线,其轴测投影的方向和伸缩系数都未知,只能先画出它们的两个端点,然后连成斜线。作棱台顶面的四个顶点,可先画出它们在棱柱顶面上的投影,即棱台四顶点在棱柱顶面(平行于 H 面)上的次投影,再绘制其高度线。为此,从棱柱顶面的顶点起,分别沿 OX 方向量 xx,沿 OY 方向量 yy,并各引直线相应平行于 OY 和 OX,得四个交点。

(4) 绘棱台顶面的四个顶点,连接这四个顶点,得棱台的顶面。以直线连棱台顶面和底面的对应顶点,作出棱台的侧棱,完成基础的正等测图。

3. 切割法

对于能从基本形体切割得到的物体,可以先画出基本形体的轴测投影,然后在轴测投影中把应去掉的部分切去,从而得到所需要的轴测投影。如例 10-3 中的木榫头轴测图。

【例 10-3】 求作如图 10-8(a)所示木榫头的正等测图。

作图步骤

(1) 把形体看成是由原来的一长方体,在左上方先切掉一块(图 10-8(b))。

(2) 再切去左前方和右后方各一角(图 10-8(c)),便得到木榫头的正等轴测图(图 10-8(d))。

4. 端面法

对于某一面较复杂的物体,如例 10-4 的台阶,可先画出端面的轴测投影,再引平行线画台阶,从而得

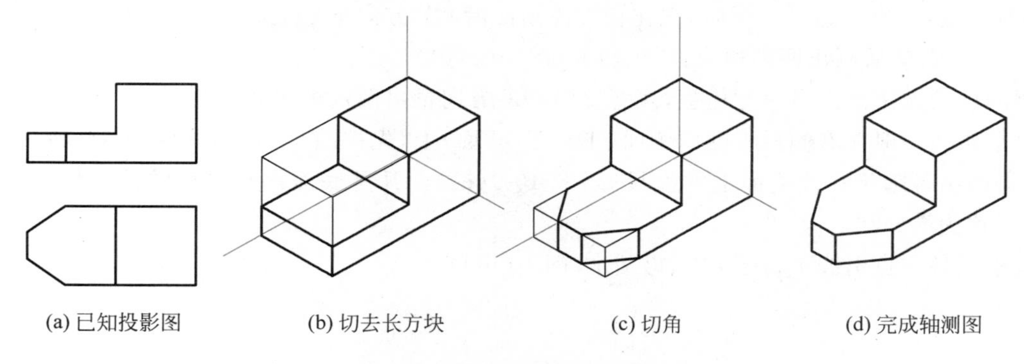

图 10-8 木榫头的正等测画法

到所需的轴测投影。

【例 10-4】 求作如图 10-9(a)所示台阶的正等测图。

作图步骤

(1) 进行形体分析。台阶由两侧拦板和三级踏步组成。一般先逐个画出两侧拦板,然后再画踏步。

(2) 画两侧拦板。先根据侧拦板的长、宽、高画出一个长方体(图 10-9(b)),然后切去一角,画出斜面。

(3) 斜面上斜边的轴测投影方向和伸缩系数都未知,只能先画出斜面上、下两根平行于 OX 方向的

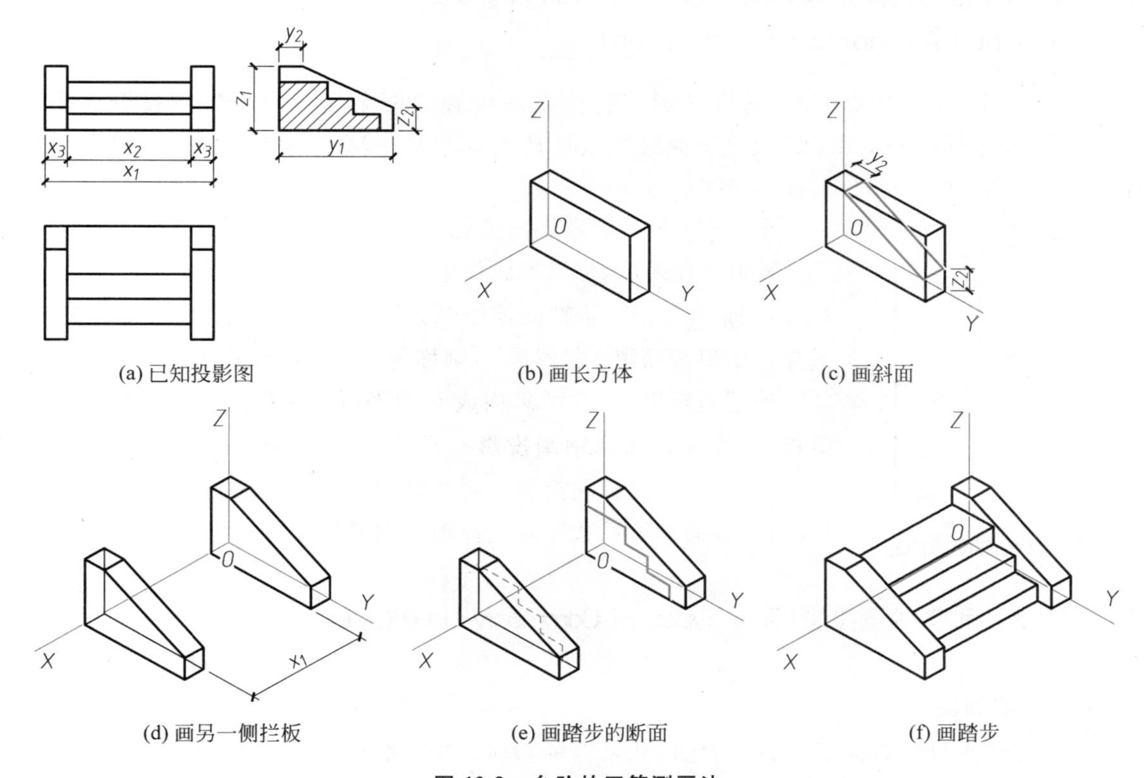

图 10-9 台阶的正等测画法

边，然后连对应点，画出斜边。作图时，先在长方体顶面沿 OY 方向量 y_2，又在正面沿 OZ 方向量 z_2，并分别引线平行于 OX，然后画出两斜边，得栏板斜面(图 10-9(c))。

(4) 用同样的方法画出另一侧栏板，注意要沿 OX 方向量出两栏板之间的距离 x_1(图 10-9(d))。

(5) 画踏步。一般在右侧栏板的内侧面(平行于 W 面)上，先按踏步的侧面投影形状，画出踏步端面的正等测，即画出各踏步在该侧面上的次投影(图 10-9(e))。凡是底面比较复杂的棱柱体，都可先画端面，这种方法称为端面法。

(6) 过端面各顶点引线平行于 OX，得踏步(图 10-9(f))。

5. 综合法

对于较复杂的组合体，可先分析其组合特征，然后综合运用上述方法画出其轴测投影。

从上述例子可见，轴测图的作图过程，始终是按三根轴测轴和三个轴向伸缩系数来确定长、宽、高的方向和尺寸。对于不平行于轴测轴的斜线，则只能用"坐标法"或"切割法"等进行画图。

10.3 斜轴测图的画法

(Drawing Method of Oblique Axonometric Projection)

10.3.1 斜轴测投影的轴间角和轴向伸缩系数(Axes Angle and Coefficient of Axial Deformation of Oblique Axonometric Projection)

采用斜投影时，为了方便绘图，通常使确定物体空间位置的两条坐标轴与轴测投影面平行。如图 10-10 所示，设坐标轴 OX 和 OZ 就位于轴测投影面 P 上，即 OX、OZ 与轴测轴 O_PX_P、O_PZ_P 重合，它们之间的轴间角 $X_PO_PZ_P$ 为 90°，轴向伸缩系数 $p=r=1$。

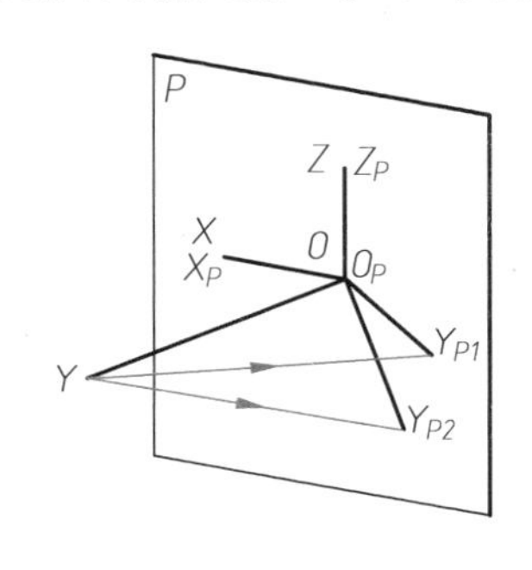

图 10-10 斜轴测投影的轴

至于 OY 的位置和轴向变化率则由投射方向而定。

Y 轴经投射后，可以形成任意的轴向变化率和任意的轴间角，一般取 45°、30°或 60°的角，Y 轴向伸缩系数取 1 或 1/2。若取 1，则称斜等测图，或称正面斜等测图；若不取 1，则称为斜二测图或称正面斜二测图。

采用斜投影时，若以 V 面或 V 面平行面作为轴测投影面，所得的斜轴测投影，称为**正面斜轴测投影**。若以 H 面或 H 面平行面作为轴测投影面，则得水平面斜轴测投影。画斜轴测图与画正轴测图一样，也要先确定轴间角、轴向伸缩系数以及选择轴测类型和投射方向。

10.3.2 常用的两种斜轴测投影(Two Types of Commonly Used Oblique Axonometric Projections)

1. 正面斜二等轴测图

正面斜二等轴测投影简称正面斜二测图，其轴测轴 O_pX_p 画成水平，O_pZ_p 画成竖直，其轴向伸缩系数 $p=r=1$，轴测轴 O_pY_p 则与水平成 45°角、30°角或 60°角，y 轴向伸缩系数 $q=1/2$。如图 10-11 所示为正

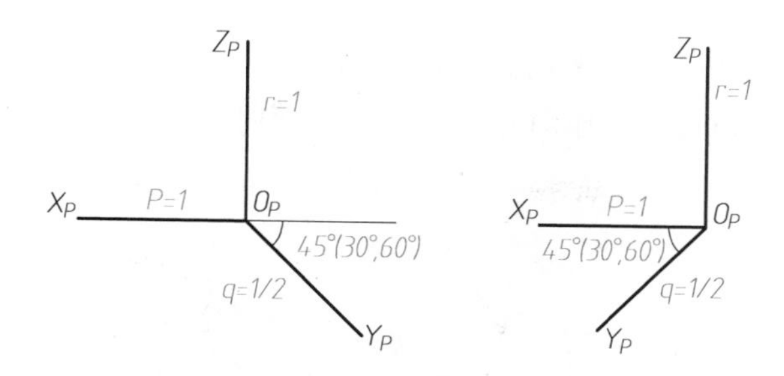

图 10-11　正面斜二轴测图的轴间角和轴向伸缩系数

面斜二测图的轴间角和轴向伸缩系数。

正面斜二轴测图的优点在于：平行坐标 XOZ 的平面在投影后形状不变。这在某些情况下，画形体的轴测图是很方便的。

【例 10-5】　画出图 10-12(a)所示隧道洞口的斜二测投影图。

作图步骤

选取隧道洞门面作 XOZ 坐标面，可先画与立面完全相同的正面形状，然后画 45°斜线，再在斜线上定出 Y 轴方向上的各点。完成后的正面斜二测如图 10-12(c)所示。

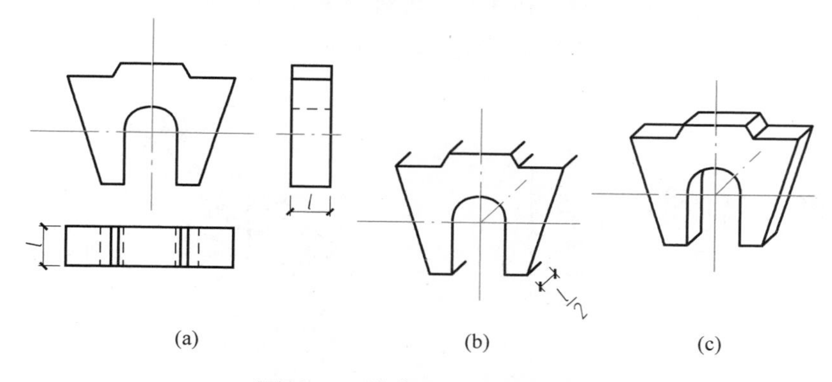

图 10-12　隧道洞口的斜二测图

2. 水平斜轴测图

水平斜等轴测投影或称水平斜等轴测图，其轴测轴通常画成图 10-13 的形式，三个轴向伸缩系数 $p=q=r=1$。

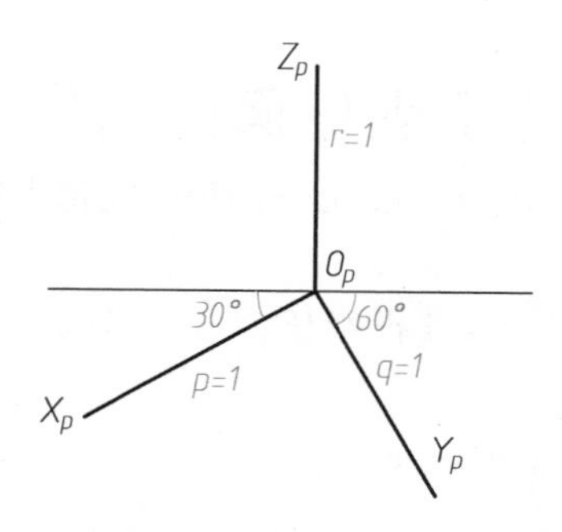

图 10-13　水平斜等测图的轴间角和轴向伸缩系数

水平斜轴测图常用于表示房屋的水平剖面立体图，如图 10-14 所示，这样能更清晰地表达房屋的内部结构分布情况，并便于作室内布置，其作图一般在建筑平面图的基础之上完成。

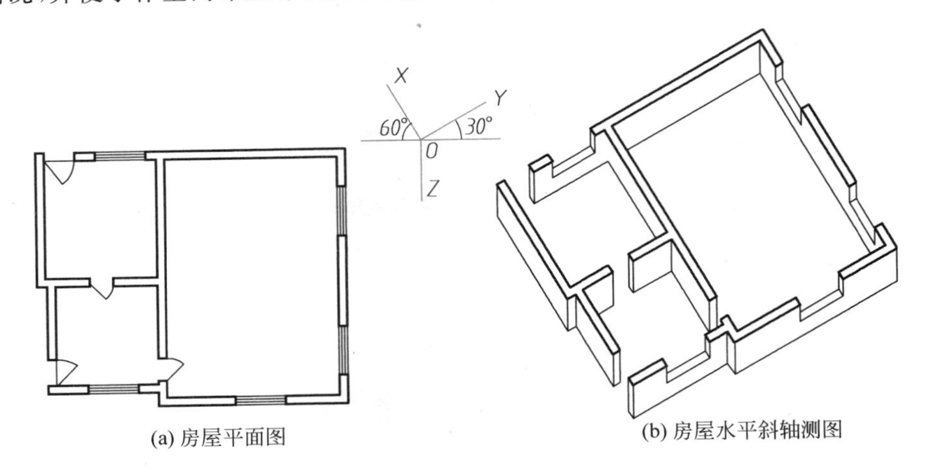

(a) 房屋平面图　　(b) 房屋水平斜轴测图

图 10-14　房屋的水平剖面立体图

图 10-15 表示一个小区的总平面布置，作图时只需将 Z 轴定为铅垂方向即可。这种图能更清晰地表达一个建筑群的总体布置以及建筑物与道路、绿化、街道等的相对位置。

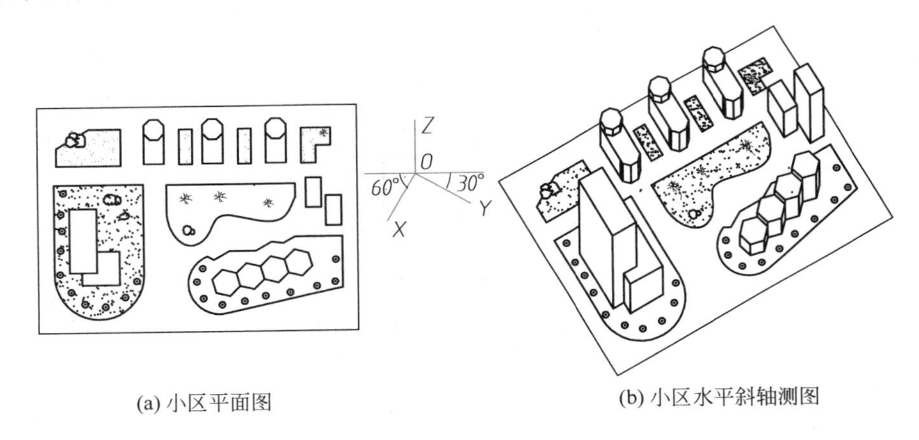

(a) 小区平面图　　(b) 小区水平斜轴测图

图 10-15　建筑群的水平斜等轴测投影

10.4　平行于坐标面的圆的轴测投影

（Axonometric Projections of Circles Paralleled to Coordinate Planes）

当圆所在的平面平行于轴测投影面时，其投影仍为圆；当圆所在的平面平行于投射方向时，其投影为一直线段；其他情况下则为椭圆。

现以水平圆为例，说明正等轴测图椭圆的两种画法。

1. 八点法

在圆的正投影图中作圆的外切正方形及对角线，如图 10-16(a)所示，得八个点。其中 1、3、5、7 点为正方形各边的中点；2、4、6、8 点为对角线上的点。在图 10-16(b)中，作圆的外切正方形及其对角线的轴测投影，定出各边的中点，1_p、3_p、5_p、7_p。在四边形的一边上作一辅助直角等腰三角形 $A_p7_pE_p$，从而作出对角线上的 2_p、4_p、6_p、8_p 各点，光滑地连接这 8 个点，即得所求圆的轴测投影。

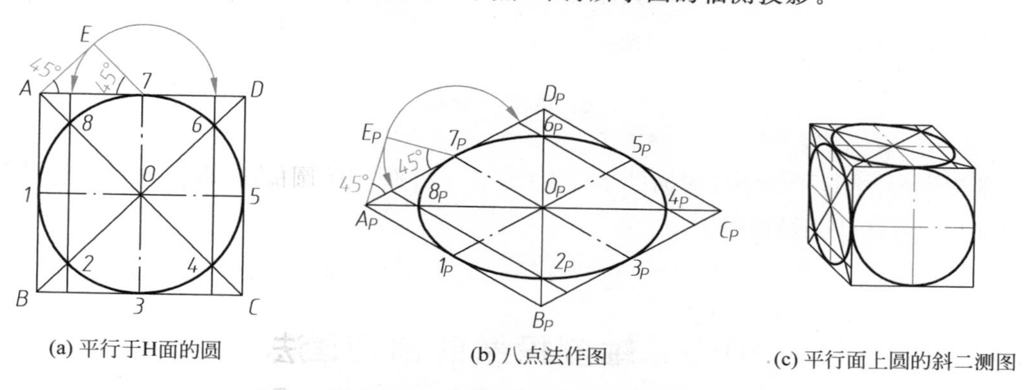

(a) 平行于H面的圆　(b) 八点法作图　(c) 平行面上圆的斜二测图

图 10-16　八点法画圆的正等测投影

2. 四心法

对于正等测投影，圆的外切正方形的轴测投影是一个菱形(图 10-17)。以菱形的短对角线的两端点 O_1、O_2 为两个圆心，再以 O_1A_p、O_1D_p 与长对角线的交点 O_3、O_4 为另两个圆心，得四个圆心。分别以 O_1、O_2 为圆心，以 O_1A_p 或 O_1D_p 为半径画弧 A_pD_p 和 C_pB_p；又分别以 O_3O_4 为圆心，以 O_3A_p 或 O_4D_p 为半径画弧 A_pB_p 和 C_pD_p。这四段圆弧组成了圆的正等轴测投影。

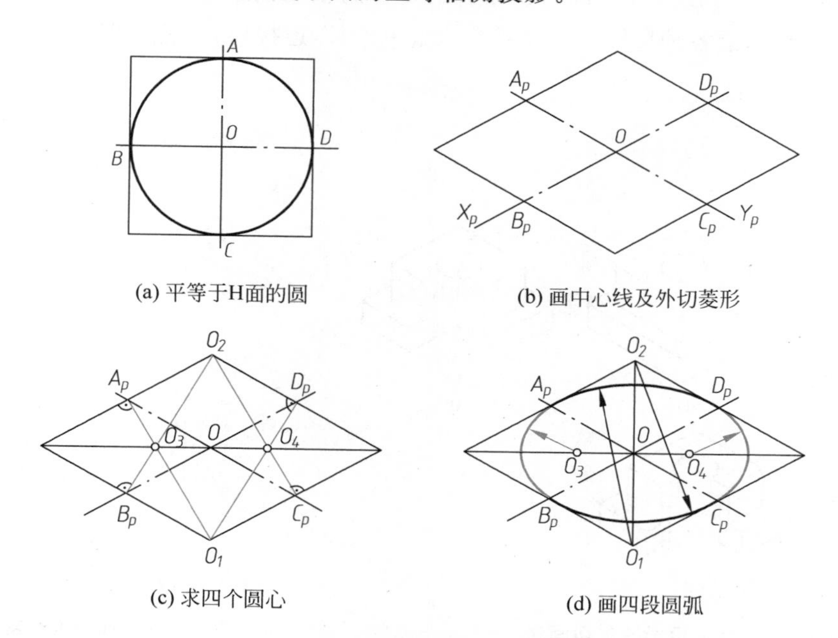

(a) 平等于H面的圆　(b) 画中心线及外切菱形

(c) 求四个圆心　(d) 画四段圆弧

图 10-17　四心法画圆的正等测投影

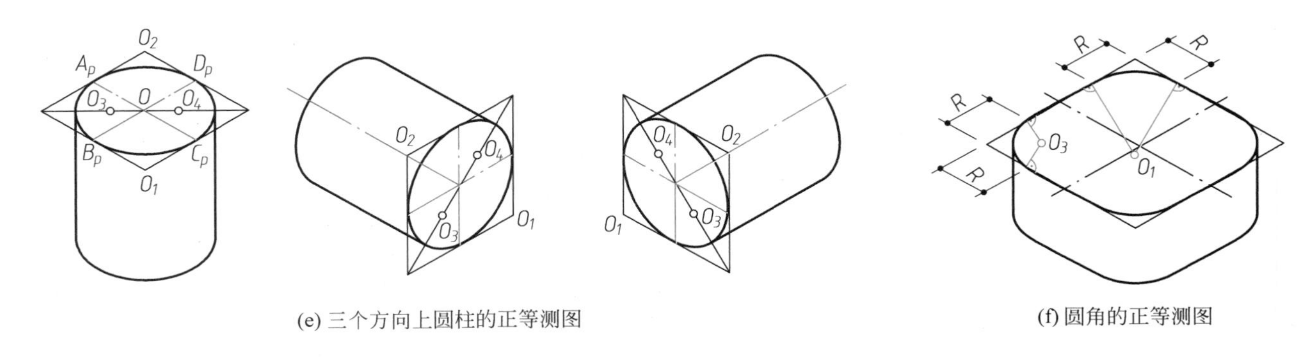

(e) 三个方向上圆柱的正等测图　　(f) 圆角的正等测图

图 10-17 （续）

对于斜轴测投影，平行于轴测投影面的坐标面（或其平行面）内的圆的投影仍为圆，而平行于其他坐标面的圆通常按八点法作其轴测投影。

10.5　轴测投影的剖切画法

（Sectional Drawing Method of Axonometric Projection）

为了表示出物体的内部形状，可用假想的与坐标面平行的平面将物体切去四分之一或二分之一。这种剖切后的轴测图，称为剖切轴测图。

首先按选定的轴测投影的类型，画出物体的轴测投影，然后根据需要选定剖切位置，用剖切平面去剖切物体，画出物体被剖切后的断面轮廓线，擦去多余的图线，补画出由于剖切而可见的图线，并在断面轮廓范围内画上剖面符号或剖面线，从而得到物体被剖切后的轴测投影，如图 10-18 所示。断面部分剖面线的画法如图 10-19 所示，沿各轴按轴向伸缩系数截量单位长，连接所得端点，即分别确定了各坐标面平行面上的剖面线方向。

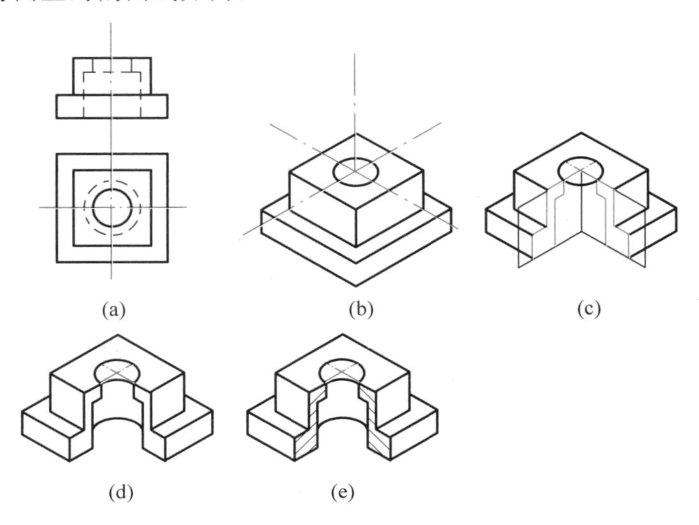

(a)　(b)　(c)　(d)　(e)

图 10-18　轴测投影的剖切画法

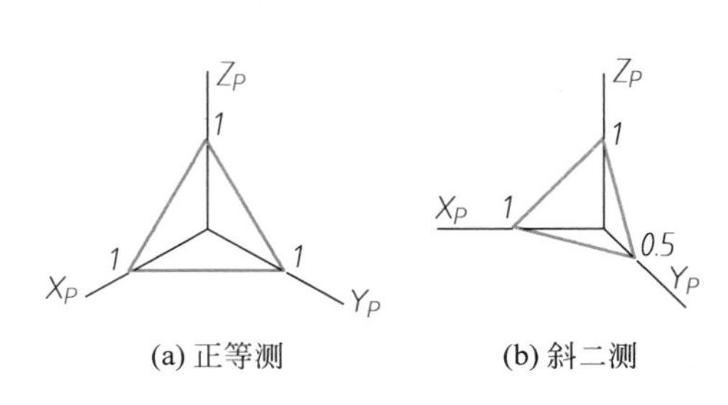

(a) 正等测　(b) 斜二测

图 10-19　轴测投影剖面线画法

10.6 轴测投影的选择
(Choices of Axonometric Projections)

绘制物体轴测投影的主要目的是使图形能反映出物体的主要形状,富于立体感,并大致符合我们日常观看物体时所得到的形象。由于轴测投影中一般不画虚线,所以图形中物体各部分的可见性对于表达物体形状来说具有特别重要的意义。当所要表达的物体部分成为不可见或有的表面成为一条线的时候,就不能把它表达清楚了。例如图 10-20(b)是图 10-20(a)中物体的正等轴测图,它不能反映出物体上的孔是不是通孔,但若画成 10-20(c)所示的正面斜二等测图,就能充分表示清楚。又如图 10-21(b)是图 10-21(a)所示物体的正等轴测投影,未能反映出后壁上左边的矩形孔,而画成 10-21(c)的正面斜二测图就要好得多。在正投影中如果形体的表面有和正面、平面方向成 45°角的,由于这个方向的面在轴测图上均积聚为一直线,平面的轴测图显示不出来,所以不应采用正等测图。如图 10-22(a)中,物体的正等轴测投影有两个平面成为直线,不能反映出物体的特征,而图 10-22(b)由于画成正面斜二测图,也就是改变了投射方向,可以得到较为满意的结果。

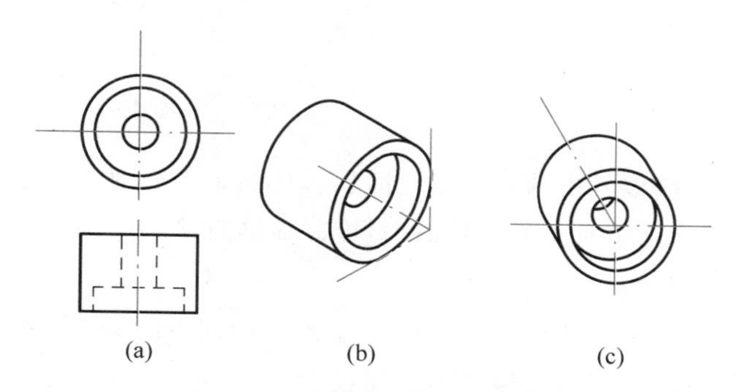

图 10-20 要反映物体的特征

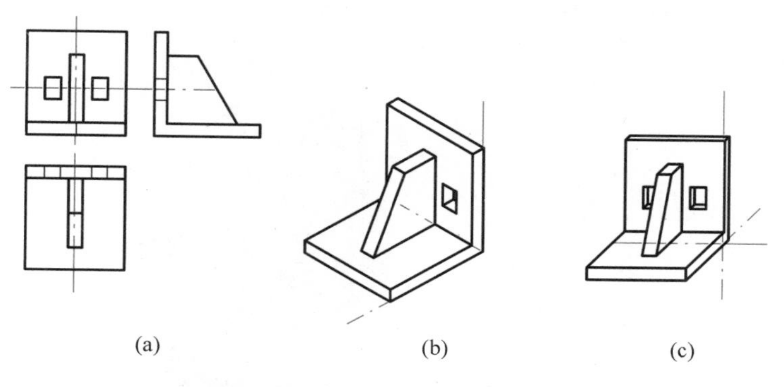

图 10-21 要反映物体的主要形状

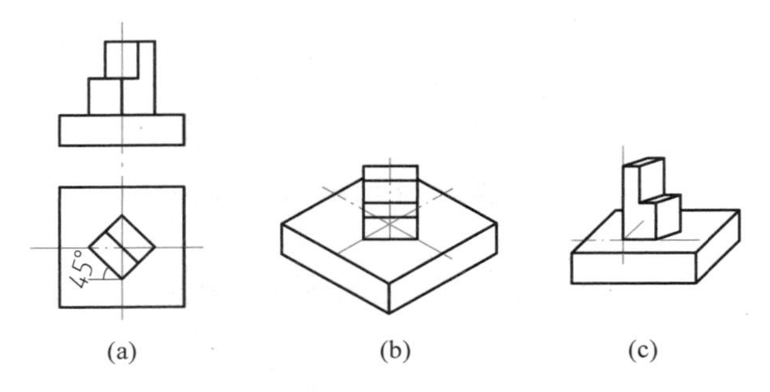

图 10-22　避免物体表面投影成直线

观察方向对于表达物体形状，显示物体特征也具有十分重要的作用，例如图 10-23(a)左图中的正面斜二等轴测图是从左前上方投射物体所得的，比图 10-23(b)中的从右、前上方投射物体所得的正面斜二等测图要明显。图 10-24(a)中的柱头是从下向上投射得到的图形，要比图 10-24(b)中的从上向下投射得到的图形更能说明问题。

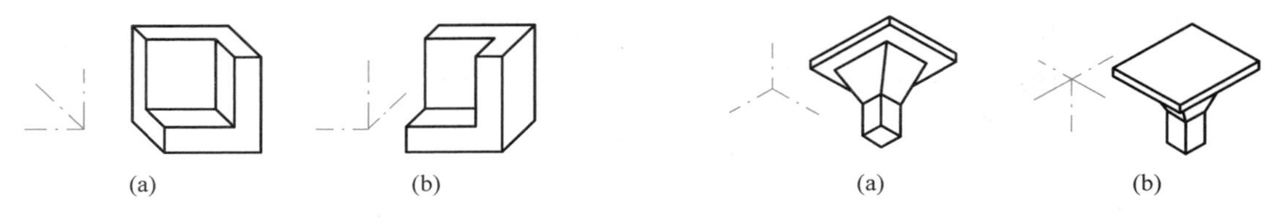

图 10-23　观察方向的选择

图 10-24　观察方向的选择

另外，作图是否简便也是应该考虑的一个重要因素。作图是否简便首先取决于轴间角和轴向伸缩系数。各轴的方向要便于利用绘图工具绘制，沿轴作量度时应能直接利用一般的比例尺，避免繁琐的计算。圆和圆弧的轴测投影也要便于绘制。

正等轴测投影，由于其三个轴间角和三个轴向伸缩系数相同，而且在各平行于坐标面的平面上的圆的轴测投影形状又都相同，所以作图较简便。斜轴测投影，由于有一个坐标面平行于轴测投影面，平行于该坐标面的图形在轴测投影中反映实形，所有如果物体上某一方面较为复杂或具有较多的圆或其他曲线，采用这种类型的轴测投影就较为有利。

第11章 标高投影

(TOPOGRAPHICAL PROJECTION)

11.1 标高投影的概念

(Conception of Topographical Projection)

房屋、桥梁、水利等工程建筑物是建在地面上或地面下的,与大地有着紧密联系。因此,地面的形状对建筑群的布置、施工、设备的安装等都有很大影响。有时还要对原有地形进行人工改造,如修建广场、道路等。但地面形状比较复杂,高低起伏,没有一定规则、地面的高度和长、宽度相差很大。如果仍用多面正投影图来表示地面形状,则作图复杂且难以表达清楚。为此人们在生产实践中创造了一种新的图示方法,称为标高投影。

标高投影就是在形体的水平投影上,以数字标注出各处的高度来表示形体形状的一种图示方法。标高投影为单面正投影。

11.2 几何要素的标高投影

(Topographical Projections of Geometric Elements)

11.2.1 点的标高投影(Topographical Projections of Points)

作出点在水平基准面 H 上的正投影,并在正投影右下角用数字注明该点距离 H 面的高度,即为点的标高投影(topographical projection)。以 H 面作为基准面,它的高度为零。高于 H 面的标高为正,低于 H 面的标高为负。如图 11-1(a)所示,设点 A 位于已知水平面 H 上方 3 单位,点 B 位于 H 面上方 5 单位,点 C 位于 H 面下方 2 单位,点 D 在 H 面上,那么,在 A、B、C、D 的水平投影 a、b、c、d 上旁注上相应的高度值 3、5、−2、0(图 11-1(b)),即得点 A、B、C、D 的标高投影。这时,3、5、−2、0 等高度值,称为各点的标高(elevation)。

在实际工程中,以我国青岛市外的黄海海平面作为零标高的基准面而测定的标高称为绝对标高;以其他平面作为基准面来测定的标高则称为相对标高。对于每幢建筑物来说,通常以它的首层地面作为零标高(zero elevation)的基准面(datum level plane)。

在标高投影中,必须注明比例或画出比例尺,见图 11-1(b)。

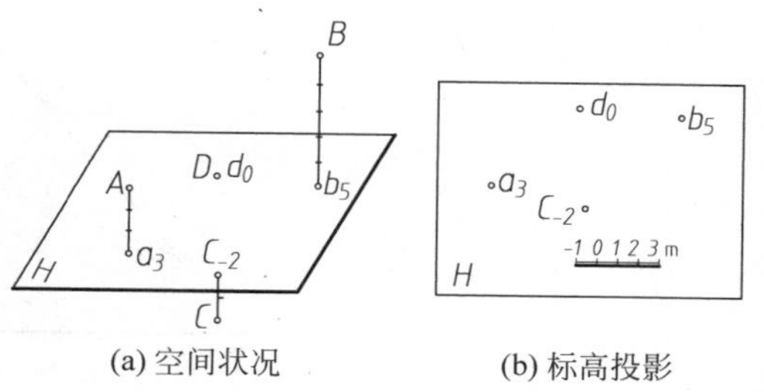

图 11-1 点的标高投影

由于常用的标高单位为 m，所以图上的比例尺一般可以略去 m 字。

11.2.2 直线的标高投影(Topographical Projections of Straight Lines)

1. 直线标高投影的表示方法

直线的标高投影可由直线上任意两点的标高投影连接而成。如图 11-2(a)、(b)所示，在直线的 H 投影 a_3b_6 上，标出它的两个端点 a_3 和 b_6 的标高，就是直线 AB 的标高投影。

要确定线段 AB 的实长及其对 H 面的倾角，可用换面法求解。可经过 AB 做一铅垂面 V，然后将该面绕 a_3b_6 旋转使之与 H 面重合，在该投影面上就得到 AB 的实长和倾角(图 11-2(c))。作图时，只要分别过 a_3 和 b_6 引垂线垂直于 a_3b_6，并在所引垂线上，按比例尺分别截取相应的标高数 3 和 6，得点 A 和 B，那么 AB 的长度就是实长，AB 与 a_3b_6 间的夹角就是所求的倾角。

直线标高投影的另一种表示形式是在直线的 H 投影上，只标出线上一个点的标高，画出表示直线下坡方向的箭头并注上坡度，如图 11-3(b)所示。

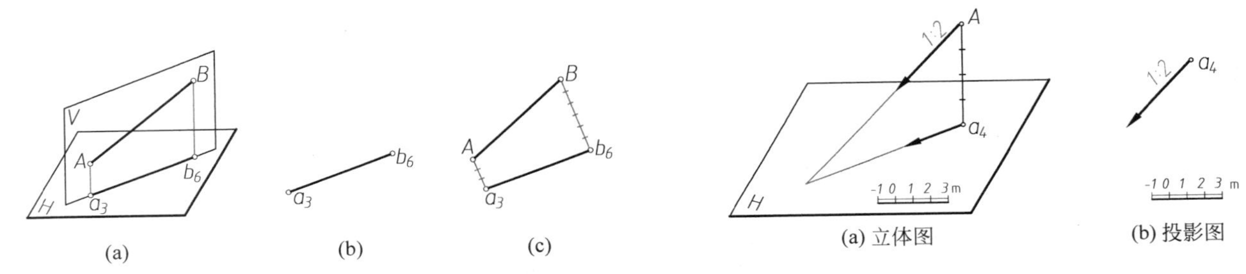

(a) (b) (c)

(a) 立体图 (b) 投影图

图 11-2 直线标高投影的表示方法一

图 11-3 直线标高投影的表示方法二

2. 直线的坡度和平距

当直线的水平距离为 1 单位时的高差，或者说直线上任意两点的高差(rise)与其水平距离(run)之比，称为直线的**坡度**(gradient)，用 i 表示(图 11-4(a))。

反之，当直线的高差为 1 单位时，或者说直线上任意两点的水平距离与其高差之比，称为直线的**平距**(spacing)，用 l 表示(图 11-4(b))，即有 $l=\dfrac{L}{H}=\cot\alpha$。

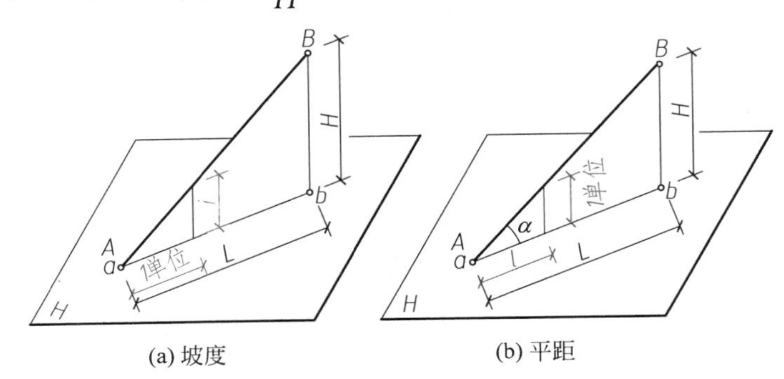

(a) 坡度 (b) 平距

图 11-4 直线的坡度和平距

由此可见，直线的坡度与平距互为倒数，即 $i=\frac{1}{l}$。也就是说，坡度愈大，平距愈小；坡度愈小，平距愈大。

【例 11-1】 求图 11-5 所示直线 AB 的坡度和平距，并求线上一点 C 的标高投影。

作图步骤

(1) 求坡度。直线 A、B 两点间的高差 $H_{AB}=24\ \text{m}-12\ \text{m}=12\ \text{m}$，由比例尺量得 A、B 两点的水平距离 $L_{AB}=36\ \text{m}$，所以坡度 $i=\frac{H_{AB}}{L_{AB}}=\frac{12}{36}=\frac{1}{3}$。

(2) 求平距。直线的平距 $l=\frac{1}{i}=3$。

(3) 求 C 点的标高投影，因为 $i=\frac{H_{AB}}{L_{AB}}=\frac{H_{AC}}{L_{AC}}=\frac{1}{3}$，所以 $H_{AC}=\frac{1}{3}L_{AC}$。L_{AC} 由比例尺量得为 15，由此得 $H_{AC}=\frac{1}{3}\times 15\ \text{m}=5\ \text{m}$。所以 C 点的标高为 24 m－5 m＝19 m，即标高 C_{19}，如图 11-5(b)所示。

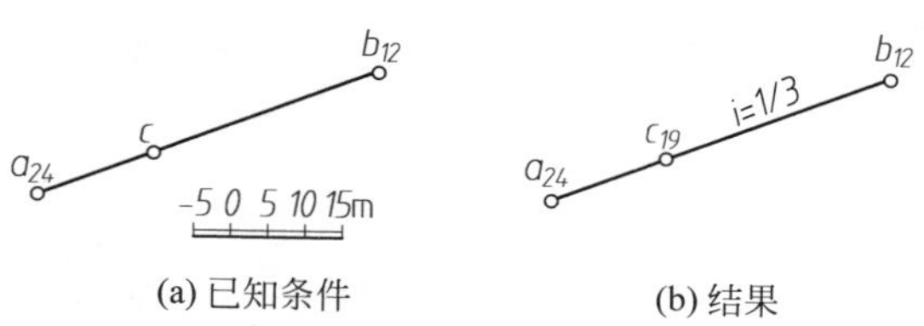

(a) 已知条件　　(b) 结果

图 11-5　求直线 AB 的坡度、平距和 C 点的标高

【例 11-2】 已知直线 AB 上 A、B 两点的标高投影(见图 11-6(a))，求直线上各整数标高点。

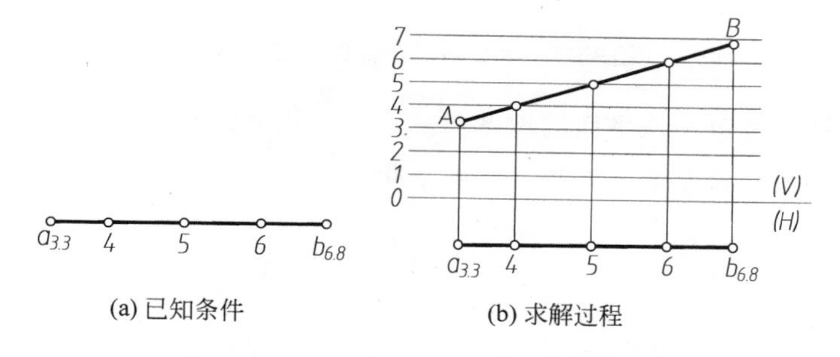

(a) 已知条件　　(b) 求解过程

图 11-6　求直线上整数标高点

作图步骤

(1) 为求直线上整数标高点，可先作一铅垂面 V 平行于直线 AB，然后用适当的比例尺在 V 面上作各整数标高的水平线。

(2) 根据 A、B 两点的标高在 V 面上画出 AB 直线。该线与各整数标高的水平线交于 V 各点，从这些点向 ab 作垂线，就可得到 4、5、6 各整数标高点。显然，各相邻整数标高点间的距离应该相等，这个距离就是直线的平距。

(3) 如果水平线间的距离是采用所给比例尺画的，则 AB 应反映实长，它与水平线的夹角反映 AB 对 H 面的倾角。

11.2.3　平面的标高投影(Topographical Projections of Planes)

1. 平面内的等高线和坡度线

平面内的水平线就是平面内的等高线(contour line)，即水平面与平面的交线。在实际工程中，常取平面上整数标高的水平线为等高线，平面与基准面 H 的交线是平面内标高为零的等高线。图 11-7(a)所示为 P 平面内等高线的标高投影。平面内的等高线有如下特点：

（1）等高线是直线；

（2）等高线的高差相等时，其水平间距也相等；

（3）等高线相互平行。

平面内对水平面的最大斜度线就是平面内的坡度线(gradient line)。平面内的坡度线有以下特征：

（1）平面内的坡度线与等高线互相垂直，其水平投影也互相垂直(图 11-7(b))；

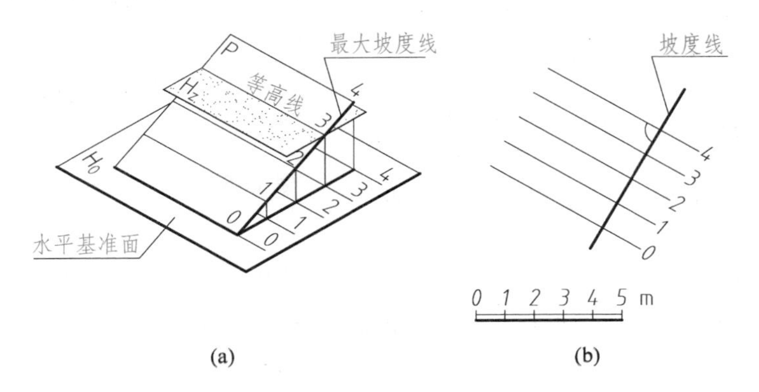

(a)　　(b)

图 11-7　平面内的等高线和坡度线

（2）平面内坡度线的坡度就是该平面的坡度；

（3）平面内坡度线的平距就是平面内等高线的平距。

2. 平面的标高投影表示法

1）用几何元素表示平面

正投影图中介绍的五种几何元素表示法在标高投影中均适用，即，①不在同一直线上的三点；②一直线及线外一点；③平行二直线；④相交二直线；⑤任意平面图形，如图 11-8(a)～(e)所示。

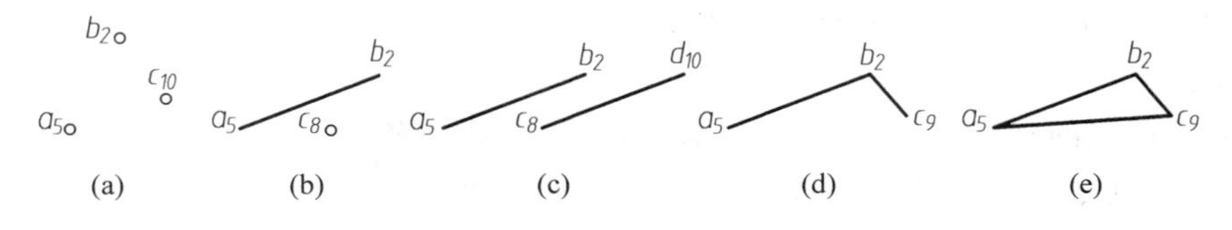

(a)　(b)　(c)　(d)　(e)

图 11-8　用几何元素表示平面

2）用平面上一组高差相等的等高线表示平面

如图 11-7(b)所示，等高线的垂直线即为坡度线，由此可求出平面的坡度。这是表示平面最基本的方法。

3）用坡度比例尺表示平面

由于坡度比例尺的坡度代表平面的坡度，所以坡度比例尺的位置和方向一经给定，平面的方向和位置也就随之给定了。等高线与坡度比例尺垂直，过坡度比例尺上各整数标高点作坡度比例尺的垂线，即得平面上的等高线，如图 11-9 所示。

4）用一条等高线和平面的坡度线表示平面

图 11-10(a)所示是一堤岸，堤顶标高为 6，斜坡面的坡度为 1∶2，这个斜坡面可以用它的一条等高线和坡度来表示，如图 11-10(b)所示。

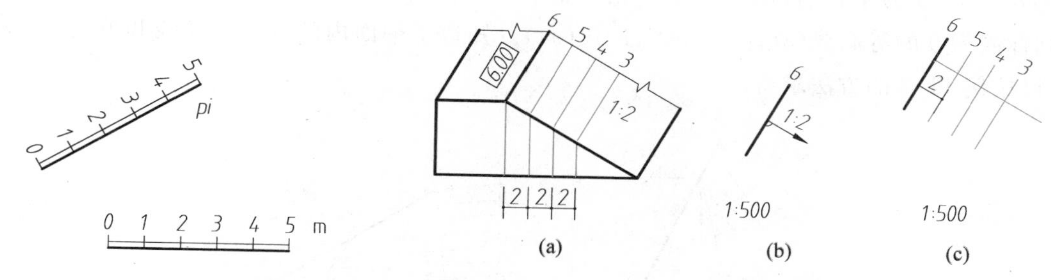

图 11-9　用坡度比例尺表示平面

图 11-10　用一条等高线和坡度表示平面

【例 11-3】 已知平面内的一条高程为 6 m 的等高线，又知平面的坡度为 1∶2，试作出该平面内其他等高线。

作图步骤

(1) 根据坡度 $i=1:2$，求出平距 $l=2$；

(2) 作垂直于等高线 6 的坡度线，在坡度线上自等高线 6 顺着坡度线箭头方向按比例连续量取 3 个平距，得 3 个截点(图 11-10(c))；

(3) 过截点作等高线 6 的平行线，即得标高为 5、4、3 的等高线。

5）用平面内一倾斜直线和平面的坡度线表示平面(即相交两直线)

图 11-11(a)所示是一标高为 6 的水平场地，其斜坡引道两侧的斜面 ABC 和 DEF 的坡度为 2∶1，这种斜面可由面内一倾斜直线的标高投影和平面的坡度来表示。例如，斜面 ABC 可由倾斜直线 AB 的标高投影 a_6b_0 及侧坡坡度 2∶1 来表示，如图 11-11(b)所示。图中 a_6b_0 旁边的箭头只是表明侧坡平面向直线的某一侧倾斜，并不确切地表示坡度的方向。因此，将它画成带箭头的虚线。

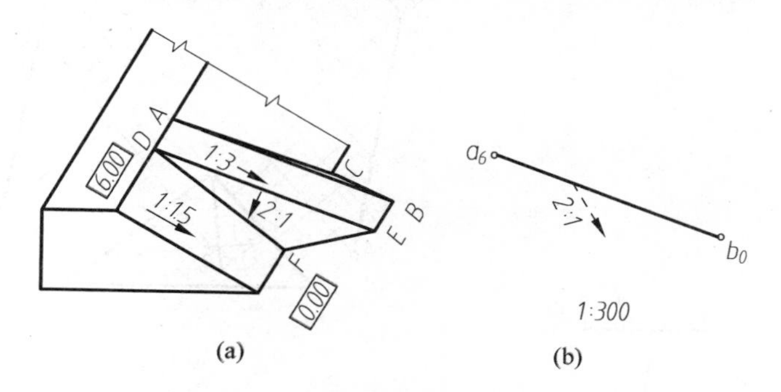

图 11-11　用一倾斜直线和坡度表示平面

【例 11-4】 求图 11-11(b)所示平面内的等高线。

分析

过 a_6 有一条标高为 6 的等高线，过 b_0 有一条标高为 0 的等高线。这两条等高线之间的水平距离，应等于它们的高度差除以平面的坡度，也就是 a_6 到等高线 0 的距离 $L=\frac{H}{i}=\frac{6-0}{2/1}=3$。

现在变成如下问题：过一定点 b_0 作一直线（等高线 0）与另一定点 a_6 的距离为定长 $L=3$。因此，以 a_6 为圆心，$R=L=3$ 为半径（按图中所绘的比例量取），在平面的倾斜方向画圆弧；再过 b_0 向圆弧作切线，就得到标高为 0 的等高线（立体图见图 11-12(a)）。知道了平面内的一条等高线和坡度线，平面内其他等高线可按例 11-3 的方法求得。

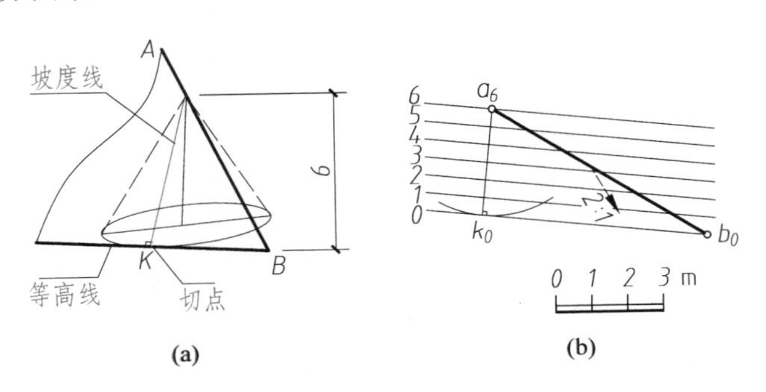

图 11-12　作平面上的等高线和坡度线

作图步骤（图 11-12(b)）

(1) 以 a_6 为圆心，$R=3$ 为半径作圆弧；

(2) 自 b_0 作圆弧的切线 b_0k_0，即得标高为 0 的等高线；

(3) 自 a_6 点作等高线 b_0k_0 的垂线 a_6k_0，即得平面的坡度线。四等分 a_6k_0，过各分点作 b_0k_0 的平行线，则得标高为 1、2、3、4、5、6 的等高线。

【例 11-5】 已知 A、B、C 三点的标高投影 a_1、b_6、c_2，求这三点所决定的平面的最大坡度线、平距和倾角 α（图 11-13(a)）。

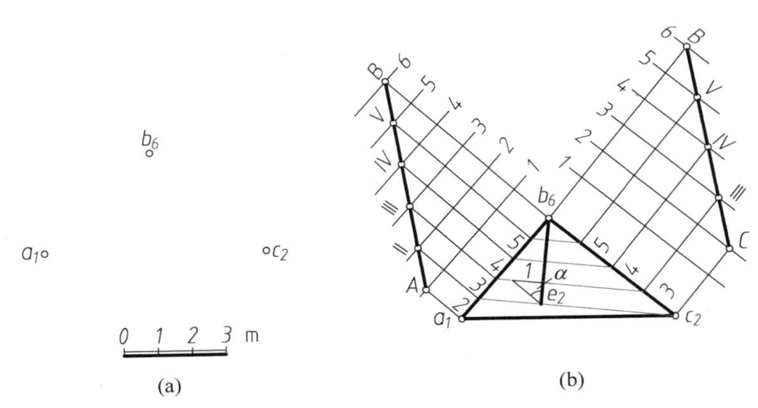

图 11-13　求平面的最大坡度线、平距和倾角

作图步骤

(1) 作出平面的等高线。连接 $a_1b_6c_2$，找出 a_1b_6 和 b_6c_2 上各整数标高点，从而可画出平面的一组等高线。相邻两整数标高水平线间的距离就是平面的平距。

(2) 作等高线的垂线 b_6e_2，就得到所求的最大坡度线。

(3) 最大坡度线的倾角 α 就是平面的倾角。倾角 α 可用直角三角形法求得。以最大坡度线的平距为一个直角边，以比例尺上的单位长度为另一直角边，那么，斜边与最大坡度线间的夹角就是平面的倾角 α。

3. 平面的相对位置

1) 两平面平行

若两平面平行，则它们的坡度比例尺平行，平距相等，而且标高数字的增减方向一致，如图 11-14 所示。

2) 两平面相交

在标高投影中，两平面的交线就是两平面上同高程等高线交点的连线。求两平面交线的方法仍然采用辅助平面法，只是辅助平面采用整数标高的水平面，如图 11-15(a)所示，水平面 H_9 与平面 P、Q 交出一对标高均为 9 的水平线，这一对水平线的交点 A 就是相交两平面的一个公有点，也就是交线上的一个点 A_9。同理可求出另一个公有点 B，两点连线 AB 即得所求的交线。

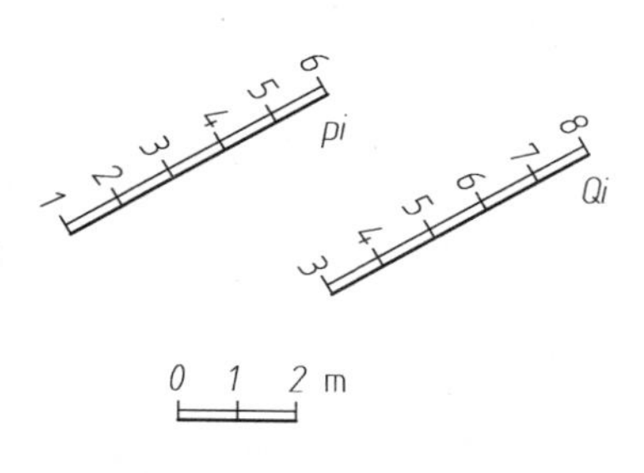

图 11-14 两平面平行

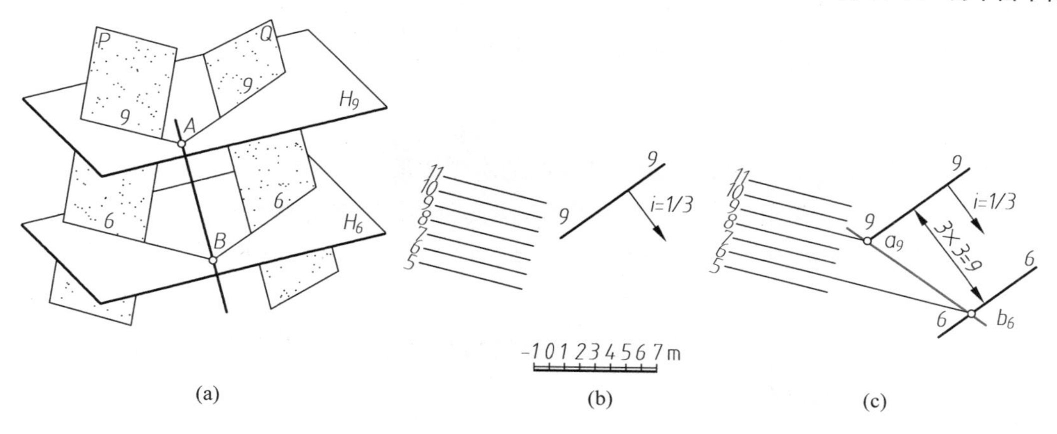

(a) (b) (c)

图 11-15 求两平面的交线

【例 11-6】 已知 P 平面由一组等高线表示，Q 平面由一条等高线和平面的坡度表示(图 11-15(b))，求两平面的交线。

作图步骤(图 11-15(c))

(1) 两平面标高为 9 的两条等高线相交得一点 a_9。

(2) 作出一条两平面同名等高线。如在 Q 平面上作一条标高为 6 的等高线，由 $i=\frac{1}{3}$，得标高为 6 的等高线与标高为 9 的等高线的距离 $L=9$，据此画出标高为 6 的等高线。

(3) 两平面标高为 6 的等高线相交得另一交点 b_6。

(4) 连接 a_9、b_6 得直线 a_9b_6,即为所求两平面的交线。

【例 11-7】 如图 11-16(a)所示,已知主堤和支堤相交,顶面标高分别为 3 和 2,地面标高为 0,各坡面坡度均为 1∶1,试作相交两堤的标高投影图。

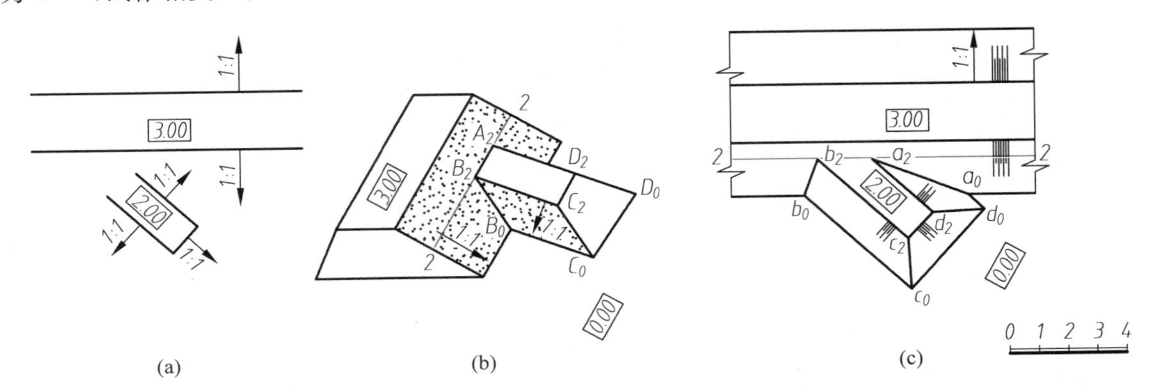

图 11-16 求主堤和支堤相交的标高投影图

分析

本题需求三种交线,如图 11-16(b)所示的立体示意图,一为坡脚线,即各坡面与地面的交线;二为支堤堤顶与主堤边坡面的交线,即 A_2B_2;三为坡面间交线 A_2A_0、B_2B_0、C_2C_0、D_2D_0,由于相邻两坡面的坡度均相等,因此坡面交线是两坡面同高程等高线交角的角平分线,如 C_2C_0 可直接作$\angle D_2C_2B_2$ 的角平分线求得。

作图步骤

(1) 求主堤的坡脚线。求出主堤顶边缘到坡脚线的水平距离 $L=3$,沿主堤两侧坡面的坡度线按比例量取三个单位得截点,过该点作出顶面边线的平行线,即得两侧坡面的坡脚线。

(2) 求支堤堤顶与主堤坡面的交线。支堤堤顶标高为 2,它与主堤坡面的交线就是主堤坡面上标高为 2 的等高线中 a_2b_2 一段。

(3) 作出坡面交线及支堤坡脚线。由于各坡面坡度均相等,所以过支堤堤面顶角 a_2、b_2、c_2、d_2 分别作的角平分线,即是所求的坡面交线。

11.2.4 曲面的标高投影(Topographical Projections of Curved Planes)

在标高投影中,用一系列的水平面与曲面相截,画出这些平面与曲面的交线的标高投影,即为曲面的标高投影。

1. 正圆锥面

如果正圆锥面的轴线垂直于水平面,用一组高差相等的水平面截割正圆锥面,其截交线皆为水平圆,在这些水平圆的水平投影上注明标高数值,标高数字的字头规定朝向高处即得正圆锥面的标高投影。它具有下列特性:

（1）等高线都是同心圆；

（2）等高线间的水平距离相等；

（3）当圆锥面正立时，等高线越靠近圆心，其标高数值越大(图 11-17(a))；当圆锥面倒立时，等高线越靠近圆心，其标高数值越小(图 11-17(b))。

正圆锥面上的素线就是锥面上的坡度线，所有素线的坡度都是相等的。

在土石方工程中，如桥梁工程中的桥端护坡、水利工程中的大坝护坡等，常在相邻两坡面的转角处用圆锥将两侧面连接起来，如图 11-18 所示。

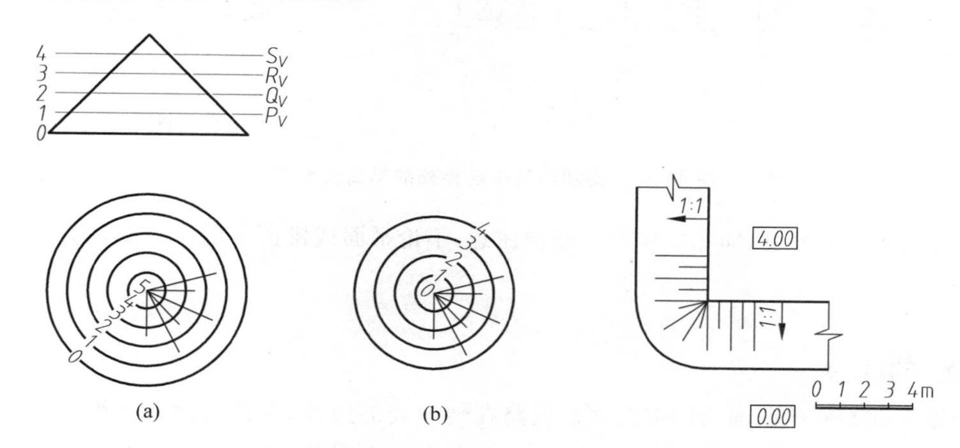

图 11-17　曲面的标高投影　　**图 11-18　用锥面连接两坡面**

【例 11-8】　如图 11-19(a)所示，在水库大坝的连接处，用圆锥面护坡，水库底标高为 118.00 m，已知北面、西面、圆锥台顶面标高及各坡面坡度，试求坡脚线和各坡面间的交线。

分析

本题坡面相交为平面与曲面相交，故交出的坡面线为曲线。应作出曲线上适当数量的点，依次连接即得。并注意，圆锥面的等高线是圆弧线，而不是直线。因此，圆锥面的坡脚线也是一段圆弧线，如图 11-19(c)所示。

作图步骤

（1）作坡脚线。各坡面的水平距离为

$$l_1 = \frac{H}{i} = \frac{130-118}{1/2}\text{m} = 24\ \text{m}$$

$$l_2 = \frac{H}{i} = \frac{130-118}{1/1}\text{m} = 12\ \text{m}$$

$$l_{\text{锥坡}} = \frac{H}{i} = \frac{130-118}{1/1.5}\text{m} = 18\ \text{m}$$

根据各坡面的水平距离，即可作出它们的坡脚线。必须注意，圆锥面的坡脚线是圆锥台顶圆的同心圆，其半径为锥台顶圆的半径与锥坡的水平距离(18 m)之和。

（2）作坡面交线。在各坡面上作出同标高的等高线，它们的交点如相同标高等高线 126 的交点 a、b，即坡面交线上的点。依次光滑连接各点，即得坡面交线。

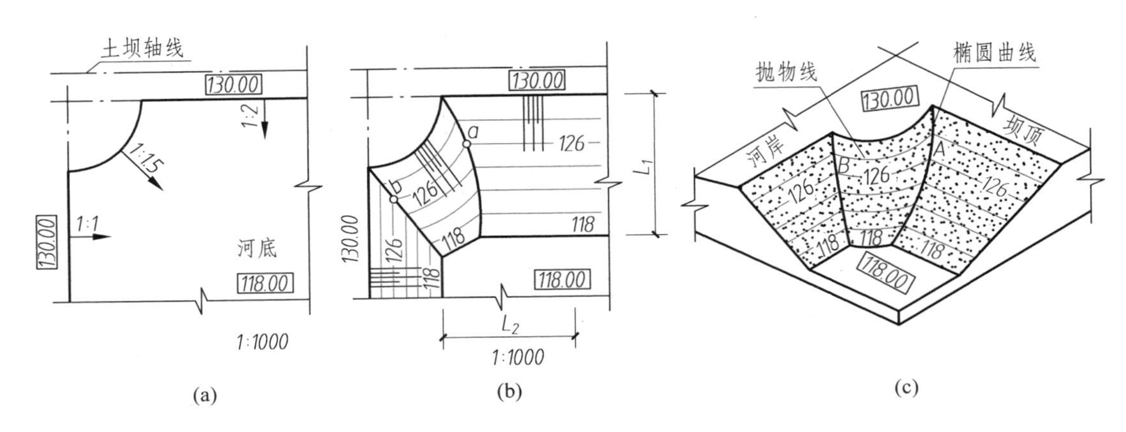

(a) (b) (c)

图 11-19 土坝与河岸连接处的标高投影图

(3) 画出各坡面的示坡线，即完成作图。必须注意，不论平面或锥面上的示坡线，都应垂直于坡面上的等高线。

2. 同坡曲面的标高投影

一个各处坡度都相同的曲面为同坡曲面。道路在转弯处的边坡，无论路面有无纵坡，均为**同坡曲面**(isoclinic surface)。图 11-20(a)所示的是一段倾斜的弯曲道路，两侧曲面上任何地方的坡度都相同，为同坡曲面。

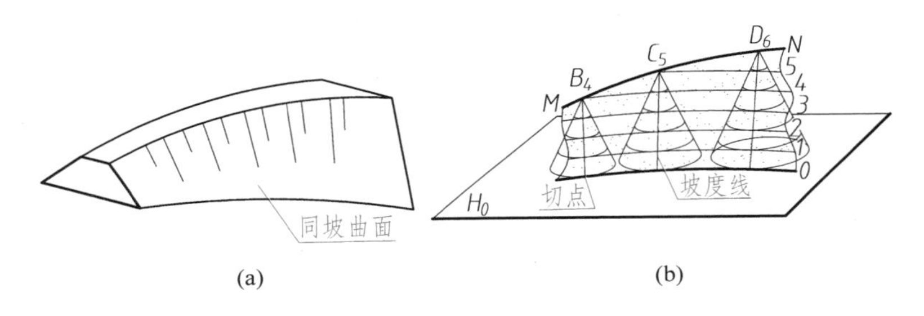

(a) (b)

图 11-20 同坡曲面及其形成

同坡曲面的形成如图 11-20(b)所示，一正圆锥面顶点沿一空间曲线运动，运动时圆锥的轴线始终垂直于水平面，则所有正圆锥面的外公切面(包络面)即为同坡曲面。曲面的坡度就等于运动正圆锥的坡度。

同坡曲面有如下特征：

(1) 沿曲导线运动的正圆锥，在任何位置都与同坡曲面相切，切线就是正圆锥的素线；

(2) 同坡曲面上的等高线与圆锥面上同标高的圆相切；

(3) 圆锥面的坡度就是同坡曲面的坡度。

由于同坡曲面上每条坡度线的坡度都相等，所以同坡曲面的等高线为等距曲线，当高差相等时，它们的间距也相等。同坡曲面上等高线的作法如图 11-21 所示。

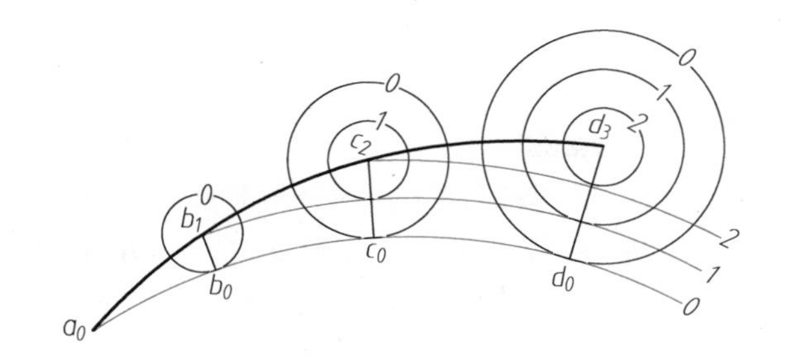

图 11-21　同坡曲面的等高线的作法

【例 11-9】　一弯曲引道由地面逐渐升高与干道相连，干道顶面标高为 19.00 m，地面标高为 15.00 m，各坡面的坡度均为 1∶1，如图 11-22(a)所示，求坡脚线及坡面交线。

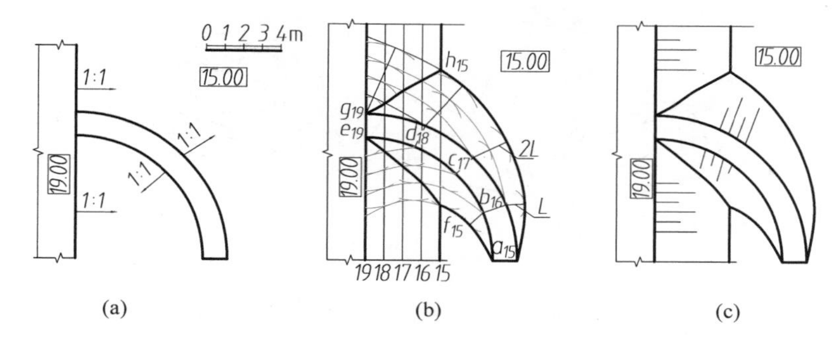

(a)　(b)　(c)

图 11-22　求弯道坡脚线和地面交线

分析

分别求出弯道两侧坡面(为同坡曲面)及干道坡面(为斜面)的等高线。找出干道斜面与弯道侧面同高程等高线的一系列交点并将其连线即得坡面交线。各坡面与地面的交线为坡脚线。

作图步骤

(1) 定出导曲线上的整数标高点的位置如 a_{15}、b_{16}、c_{17}、d_{18}、e_{19}，相邻两点高差为 1 m，这些点是运动正圆锥的锥顶位置；

(2) 根据已知同坡曲面的坡度 $i=1$，算出同坡曲面上平距 $l=\frac{1}{i}=1$；

(3) 作出各圆锥面的等高线，分别以锥顶 a_{15}、b_{16}、c_{17}、d_{18}、e_{19} 为圆心，以 l、$2l$、$3l$、$4l$ 为半径画同心圆，即得各锥面上的等高线；

(4) 作各圆锥面同标高等高线的公切曲线，即为同坡曲面上相应标高的等高线；

(5) 按图 11-10 的方法，求出干道坡面上的等高线；

(6) 求出弯道与干道同名等高线的交点并连接，即得坡面交线，如图 11-22(b)中的 $e_{19}f_{15}$、$g_{19}h_{15}$；

(7) 各坡面上高程为 15.00 的等高线，就是坡脚线；

(8) 整理、去掉作图过程线，画出示坡线，即得最终结果，如图 11-22(c)所示。

3. 地形面

1）地形图的绘制

地形面是很复杂的曲面，有山脊、山顶、鞍部、峭壁、河谷等地貌。为了表达地形面，我们假想用一组相等的水平面截切地面，得一组截交线——等高线，如图 11-23 所示，并注明其高程，即得地形面的标高投影。由于地形面是不规则的，所以地形等高线也是不规则的曲线。

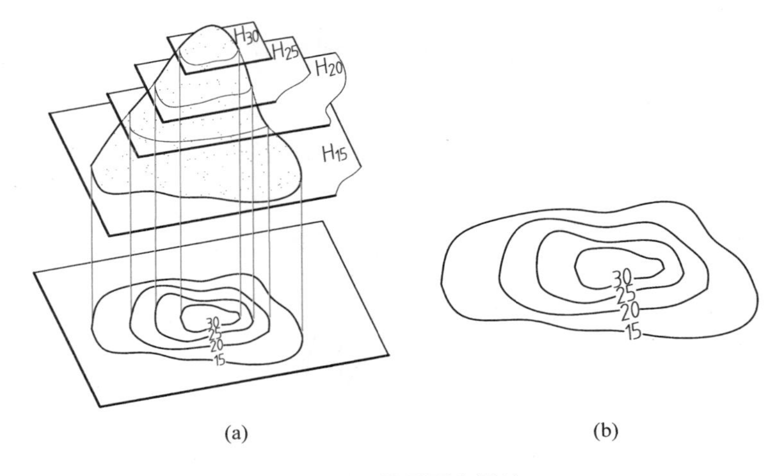

图 11-23 地形面表示法

地形面上的等高线有以下特征：

（1）等高线一般是封闭曲线。

（2）等高线越密说明地势越陡，反之越平坦。

（3）除悬崖绝壁的地方外，等高线不相交。

在画地形面的等高线时通常应注意以下几点：

（1）每隔四根画一条粗实线，该线称为计曲线。计曲线必须注写标高数值，其他等高线可注写标高，也可不注写。

（2）标高数字字头朝上坡方向，如图 11-23 所示。

2）地形断面图的绘制

为了更清楚地表达地形情况，或为满足工程设计需要，还常常对地形辅以地形断面图。用一铅垂平面剖切地形面，画出剖切平面与地形面的交线及材料图例，即为地形断面图(earth profile)，如图 11-24(b)所示。铅垂平面与地面相交，在平面图上积聚成一直线，用剖切线 $A—A$ 表示，它与地面等高线交于 1、2 等点，这些点的高程与所在的等高线的高程相同。据此，可以作出地形断面图。

作图步骤

（1）以高程为纵坐标，$A—A$ 剖切线的水平距离为横坐标作一直角坐标系。根据地形图上等高线的高差，按比例将高程注在纵坐标轴上，如图 11-24(b)中的 16、17 等，过各高程点作平行于横坐标轴的高程线。

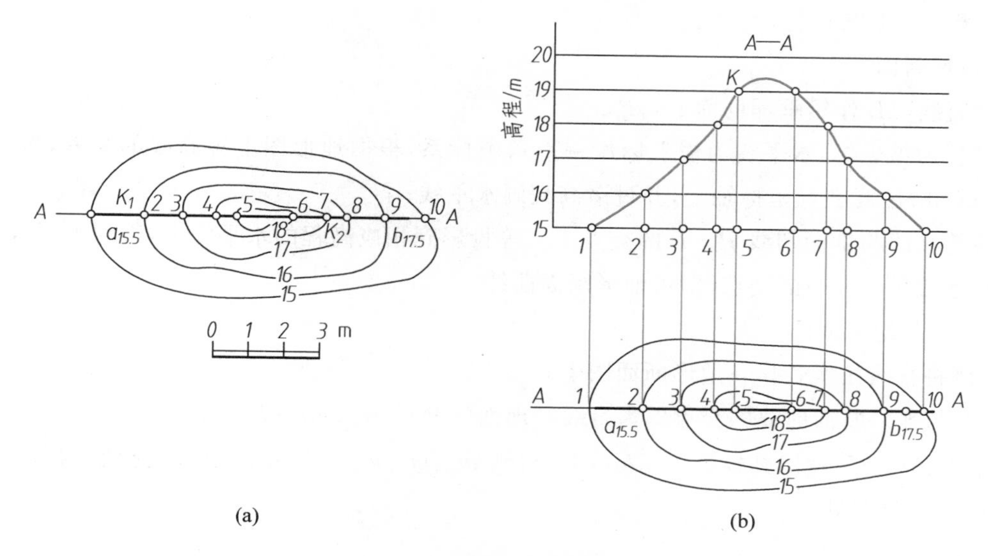

图 11-24　地形断面图

(2) 将剖切线 A—A 上的各等高线交点 1、2 等移至横坐标轴上。

(3) 由 1、2 等各点作纵坐标轴的平行线，使之与相应的高程线相交，如 4 点的高程为 18，过 5 点作纵坐标的平行线与高程线 19 相交得交点 K。同理作出其他各点。

(4) 徒手将各点连成曲线，画上地质材料图例，即得地形断面图，见图 11-24(b)。

下面通过例子说明地形断面图的绘制。

【例 11-10】 已知管道两端的高程分别为 34.8 m 和 32.5 m，求管道与地形面的交点，如图 11-25(a)所示。

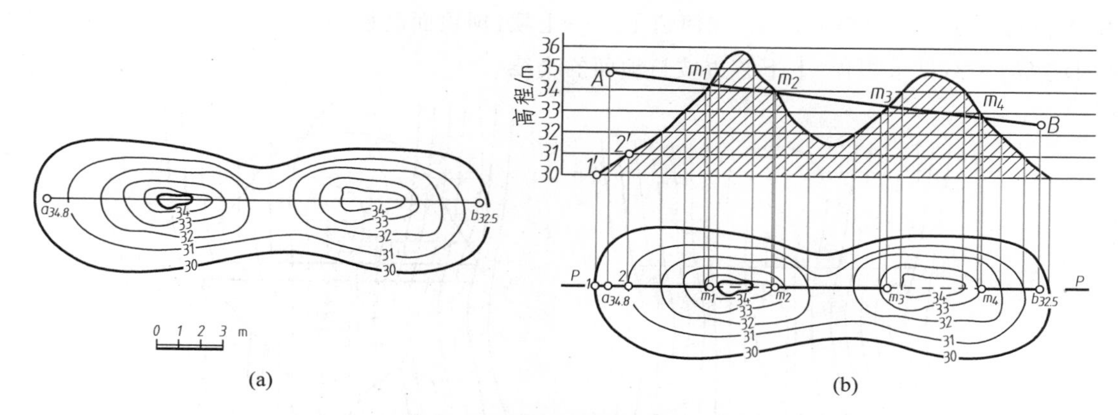

图 11-25　求直线和地形面的交点

分析

求管道与地形面的交点，首先要求出地形断面图。应包含直线作铅垂面，并作出铅垂面与地形面的交线，直线与该交线的交点即为直线与地形面的交点。

作图步骤(图 11-25)

(1) 求地形断面

① 包含直线 AB 作铅垂辅助面 $P—P$;

② 以高程为纵坐标,水平线为横坐标作一直角坐标系,根据地形图上等高线的高差,按比例将高程(30、31、…、36 m)注写在纵坐标轴上,并过诸高程画水平线;

③ 将各等高线与剖面切线 $P—P$ 的交点 1、2 等投影到相应高程的水平线上,得到 $1'$,$2'$,…

④ 光滑连接 $1'$、$2'$,…诸交点,即得地形断面曲线;

(2) 求直线与地形面的交点

根据比例将直线按实长作在地形断面图上。

直线 AB 与地形断面曲线的交点即为直线与地面的交点 M_1、M_2、M_3、M_4。

将 M_1、M_2、M_3、M_4 返回到投影 $a_{34.8}b_{32.5}$ 上,得到 m_1、m_2、m_3、m_4,并判断管道投影的可见性,地面上的线段可见,反之不可见。

11.3 标高投影的应用举例

(Examples of Topographical Projections)

11.3.1 平面和地形面的交线(Intersection Lines of Planes and Topographic Surfaces)

求地面与地形面的交线,即求平面上与地形面同标高等高线的交点,然后用平滑的曲线顺次连接起来即可。

【例 11-11】 如图 11-26(a)所示,在河道上修一土坝,坝顶面高程 50 m,土坝上游坡面坡度 1∶2.5,下游坡面坡度 1∶2,试求坝顶、上下游边坡与地面的交线。

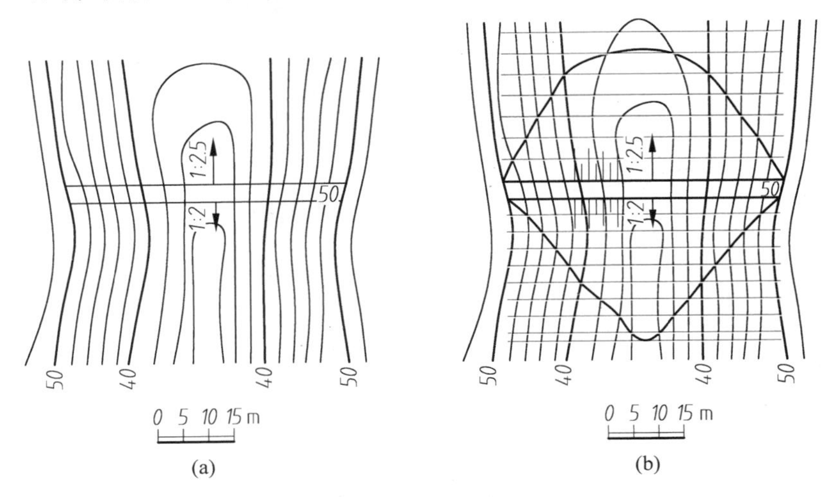

图 11-26 求土坝标高投影图

分析

坝顶高程为 50 m，高出地面，属于填方。土坝顶面为水平面，坝两侧坡面均为一般平面，它们在上下游与地面都有交线，由于地面是不规则曲面，所以交线是不规则曲线。

作图步骤

(1) 土坝顶面是高程为 50 m 的水平面，它与地面的交线是地面上高程为 50 m 的等高线。延长坝顶边线与高程为 50 m 的地形面等高线相交，从而得到坝顶两端与地面的交线。

(2) 求上游坡面同地形面的交线。作出上游坡面的等高线，等高线的平距为其坡面坡度的倒数，即 $i=1:2.5$，$l=2.5$ m，则在土坝上游坡面上作一系列等高线，坡面与地面上同高程等高线的交点就是坡脚线上的点。坡面上高程为 38 m 的等高线与地面有两个交点，高程为 34 m 的等高线与地形面高程为 34 m 的等高线不相交，这时可采用内插法加密等高线，求出共有点。依次用光滑曲线连接共有点，就得到上游坡面的坡脚线。

(3) 下游坡面的坡脚线求法与上游坡面相同，只是下游坡面坡度为 1∶2，所以坡面上的相邻等高线的平距 $l=2$ m。

(4) 画上示坡线，完成作图。

【例 11-12】 图 11-27(a)所示为某地面一直线斜坡道路，已知路基宽度及路基顶面上等高线的位置，路基挖方边坡为 1∶1，填方边坡为 1∶1.5，试求各边坡与地形面的交线。

分析

比较路基顶面和地形面的高程，可以看出，上方道路比地面低，是挖方，下方道路比地面高，是填方，左侧路基的填挖方分界点约在路基边缘高程 22 m 与 23 m 处，右侧路基的填挖分界点大致在 22 m 与 23 m 之间，准确位置应通过作图确定。

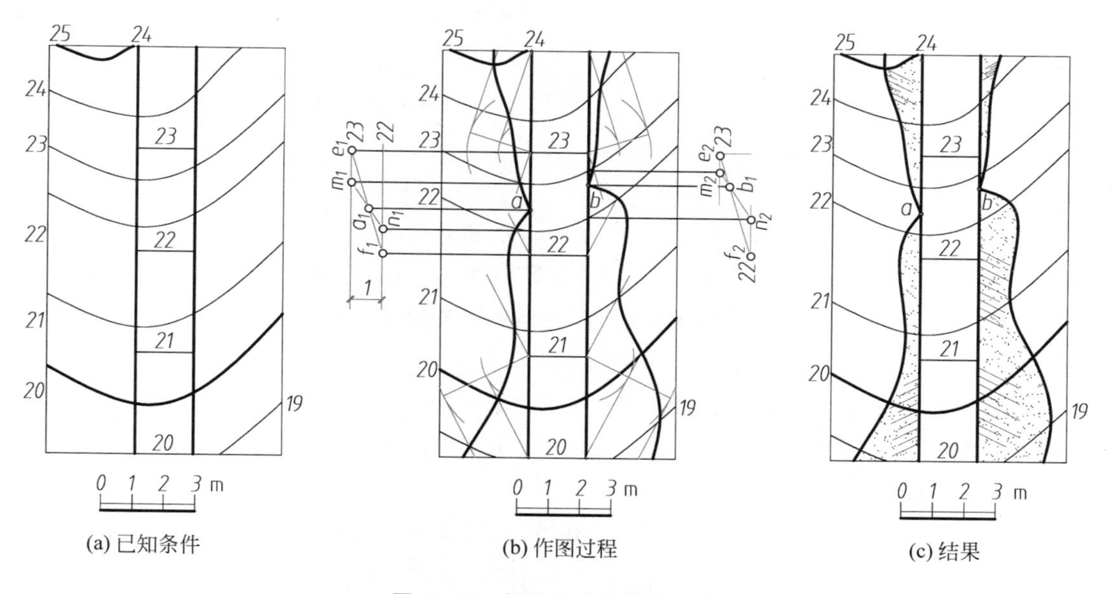

(a) 已知条件　　(b) 作图过程　　(c) 结果

图 11-27　斜坡道路标高投影图

作图步骤

（1）作填方两侧坡面的等高线，以路基边高程为 21 m 的点为圆心，平距 $l=1.5$ m 为半径作圆弧，由路基边界上高程 20 m 的点作此圆弧的切线，就得到填方坡面上高程为 20 m 的等高线。过路基边界上高程为 21 m、22 m 的点分别引此切线的平行线，得到填方坡面上相应高程的等高线。

（2）作挖方两侧坡面的等高线。求法与作填方两侧坡面的等高线相同，但方向与同侧填方等高线相反。

（3）分别作左右侧路缘地面的铅垂断面，求出路缘直线与地形断面的交点，即为填挖分界点。方法如下：

确定左侧填挖分界点。平行于左侧路缘绘制两条相距 1 单位的直线。延长路基面高程为 22 m、23 m 的等高线与图左侧平行路缘的直线相交于点 f_1、e_1，此时左侧 f_1，e_1 之间等高距为 1，连接直线 e_1 与 f_1，则 e_1f_1 为路缘高程 22 m 和 23 m 之间的左侧路缘断面；同法作出路缘的地形面高程 22 m、23 m 等高线之间的左侧地形断面 m_1n_1。直线 e_1f_1、m_1n_1 相交于点 a_1，过 a_1 点作左侧路缘直线的垂线并交于点 a，即点 a 为左侧路缘填挖的分界点。

同样可求出路缘右侧填挖分界点 b。

（4）连接交点。将路基坡面与地形面同高程的交点顺次用光滑曲线相连，就得到坡脚线和开挖线，如图 11-27(b)所示。

（5）画出示坡线，完成作图，如图 11-27(c)所示。

11.3.2 曲面与地形面的交线（Intersection Lines of Curved Planes and Topographic Surfaces）

求曲面与地形面的交线，即求曲面与地形面上一系列高程相同等高线的交点，然后把所得的交点依次相连，便得到曲面与地形面的交线。

【例 11-13】 如图 11-28(a)所示，在山坡上要修筑一个半圆形的水平广场，广场高程为 30 m，填方坡度为 1∶1.5，挖方坡度为 1∶1，求填挖边界线。

分析

（1）广场高程为 30 m，所以等高线 30 m 以上的部分为挖方，等高线 30 m 以下的部分是填方。

（2）填方和挖方坡面都是从广场的周界开始，在等高线 30 m 以下有三个填方坡面；在等高线 30 m 以上有三个挖方坡面。边界为直线的坡面是平面，边界是圆弧的坡面是倒圆锥面。

作图步骤（图 11-28(b)）

（1）求挖方坡面等高线。由于挖方的坡度为 1∶1，则平距 $l=1$，所以，以 1 单位长度为间距，顺次作出挖方部分的两侧平面边坡坡面的等高线，并作出广场半圆界线的半径长度加上整数位的平距为半径的同心圆弧，即为倒圆锥面上的系列等高线。

（2）求填方坡面等高线。方法同挖方坡面等高线，只是填方边坡坡面均为平面，且平距 $l=1.5$ 单位。

（3）作出坡面与坡面，坡面与地形面高程相同等高线的交点，顺次连接各坡面与地形面交点，即得各坡面交线和填挖分界线。挖方坡面上高程为 34 m 的等高线与地形面有两个交点，高程为 35 m 的等高线与地形面高程为 35 m 的等高线不相交，本例采用断面法求出共有点。同样可求出填方坡面等高线与地形面等高线不相交部分的共有点。

（4）画上示坡线。注意填、挖方示坡线有别，长短画皆自高端引出，如图 11-28(c)所示。完成后的主体图如图 11-28(d)所示。

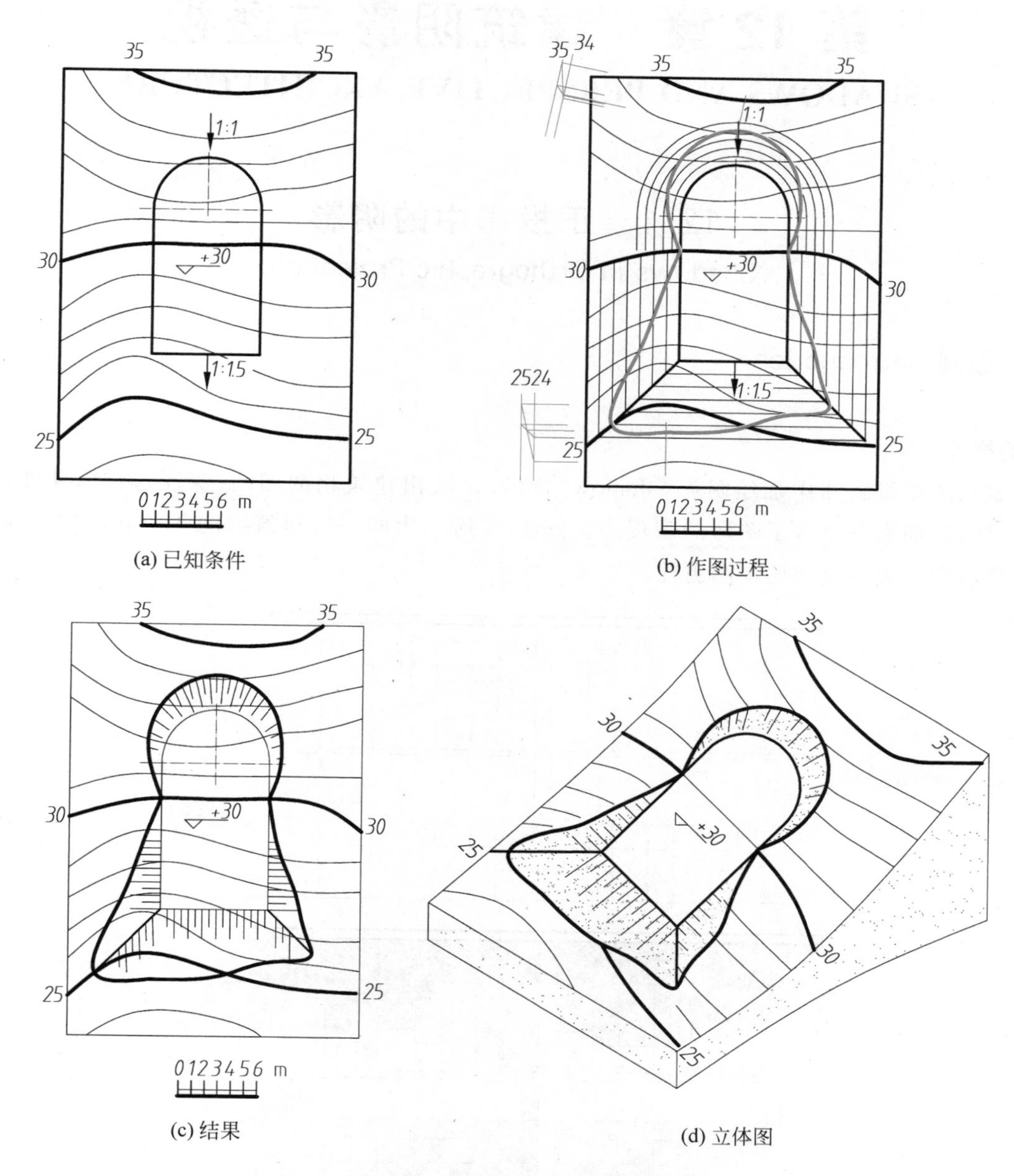

(a) 已知条件　(b) 作图过程

(c) 结果　(d) 立体图

图 11-28　求广场的填挖边界线

第 12 章　建筑阴影与透视

(SHADOWS AND PERSPECTIVE ARCHITECTURE)

12.1　正投影中的阴影

(Shadows in Orthographic Projection)

12.1.1　概述(Introduction)

1. 阴影的概念

在建筑物的正投影图中加绘阴影(shadow),可以反映出建筑物的凹凸、深浅、明暗,使图面生动逼真,富有立体感,加强并丰富了图形的表现力。图 12-1 所示为同一座建筑物的两个立面图。显然,下图在加绘了阴影后的表现效果比上图更佳。

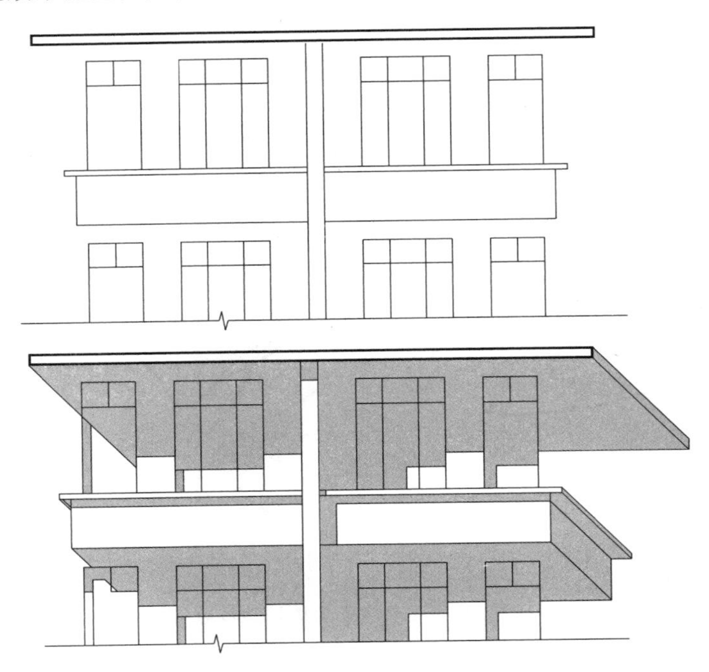

图 12-1　阴影的效果

如图 12-2 所示,形体在光线照射下,一些表面向着光线,被照亮,称为阳面(sunny side);另一些表面则背着光线,光线照射不到,显得阴暗,称为阴面(shade)。阳面与阴面的分界线称为阴线(shade line)。

照射在阳面上的光线，由于被形体挡住而形成了一些暗区。这些暗区与形体另一些表面或地面相交得黑暗的区域，这个区域称为影或落影(cast shadow)，影的轮廓线称为影线(shadow line)，影所在的面称为承影面(shadow plane)，阴面和落影合称为阴影。

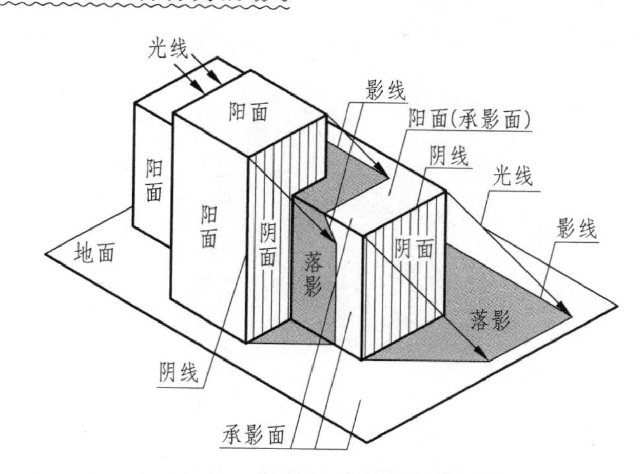

图 12-2　阴影的基本概念与术语

2. 常用光线

照射在物体表面上的阳光会因时间、地点的不同而不同，不同方向光线形成的阴影也会有所不同，为了作图与度量的方便，在正投影中加绘阴影，通常采用一种特定方向的平行光线：即用靠在投影面上的正立方体的对角线(即认为阳光是从左、前、上方射向右、后、下方)作为画阴影的光线方向，这种方向下光线称为常用光线，由于该立方体的各表面分别平行于相应投影面，所以常用光线的正投影 k、k'、k''均与水平线成 45°角，如图 12-3 所示。

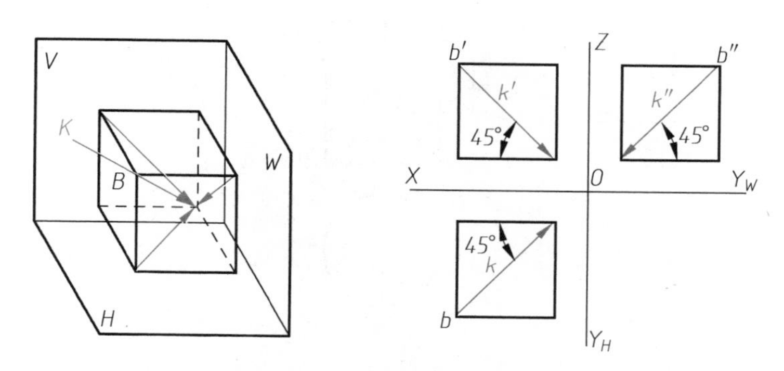

图 12-3　常用光线的指向

12.1.2　点、直线、平面的落影(Shadows of Points, Lines and Planes)

1. 点的落影

1) 点在投影面上的落影

当承影面为投影面时，则点的落影就是通过该点的光线与投影面的交点。从图 12-4(a)可知，由于 B

点距 V 面的距离较 H 面的距离近，光线先与 V 面相交，它就落影在 V 面上，用该点的字母加承影面的名称作下标 B_V 标记。假设 V 面是透明的，光线通过影 B_V 后继续延长，与另一投影面 H 相交，则得交点(B_H)，称为虚影点(加括号，尽管此点实际上并不存在，但在阴影的求作过程中会用到)，其投影如图 12-4(b)所示。同理，若 B 点距 H 面的距离较 V 面的距离近，光线先与 H 面相交，它就落影在 H 面上。

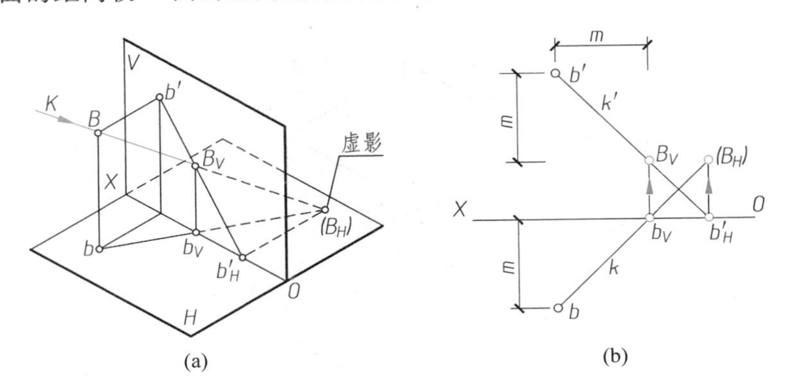

图 12-4 点在 V 投影面上的落影和在 H 投影面上的虚影

由于光线的投影与投影轴的夹角均为 45°，因此，空间点在某投影面上的落影与其同面投影间的水平距离和垂直距离，正好等于空间点到该投影面的距离 m。

2）点在空间某承影面上的落影

当承影面不是投影面时，点的落影就是通过该点的光线与承影面的交点。因此，求点的落影的实质是求作直线与承影面的交点，利用前面所学的线面相交知识可求作图 12-5(a)、(b)、(c)中 B 点落影。

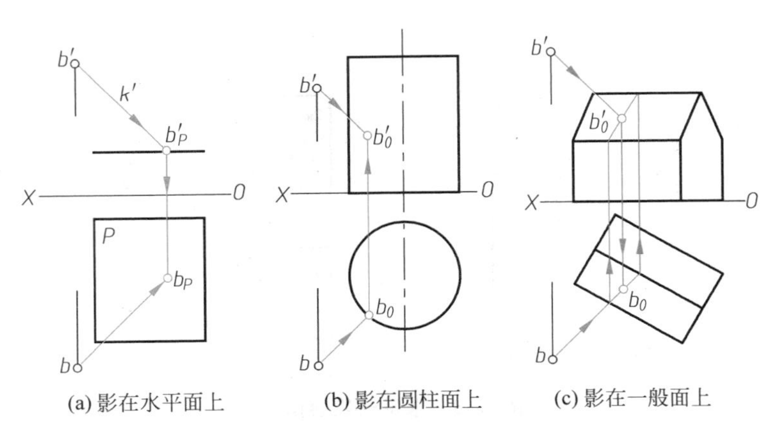

图 12-5 点在空间某承影面上的落影

当承影面的投影有积聚性时，B 点落在承影面上的影，可在 B 点的光线与承影面有积聚性的同面投影的交点处，先作出影 B_0 的一个投影，然后由此引投影连线，再在光线的另一投影上，作出影的另一投影，即得到点在承影面上的影。图 12-5(a)、(b)中分别作出了 B 点落在水平面和圆柱面上的影。

求作点落在一般位置平面上的影，可用求一般位置直线与一般位置平面交点的方法求出。

2．直线的落影

直线的落影是通过直线上各点的光线所组成的光平面与承影面的交线。

1）特性

（1）一般情况——直线在一个承影平面上的落影为一直线，如图 12-6(a)所示的直线 AB。直线在一个承影曲面上的落影为曲线，如图 12-6(b)所示。

（2）特殊情况——当直线平行于光线方向时，在承影面的落影为一点，如图 12-6(a)所示的直线 CD。

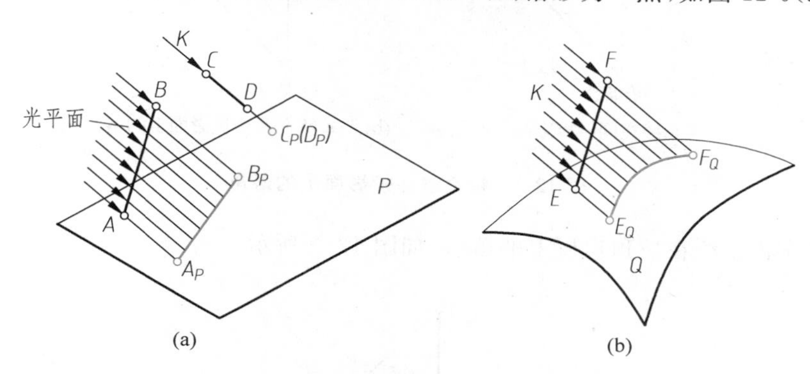

图 12-6　直线的落影

2）基本作法

求直线的落影时，只需求出直线两端点 E、F 在同一投影面上的落影，然后连接成直线，即为该直线在投影面上的落影，如图 12-7(a)所示。当直线两端点 C、D 的影落在不同的投影面上时，应首先作出 C 点在 H 面上的落影 c'_H 和 C_H，D 点在 V 面上的落影 D_V，再求 D 点在 H 面的虚影(D_H)，把 C_H 和(D_H)相连与 X 轴相交的交点 X_0，即为直线落影的折影点，如图 12-7(b)所示，从图中可知，由于 $CD/\!/V$ 面，因此 CD 在 V 面上的落影 X_0D_V 与 $c'd'$ 平行。

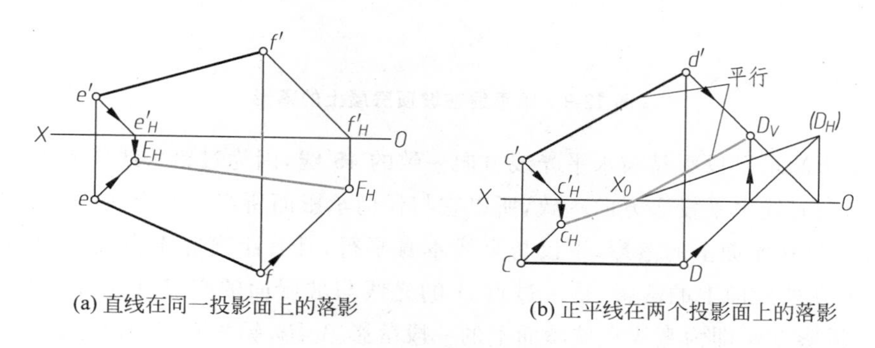

图 12-7　直线的落影

【例 12-1】 求作铅垂线在投影面上的落影，如图 12-8 所示。

从图中可以看出，由于 F 点在 H 面上，落影为其本身，图 12-8(a)所示的 E 点距离 H 面近，影也落在 H 面上，落影 E_HF_H 是与光线水平投影方向一致的 45°线；图 12-8(b)中 E、F 两点的影分别落在 V、H

面上，影在 OX 轴处发生转折，其在 V 面上的一段影 $E_V K_0$ 不仅与该直线平行，且与 $e'k'$ 等长，在 H 面上的一段影 $F_H K_0$ 是与光线水平投影方向一致的 45°线。

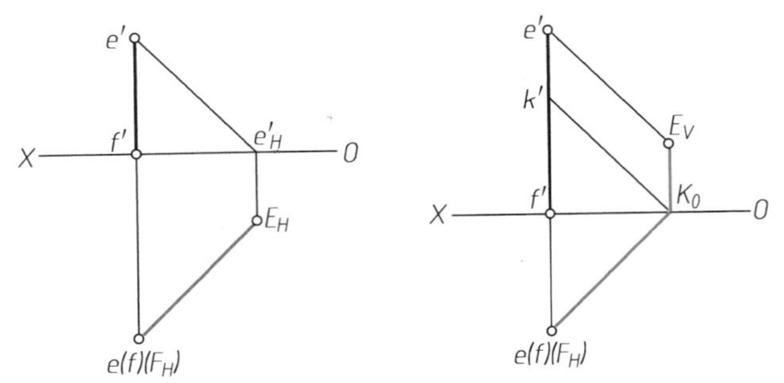

(a) 铅垂线在同一投影面上的落影　(b) 铅垂线在两个投影面上的落影

图 12-8　铅垂线在投影面上的落影

【例 12-2】 求作铅垂线在坡顶房屋上的落影，如图 12-9 所示。

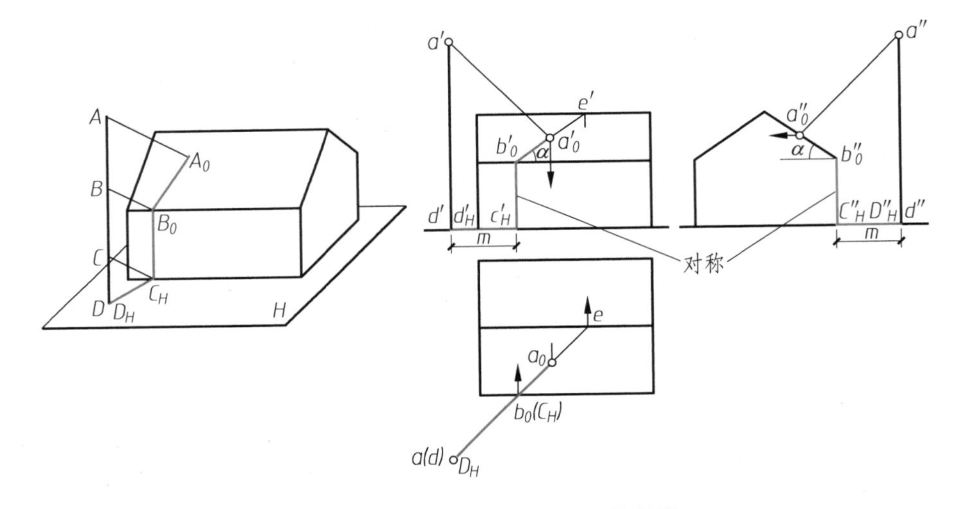

图 12-9　铅垂线在坡顶房屋上的落影

铅垂线 AD 落影的水平投影是与水平光线方向一致的 45°线，因为过铅垂线作光平面是铅垂面，其水平投影积聚且方向与光线水平投影方向一致，所以它与任何承影面所产生的交线的水平投影都重合在这条 45°线上；直线 AD 在墙面上的落影，不仅与直线本身平行，且其距离等于直线 AD 到墙面的距离 m；直线 AD 的端点 A 在坡屋面上的落影，是由过点 A 的光线与坡屋面的交点 A_0（即直线与平面相交求交点）求得，连 A_0 与折影点 b_0' 即为直线在坡屋面上的一段落影 A_0B_0，铅垂直线 AD 落影在正面投影与坡屋面的侧面积聚投影对称。

以上两例遵循下面的直线落影规律：

规律 1　直线平行于承影面，则其落影与该直线平行且等长，如图 12-8(b)中的 $E_V K_0$ 段、图 12-9 中的 B_0C_H 段。

规律 2　一直线在两相交承影平面上的落影为一折线，其折影点必在两承影平面的交线上。图 12-8(b)中

的 K_0 在 X 轴上，图 12-9 中的 b_0' 在屋檐线上。

规律 3 某投影面垂直线在另一投影面或其平行面上的落影，不仅与原直线的同面投影平行，且落影与投影的距离，等于该直线到承影面的距离(图中注明的 m)。

规律 4 某投影面垂直线在任何承影面上的落影，其落影在直线所垂直的投影面上的投影是与光线投影方向一致的 45°线，且落影的其余两投影，互成对称图形。图 12-9 中直线落影的水平投影是 45°线，落影的 V 面投影与承影面在 W 面上的积聚投影成对称图形。

利用上述方法和落影规律，读者可自行分析如下二例的作图。

【例 12-3】 求作铅垂线 AB 在 H 面和勒脚表面上的落影，如图 12-10 所示。

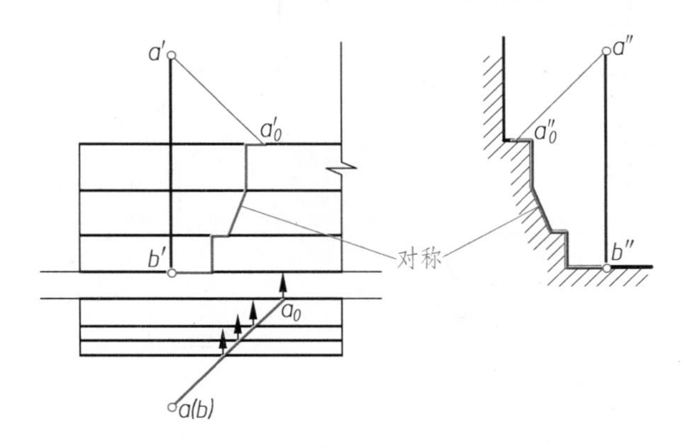

图 12-10 铅垂线在 H 面和侧垂面上的落影

【例 12-4】 求侧垂线 AB 在墙面上的落影，如图 12-11 所示。

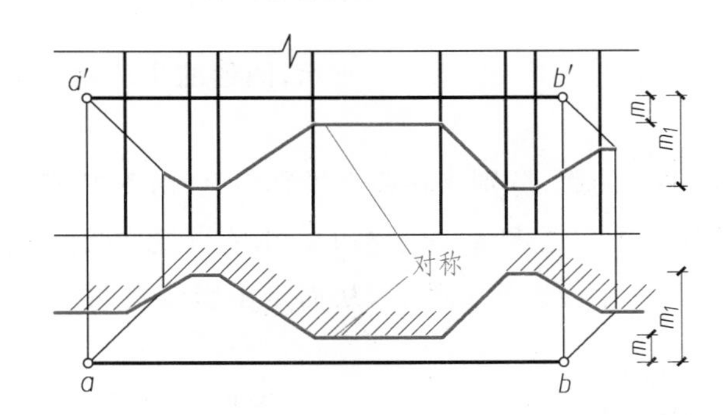

图 12-11 侧垂线在墙面上的落影

图中，侧垂线 AB 在凹凸不平的墙面上的落影与墙面在 H 面上的积聚投影不仅呈现对称性，而且落影的折影点到阴线的距离等于折影点所在棱线到阴线的距离，即图中注明的 m、m_1。

3. 平面图形的阴影

一般情况下空间平面图形的一面受光，为阳面(sunny side)，另一面背光，为阴面(shade)。平面图形的轮廓线为阴线(shade line)，求作平面图形的落影，可归结为作出它的轮廓线的落影。

1）平面图形的落影

（1）当平面平行于投影面时，其落影与本身平行，落影的投影反映实形，如图 12-12(a)所示。

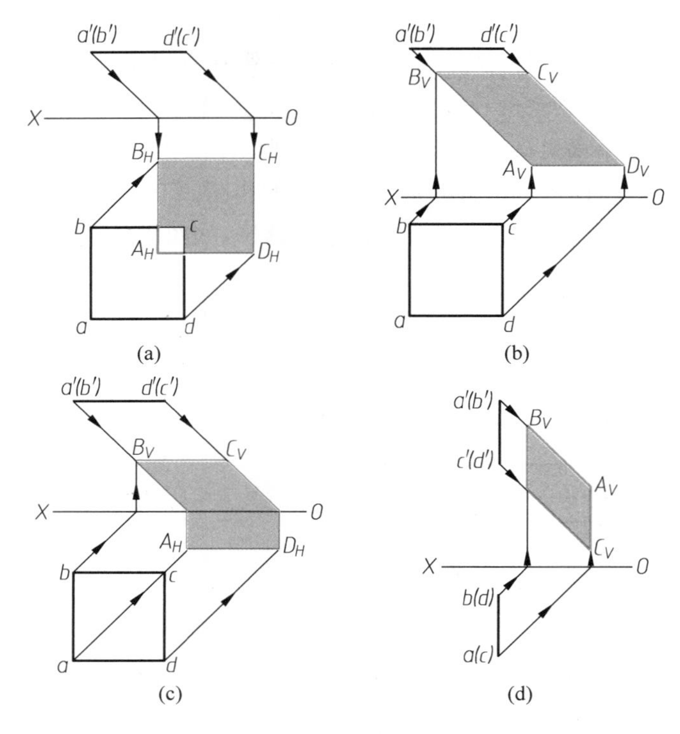

图 12-12　平面图形的阴影

（2）水平面在 V 投影面上的落影如图 12-12(b)所示，图形的边线由两对特殊位置直线（侧垂线、正垂线）的落影组成。

（3）图 12-12(c)所示矩形平面的影，分别落在两个投影面上，由于 B、C 点距 V 面近，影落在 V 面上，A、D 两点距 H 面近，影落在 H 面上，A_H 与 B_V、C_V 与 D_H 不能直接连线，作图可按前述的平行特性或利用虚影等方法先作出它们落在同一个投影面上的影，从而定出影线在两投影面交线上的折影点，由此得到的落影是一个六边形图形。

（4）侧平面在 V 投影面上的落影如图 12-12(d)所示，图形的边线由两对特殊位置直线（铅垂线、正垂线）的落影组成。

2）平面图形阴、阳面的判别

当平面图形为投影面垂直面时，可利用其积聚性的投影与光线同面投影的关系判别。如图 12-13(a)中，P、Q 均为正垂面，P 平面的积聚投影与 X 轴的夹角小于 45°，光线照在 P 面的上方，其 H 投影为阳面的投影。相反，Q 平面的倾角大于 45°，光线照在 Q 面的下方，故 H 投影可见面为阴面的投影。

同理，铅垂面可利用它在 H 面的积聚投影直接判别，如图 12-13(b)所示。

3）圆的落影

（1）当圆平面平行于承影面时，落影反映实形。作影时，首先作出圆心的落影，再作出同样大小的

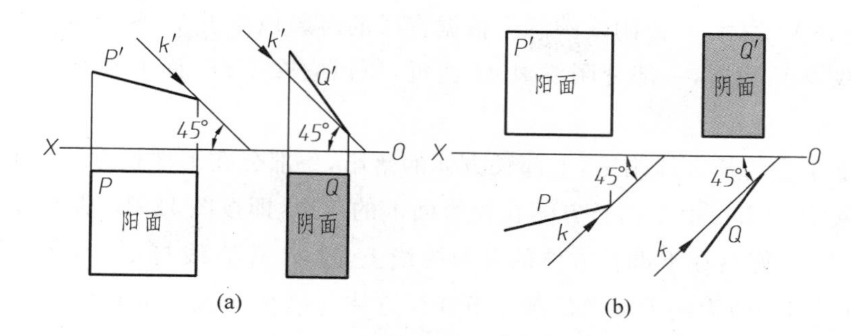

图 12-13　阴、阳面的判别

圆，如图 12-14(a)所示。

(2) 如图 12-14(b)所示，水平圆在 V 面上的落影是椭圆，椭圆的中心就是圆心的落影。作影时，通常利用圆的外切正方形各边的中点及对角线与圆周的交点(八个点)作图。

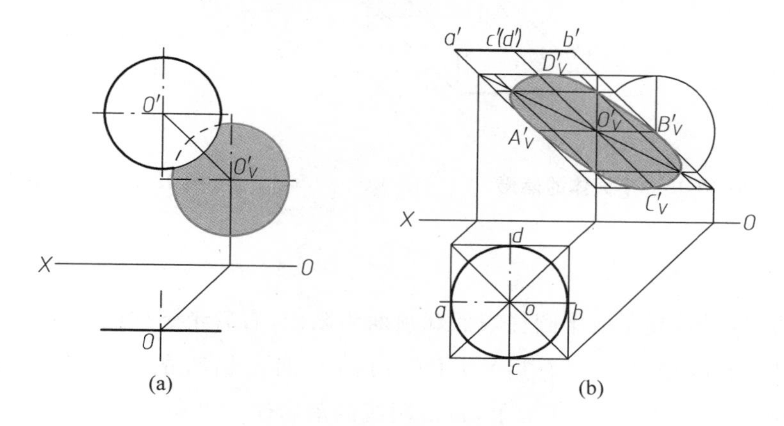

图 12-14　圆的落影

12.1.3　形体的阴影(Shadows of Solids)

形体在承影面上的落影轮廓线，即影线，是该形体阴线的影。绘制形体的阴影，主要是确定形体的阴线及作出阴线的落影，一般的作图步骤是：

(1) 进行形体分析；

(2) 确定形体的阴线(阴、阳面交线的凸角棱部分)；

(3) 作出阴线的落影(根据阴线与承影面、投影面的相对位置，运用直线的落影规律进行作图)；

(4) 加绘阴面和落影。

1. 平面体

如图 12-15 所示，四棱柱在光线照射下，棱柱的顶面、前面和左侧面为阳面，其余各棱面为阴面，因此阴线为空间闭合折线 $ABCDEFA$。图 12-15 所示是四棱柱在投影面上的落影，由于图(a)中六段阴线都

距 V 面近，其影全落在 V 面上，每段阴线的落影根据直线的落影规律求作，落影成一封闭的六边形图形。图(b)中，一部分阴线离 V 面近，一部分阴线离 H 面近，所以它在 V、H 面上都有落影，其作图方法如前所述。

图 12-16 是上下组合的长方体阴影，上部长方体的落影，一部分在下部长方体的前侧面上，另一部分在 V 面上，作图时，可分别求出上下两长方体在投影面上的落影，即按图 12-16 所示方法求作。侧垂阴线 AB 的端点 A，其影 A_0 正好落在下部长方体的左前棱线上，过 a' 作直线与 $a'b'$ 平行，交下部长方体的右前棱线于 k_0'，点 $K_0(k_0'、k_0)$ 即为侧垂线 AB 落在下部长方体与落在 V 面上的影的折影点。

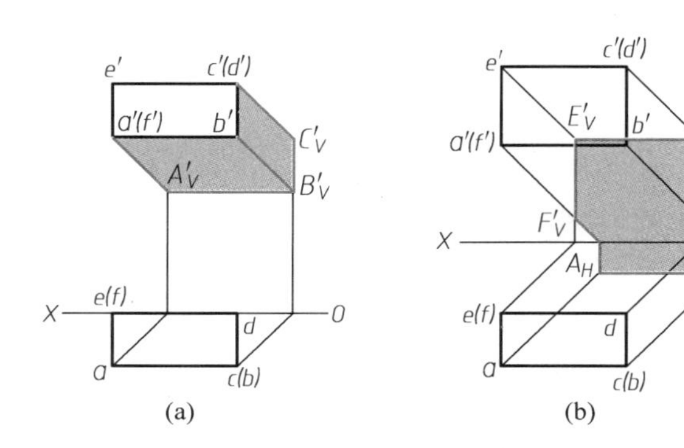

图 12-15 平面体的落影

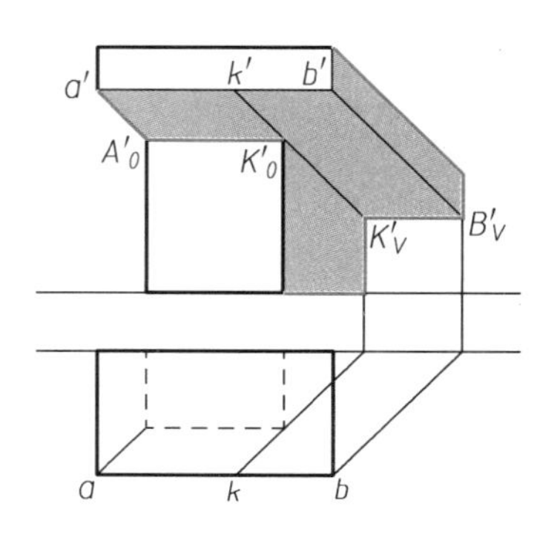

图 12-16 上下组合的长方体阴影

2. 曲面体

光线照射直立的圆柱体，其左前半圆柱表面和顶面为阳面，右后半圆柱面和底面为阴面，由此得出整个圆柱体阴线是由上、下两半圆 $\overset{\frown}{AC}$（右后）、$\overset{\frown}{DB}$（右后）和两条铅直的素线 AB、CD 组成的闭合线。图 12-17(a)所示的圆柱，其影全落在 H 面上，每段阴线的落影作图参照图 12-9、图 12-14。作图时，先作出圆柱上下两底圆在 H 面上的影，图中为两个圆，然后作两圆的公切线。图 12-17(b)所示的圆柱底面与 H 面重合，其影落在 H 和 V 两个投影面上。作图时，先作出圆柱面的阴线，再作出上下两底圆的影，顶圆在 V 面上的落影为椭圆，阴线在 V 面上的落影垂直于 X 轴，并切于椭圆。

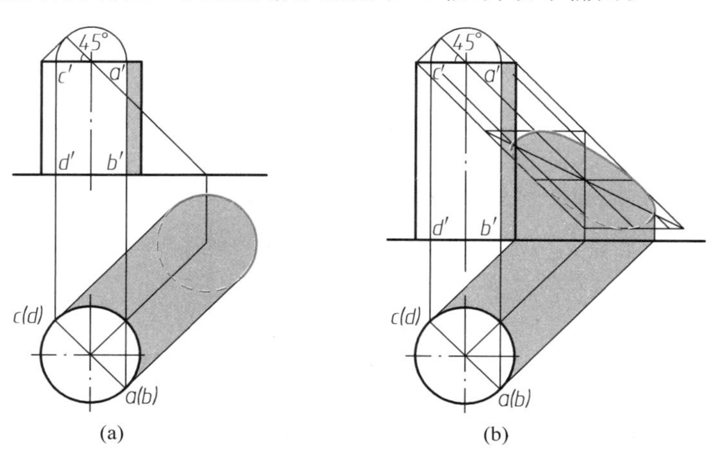

图 12-17 圆柱的阴线及其落影

12.1.4　建筑形体的阴影(Shadows of Building Elements)

房屋上的门窗洞口、雨篷、台阶等建筑细部的阴影的画法和步骤,与基本几何体类似。由于它们的主要阴线或阴影面通常是特殊位置,所以可以利用直线的落影规律进行作图。

1. 门窗洞的阴影

图 12-18 是三种不同形式的门窗洞口阴影的作图方法。

图 12-18(a)所示的方形窗洞,窗洞边框的影落在窗扇上,窗台的影落在墙面上。可分别按边框和窗台与窗洞和墙面的距离 m、m_1 作图。

图 12-18(b)所示雨篷的影落在门洞和凹凸不平的墙面的三个互相平行的承影面上,可分别按雨篷与门洞和墙面的距离 m、m_2、m_4 作图。

图 12-18(c)所示为半圆形窗洞,半圆形窗框的左上方圆弧在其平行的窗扇上的影,是相同半径(R)的圆弧,所以只要求出半圆弧的圆心 O'_0 的落影作圆弧即可;窗台的影落在墙面上。

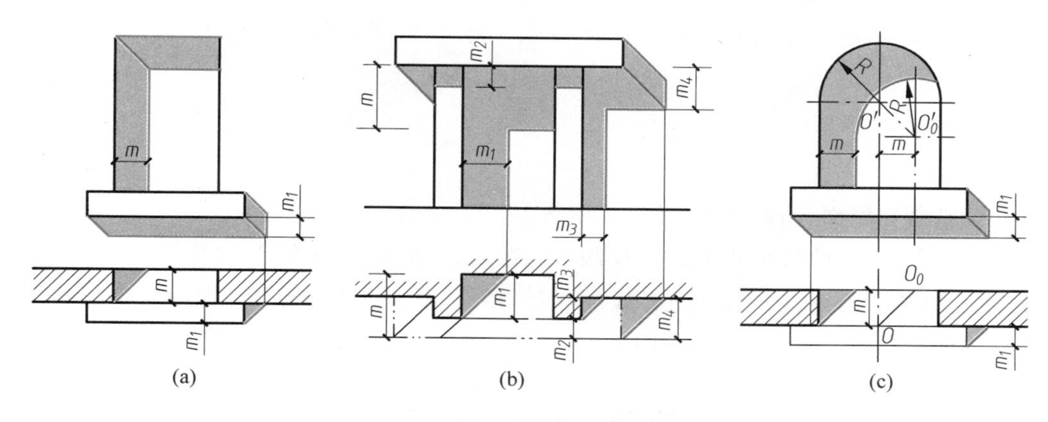

图 12-18　门窗洞的阴影

2. 台阶的阴影

如图 12-19 所示,台阶左右挡板的影,落在地面、踏面、踢面和墙面上,从图中可以判别出阴线是由一些投影面垂直线所组成,左挡板的阴线为正垂线 BA 和铅垂线 BC;右挡板的阴线为正垂线 ED 和铅垂线 EF。其阴线的绘制应满足垂直规律和平行规律。阴线的具体画法如下。

1) 求台阶左栏板的影

(1) 从 W 投影可知点 B 的影 B_0 落在第二级踢面上。

(2) 过 b' 作 45°线与踢面相交于 $b'b'_0$,使 $b'b'_0$ 的水平长和竖向高均为 $s+s_1$,或过 b 作 45°线交第二级踢面 H 面的积聚投影于 b_0,过 b_0 作竖直线与过 b' 作 45°线交于 b'_0,$b'b'_0$ 即为阴线 AB 的影的 V 投影(A 点的影 A_0 的 V 投影与 b' 重合)。

(3) 作铅垂线 BC 在第一级和第二级踢面上的影。由平行规律可知 BC 落在第一级踢面和第二级踢

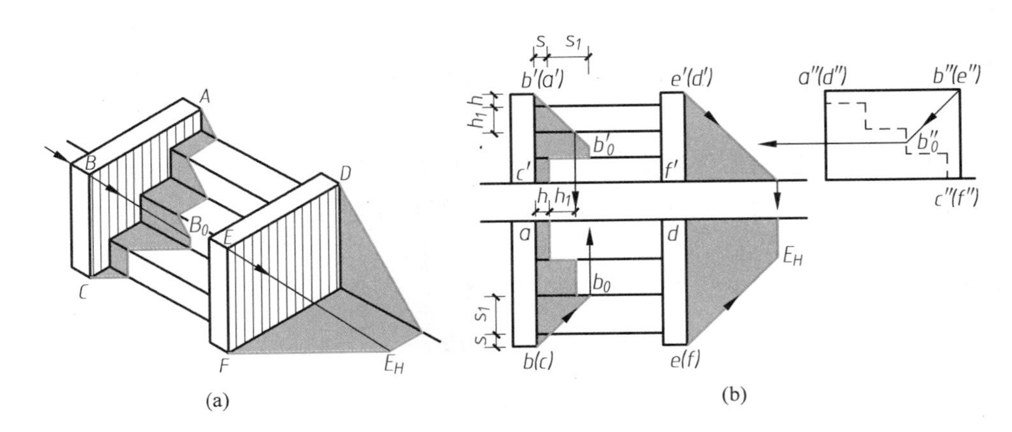

图 12-19 台阶的阴影

面上的影，仍为竖直线。在第一级踢面上的阴影宽度为 s，在第二级踢面上的阴影宽度为 $s+s_1$。

2）求台阶右栏板的影

阴线 FE、ED 的交点 E 在 H 面上的落影为 E_H，其落影的深度与宽度均与其高度相等，过 E_H 作 ED 平行线即可，DF 的 V 面落影可直接过 $e'd'$ 作 45°线交于地面线，即可得到阴线 ED 的影的 V 投影。

3. 雨篷、阳台和隔墙的阴影

1）雨篷的阴影

雨篷的影分别落在墙面、门窗扇和隔墙上，如图 12-20 所示。

阴线 AE 是侧垂线，它的落影的 V 投影反映出门窗扇、墙面和隔墙的凹凸情况。

2）隔墙面的阴线是铅垂线 FG，它的影落在窗扇和阳台上。求出点 f'_0 后，根据铅垂线落在起伏不平的侧垂承影面上的影特点，作出影线，如图 12-20 所示。

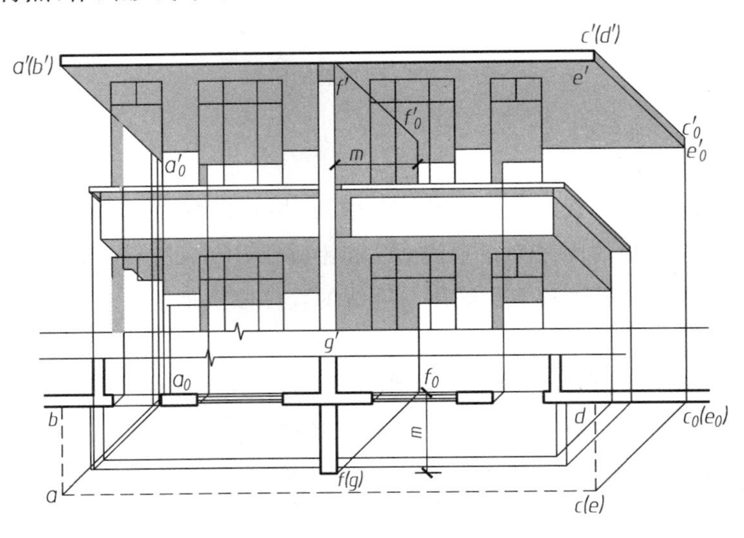

图 12-20 雨篷、阳台和隔墙的阴影

最后，作出门窗框落在门窗扇上的影和阳台在窗扇、墙上的影，完成整个建筑细部的影，如图 12-20 所示。

12.2 透视投影的基本概念

(Basic Conception of Perspective Projections)

12.2.1 透视图的形成(Formation of Perspective Projections)

当人们透过玻璃窗观察室外的景物时，把看到的形体准确地画在玻璃板面上，所构成的投影图称为透视投影，如图 12-21 所示，透视投影又称透视图，简称透视。透视图是利用中心投影法将物体投射在单一投影面上所得到的图形。

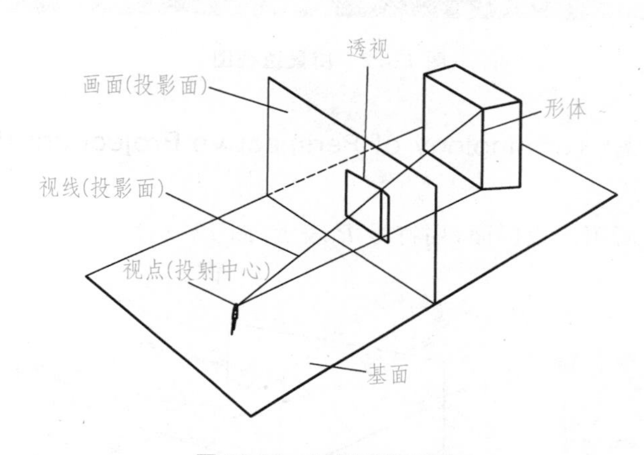

图 12-21 透视图的形成

12.2.2 透视图的特点(Characteristic of Perspective Projections)

1. 使用中心投影

透视图是用中心投影法所得的投影图，投射线集中交于一点(投射中心)，而且一般不垂直于投影面；正投影图则使用平行正投影，各投影线互相平行且垂直于投影面。

2. 使用单面投影

透视投影是单面投影图，形体的三维同时反映在一个画面上；正投影是一种多面投影图，必须有两个或两个以上的投影图，才能完整地反映出形体的三维。

3. 不反映实形

透视图有近大远小，近高远低，相互平行的直线会在无限远处交于一点(这个点称为灭点)等透视变形,如图 12-22 所示。因此一般不反映形体的真实尺度,不便于标注尺寸,故这种图样不作为正式施工的依据,而正投影图却能准确反映形体的三维尺度,作为施工图使用的平面图、立面图、剖面图,都是正投影图。

图 12-22　街景透视图

12.2.3　透视的基本术语(Terminology of Perspective Projections)

(1) 画面(P)——透视所用的投影面,用符号 P 表示(图 12-23)。

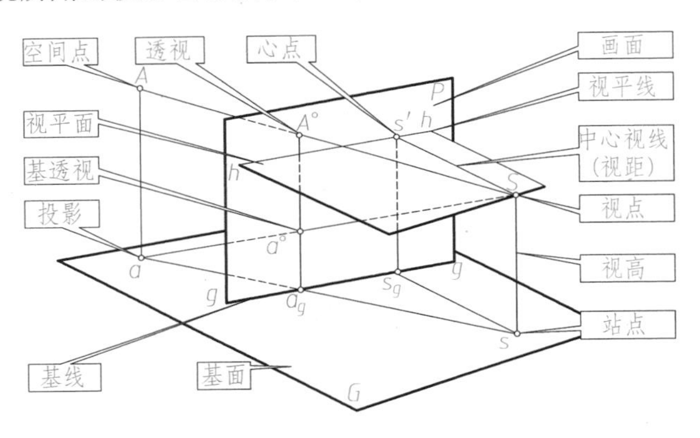

图 12-23　透视图中的常用术语

(2) 基面(G)——放置建筑物的水平面,相当于地面,用符号 G 表示。一般情况下,画面与基面相互垂直,所以可将它们看成是两投影面体系,画面相当于 V 面,基面相当于 H 面。

(3) 基线(g—g 或 p—p)——画面与基面的交线。

(4) 视点(S)——投影中心(可想象为人的眼睛),用符号 S 表示。

(5) 站点(s)——视点在基面上的正投影,即人在观察形体时的立足点,用符号 s 表示。

(6) 心点(s')——视点在画面上的正投影,用符号 s' 表示,也称为主点。

(7) 视距(Ss')——视点到画面的距离。

(8) 视高(Ss)——视点到基面的距离。

(9) 视平线(h—h)——过视点与基面平行的平面与画面的交线,与基线平行,用符号 h—h 表示。

(10) 视线——即投射线,是视点与形体上的点的连线。

12.2.4 透视图的分类(Classification of Perspective Drawings)

1. 一点透视

当画面垂直于基面,且建筑物有两个主向轮廓线平行于画面时,所作透视图中,这两组轮廓线不会有灭点,第三个主向轮廓线必与画面垂直,其灭点是主点 s',这样产生的透视图称一点透视,如图 12-24 所示。由于这一透视位置中,建筑物有一主要立面平行于画面,故又称平行透视。一点透视的图像平衡、稳定,适合表现一些气氛庄严,横向场面宽广,能显示纵向深度的建筑群,如政府大楼、图书馆、纪念堂等;此外,一些小空间的室内透视,多灭点易造成透视变形过大,为了显示室内家具或庭院的正确比例关系,一般也适合用一点透视,如图 12-25 所示。

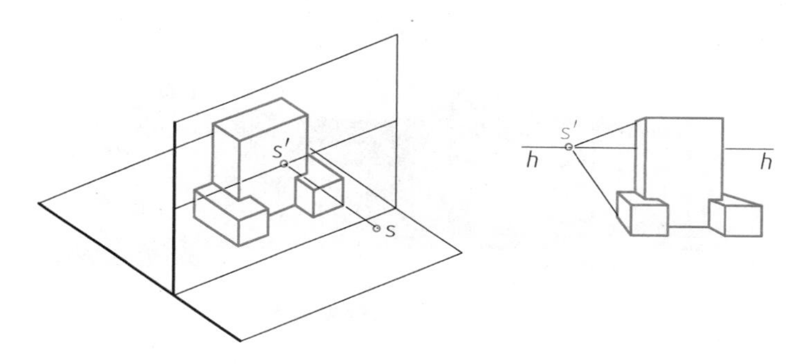

图 12-24　一点透视

图 12-25　一点透视实例

2. 两点透视

当画面垂直于基面,建筑物只有一主向轮廓线与画面平行(一般是建筑物高度方向),其余两主向轮廓线均与画面相交,则有两个灭点 F_1 和 F_2,这样产生的透视图称两点透视。如图 12-26 所示。由于建筑物的各主立面均与画面成一倾角，故又称成角透视。两点透视的效果真实自然，易于变化，适合表达各种环境和气氛的建筑物，是运用最普遍的一种透视图形式。如图 12-27 所示为两点透视实例。

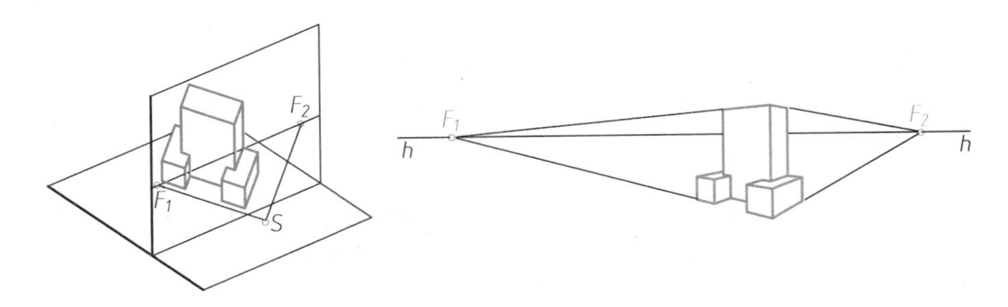

图 12-26　两点透视

图 12-27　两点透视实例

3. 三点透视

当画面倾斜于基面，建筑物的三组轮廓线均与画面相交，则三个方向均有灭点，分别为 F_1、F_2 和 F_3，这样产生的透视图称三点透视，如图 12-28 所示。由于建筑物的各主立面均与画面成一倾角，画面又倾斜于基面，故又称斜透视。三点透视的三度空间表现力强，竖向高度感突出，适合于表达一些高层建筑，以突出其高大的形象。当画面与基面的夹角 $\alpha>90°$时，为俯视的三点透视，如图 12-29(a)所示；当画面与基面的夹角 $\alpha<90°$时，绘制出的透视效果为仰视的三点透视，如图 12-29(b)所示。

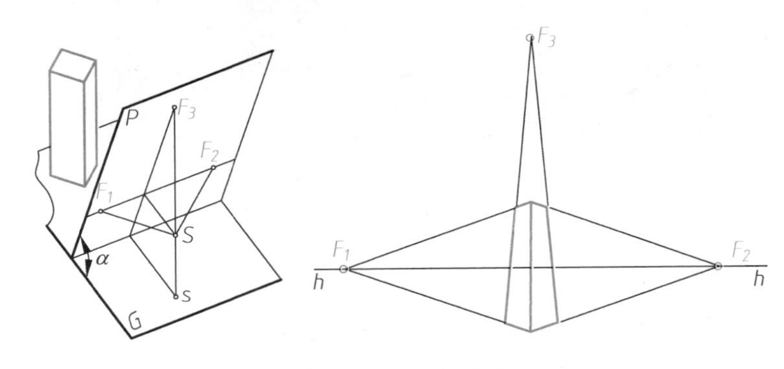

图 12-28　三点透视

(a)

(b)

图 12-29 三点透视图实例

12.3 点、直线、平面的透视（Points, Lines and Planes in Perspective）

12.3.1 点的透视（Points in Perspective）

空间点的透视是过该点的视线与画面的交点。如图 12-30(a)所示，点 A 的透视就是过点 A 的视线 SA 与画面的交点，用符号 A°表示。但空间点 A 的透视投影 A°与它并非唯一对应，所有在视线 SA 上的点，如点 A_1、A_2、…它们的透视都是 A°。为此，必须引入一个新的概念——基透视，以确定空间点与其透视投影间的唯一对应关系。空间点 A 的基透视就是点 A 在基面上的投影 a 的透视，用符号 a°表示。过基透视 a°作一视线 Sa，与基面只交于点 a，而过 a 的铅垂线与过 A°的视线 SA°(或延长之)，也只交于一

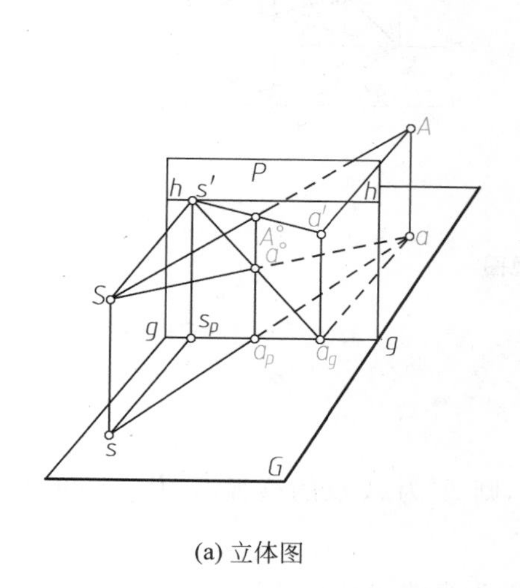

(a) 立体图

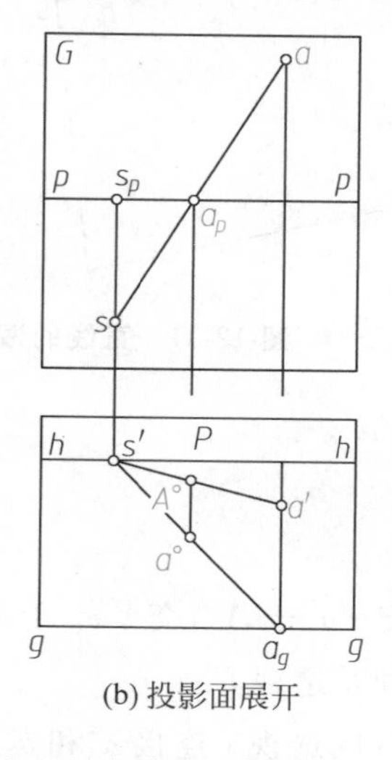

(b) 投影面展开

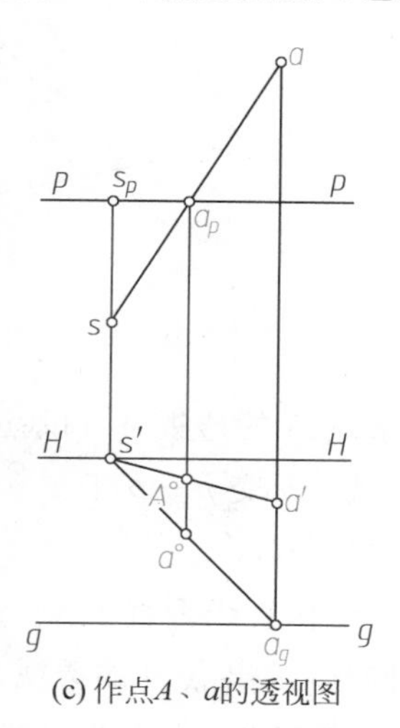

(c) 作点A、a的透视图

图 12-30 点的透视图

点，即空间点 A，可见，只要给定了 A° 和 a°，在空间上就只有唯一的一点 A 与之对应。作透视图时，把画面与基面分开画出，一般将基面画在画面的正上方或正下方，如图 12-30(b)所示。

如图 12-30(c)所示，已知视点 S 和 A 点在基面和画面上的正投影，求作 A 点的透视和基透视。作图步骤如下。

(1) 作过 A 点的视线 SA 在画面、基面上的正投影。即在画面上连接心点 s' 与点 a'、心点 s' 与点 a_g'，在基面上连站点 s 与点 a。

(2) 求出基面上 sa 与 $p—p$ 线的交点 a_p。

(3) 过点 a_p 作投影连线，与 $s'a'$、$s'a_g'$ 交于点 A°、a°，则 A° 为点 A 的透视，a° 为点 a 的基透视。

12.3.2 直线的透视(Lines in Perspective)

1. 直线透视的概念

直线的透视及其基透视一般仍为直线。求作直线段的透视，就是求作直线段两端点的透视，再用一直线连接起来。

如图 12-31 所示，根据已知条件，作出直线 AB 在 P 面上的透视图，作图步骤如下。

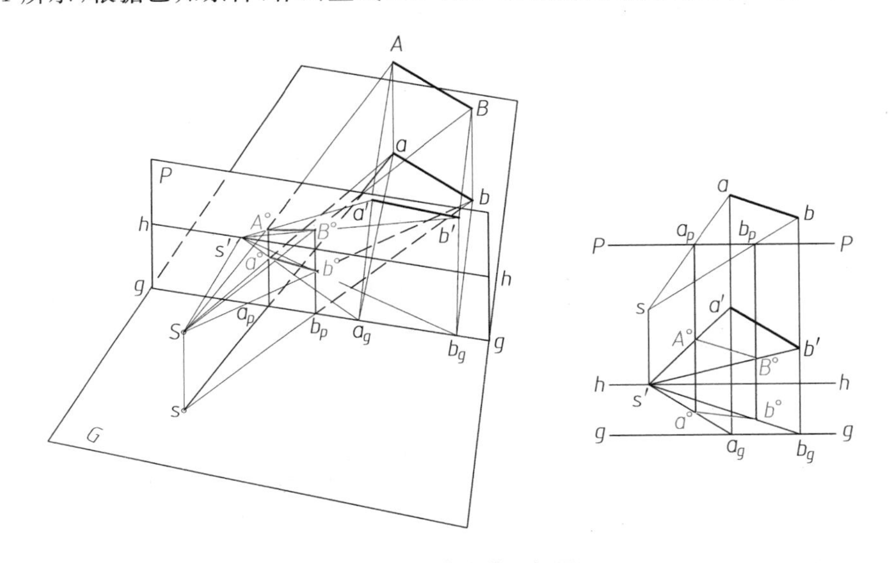

图 12-31 直线的透视图

(1) 求点 A 的透视 A° 和基透视 a°。

① 连接 s、a 交 $p—p$ 于 a_p。

② 连接 $s'a'$，$s'a_g$。

③ 过 a_p 作直线垂直于 $g—g$，交 $s'a'$ 于 A°，交 $s'a_g$ 于 a°，则 A° 为 A 点的透视，a° 为 A 点的基透视。

(2) 同理，求出点 B 的透视 B° 和基透视 b°。

(3) 连接 A° 和 B°，即为直线 AB 的透视；连接 a° 和 b°，即为直线 AB 的基透视。

2. 直线的画面迹点与灭点的概念(图 12-32)

1) 直线的迹点(T)

直线的画面迹点就是直线与画面的交点,简称为迹点,用符号 T 表示。迹点的透视就是其本身,基透视位于基线上。

2) 直线的灭点(F)

直线的灭点就是该直线上离画面无限远点的透视,也就是过直线上无限远点的视线与画面的交点,用符号 F 表示。

由于只有平行两直线才会相交于无限远处,故过直线上无限远点的视线必然与该直线平行。换句话说,直线 AB 的灭点就是平行于直线 AB 的视线 SF 与画面的交点 F;同理,直线 AB 的基灭点也就是平行于直线基面投影 ab 的视线与画面的交点 f。

3) 直线的透视方向

直线的灭点 F 与迹点 T 的连线就是无限长直线 AB 的透视,称为直线 AB 的透视方向。

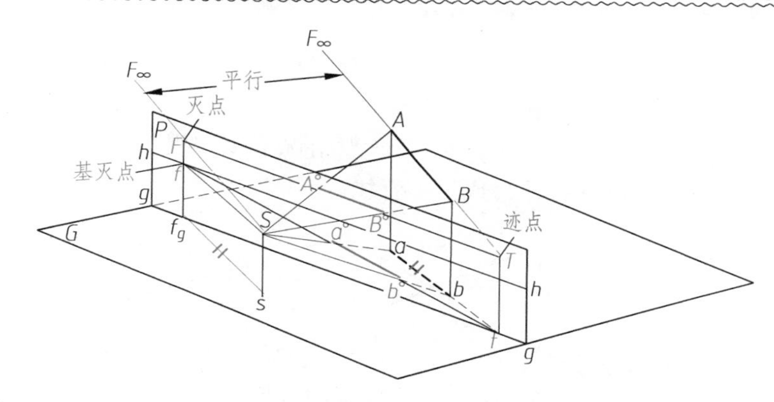

图 12-32　直线的画面迹点与灭点

3. 迹点与灭点法求作直线透视实例

【例 12-5】 如图 12-33 所示,已知直线 AB 的基投影 ab 和画面上的正投影 $a'b'$,求其透视。

作图步骤

(1) 求直线 AB 的灭点 F 和基灭点 f。

① 过 s 作直线平行于 ab,交 p—p 于 f。

② 过 s'作直线平行于 $a'b'$。

③ 过 f 作直线垂直于 g—g,且与 h—h 交于基灭点 f_0,与②所作直线交于灭点 F。

(2) 求直线 AB 的画面迹点 T。

(3) 连 F、T 得直线的透视方向 $F\ T$,连 f_0、t 得直线的基透视方向 f_0t。

(4) 求直线 AB 的透视。

连 s'、a'交 FT 于 $A°$(点 A 的透视),连 s'、b'交 FT 于 $B°$(点 B 的透视),$A°B°$为直线段 AB 的透视。

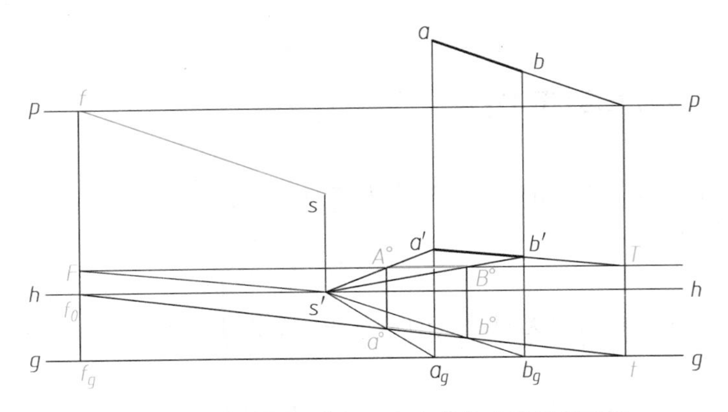

图 12-33 直线的迹点与灭点法求作直线透视实例

(5) 求直线 AB 的基透视。

连 s'、a_g 交 f_0t 于 a°(点 A 的基透视),连 s'、bg 交 f_0t 于 b°(点 B 的基透视),$a^\circ b^\circ$为直线段 AB 的基透视。

12.3.3 平面的透视(Planes in Perspective)

1. 平面的透视特征

平面图形的透视就是平面图形轮廓线的透视,在一般情况下该透视仍为平面图形,见图 12-34 中的△ABC,只有当平面通过视点时,其透视才会成为一直线。

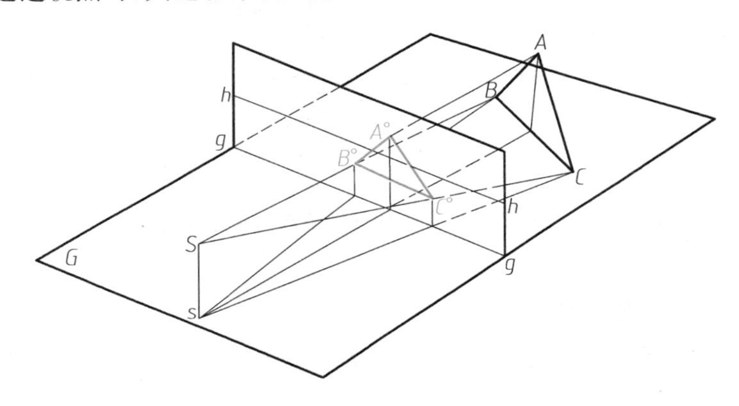

图 12-34 平面的透视

2. 平面的透视作图实例

【例 12-6】 如图 12-35 所示,$abcd$ 为基面上的平面图形,其透视的作图方法和步骤如下:

(1) 作出正方形的透视 $AB^\circ C^\circ D$,AD 边在画面上透视即为自身。

(2) 连接心点 s'和点 A、D,sb 与 p—p 交于点 bp,过点 bp 引投影连线与 $s'A$ 交于点 B°,过点 B°作水平线,与 $s'D$ 交与点 C°,即得 $AB^\circ C^\circ D$。

(3) 作正方形内部网格的透视,将站点 s 分别与点 1、2 相连,$s1$、$s2$ 与 p—p 线交于 $1p$、$2p$。过点 $1p$、$2p$ 作投影连线,与 $s'A$ 交于点 1°、2°。过点 1°、2°作水平线,与 $s'3$、$s'4$ 相交得到网格的透视。

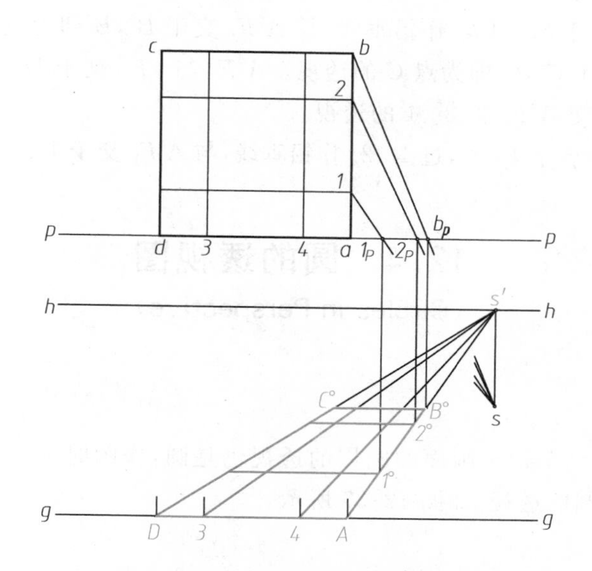

图 12-35　平面的透视作图实例 1

【例 12-7】 如图 12-36 所示，用迹点与灭点法求作基面上的平面图形 *abcd* 的透视。

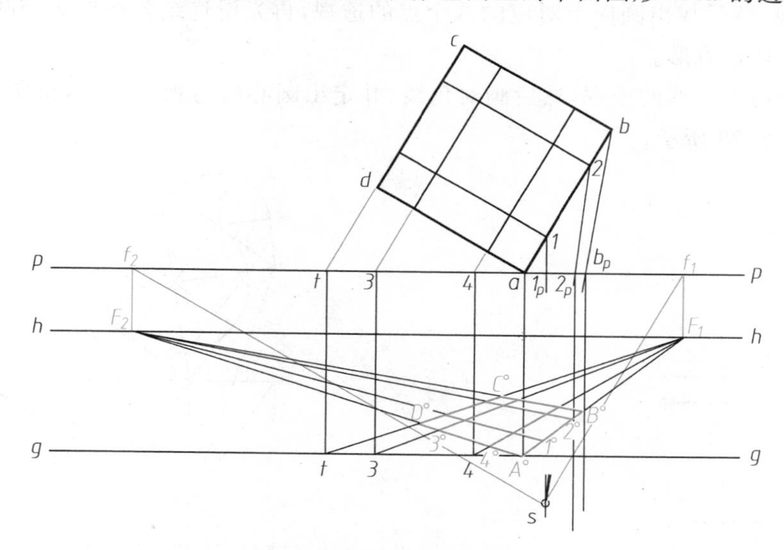

图 12-36　平面的透视作图实例 2

作图方法和步骤如下：

(1) 求作平面图上两各主要方向(X 和 Y)直线的灭点 F_1 和 F_2。在 G 面上过 s 作 ab、ad 的平行线交基线 $g—g$ 求得 f_1、f_2，过点 f_1、f_2 引投影连线，与 $h—h$ 线交于点 F_1、F_2，点 F_1 即为 ab 的灭点，点 F_2 即为 ad 的灭点。

(2) 求 cd 的迹点 t，在基面 G 上将 cd 线延长交 $g—g$ 得迹点 t，并将它对应到画面的 $g—g$ 上。

(3) 连接迹点 t 和灭点 F_1，得直线 cd 的透视方向，连接迹点 $A°$和灭点 F_1，得直线 ab 的透视方向，连接迹点 $A°$和灭点 F_2，得直线 ad 的透视方向。

(4) 作视线 sb，交 $p—p$ 于 b_p，过 b_p 作铅垂线，与 $A°F_1$ 交于 $B°$，$B°$即为点 B 的透视。

(5) 连接 $B°F_2$ 交 $t\,F_1$ 于 $C°$，$C°$即为点 C 的透视。$A°F_2$ 与 $t\,F_1$ 交于 $D°$，$D°$即为点 D 的透视。

(6) 同理，连 $3F_1$、$4\,F_1$ 交 $A°F_2$ 得 $3°$、$4°$的透视。

(7) 作视线 $s1$、$s2$，交 $p—p$ 于 1_p、2_p，过 1_p、2_p 作铅垂线，与 $A°F_1$ 交于 $1°$、$2°$，$1°$、$2°$即为点 1、2 的透视。

12.4　圆的透视图

(Circles in Perspective)

1. 平行于画面圆的透视

圆所在平面平行于画面：平行于画面的圆周的透视仍是圆，作图时可先求出圆心的透视，然后求出半径的透视长度，即可画出圆的透视，如图 12-37 所示。

2. 与画面不平行圆的透视

圆所在平面不平行于画面：不平行于画面的圆周透视一般是椭圆，可用八点法作图，即首先作出圆的外切正方形的透视，然后找出圆周上对应的八个点的透视，再光滑连结各点形成椭圆。作图步骤如下。

(1) 作出圆的外切正方形。

(2) 作出圆的外切正方形的透视，然后画对角线，并定出圆心的透视，随后可得圆上四个切点的透视 $A°$、$B°$、$C°$、$D°$，如图 12-38 所示。

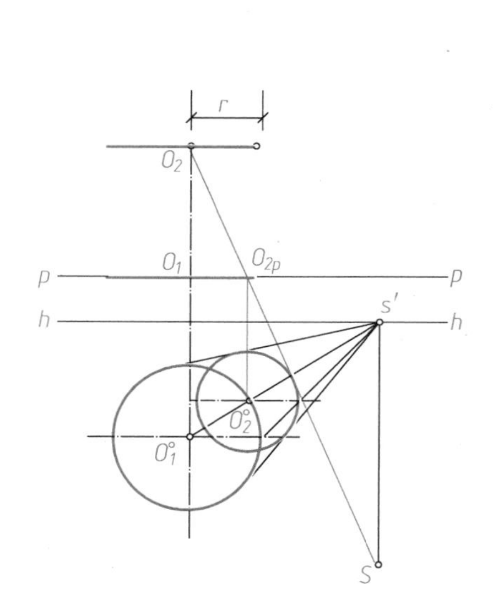

图 12-37　平行画面圆的透视画法

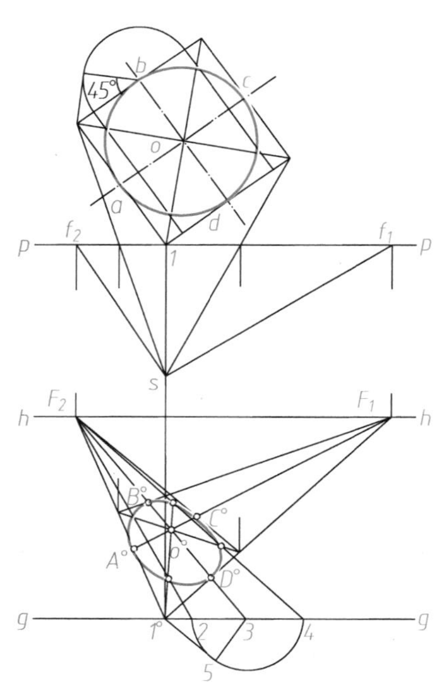

图 12-38　不平行画面圆的透视画法

(3) 求对角线上四个点的透视，延长 F_2D° 交基线 $g—g$ 于点 3，然后以 $1^{\circ}3$ 为斜边作等腰直角三角形 $1^{\circ}3\ 5$。以点 3 为圆心，3 5 为半径画圆弧交基线 $g—g$ 于点 2 和 4。连线 $2F_2$、$4F_2$ 交对角线上四个点。以光滑曲线顺次连结上述八点，得椭圆，即为所求。

12.5　形体透视图的画法

(Drawing Methods of Perspective)

12.5.1　透视高度的确定(Determining the Vision Height)

在透视图中，只有位于画面上的直线，才反映该直线的实长。位于画面上且垂直于基线的铅垂线能够反映线段的真实高度，我们把它称为真高线。如图 12-39 所示，$BbaA$ 为一矩形的透视，Aa 与 Bb 在空间物体上它们的高度相等，但由于 Bb 位于画面上，其透视反映该实长，故 Aa 的透视高度可通过 Bb 来确定，Bb 是 Aa 的真高线。

12.5.2　形体的透视作图(Drawings of Perspective)

形体的透视作图可分为两步进行：

(1) 作空间形体位于基面上的平面图的透视；

(2) 进行透视高度的量取。

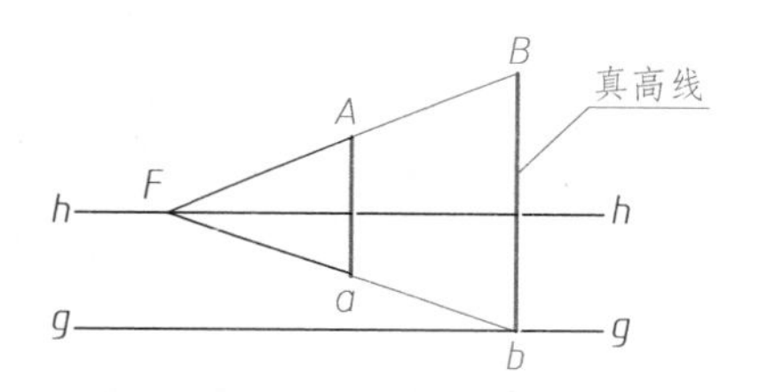

图 12-39　透视高度的确定

1. 一点透视(平行透视)

作图步骤

(1) 首先找出视心，即主灭点 s'；

(2) 绘制平面透视，如图 12-40(a)所示；

(3) 绘制画面上的物体高度；

(4) 绘制画面后的物体——将物体的棱面延伸到画面上，获得物体的真高；

(5) 绘制两个基本体之间的交线；

(6) 加深可见轮廓线，如图 12-40(b)所示。

2. 两点透视(成角透视)

作图步骤

(1) 首先找出灭点 f_x、f_y；

(2) 当物体与画面没交点时，延长直线，使其与画面相交，求出全长透视，再确定直线上的点；

(3) 绘制平面透视，如图 12-41(a)所示；

(4) 利用真高线求立体的透视，如图 12-41(b)所示；

(5) 加深可见轮廓线。

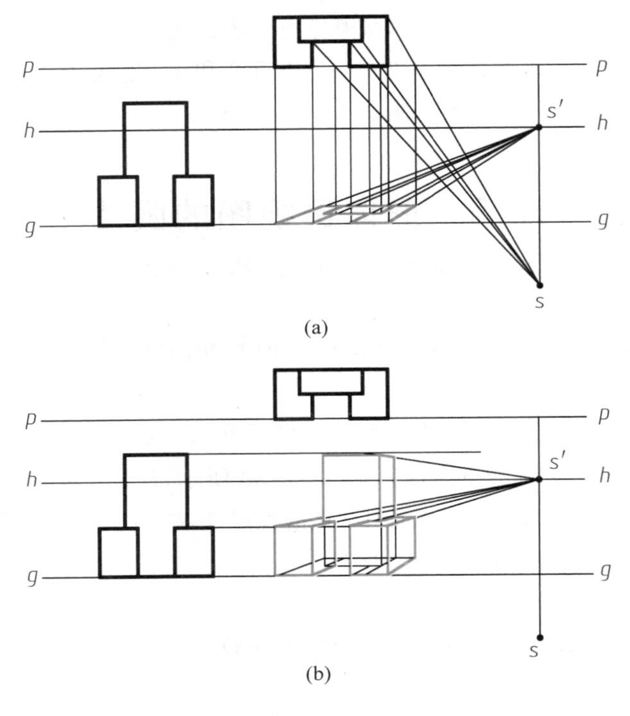

图 12-40 一点透视作图

12.5.3 画面视点位置的选择(Choosing the Position of Vision Point)

当视点、画面和物体三者之间的相对位置不同时,形体的透视图将呈现不同的形状。为了获得表现效果好的透视图,三者的相对位置不能随意确定,否则,透视图就不能准确地反映我们的设计意图。

1. 画面的位置选择

画面与建筑主立面的偏角对透视图形象的影响如图 12-42 所示。在夹角的大小及视点位置已定的情况下,画面前后平移会影响透视的大小,而其形象不变。

2. 视点的选择

1) 视角的选择

从站点引出的分别与建筑物最左最右两侧棱接触的直线,称为边缘视线,它们的夹角称为水平视角。由于人的眼睛最清晰的水平视角范围为 30°～40°,故水平视角一般取 28°～32°。确定站点还应使透视图能充分体现出建筑物的形象特点和表达意图,如图 12-43 所示。

2) 站点的选择

如图 12-44 所示,站点位置的选择应保证透视图有一定的立体感,若形体与画面位置已定,视角也已定,还要考虑站点的左右位置应保证能看到一个长方体的两个面。

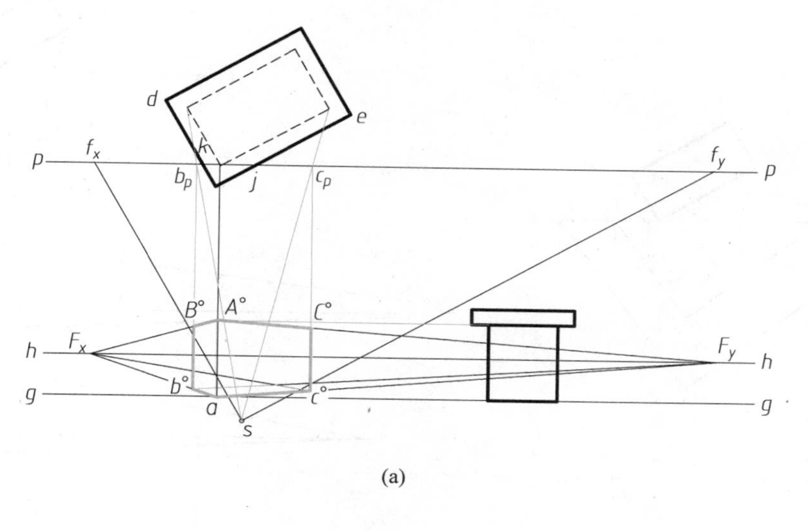

(a)

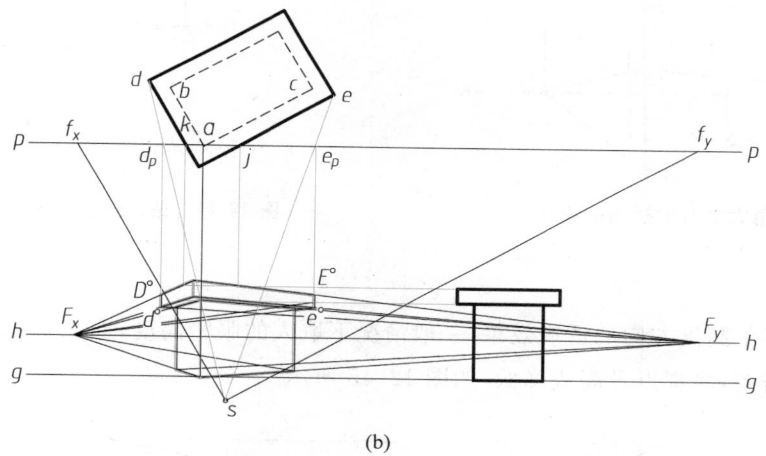

(b)

图 12-41　两点透视作图

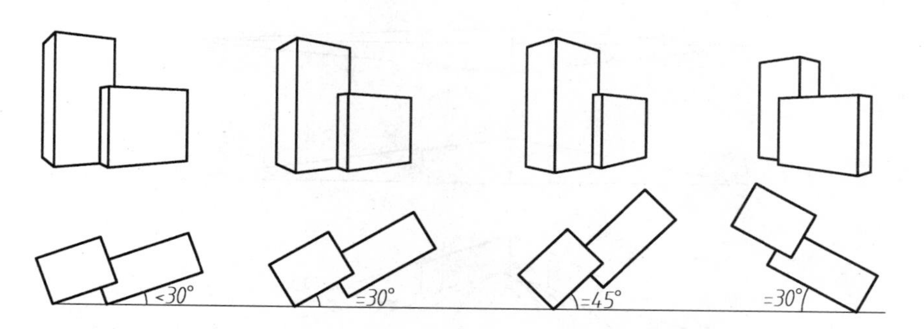

图 12-42　画面与主立面角度影响透视效果

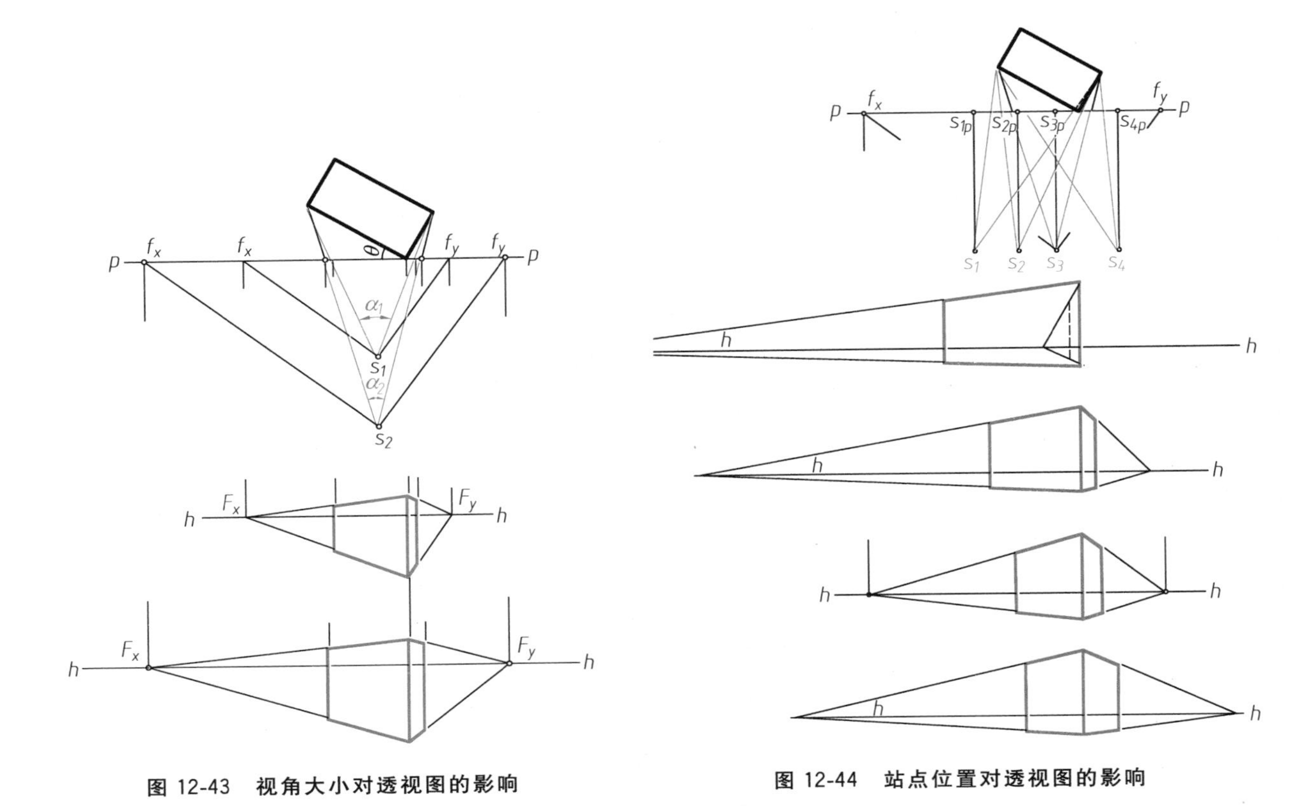

图 12-43 视角大小对透视图的影响

图 12-44 站点位置对透视图的影响

3）视高的选择

视高的大小决定了高度方向的透视效果，一般情况下取人的眼睛高度，即 1.4～1.7 m 作为视高。但还可以根据不同的需要，将视点升高或降低，如图 12-45 所示。

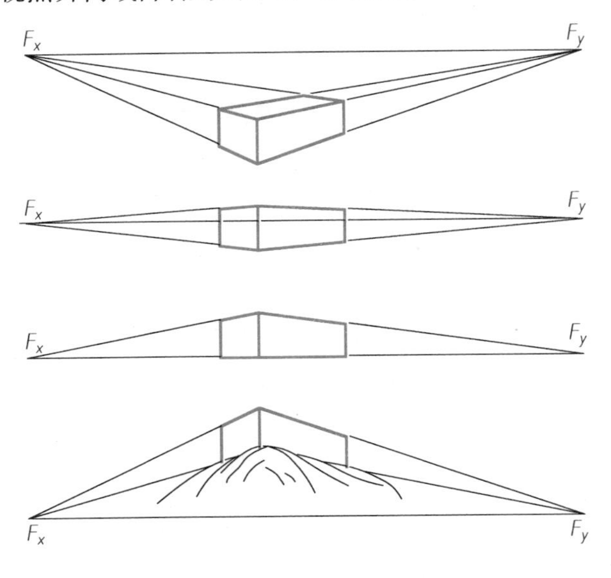

图 12-45 视高影响透视效果

12.5.4 建筑透视作图(Drawings of Perspective)

【例 12-8】 根据已知的建筑形体投影图,作出它的透视,如图 12-46 所示。

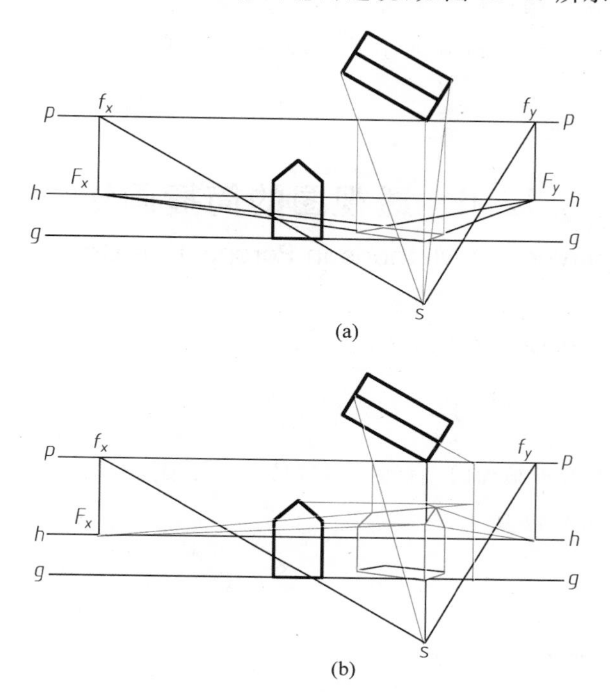

图 12-46 建筑透视作图

1. 选择合适的透视类型

依据所要表达的建筑物情况,选择合适的透视类型,依据本建筑物情况,我们选择两点透视。

2. 选择合适的画面位置

(1) 确定建筑物主立面与画面夹角;

(2) 画面通过建筑物最前的轮廓线。

3. 选择合适的视点位置

(1) 站点靠近建筑物层高较高的主体,同时根据约 30°水平视角,确定站点与画面的距离;视高取层高较高的主体高度的 1/2 左右。

(2) 另用一张纸,在上面画出基线、视平线、站点及建筑物平面、立面图。

4. 求作建筑物的透视平面图

(1) 求两主向轮廓线的灭点 F_1、F_2;

(2) 绘制透视平面图,如图 12-46(a)所示。

5. 求作建筑物竖高度

(1) 绘制墙身——先找出真高线;

(2) 绘制屋脊线——延伸屋脊线到画面,找出真高线,如图 12-46(b)所示;

(3) 加深可见轮廓线。

12.6 透视图的简捷画法

(Convenient Methods in Perspective Drawings)

12.6.1 直线的分段(Division of a Line)

1. 直线按比例分段

在透视图中当直线不平行于画面时,直线上各线段长度之比,不等于实际分段之比,根据透视特性,按比例分段直线 $A^{\circ}B^{\circ}$,如图 12-47 所示。

2. 直线按等长分段

按等长分段直线 $A^{\circ}K^{\circ}$,如图 12-48 所示。

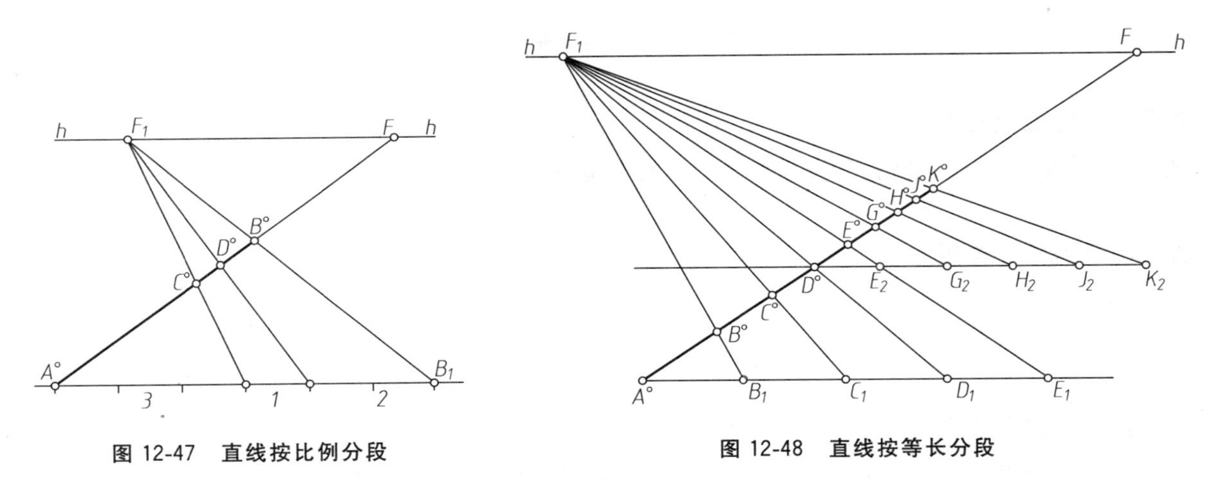

图 12-47 直线按比例分段

图 12-48 直线按等长分段

12.6.2 矩形的分割与延续(Division and Extension of a Rectangle)

1. 矩形的分割

矩形的中线必须过矩形的对角线的交点,即矩形的中点。因此在透视图上求矩形中线的透视,可得矩形等分的透视，如图 12-49 所示。

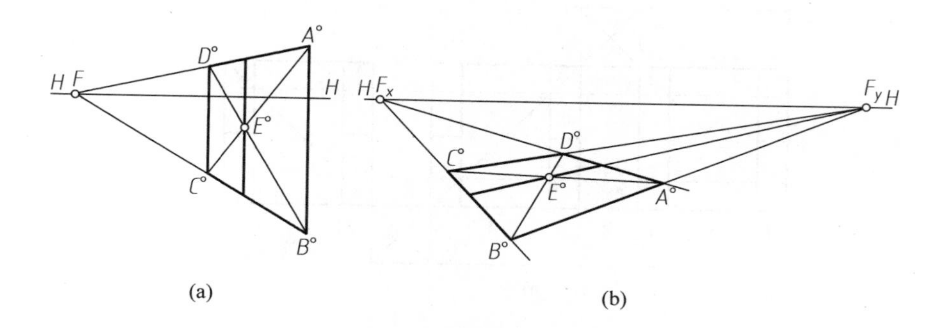

图 12-49　矩形的分割

2. 矩形的延续

按照一个已知的矩形透视，可作一系列等大连续的矩形的透视，如图 12-50 所示。

(1) 作出矩形水平中线的透视，作分割矩形的对角线，即可作出第二个矩形，第三个等。

(2) 用对角线灭点作图。

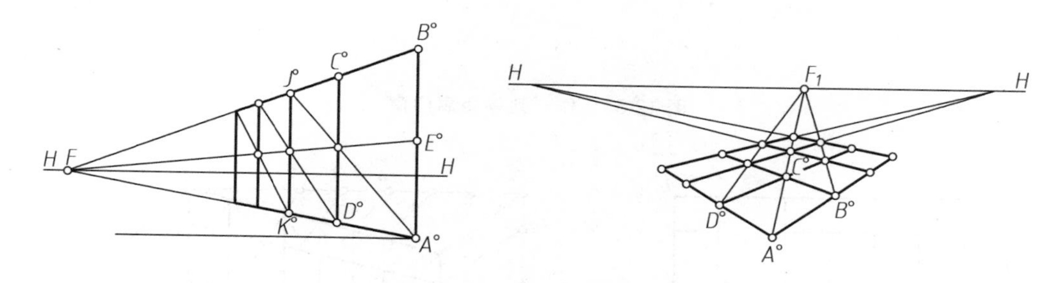

图 12-50　矩形的延续

12.6.3　应用实例(Practial Examples)

1. 作一列等距离窗

如图 12-51 所示，在窗透视图上作出窗的对角线和窗间距离矩形的对角线，连接即可作出第二个窗，重复作图即可。

2. 透视图上确定门窗的位置

透视图上确定门窗的位置，可利用平行线的透视特性及辅助灭点来求。如图 12-52 所示，作平行于画面的辅助水平线 C_1B 和竖直线 C_1D_1，将水平线 C_1B 和竖直线 C_1D_1 按立面图比例分割，各点连线于灭点且通过建筑物透视图上的水平线与竖直线即可。

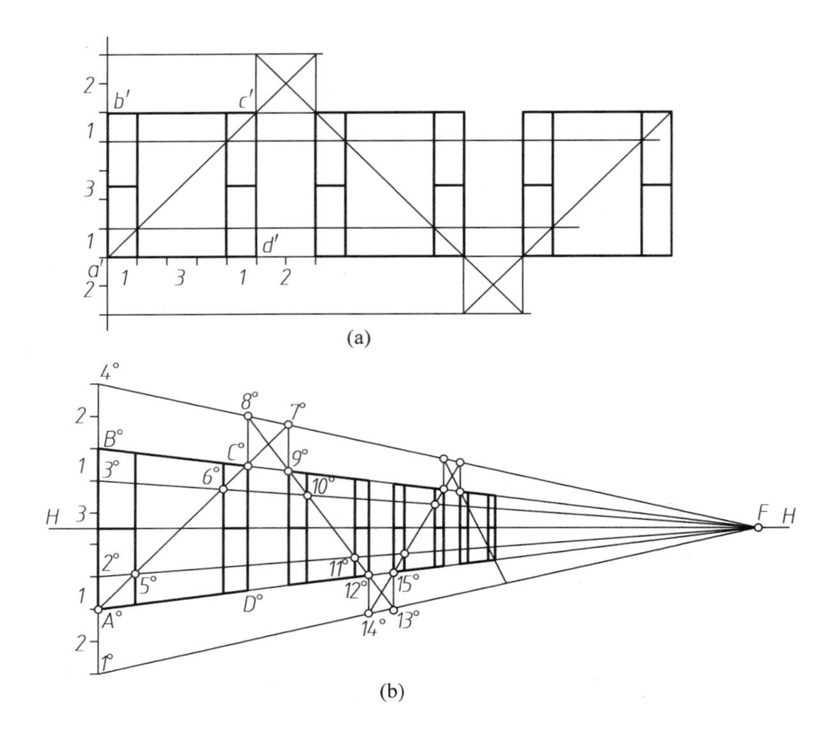

(a)

(b)

图 12-51　作一列等距离门窗

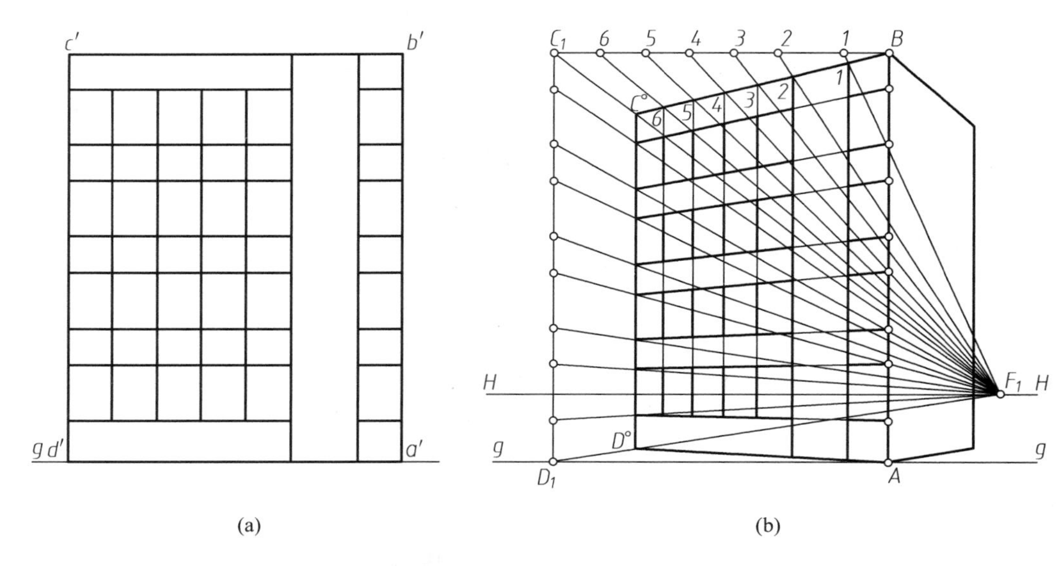

(a)

(b)

图 12-52　透视图上确定门窗的位置

第 13 章　建筑施工图
（ARCHITECTURAL WORKING DRAWING）

13.1　概　　述
（Introduction）

房屋的建造一般要经过设计和施工两个过程。设计是设计人员根据用户的要求，按国家有关的设计规范，用正投影的方法将拟建房屋的内外形状、构造和结构、设备等内容，详细而准确地绘制成图样，该图样称为建筑工程图。

13.1.1　房屋建筑的设计程序（Procedure of Architectural Building Design）

建筑工程设计过程主要分为初步设计和施工图设计两个阶段。

1. 初步设计

初步设计是指设计人员根据建设单位的要求，调查研究、收集资料，进行初步设计，作出方案图，包括总平面图，建筑平面图、剖面图、立面图和建筑总说明，以及各项技术经济指标，总概算等报有关部门审批。

2. 施工图设计

施工图设计是将已经审批的初步设计图所确定的内容进一步具体化，并按照施工的具体要求，按建筑、结构、电器、给排水和采暖通风等工种，绘制出正式的施工图纸，并编制出正式的文件说明，作为房屋施工的依据。

施工图根据其内容和作用的不同一般分为建筑施工图、结构施工图、装修施工图和设备施工图。

（1）建筑施工图（简称“建施”），包括建筑总说明、总平面图、平面图、立面图、剖面图和构造详图。本章主要研究这些图样的读法和画法。

（2）结构施工图（简称“结施”），包括结构总说明、基础图、各层平面结构布置图和各构件的结构详图（详见 14 章）。

（3）装修施工图（简称“装修图”）。对装修要求较高的建筑要单独画出装修图，包括装修平面布置图、楼地面装修图、顶棚装修图、墙柱面装修图和节点详图（详见 15 章）。

（4）设备施工图，包括电气施工图（简称“电施”）、给排水施工图（简称“水施”）、采暖通风施工图（简称“暖施”或“风施”），是各设备的平面布置图和详图。

13.1.2 建筑施工图的图视特点(Graphical Features of Working Drawings)

(1) **建筑施工图中的图样采用正投影法绘制**。一般在 H 面上作平面图，在 V 面上作正、背立面图，在 W 面上作侧立面图或剖面图。根据图幅的大小，可将平、立、剖面三个图样画在一张图上，也可分别单独画出。

(2) **用缩小比例法绘制**。建筑物的形体较大，所以施工图一般都缩小比例绘制。为了反映建筑物的细部构造及具体做法，常配以较大比例的详图。建筑施工图中平、立、剖面图的比例一般是 1∶100、1∶200，详图比例一般是 1∶10、1∶20 等。

(3) **用图例符号绘制**。由于建筑物的构、配件和材料的种类较多，为作图简便起见，国标规定了一系列图形符号来代表建筑构、配件和材料等，这些图形符号称为图例，详见第 9 章表 9-1。为读图方便，国标还规定了许多标注符号。

(4) **选用不同的线型和线宽绘制**。建筑施工图中的线条采用不同的形式和粗细以表示不同的内容，使建筑物轮廓线的主次分明。

(5) **用标准图集绘制**。标准图集设计有许多构、配件图样，绘制建筑施工图时可套用。

13.1.3 建筑施工图中的有关规定(Regulations in Architectural Working Drawings)

1. 定位轴线

定位轴线是用来确定建筑物主要结构和构件位置的尺寸基准线，是施工定位、放线的主要依据。凡是承重构件如墙、柱等都要画出定位轴线并进行编号。对于一些非承重的分隔墙等次要构件，一般可画出附加定位轴线或标注其与附近轴线的相关尺寸来确定位置。

国标规定，定位轴线采用细点画线表示，轴线端部画细实线圆，圆的直径为 8～10 mm，圆内写上编号。建筑平面图上定位轴线编号宜标注在图样的下方与左侧，横向编号用阿拉伯数字从左至右顺序编写；竖向编号应用大写拉丁字母，从下至上顺序编写。拉丁字母的 I、O、Z 不得用做轴线编号，如图 13-1 所示。

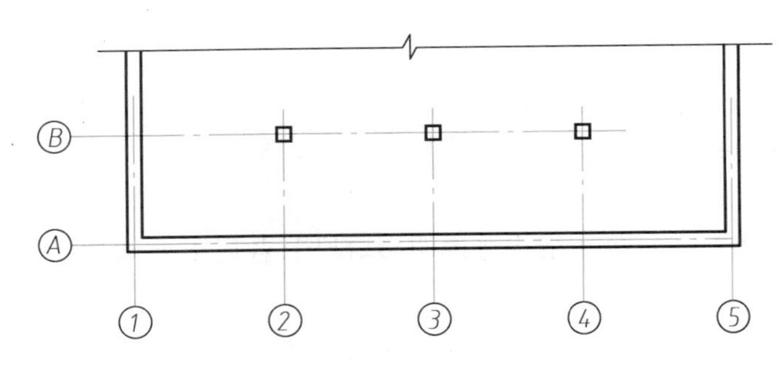

图 13-1 定位轴线的编号顺序

附加定位轴线的编号应以分数形式表示，并按下列规定编写。

（1）两根轴线间的附加轴线，应以分母表示前一轴线的编号，分子表示附加轴线的编号。例如，1/2 表示 2 号轴线之后附加的第一根轴线；3/C 表示 C 号轴线之后附加的第三根轴线。

（2）1 号轴线或 A 号轴线之前的附加轴线的分母应以 01 或 0A 表示。例如，1/01 表示 1 号轴线之前附加的第一根轴线；3/0A 表示 A 号轴线之前附加的第三根轴线。

一个详图适用于几根轴线时，应同时注明各有关轴线的编号。

各种定位轴线见表 13-1。

表 13-1　定位轴线

名称	符　号	说　明
横向轴线	(1)	用 1、2、…、9 编写
竖向轴线	(A)	用 A、B、…、Y 编写，I、O、Z 不得用
通用详图轴号	( )	只用圆圈，不注写编号
附加轴线	(1/2)	表示 2 号轴线之后附加的第一根轴线
	(3/C)	表示 C 号轴线之后附加的第三根轴线
详图轴线	(1) (3)；(1) (3)	表示详图用于两根轴线
	(1) 3、6…	表示详图用于三根或三根以上轴线
	(1) ～ (15)	表示用于三根以上连续编号的轴线

2. 标高符号

表 13-2 列出了各种标高的符号，说明如下：

标高符号应以直角三角形表示，并用细实线绘制。

总平面图室外地坪标高符号宜用涂黑的三角形表示。

标高符号的尖端应指至被注高度的位置。尖端一般应向下，也可向上。标高数字应注写在标高符号的左侧或右侧。

标高数字应以米为单位，注写到小数点后第三位。在总平面图中，可注写到小数点后第二位。

零点标高应注写成±0.000，正数标高不注“＋”，负数标高应注“－”，例如 3.000、－0.600。

在图样的同一位置需表示几个不同标高时，标高数字可按表 13-2 中所示的形式注写。

表 13-2 标高符号

名称	符号	说明
总平面图标高	 ≈3 mm 45°	用涂黑的等腰三角形表示
平面图标高	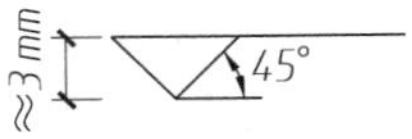 ≈3 mm 45°	用细实线绘制的等腰三角形表示
立面图、剖面图标高	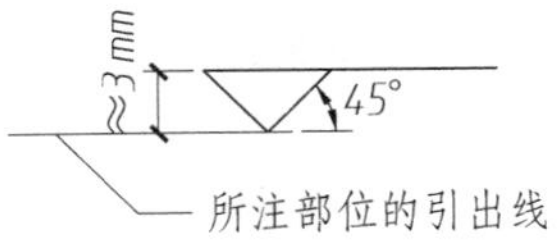 ≈3 mm 45° 所注部位的引出线	引出线可在左侧或右侧
标高的指向	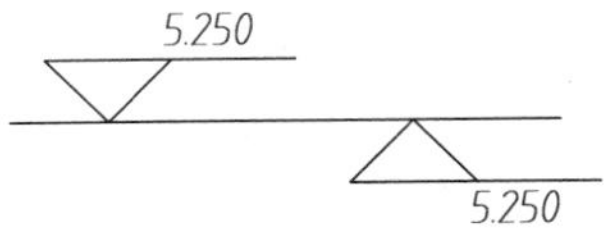 5.250 5.250	标高符号的尖端一般应向下，也可向上
用一位置注写多个标高	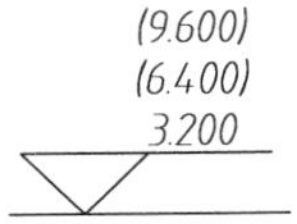 (9.600) (6.400) 3.200	零点标高应注写成±0.000，正数标高不注“+”，负数标高应注“－”
特殊标高	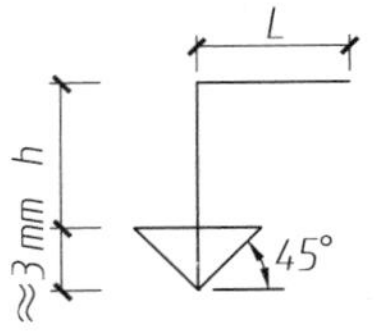 L h ≈3 mm 45°	L——取适当长度注写标高数字； h——根据需要取适当长度

3. 索引符号与详图符号

1）索引符号

图样中的某一局部或构件，如需另见详图，应以索引符号索引（见表 13-3）。索引符号由直径为 10 mm 的圆和水平直径组成，圆及水平直径均应以细实线绘制。索引符号应按下列规定编写：

（1）索引出的详图，如与被索引的详图同在一张图纸内，则应在索引符号的上半圆中用阿拉伯数字注明该详图的编号，并在下半圆中间画一段水平细实线。

（2）索引出的详图，如与被索引的详图不在同一张图纸内，则应在索引符号的上半圆中用阿拉伯数字注明该详图的编号，并在下半圆中注明详图所在的图纸编号。数字较多时，可加文字标注。

（3）索引出的详图，如采用标准图，则应在索引符号水平直径的延长线上加注该标准图册的编号。

（4）索引符号如用于索引剖视详图，则应在被剖切的部位绘制剖切位置线，并以引出线引出索引符号，引出线所在的一侧应为投射方向。索引符号的编写见表 13-3 相应的规定。

（5）零件、钢筋、杆件、设备等的编号，以直径为 4～6 mm（同一图样应保持一致）的细实线圆表示，其编号应用阿拉伯数字按顺序编写。

表 13-3　索引符号

名称	符　　号	说　　明
局部放大索引符号	5 / —　引出线；详图的编号；详图在本张图纸上	细实线单圆直径为 10 mm 详图在本张图纸上
	5 / 2　详图的编号；详图所在的图纸编号	细实线单圆直径为 10 mm 详图不在本张图纸上
	J103　5 / 2　详图的编号；详图所在的图纸编号；标准图集编号	标准图详图
局部剖切索引符号	2 / —　局部剖面详图的编号；剖面详图在本张图纸上；局部剖切位置引出线	细实线单圆直径为 10 mm 详图在本张图纸上
	3 / 4　局部剖面详图的编号；局部剖切位置引出线；剖面详图所在的图纸编号	细实线单圆直径为 10 mm 详图不在本张图纸上
	J103　4 / 5　标准图集编号；详图的编号；详图所在的图纸编号；局部剖切位置引出线	标准图详图
详图标志符号	5　详图的编号	粗实线单圆直径为 14 mm 详图在本张图纸上
	5 / 3　详图的编号；详图所在的图纸编号	粗实线单圆直径为 14 mm 详图不在本张图纸上

2）详图符号

详图的位置和编号，应以详图符号表示。详图符号的圆应以直径为 14 mm 的粗实线绘制。详图应按下列规定编号：

(1) 详图与被索引的图样在同一张图纸内时，应在详图符号内用阿拉伯数字注明详图的编号。

(2) 详图与被索引的图样不在同一张图纸内时，应用细实线在详图符号内画一水平直径，在上半圆中注明详图编号，在下半圆中注明被索引的图纸的编号。

4. 引出线

引出线应以细实线绘制，宜采用水平方向的直线，与水平方向成30°、45°、60°、90°的直线，或经上述角度再折为水平线。文字说明宜注写在水平线的上方，也可注写在水平线的端部。索引详图的引出线应与水平直径线相连接，如图13-2所示。

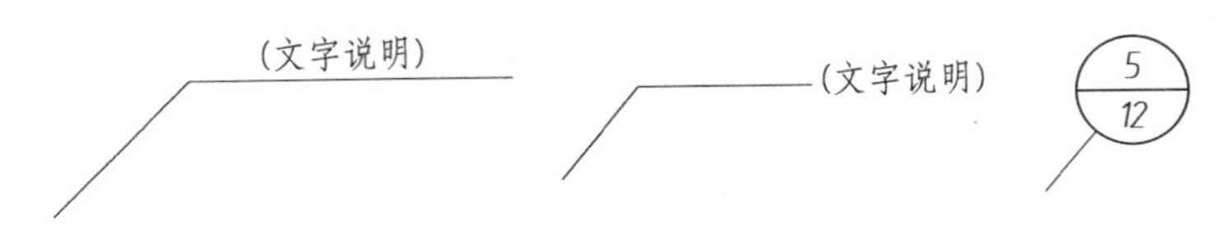

图 13-2 引出线

同时引出几个相同部分的线，宜互相平行，也可画成集中于一点的放射线，如图13-3所示。

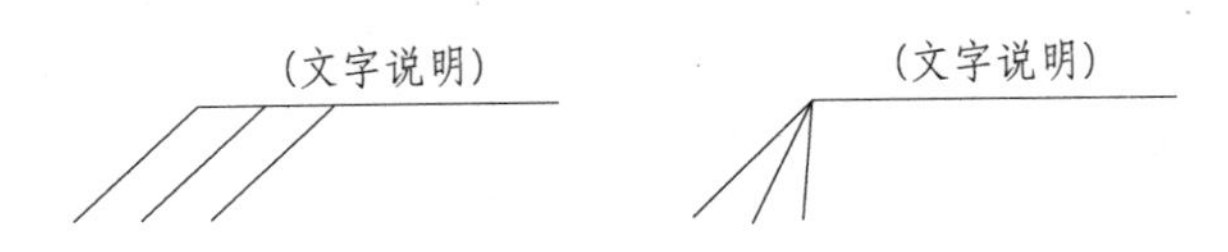

图 13-3 共用引出线

多层构造或多层管道共用引出线，应通过被引出的各层。文字说明宜注写在水平线上方，或注写在水平线的端部，说明的顺序由上至下，并应与被说明的层次相互一致；如层次为横向排序，则由上至下的说明顺序应与从左至右的层次相互一致，如图13-4所示。

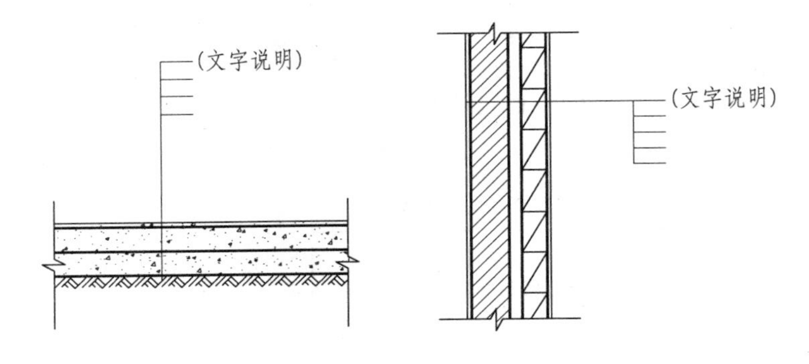

图 13-4 多层结构引出线

5. 其他符号

1）对称符号

对称符号由对称线和两端的两对平行线组成。对称线用细点画线绘制；平行线用细实线绘制，其长度宜为6～10 mm，每对的间距宜为2～3 mm；对称线垂直平分于两对平行线，两端超出平行线宜为2～3 mm，如图13-5(a)所示。

2）连接符号

连接符号应以折断线表示需连接的部位。两部位相距过远时，折断线两端靠图样一侧应标注大写拉丁字母表示连接编号。两个被连接的图样必须用相同的字母编号，如图 13-5(b)所示。

3）指北针

指北针的形状宜如图 13-5(c)所示。其圆的直径宜为 24 mm，用细实线绘制；指针尾部的宽度宜为 3 mm，指针头部应注“北”或“N”字。需用较大直径绘制指北针时，指针尾部宽度宜为直径的 1/8。

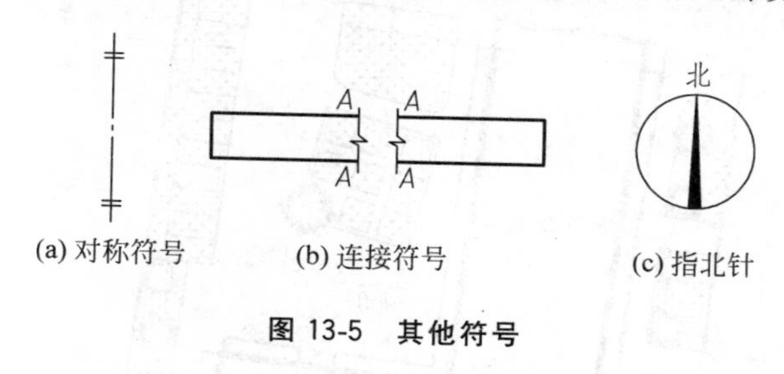

(a) 对称符号　(b) 连接符号　(c) 指北针

图 13-5　其他符号

13.2　建筑总平面图

(Architectural Site Plan)

13.2.1　图示方法及作用(Graphical Methods and Their Functions)

将拟建工程周围的建筑物、构筑物(包括新建、拟建、原有和将要拆除的)及其一定范围内的地形、地物状况，用水平投影的方法和国标规定的图例所画出的图样称为建筑总平面图(或称总平面图、总图)，如图 13-6 所示。

建筑总平面图表示拟建工程在基地范围内的总体布置情况。主要表达建筑的平面形状、位置、朝向及与周围地形、地物、道路、绿化的相互关系。总平面图是新建筑施工定位、土方施工及其他专业(如水、暖、电等)管线总平面图和施工总平面图布置的依据。

13.2.2　图示内容(Graphical Contents)

1. 比例、图例

建筑总平面图所表示的范围比较大，一般采用较小比例，常用的是 1∶500、1∶1000、1∶2000。

由于建筑总平面图的比例较小，因此总平面图上的房屋、道路、桥梁、绿化等都用图例表示。在国家《总图制图标准》(GB/T 50103—2001)中列有总图图例，如表 13-4 所示。当国标所列的图例不够用时，可自编图例，但应加以说明。

2. 标明规划红线

规划红线是工程项目立项时，规划部门在下发的基地蓝图上所圈定的建筑用地范围。建筑总平面图要标明规划红线。

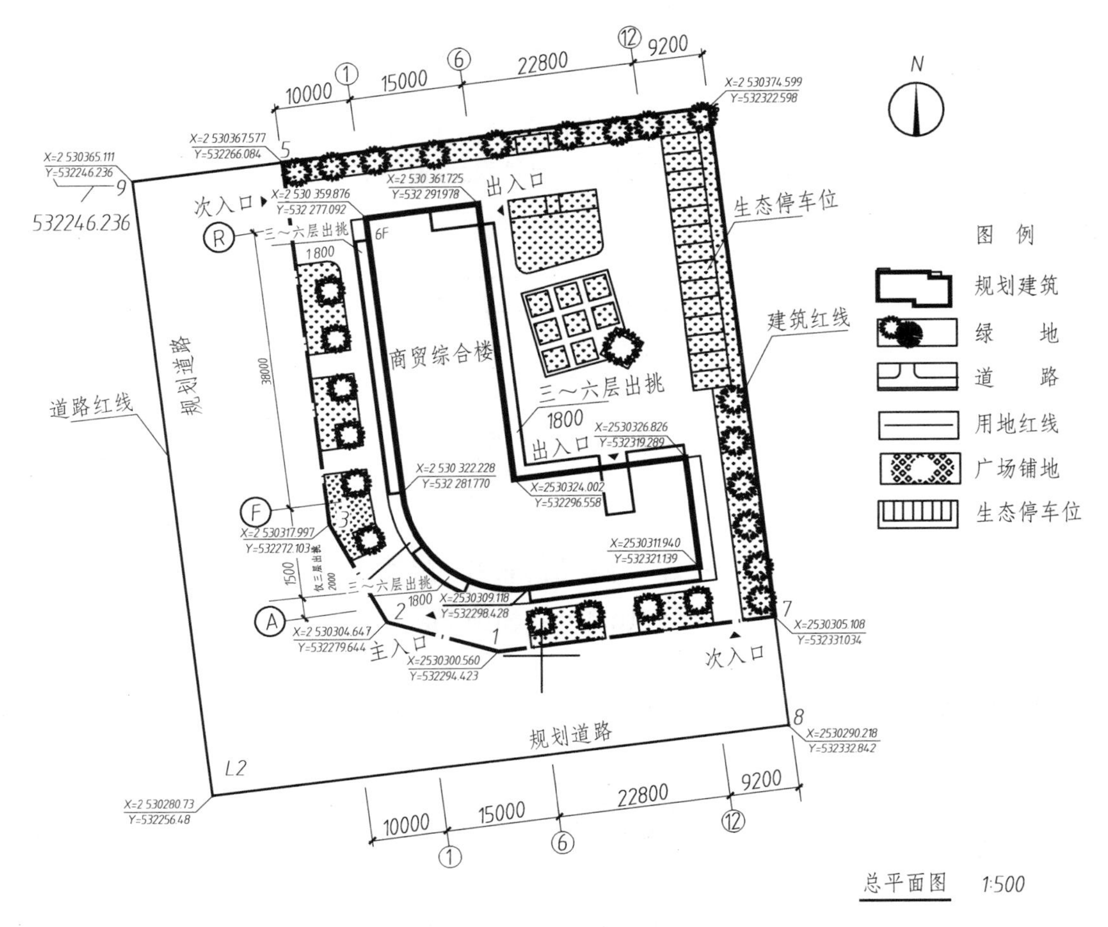

图 13-6 建筑总平面图

表 13-4 总平面图常用图例

序号	名 称	图 例	备 注
1	新建建筑物		新建建筑物用粗实线表示，与室外地坪相接处±0.00 外墙定位轮廓线 建筑物一般以±0.00 高度处的外墙定位轴线交叉点坐标定位。轴线用细实线表示，并注明轴线号 根据不同设计阶段标注建筑编号，地上、地下层数，建筑高度，建筑出入口位置 地下建筑物以粗虚线表示其轮廓 建筑上部(±0.00 以上)外挑建筑用细实线表示
2	原有建筑物		用细实线表示
3	规划扩建的预留地或建筑物		用中粗虚线表示
4	拆除的建筑物		用细实线表示

续表

序号	名　称	图　例	备　注
5	敞棚或敞廊		
6	围墙及大门		
7	挡土墙	5.00 1.50	挡土墙根据不同设计阶段的需要标注 墙顶标高 墙底标高
8	坐标	1. X 105.00 Y 425.00 2. A 105.00 B 425.00	1. 表示地形测量坐标系 2. 表示自设坐标系 坐标数字平行于建筑标注
9	护坡		
10	新建的道路	0.30% 100.00 R=6.00 107.5	“R=6.00”表示道路转弯半径；“107.50”为道路中心线交叉点设计标高；“100.00”为变坡点之间距离，“0.30%”表示道路坡度
11	原有道路		
12	草坪		
13	常绿阔叶乔木		
14	常绿阔叶灌木		
15	植草砖		

3. 建筑定位

新建建筑的位置可用坐标或定位尺寸确定。

1）根据坐标定位

对规模较大的新建建筑物，为了保证定位放线的准确性，通常采用坐标系定位建筑物、道路等。其中，测量坐标网画成交叉十字线，直角坐标轴代号用 X、Y 表示，X 为南北方向轴线，Y 为东西方向轴线；施工坐标网画成网格线，坐标轴代号用 A、B 表示，竖直方向为 A 轴，水平方向为 B 轴。

2）根据原有建筑物或道路定位

对规模小的新建建筑物，一般根据原有建筑物或道路来定位，并以米为单位标注出定位尺寸。

4. 注写名称与层数

总平面图上的建筑物、构筑物应注写名称。当图样比例小或图面无足够位置注写名称时，可用编号列表标注。房屋的层数注写在平面外轮廓线内右上角，用小圆黑点或数字表示。

5. 标注尺寸与标高

新建房屋需绘制平面的外包尺寸、总长和总宽。以米为单位，标注新建道路的宽度，标注新建建筑物与原有建筑物或道路的距离等。

总平面图中新建建筑物应标注室内外地面的绝对标高，以米为单位。绝对标高是指我国以黄海的平均海平面作为零点而测定的高度尺寸。标高符号形式和画法见表 13-2。

6. 绘制指北针或风玫瑰图

画上指北针或方向频率图(又称风玫瑰图)表明该地区的常年主导风向，用于注明建筑物及构筑物的朝向。

7. 绘等高线和绿化布置等

要绘制地形地物，当地形不平、高低起伏时，可用等高线来表示地面高程变化情况。还应绘制道路、河流、池塘、原有建筑物和构筑物、护坡、水沟等，对规划区域的绿化布置也要表明。此外还要注明技术经济指标，包括容积率、建筑密度与绿地率等。

13.2.3 建筑总平面图的阅读(Reading of Architectural Site Plans)

现以图 13-6 所示总平面图为例说明建筑总平面图的阅读方法。

(1) 从图中可知，该平面图的比例是 1∶500；

(2) 图中标明规划红线；

(3) 坐标定位是直角坐标轴代号，用 X、Y 表示；

(4) 房屋的层数注写在左上角，用数字表示，6F 表示该房屋是 6 层；

(5) 房屋标注了平面的外包尺寸，总长 53 m 和总宽 15 m；

(6) 建筑物的朝向用指北针表示；

(7) 标明规划区域的绿化布置、道路、生态停车位等。

13.3 建筑平面图

(Architectural Plan)

13.3.1 图示方法及作用(Graphical Methods and Their Functions)

建筑平面图是假想用一水平剖切平面将建筑物沿门、窗洞以上的位置剖切后，移去上部，对剖切面以下部分从上向下作正投影所得的水平投影图，简称平面图，如图 13-7 所示。平面图以层数命名，分为底层平面图、二层平面图……顶层平面图等。如果中间各层平面布置相同，可用一个平面图表示，通常称为标准层平面图。

建筑平面图表示建筑物的平面形状、大小、房间功能布局和墙、柱、门、窗的类型、位置及材料等，是施工放线、砌筑墙体、门窗安装、室内装修和编制预算、准备材料的重要依据。

13.3.2 图示内容(Graphical Contents)

1. 比例、图线、图例

建筑平面图的比例一般根据房屋的大小和复杂程度采用 1∶50、1∶100、1∶200。

建筑平面图中的图线，一般是剖切到的墙、柱断面用粗实线画；没有剖切到的可见轮廓线用中实线画；尺寸线、标高符号用细实线画；定位轴线等用细单点长画线画。

由于绘制建筑平面图的比例较小，所以在平面图中的一些建筑配件等都不能按真实的投影画出，而是用国家标准规定的图例来绘制。常用的图例见表 13-5。

表 13-5 建筑构件及配件常用图例

序号	名　　称	图　　例	备　　注
1	楼梯		上图为顶层楼梯平面，中图为中间层楼梯平面，下图为底层楼梯平面
2	单面开启单扇门(包括平开或单面弹簧)		1. 门的名称代号用 M 表示 2. 平面图中，下为外，上为内。门开启线为 90°、60°或 45°，开启弧线宜绘出 3. 立面图中，开启线实线为外开，虚线为内开。开启线交角的一侧为安装合页一侧。开启线在建筑立面图中可不表示，在立面大样图中可根据需要绘出 4. 剖面图中左为外、右为内 5. 附加纱扇应以文字说明，在平、立、剖面图中均不表示 6. 立面形式应按实际情况绘制
3	双面开启双扇门(包括平开或单面弹簧)		

续表

序号	名　　称	图　　例	备　　注
4	单层外开平开窗	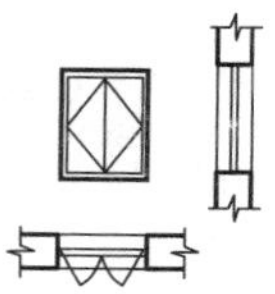	1. 窗的名称代号用C表示 2. 平面图中，下为外，上为内 3. 立面图中，开启线实线为外开，虚线为内开。开启线交角的一侧为安装合页一侧。开启线在建筑立面图中可不表示，在门窗立面大样图中需绘出 4. 剖面图中，左为外，右为内，虚线仅表示开启方向，项目设计不表示 5. 附加纱扇应以文字说明，在平、立、剖面图中均不表示 6. 立面形式应按实际情况绘制
5	推拉窗	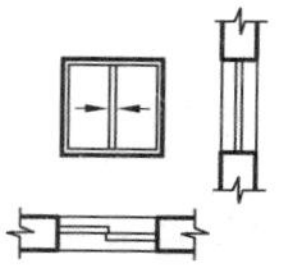	
6	门口坡道	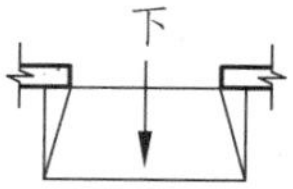 下	
7	通风道	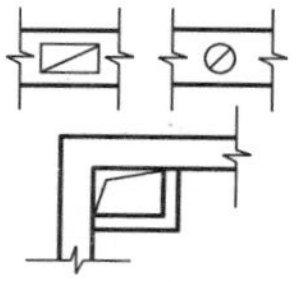	
8	电梯		电梯应注明类型，并按实际绘出门和平衡锤或导轨的位置。

2. 定位轴线

定位轴线确定了房屋各承重构件的定位和布置。定位轴线的画法见13.1节。

3. 尺寸与标高

建筑平面图一般在左方及下方标注三道尺寸。

第一道尺寸：表示外轮廓的总尺寸，即房屋两端外墙面的总长、总宽尺寸。

第二道尺寸：表示轴线间的距离，表明开间及进深尺寸。

第三道尺寸：表示细部位置及大小，如门和窗洞的宽度、位置以及墙柱的大小和位置等。

标注出室内外地面、楼面、卫生间、厨房、阳台等的标高，底层地面标高为±0.000，其他楼层标高以此为基准，标注相对标高，标高以米为单位。

4. 门窗布置及编号

平面图中的门窗按规定的图例绘制并写上编号。门代号为M，窗代号为C，代号后写上编号，如M1、M2、C1、C2等。设计图首页中一般附有门窗表，表中列出门窗编号、尺寸、数量及所选的标准图集。

5. 底层、屋顶、楼梯的标注

底层平面图中应标明剖面图的剖切位置线、剖视方向、编号和表示房屋朝向的指北针。

屋顶平面图中应表示出屋顶形状、天沟、屋面排水方向及坡度、分水线与落水口，以及其他构、配件的位置等。

楼梯间用图例按实际梯段的水平投影画出，同时要标明梯段的走向和级数。

6. 详图索引符号、装修做法

当平面图上某一部分需用详图表示时，要画上索引符号。索引符号详见 13.1 节中表 13-3。

一般简单的装修可在平面图中直接用文字注明，复杂的工程则需要另列材料做法表或另外绘制装修图。

7. 其他标注

房间应根据其功能注上名称。平面图上还要画出其他构件，如台阶、排水沟、散水、花坛、雨篷、雨水管、阳台、管线竖井、隔断、卫生器具、水池、橱柜等。平面图中不易标明的内容，如施工要求，可用文字加以说明。

13.3.3 建筑平面图的阅读(Reading of Architectural Plans)

现以图 13-7～图 13-9 所示三层别墅的平面图为例说明建筑平面图的阅读方法。

1. 一层平面图(图 13-7)

(1) 一层平面图表示房屋底层的平面布局。由图可知，该平面图的比例是 1∶100，从指北针得知该房屋是坐北朝南的方向。

(2) 从图中定位轴线的编号和间距了解到各承重构件的位置和房间的大小。本图的横向轴线为 1～9，纵向轴线为 A～L。此房屋是框架结构，图中轴线上涂黑的部分是钢筋混凝土柱。墙用粗实线画，尺寸线、楼梯踏步线等用细实线画。

(3) 本图第一道尺寸表示外轮廓的总尺寸。第二道尺寸表示轴线间的尺寸，是说明开间和进深的尺寸，本层平面房间的开间有 4 200 mm、5 400 mm、3 900 mm 等，进深有 4 800 mm、6 300 mm 等。第三道尺寸表示各细部的位置及大小，如门窗洞宽和位置等。

(4) 从图中可知，室外标高为－0.450，客厅、餐厅卧室为±0.000，储藏室为－0.600，车库为－0.300。

(5) 从图中门窗的图例和编号了解到门窗的类型及数量。一层平面图还画出了剖面图的剖切位置线和剖视方向及其编号，如 1—1。

(6) 从图中可知，一层房间的用途有门廊、玄关、卧室、客厅、餐厅、厨房、卫生间、楼梯、储藏室、车库。

图中画出了卫生器具、水池、橱柜等。楼梯标明了梯段的走向和级数，还表示出室外台阶、散水、花池的位置和大小尺寸及所采用标准图集的索引符号。

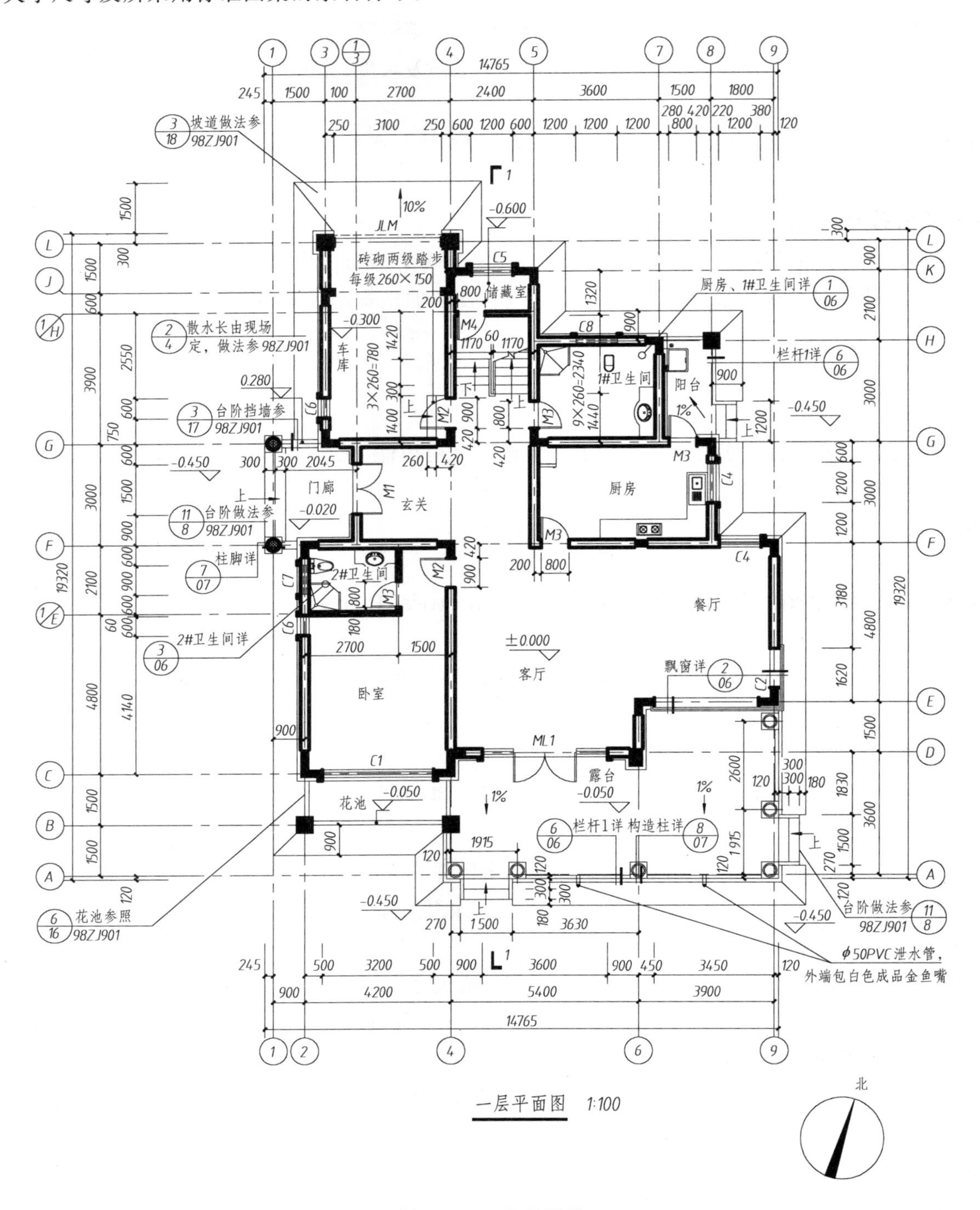

图 13-7 一层平面图

2. 二层平面图(图 13-8)

(1) 二层平面图的比例、定位轴线、图线、尺寸的标注、门窗的类型和编号基本与一层平面图相同。

(2) 二层平面图的房间有卧室、卫生间、楼梯、家庭厅、书房,主卧有卫生间和衣帽间。

(3) 从图中可知,二层平面的卧室、家庭厅标高为 3.300,阳台为 3.280。阳台标注有排水方向及坡度,阳台栏杆标注有所采用标准图集的索引符号。

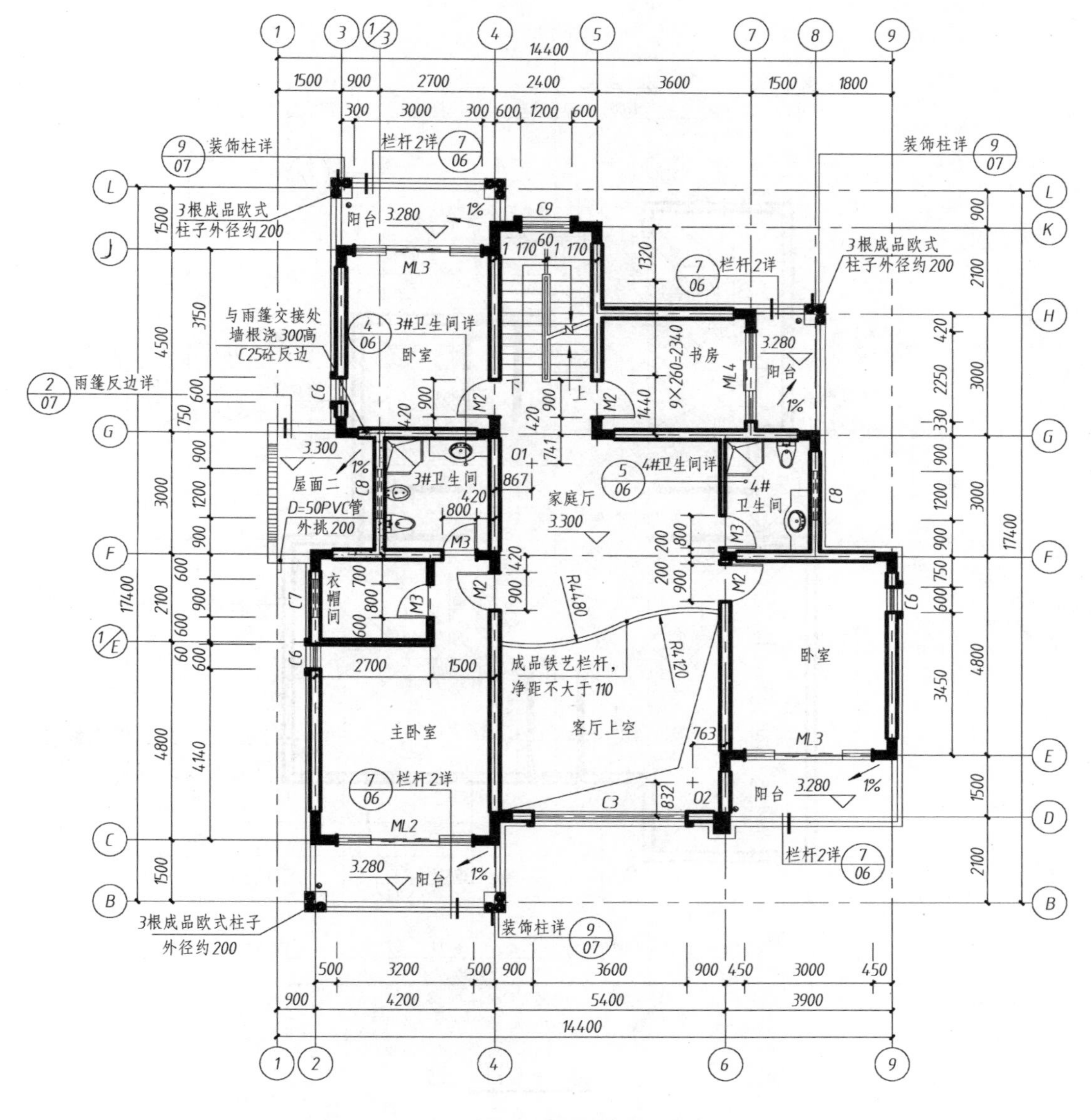

二层平面图　1:100

图 13-8　二层平面图

3. 屋顶平面图(图 13-9)

（1）屋顶平面图的比例、定位轴线、图线、尺寸的标注与一层平面图基本相同。

（2）屋顶平面图表示出屋顶形状、屋面排水方向等，标明了老虎窗、雨水口、檐口、检修孔所采用标准图集的索引符号。屋脊、檐口都标注标高。

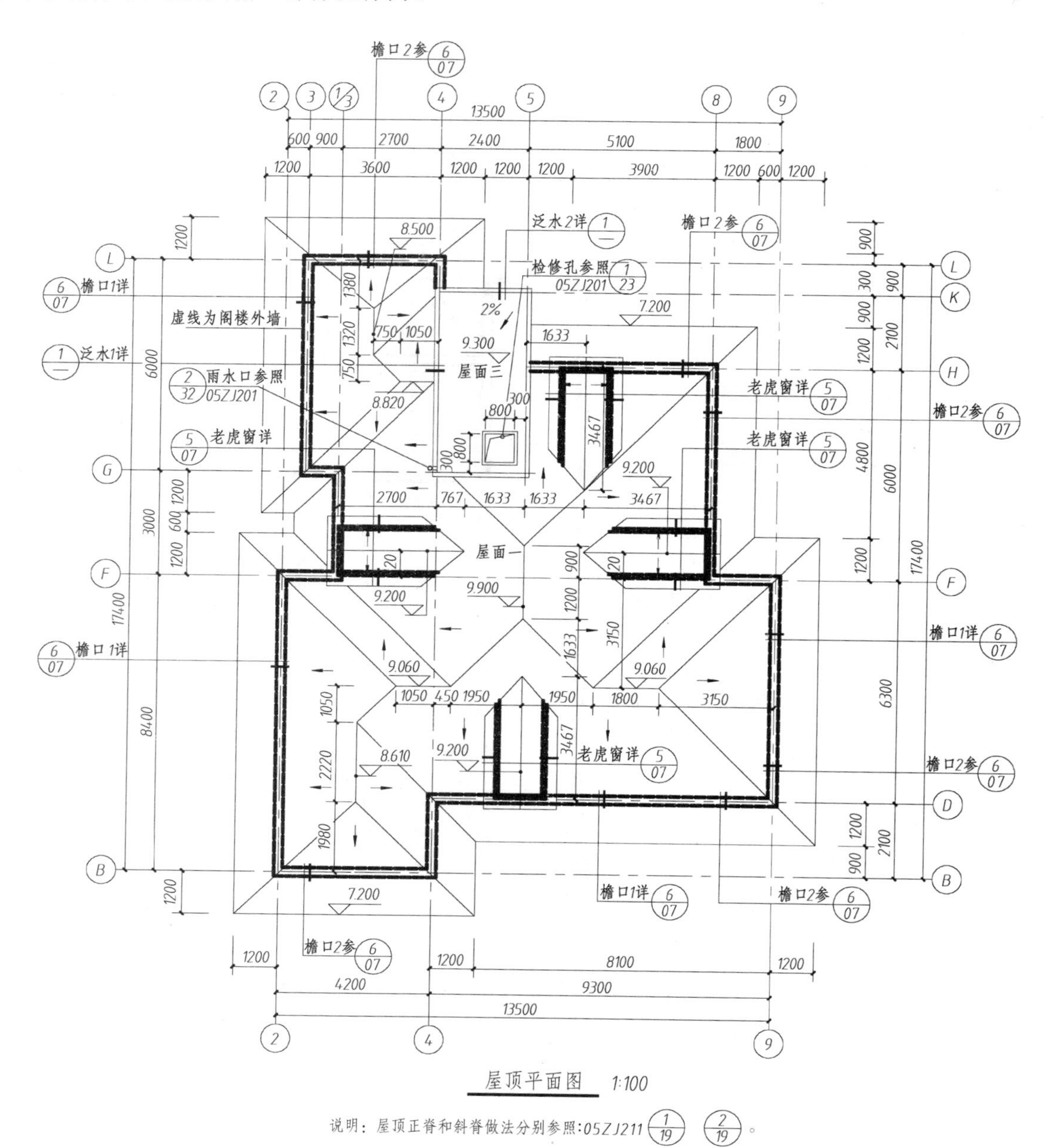

图 13-9 屋顶平面图

13.3.4　建筑平面图的绘制(Drawing of Architectural Plans)

(1) 选择合适的比例,进行合理的图面布置;
(2) 定出轴线位置,并根据轴线绘制柱和墙体;
(3) 定门、窗洞的位置;
(4) 画细部,如门窗、楼梯、台阶、散水、花池、卫生器具等;
(5) 标注尺寸、标高、轴线编号、门窗编号、剖切符号、详图索引符号等;
(6) 按国标要求加深图线;
(7) 注写必要的文字说明及图名和比例。

13.4　建筑立面图
(Architectural Elevation)

13.4.1　图示方法及作用(Graphical Methods and Their Functions)

建筑立面图是将建筑的各个立面按照正投影的方法投影到与之平行的投影面上,所得到的正投影图,简称立面图,如图 13-11 所示。建筑物是否美观,很大程度上决定于它在主要立面的艺术处理。

立面图,通常按建筑物的朝向来命名,如南立面图、北立面图、东立面图和西立面图,也可以按建筑物的主要入口或反映建筑物主要特征的立面为正立面图,其余称为背立面图或侧立面图;或按立面图的两端轴线的编号来命名,如①～⑨立面图、⑨～①立面图等。

建筑立面图主要反映建筑物的外貌、门窗形式和位置、墙面的装饰材料、色彩和做法等,是施工中建筑物的门窗尺寸、标高及外墙面装饰做法的依据。图 13-10 为别墅建筑外形效果图。

图 13-10　别墅效果图

13.4.2 图示内容(Graphical Contents)

1. 比例、图线、图例

建筑立面图的比例一般与建筑平面图一致,常采用1∶50、1∶100、1∶200等。

建筑立面图中,最外轮廓线用粗实线画(宽为b);地坪线用加粗线画(宽为$1.4b$);门窗洞、阳台、台阶等轮廓线用中实线画(宽为$0.5b$);门窗分格线、墙面装饰线、尺寸线、标高符号用细实线画(宽为$0.25b$);定位轴线用细单点长画线画。

由于绘制建筑立面图的比例较小,所以在立面图中的一些建筑配件等都不能按真实的投影画出,而是用国家标准规定的图例来绘制。常用的图例见表13-5。

2. 定位轴线

建筑立面图中一般只绘制建筑两端的定位轴线及编号,以便与建筑平面图对照。

3. 尺寸与标高

建筑立面图上的尺寸主要标注标高尺寸,如室内外地面、台阶、窗台、门窗洞顶部、雨篷、阳台、檐口、屋顶等处的标高。标高注写在立面图的左侧或右侧,符号应大小一致,排列整齐。

4. 详图索引符号、装修做法

建筑立面图中要标出各部分构造、装饰节点详图的索引符号,并用文字或列表说明外墙面的装修材料、色彩及做法。

5. 其他

建筑立面图中要画出室外地坪线及房屋的勒脚、台阶、门窗、雨篷、阳台、檐口、屋顶、墙面分格线和其他的装饰构件等。

13.4.3 建筑立面图的阅读(Reading of Architectural Elevations)

现以图13-11～图13-14所示三层别墅的立面图为例说明建筑立面图的阅读方法。

1. ①～⑨立面图(图13-11)

(1) ①～⑨立面图是别墅的南立面图(图13-11)。南立面是建筑物的主要立面,它反映了该建筑的外貌特征及装饰风格。从图中可知该图的比例是1∶100。

(2) 从立面图中看到,图的右侧标有标高和高度方向的细部尺寸,室外地面的标高为−0.45 m,室内标高为±0.000 m,二层楼面的标高为3.300 m,最高的屋脊线为9.900 m。房屋的外轮廓用粗实线画,门

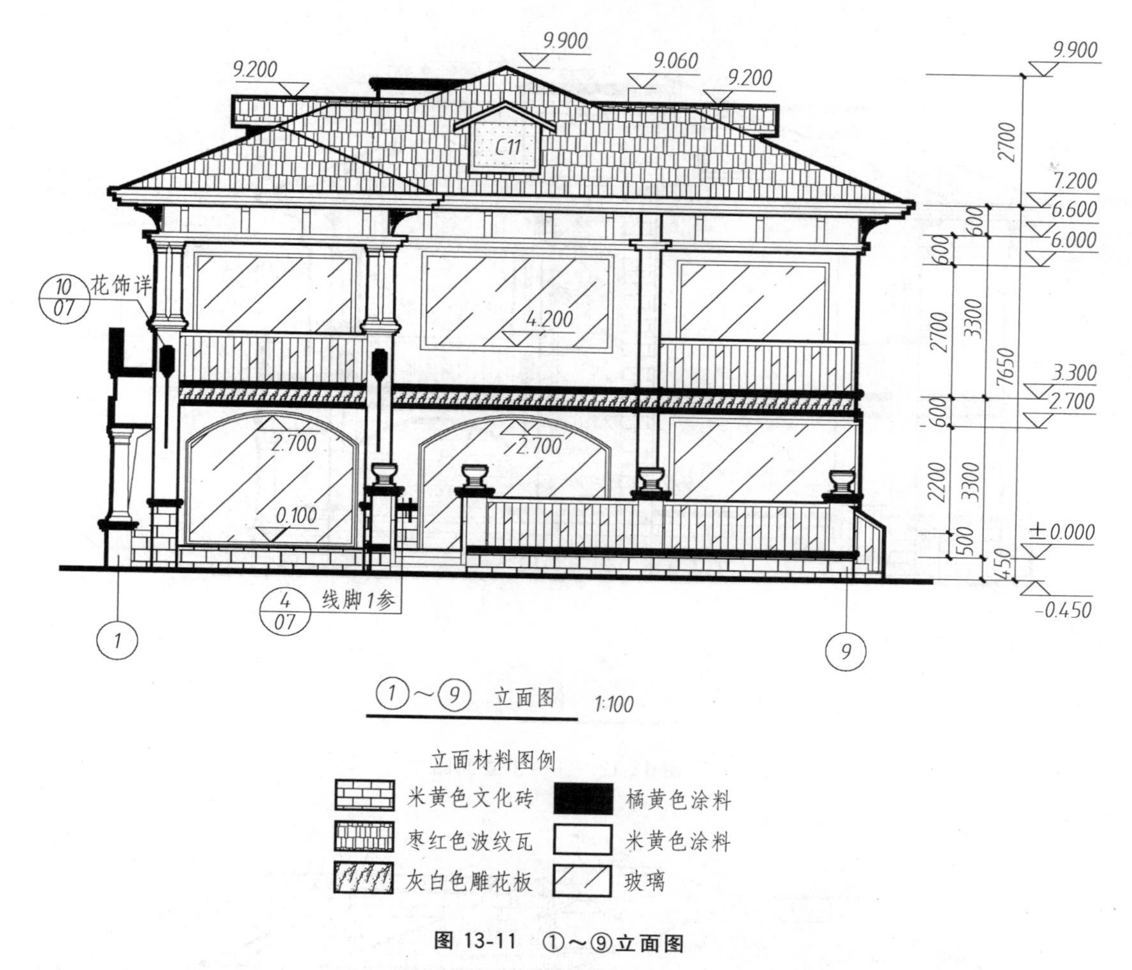

图 13-11　①～⑨立面图

窗、阳台等轮廓线用中粗实线画，尺寸线、标高等用细实线画。

（3）从图中可知，外墙装饰的主格调采用米黄色涂料为主。局部地方如一层窗台下用米黄色文化砖，坡屋顶用枣红色波纹瓦。

2. ⑨～①立面图（图 13-12）

（1）⑨～①立面图是别墅的北立面图，其比例是 1∶100。

（2）从图中可知，外墙装饰与南立面图基本一致。

3. Ⓐ～Ⓛ立面图（图 13-13）、Ⓛ～Ⓐ 立面图（图 13-14）

Ⓐ～Ⓛ立面图是东立面图，Ⓛ～Ⓐ立面图是西立面图，其比例是 1∶100。外墙装饰与南立面图基本一致。

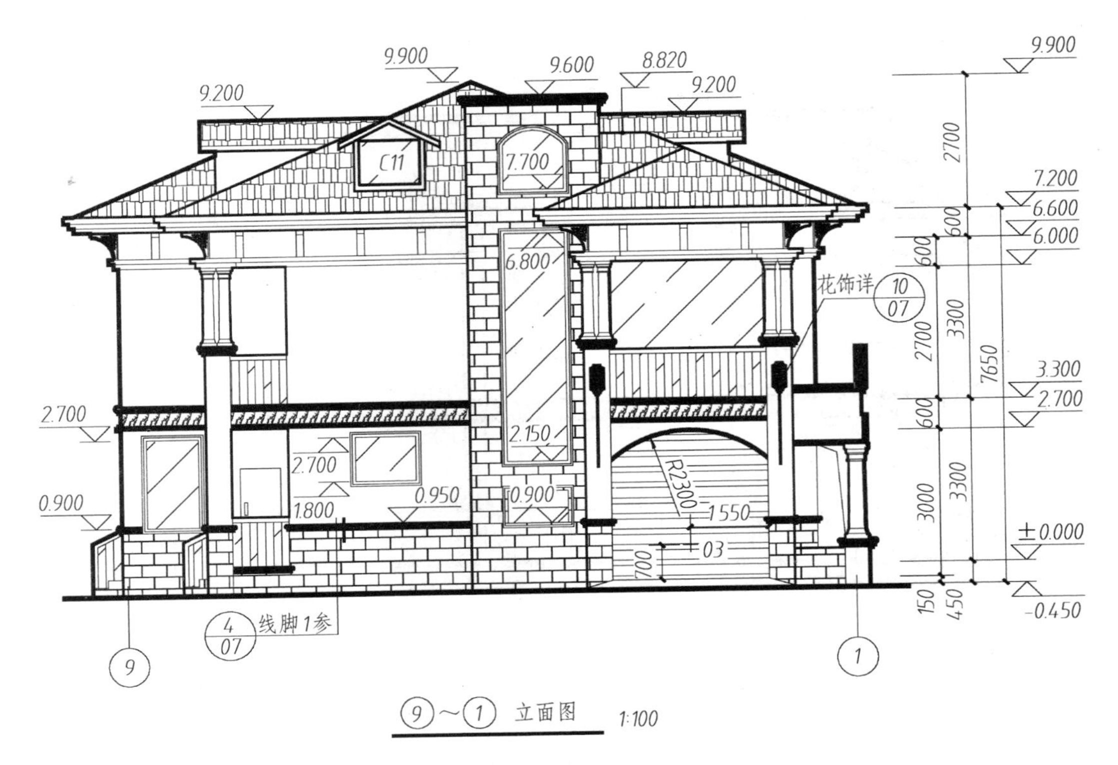

图 13-12 ⑨～①立面图

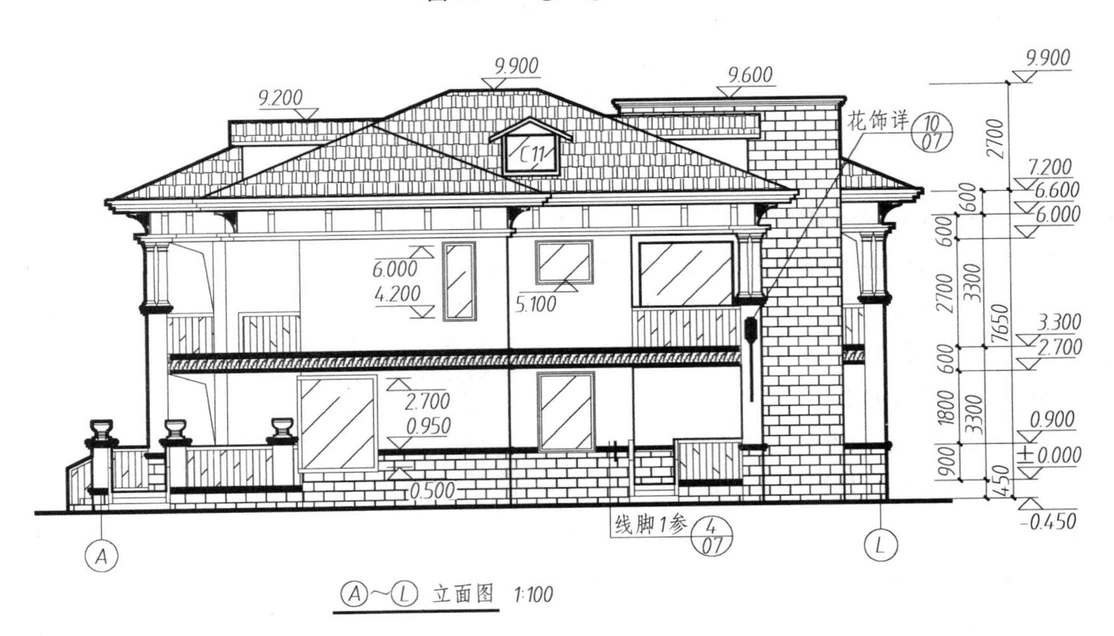

图 13-13 Ⓐ～Ⓛ立面图

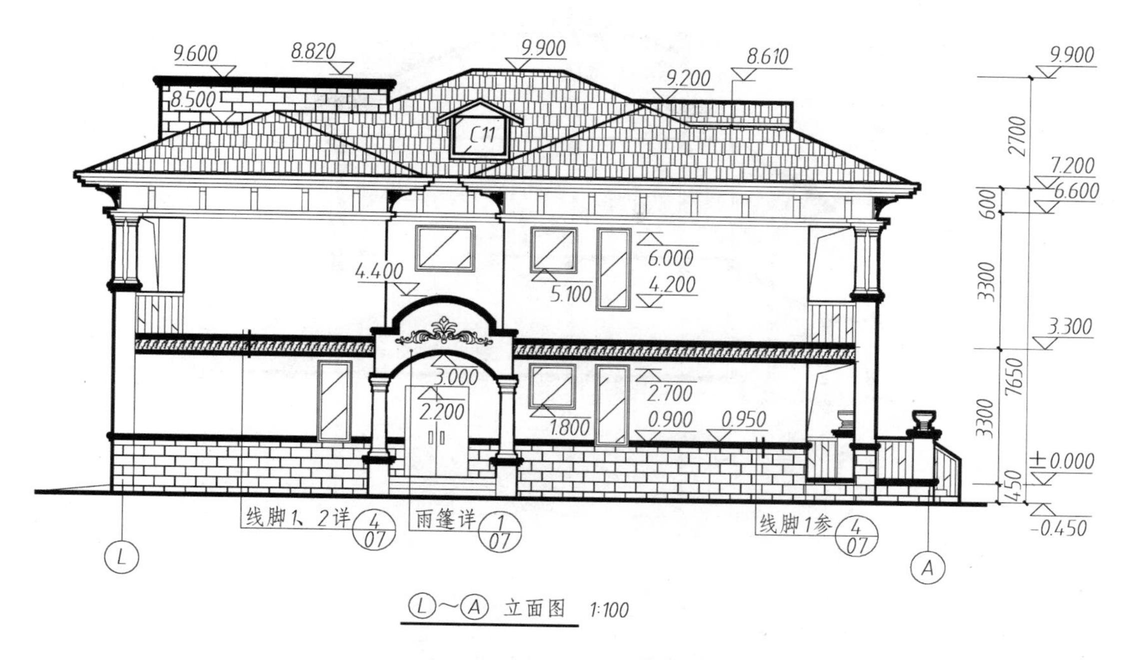

图 13-14　Ⓛ～Ⓐ立面图

13.4.4　建筑立面图的绘制(Drawing of Architectural Elevations)

(1) 选择合适的比例,进行合理的图面布置;

(2) 定出轴线位置,并根据轴线绘制墙体的外轮廓线,画出房屋的层高线;

(3) 定门、窗洞的位置;

(4) 画细部,如门窗、阳台、台阶、散水、花池、屋顶等;

(5) 标注尺寸、标高、轴线编号、详图索引符号等;

(6) 按国标要求加深图线;

(7) 注写必要的文字说明及图名和比例。

13.5　建筑剖面图
(Architectural Section)

13.5.1　图示方法及作用(Graphical Methods and Their Functions)

建筑剖面图是指假想用一个或多个竖直平面去剖切房屋,将处在观察者和剖切平面之间的部分移去,将剩余部分投影到与剖切平面平行的投影面上所得到的正投影图,简称剖面图,如图 13-15 所示。

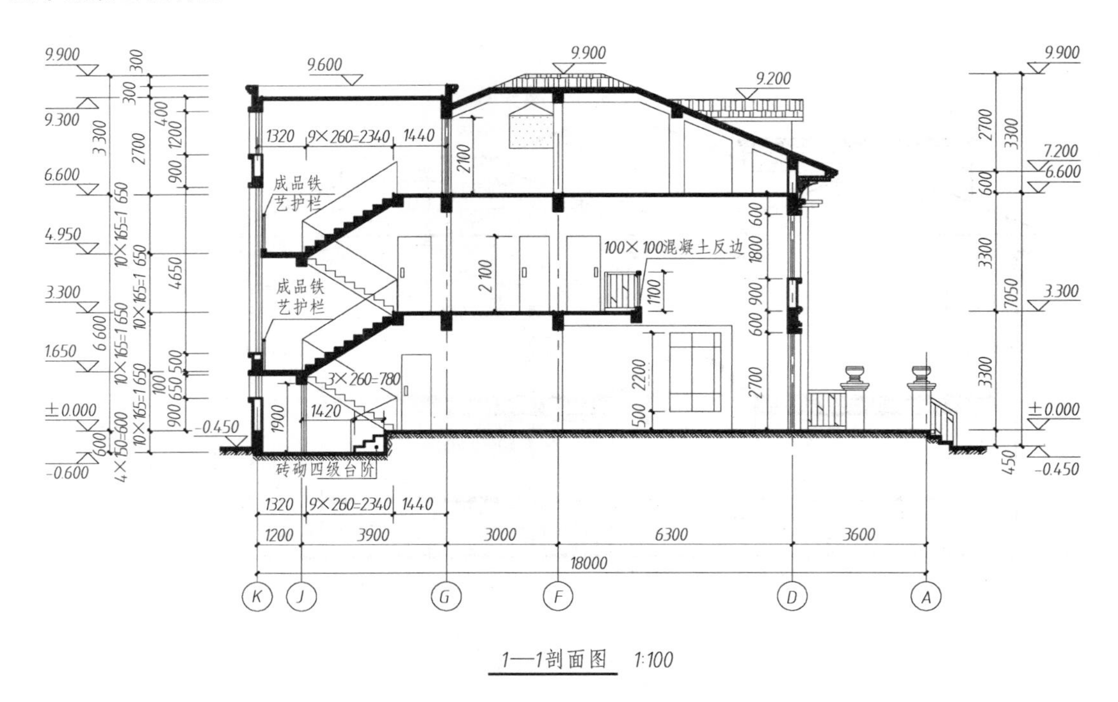

图 13-15 剖面图

建筑剖面图主要表示房屋内部的结构和构造形式、分层情况、各层高度、材料和各部分之间的联系等。在施工中建筑剖面图是进行分层，砌筑墙体，铺设楼板、屋面板、楼梯及装修等的依据。剖面图与平面图、立面图相呼应，是施工图中最基本的图样。

剖面图的数量应根据房屋的复杂程度和施工的实际需要而定。剖面图的剖切位置应选择能反映全貌、构造特征及有代表性或有变化的部位剖切，如门窗洞、楼梯等处，剖面图的图名应与平面图上所标注的剖切符号的编号一致，如 1—1 剖面图。

13.5.2 图示内容(Graphical Contents)

1. 比例、图线

建筑剖面图的比例一般与建筑平面图一致，常采用 1∶50、1∶100、1∶200 等。

建筑剖面图中，被剖切到的墙体、楼面、屋面、梁的断面线用粗实线画；钢筋混凝土构件的断面通常涂黑表示；其他没剖到的可见轮廓线，如门窗洞、阳台、台阶、楼梯栏杆等轮廓线用中实线画；尺寸线、标高符号、引出线等用细实线画；定位轴线用细单点长画线画。

2. 定位轴线

建筑剖面图中凡是剖到的承重墙、柱等要画出定位轴线，并注写上与平面图相同的编号。

3. 尺寸与标高

建筑剖面图上的尺寸与平面图一样，一般标注三道尺寸：第一道尺寸为总高尺寸，表示从室外地坪到女儿墙压顶面的高度及坡屋顶到最高的屋脊线的高度；第二道尺寸为层高尺寸；第三道尺寸为细部尺寸，如室内外地坪、门窗洞、檐口等。

4. 图索引符号、装修做法

建筑剖面图上要标出各部分构造、装饰节点详图的索引符号。地面、楼面、屋面的装修材料及做法可用多层构造引出标注。

5. 其他

建筑剖面图上要画出室外地坪线及房屋的勒脚、台阶、门窗、雨篷、阳台、檐口、屋顶等构件。

13.5.3　建筑剖面图的阅读(Reading of Architectural Sections)

现以图 13-15 所示三层别墅的剖面图为例说明建筑剖面图的阅读方法。

(1) 从一层平面图(图 13-7)上可以看到 1—1 剖面图的剖切位置在④～⑤轴线之间，1—1 剖切面通过楼梯和客厅，反映出别墅从一层到三层、屋顶沿垂直方向的结构、构造特点。

(2) 由图 13-15 可知，该图的比例是 1∶100。室内外地坪线用加粗实线画，地坪线以下不画。剖切到的楼面、屋面、楼梯、梁涂黑表示。

(3) 剖切到的墙体有Ⓓ、Ⓚ轴线的墙及以上的门窗洞。剖面图上的尺寸标注为左边的楼梯标注。从右边的尺寸标注可知室外地坪为－0.45 m，层高为 3.300 m，房屋的总高为 9.900 m。

13.5.4　建筑剖面图的绘制(Drawing of Architectural Sections)

(1) 选择合适的比例，进行合理的图面布置；

(2) 定出轴线位置，并根据轴线绘制墙体，画出房屋的层高线；

(3) 定门、窗洞的位置；

(4) 画细部，如门窗、阳台、台阶、屋顶等；

(5) 标注尺寸、标高、轴线编号等；

(6) 按国标要求加深图线；

(7) 注写必要的文字说明及图名和比例。

13.6 建筑详图
(Architectural Details)

13.6.1 图示方法及作用(Graphical Methods and Their Functions)

由于建筑平、立、剖面图一般采用较小的比例绘制,因而某些建筑细部或构件的尺寸、做法及施工要求无法表明,根据施工需要,必须另外绘制比较大的图样,才能表达清楚。这种对建筑的细部或构配件,用较大的比例将其形状、大小、材料和做法,按正投影图的画法,详细地表示出来的图样,称为建筑详图,简称详图,也可称为大样图或节点图。

建筑详图所画的节点部位,除了要在平、立、剖面图中的有关部位绘制索引符号外,还要在所画详图上绘制详图符号,以便对照查阅。对于套用标准图或通用详图的建筑构、配件和细部节点,只要注明所套用图集的名称、页次和编号即可。

建筑详图是建筑平、立、剖面图的补充,是建筑细部的施工图,是施工的重要依据。

13.6.2 图示内容(Graphical Contents)

建筑详图一般可分为:构造详图,如屋面、檐口、墙身、楼梯、阳台、雨篷、散水等;配件和设施详图,如门窗、卫生设施等;装饰详图,如吊顶、柱头、花格窗、隔断等。

1. 比例、图线

建筑详图的比例一般采用 1∶50、1∶20、1∶10、1∶5 等。

建筑详图中,建筑构配件的断面轮廓线用粗实线画;构、配件的可见轮廓线用中实线画;尺寸线、标高符号、引出线等用细实线画;定位轴线用细单点长画线画。

2. 定位轴线

建筑详图中一般应画出定位轴线,以便与建筑平、立、剖面图对照。

3. 尺寸与标高

建筑详图上的尺寸与平、立、剖面图一样,尺寸标注必须完整齐全。

13.6.3 建筑详图的阅读(Reading of Architectural Details)

现以图 13-16～图 13-18 所示三层别墅的老虎窗详图、檐口详图、雨篷详图为例说明建筑详图的阅读方法。

1. 老虎窗详图(图 13-16)

(1) 老虎窗详图是由图 13-9 所示的屋顶平面图中的索引符号 5/07 引出的。从图中可知该详图的比例是 1∶20。

(2) 该图还用 *D*—*D* 剖面图表示了老虎窗纵方向的细部构造,用钢筋混凝土图例表示了材料做法,正脊、檐口、泛水采用 05ZJ 标准图集,标出了索引符号。

(3) 该图第一道尺寸表示外轮廓的总尺寸;第二道尺寸表示细部尺寸,标有标高。

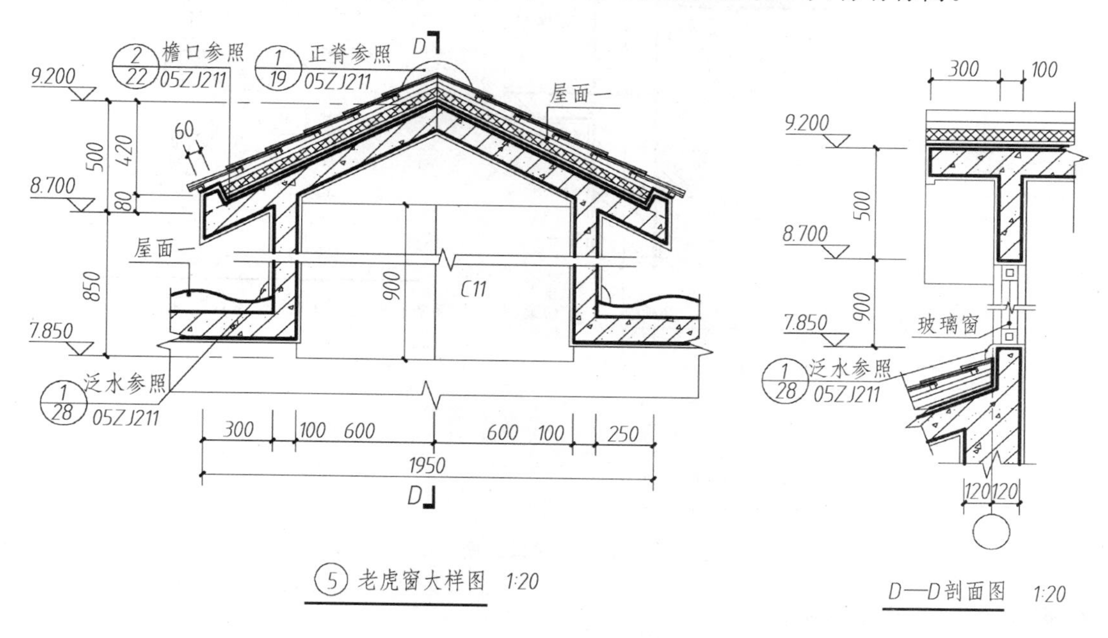

图 13-16　老虎窗详图

2. 檐口详图(图 13-17)

(1) 檐口详图是由图 13-9 所示的屋顶平面图中的索引符号 6/07 引出的。从图中可知该详图的比例是 1∶20。

(2) 该图还用③托花大样图表示了檐口的细部构造,用钢筋混凝土、砖图例表示了材料做法,滴水、檐口采用 98ZJ、05ZJ 标准图集,标出了索引符号。

(3) 该图第一道尺寸表示外轮廓的总尺寸;第二道尺寸表示细部尺寸,标注有标高。

3. 雨篷详图(图 13-18)

(1) 雨篷详图是由图 13-14 所示的Ⓛ～Ⓐ立面图中的索引符号 1/07 引出的。从图中可知该详图的比例是 1∶50,*B*—*B*、*C*—*C* 剖面图的比例是 1∶20。

(2) 该图还用 *B*—*B*、*C*—*C* 剖面图表示了雨篷的细部构造,用钢筋混凝土图例表示了材料做法,泛水

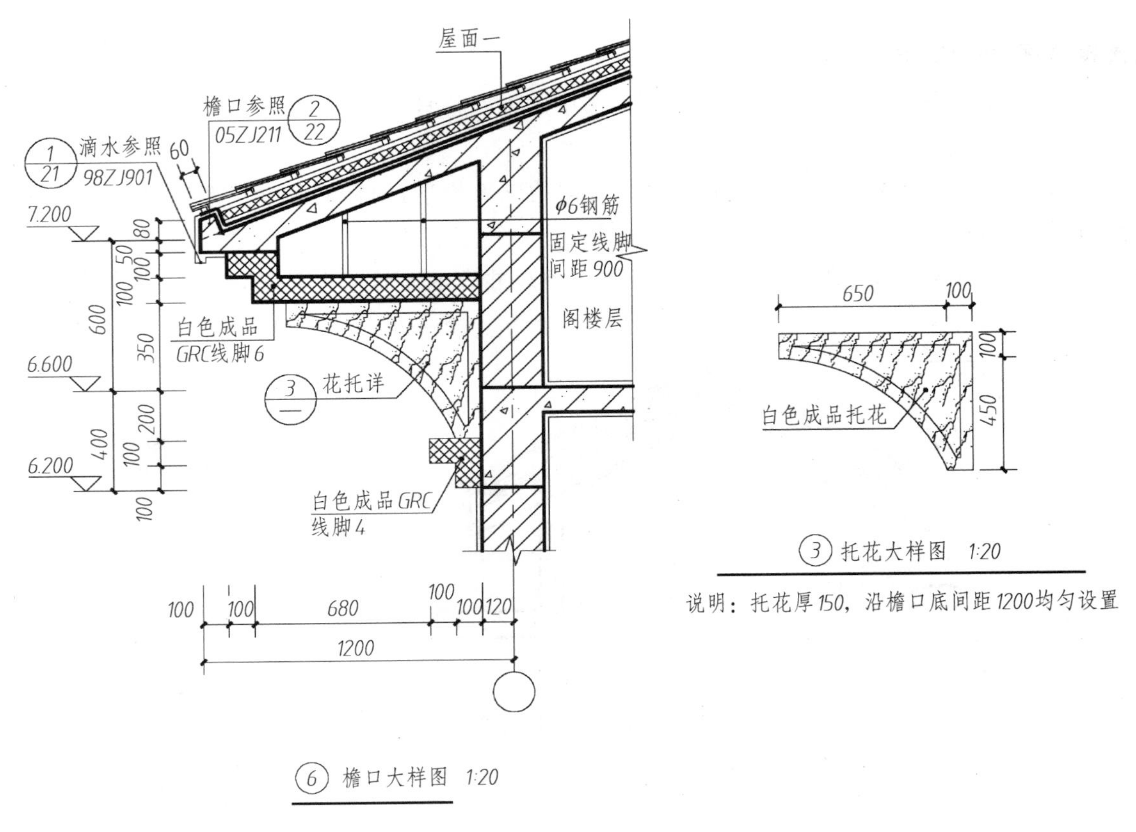

图 13-17 檐口详图

采用05ZJ标准图集，标出了索引符号。

（3）该图的位置在①轴和Ⓕ～Ⓖ轴间，第一道尺寸表示外轮廓的总尺寸；第二道尺寸表示细部尺寸，标注有标高。

13.6.4 建筑详图的绘制（Drawing of Architectural Details）

（1）选择合适的比例，进行合理的图面布置；

（2）定出轴线位置，并根据轴线绘制墙体等；

（3）画细部构造，必要时还要引出大样图；

（4）标注尺寸、标高、轴线编号等；

（5）按国标要求加深图线；

（6）注写必要的文字说明及图名和比例。

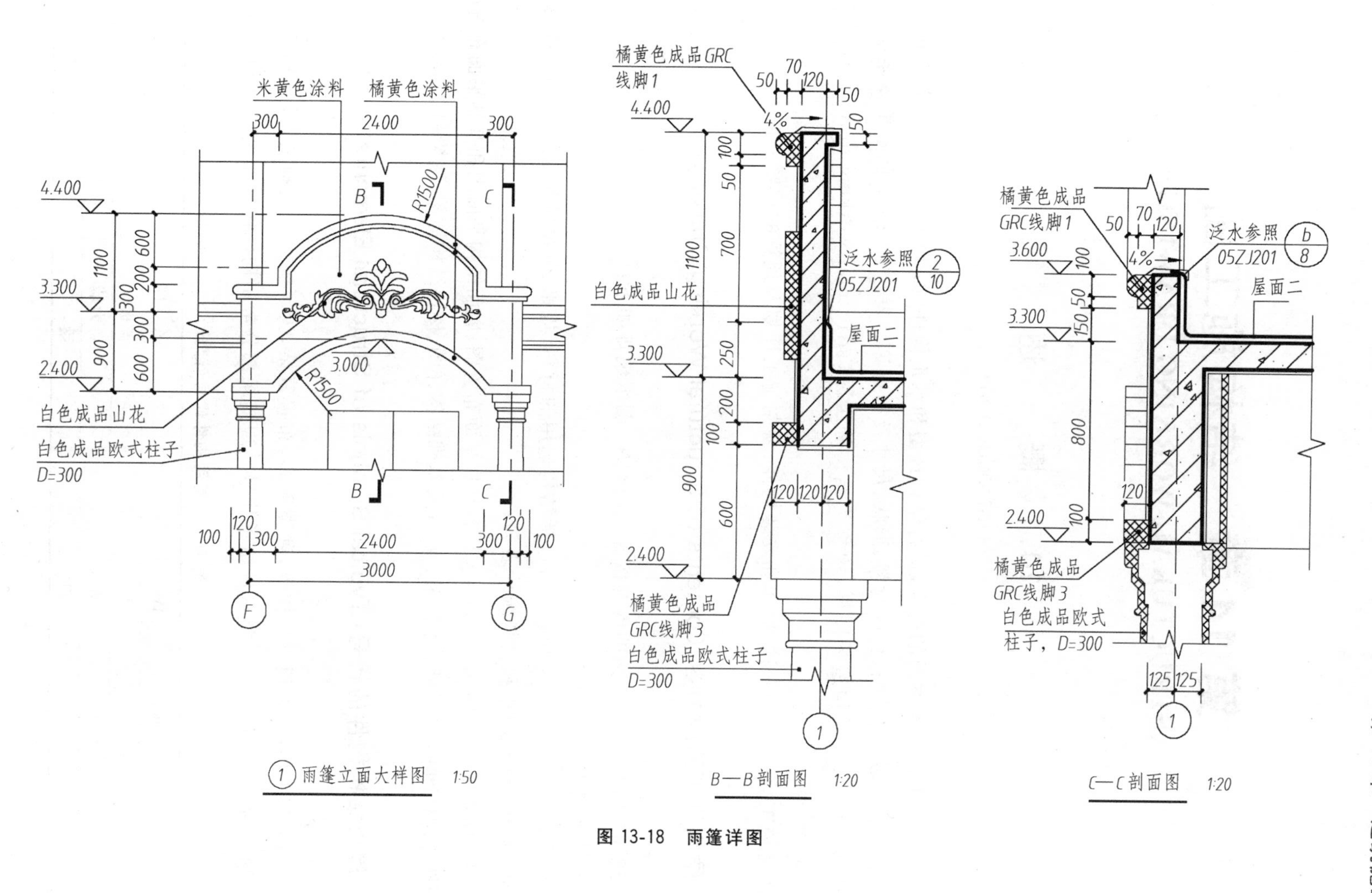

米黄色涂料
橘黄色涂料
R1500
3.000
4.400
3.300
2.400
白色成品山花
白色成品欧式柱子
D=300
3000
① 雨篷立面大样图　1:50
橘黄色成品GRC
线脚1
4%
泛水参照
05ZJ201
屋面二
白色成品山花
橘黄色成品
GRC线脚3
白色成品欧式柱子
D=300
B—B剖面图　1:20
橘黄色成品
GRC线脚1
3.600
泛水参照
05ZJ201
屋面二
橘黄色成品
GRC线脚3
白色成品欧式
柱子，D=300
C—C剖面图　1:20

图 13-18　雨篷详图

第 14 章　结构施工图
(STRUCTURAL WORKING DRAWING)

14.1　概　　述
(Introduction)

结构设计是根据建筑各方面的要求，进行结构选型和承重构件(如梁、板、柱、屋架、支撑和基础等)布置，再通过力学计算，决定这些构件的材料、形状、尺寸及构造等。表达一栋房屋的承重体系如何布局，各种承重构件的形状、尺寸及构造的图样，统称为结构施工图(structural working drawing)，简称结施图(structural drawing)。

结构图是施工放线、基础开挖、制作和安装构件、编制施工计划及预算的重要依据。

14.1.1　结构施工图的内容(Contents of Structural Working Drawings)

一套完整的结构施工图包括的内容按施工的顺序，图纸编排如下：

1. 图纸目录(catalogue)；
2. 结构设计说明(design synopsis)，包括结构选用的材料、规格、强度等级、地质条件、抗震要求、施工技术要求，选用的标准图集和材料统计表等；
3. 结构平面布置图(structure plan)，包括各楼层平面布置图、屋面结构平面图和基础平面布置图等；
4. 构件详图(element detail)，包括梁、板、柱及基础结构详图、楼梯结构详图、屋架和支撑结构详图等。

14.1.2　常用结构构件的代号(Typical Symbols of Structural Elements)

房屋结构的基本构件，如板、梁、柱等，种类繁多，布置复杂，为了图示简明扼要，并把构件区分清楚，便于施工、制表、查阅，有必要把每类构件给予代号。现摘录部分常用构件代号如表 14-1 所示。

表 14-1　常用构件代号(部分)

名　称	代　号	名　称	代　号
板	B	盖板	GB
屋面板	WB	剪力墙	Q
楼梯板	TB	梁	L

续表

名　称	代　号	名　称	代　号
屋架	WJ	支架	ZJ
框架	KJ	柱	Z
刚架	GJ	框架柱	KZ
框架梁	KL	基础	J
屋面梁	WL	桩	ZH
吊车梁	DL	梯	T
圈梁	QL	雨篷	YP
过梁	GL	阳台	YT
连系梁	LL	预埋件	M
基础梁	JL	钢筋网	W
楼梯梁	TL	钢筋骨架	G

预应力钢筋混凝土(prestressed reinforced concrete)构件的代号，在上列构件代号前加注“Y—”，例如 Y—DL 表示预应力钢筋混凝土吊车梁。

14.2　钢筋混凝土结构图

(Reinforced Concrete Structure Drawing)

14.2.1　钢筋混凝土结构简介(Brief Introduction to Reinforced Concrete Structures)

混凝土(concrete)是将水泥(cement)、砂子(sand)、石子(stone)和水(water)，按一定比例配合，经搅拌、注模、振捣、养护等工序而形成的“人工石料”。其抗压能力很高，而抗拉能力很低。如图 14-1(a)所示是素混凝土梁，受外荷后，其下边沿因受拉很容易发生断裂。为了解决这个矛盾，常把钢筋放在构件的受拉区中使其受拉，而使混凝土主要承受压力，这样将大大地提高构件的承载能力，从而减小构件的断面尺寸。图 14-1(b)是在受拉区配置有适量钢筋的梁，受拉区的混凝土达到其抗拉极限时，钢筋继续承受拉力，使梁正常工作。这种配有钢筋的混凝土制作成的构件称为钢筋混凝土(reinforced concrete)构件。

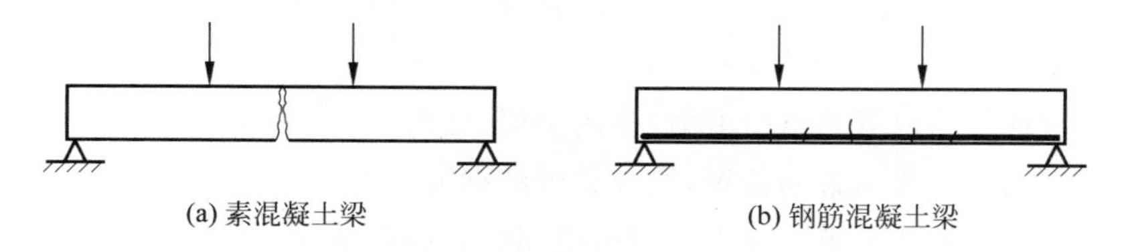

(a) 素混凝土梁　　(b) 钢筋混凝土梁

图 14-1　梁受力示意图

钢筋混凝土构件的制作，有现场浇筑和在工厂预制两种，分别称为现浇构件和预制构件。

1. 钢筋的分类、等级和符号

钢筋按其产品材料性能不同，分别给予不同的代号，以便标注和识别。常用钢筋品种代号列于表14-2。

表 14-2 常用钢筋符号

钢筋品种	代号	直径 d/mm	强度标准值 f_{yk}/(N/mm²)	说明
HPB300	Φ	6～22	300	强度级别为 300 MPa 的热轧光圆钢筋
HRB335	Φ	6～50	335	强度级别为 335 MPa 的普通热轧带肋钢筋
HRB400	Φ	6～50	400	强度级别为 400 MPa 的热轧带肋钢筋
RRB400	$Φ^R$	6～50	400	强度级别为 400 MPa 的余热处理带肋钢筋

2. 钢筋在构件中的作用

图14-2和图14-3分别是钢筋混凝土梁和钢筋混凝土预制板的构造示意图。它们是由钢筋骨架和混凝土结合成的整体。该骨架采用各种形状钢筋用细铁丝绑扎或焊接而成，并被包裹在混凝土中。其他类型的钢筋混凝土构件的构造，与梁板基本相同。配置在其中的钢筋，按其作用可分为下列几种。

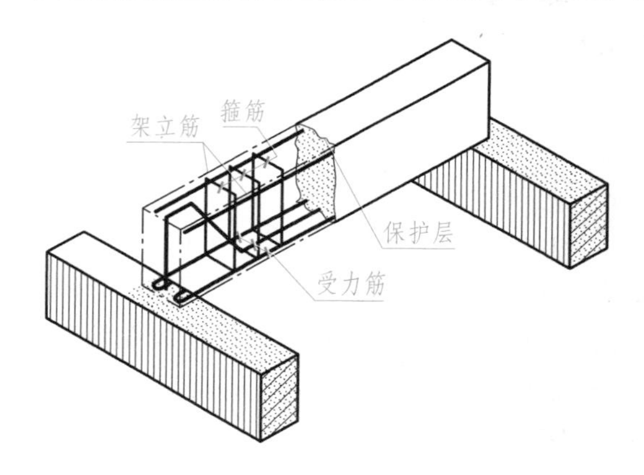

图 14-2 钢筋混凝土梁的构造示意图

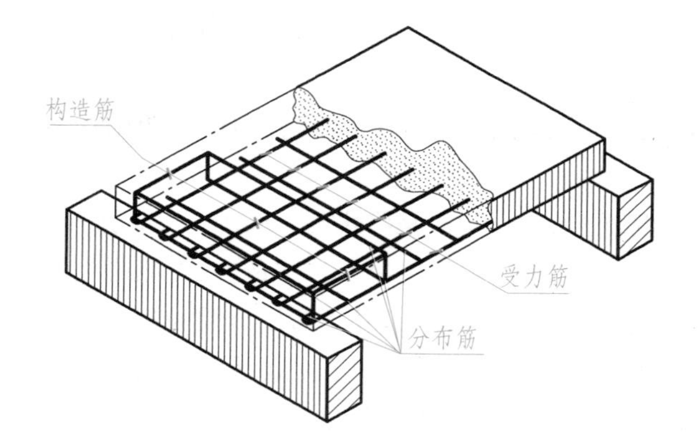

图 14-3 钢筋混凝土预制板的构造示意图

(1) 受力筋——承受拉、压应力的钢筋，用于梁、板、柱等各种钢筋混凝土构件。梁、板的受力钢筋还分为直筋、弯起筋两种，弯起角度一般为45°或60°。

(2) 箍筋——固定各钢筋位置并承受剪力，多用于梁、柱内。

(3) 架立筋——用以固定梁内箍筋位置，构成梁内的钢筋骨架。

(4) 构造筋——因构件构造要求或施工安装需要而配置的钢筋。

(5) 分布筋——一般用于钢筋混凝土板，用以固定受力筋的位置，使荷载分布给受力筋并防止因混凝土收缩和温度变化出现裂缝。

3. 钢筋的保护层和弯钩形式

为了保证钢筋与混凝土有一定的黏结力(握裹力),同时为防腐、防火,构件中的钢筋不能裸露,要有一定厚度的混凝土作为保护层。各种构件的混凝土保护层厚度应按表 14-3 选取。

表 14-3　混凝土保护层最小厚度　mm

环境条件	构件类别	混凝土强度等级		
		≤C20	C25 及 C30	≥C35
室内正常环境	板、墙、壳	15		
	梁和柱	25		
露天或室内高湿度环境	板、墙、壳	35	25	15
	梁和柱	45	35	25

钢筋两端有带弯钩和不带弯钩两种,表面光圆钢筋(一般为 HPB300 钢筋)带弯钩,以加强钢筋与混凝土的握裹力,避免钢筋在受拉时滑动;表面带纹路(螺纹、人字纹)钢筋与混凝土的黏结力强,两端一般不带弯钩。钢筋端部的弯钩形式有半圆弯钩、直钩,常用弯钩如图 14-4 所示。

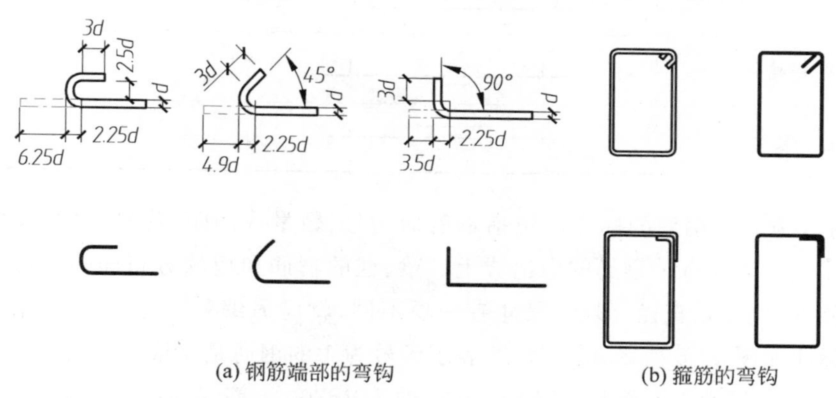

(a) 钢筋端部的弯钩　(b) 箍筋的弯钩

图 14-4　钢筋端部的弯钩形式

4. 钢筋混凝土结构图的内容和图示特点

1) 钢筋混凝土结构图的内容

(1) 结构布置图——它表示了承重构件的位置、类型、数量及钢筋的配置(后者用于现浇板)。

(2) 构件详图——它包括模板图、配筋图、预埋件图及材料统计表等。显示构件外形及预埋件的位置的投影图称为模板图。显示混凝土内部钢筋的配置(包括钢筋的品种、直径、形状、位置、长度、数量及间距等)的投影称为配筋图。对于外形比较简单或预埋件较少的构件,常将模板图和配筋图合二为一表示为模板配筋图,也可简称为配筋图。

2) 钢筋混凝土结构图的图示特点

(1) 为了表达混凝土内部的钢筋,假想混凝土是透明体,使包含在混凝土中的钢筋成为“可见”,这种图称为配筋图。

（2）在构件投影图中，其轮廓线用中或细实线表示，钢筋用粗实线和黑圆点（钢筋断面）表示，以突出钢筋配置情况。一般钢筋的常用图例见表 14-4。

表 14-4　一般钢筋常用图例

序号	名　　称	图　　例	说　　明
1	钢筋断面		
2	无弯钩的钢筋端部	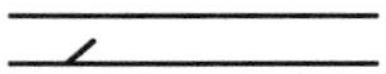	长短钢筋投影重叠时可在短钢筋的端部用 45°短画线表示
3	带半圆形弯钩的钢筋端部		
4	带直钩的钢筋端部		
5	带丝扣的钢筋端部		
6	无弯钩的钢筋搭接		
7	带半圆形弯钩的钢筋搭接		
8	带直钩的钢筋搭接		
9	套管接头（花兰螺丝）	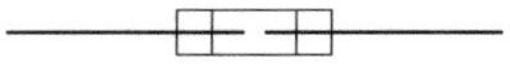	

（3）钢筋的标注方式。钢筋的标注应包括钢筋的编号、数量或间距、代号、直径及所在位置，通常应沿钢筋的长度标注或标注在有关钢筋的引出线上。梁、柱的箍筋和板的分布筋一般应注出间距，不注数量。只要钢筋的品种（代号）、直径、形状、尺寸有一项不同，就应另编一个号，编号注在直径为 4～6 mm 的圆圈内。具体标注如图 14-5 所示，①4 Φ 22 表示编号为 1 的钢筋是 4 根直径为 22 mm 的 HRB335 钢筋；④Φ 8@200 表示编号为 4 的钢筋直径是 8 mm 的 HPB300 钢筋，每隔 200 mm 布置一根。

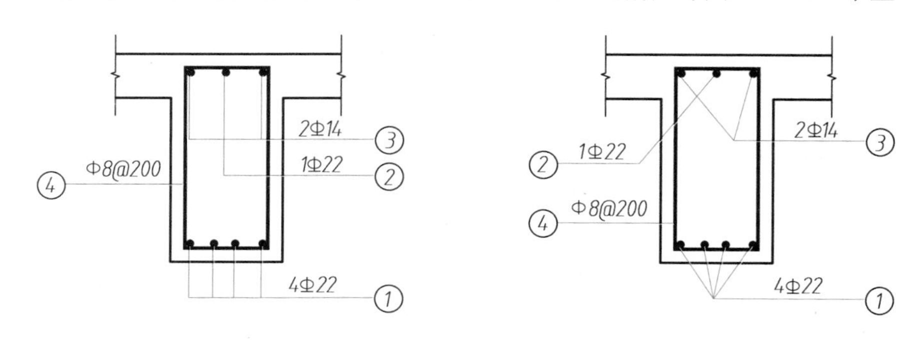

图 14-5　钢筋的编号方式

（4）当结构构件纵横向断面尺寸相差悬殊时，可在同一详图中选用不同的纵横向比例。

（5）构件配筋较简单时，可采用局部剖切的方式在其模板图的一角绘出断开界线，并绘出钢筋布置，如图 14-6 所示。

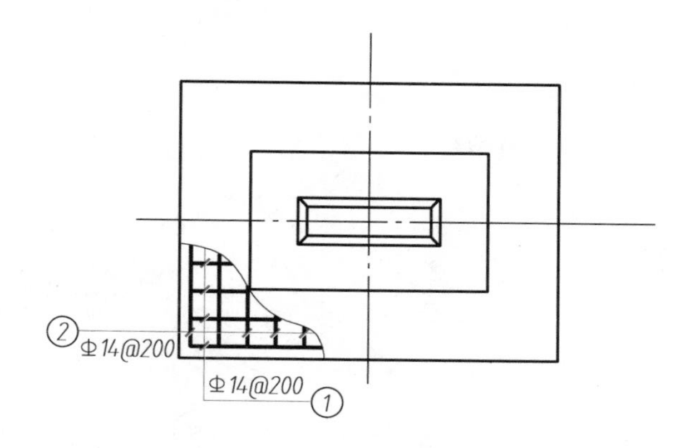

图 14-6　配筋图的简化画法

14.2.2　结构平面布置图(Structure Plans)

结构平面图是表示建筑物各构件平面布置的图样,分为基础平面图、楼层结构平面布置图、屋面结构平面布置图。

1. 图示方法及作用

楼层结构平面布置图(structure plan)是假想沿楼板将房屋水平剖开后,移去上部,把剩下的部分(下一层以上的部分)向 *H* 面投射,以显示该层的梁、板、柱和墙等承重构件的平面布置及现浇板的构造与配筋,便得到该楼层的结构平面布置图。该层的非结构层构造如楼面做法、顶棚做法、墙身内外表面装修等,都不在结构图中表示,而是放在建筑图中。图 14-7 所示为某大学综合楼的三层平面图。对多层建筑,一般分层绘制,布置相同的层可只绘一个标准层。构件一般应画出其轮廓线,对于梁、屋架和支撑等构件也可用粗点画线表示其中心位置。楼梯间及电梯间应另有详图表示,可在平面图上只用一条对角线表示其位置。

楼层结构平面布置图为现场安装和制作构件提供图样依据。

2. 图示内容

(1) 标注出与建筑图一致的轴线网及轴间尺寸。

(2) 显示梁(beam)、板(slab)、柱(column)、墙(wall)等构件及楼梯间(stairwell)的布置和编号,包括预制板选型和排列,现浇板的配筋,构件之间的连接及搭接关系。结构图中构件的类型,宜用代号表示,代号后应用阿拉伯数字标注该构件型号或编号。国标规定的常用构件代号如表 14-5 所示。

(3) 注明圈梁(QL)、过梁(GL)、雨篷(YP)和阳台(YT)等的布置和编号。若图线过多,构造又比较复杂时,可与楼面布置图分离,单独画出它们的布置图。

(4) 注出楼面标高和板底标高及梁的断面尺寸。

(5) 注出有关剖切符号、详图索引符号。

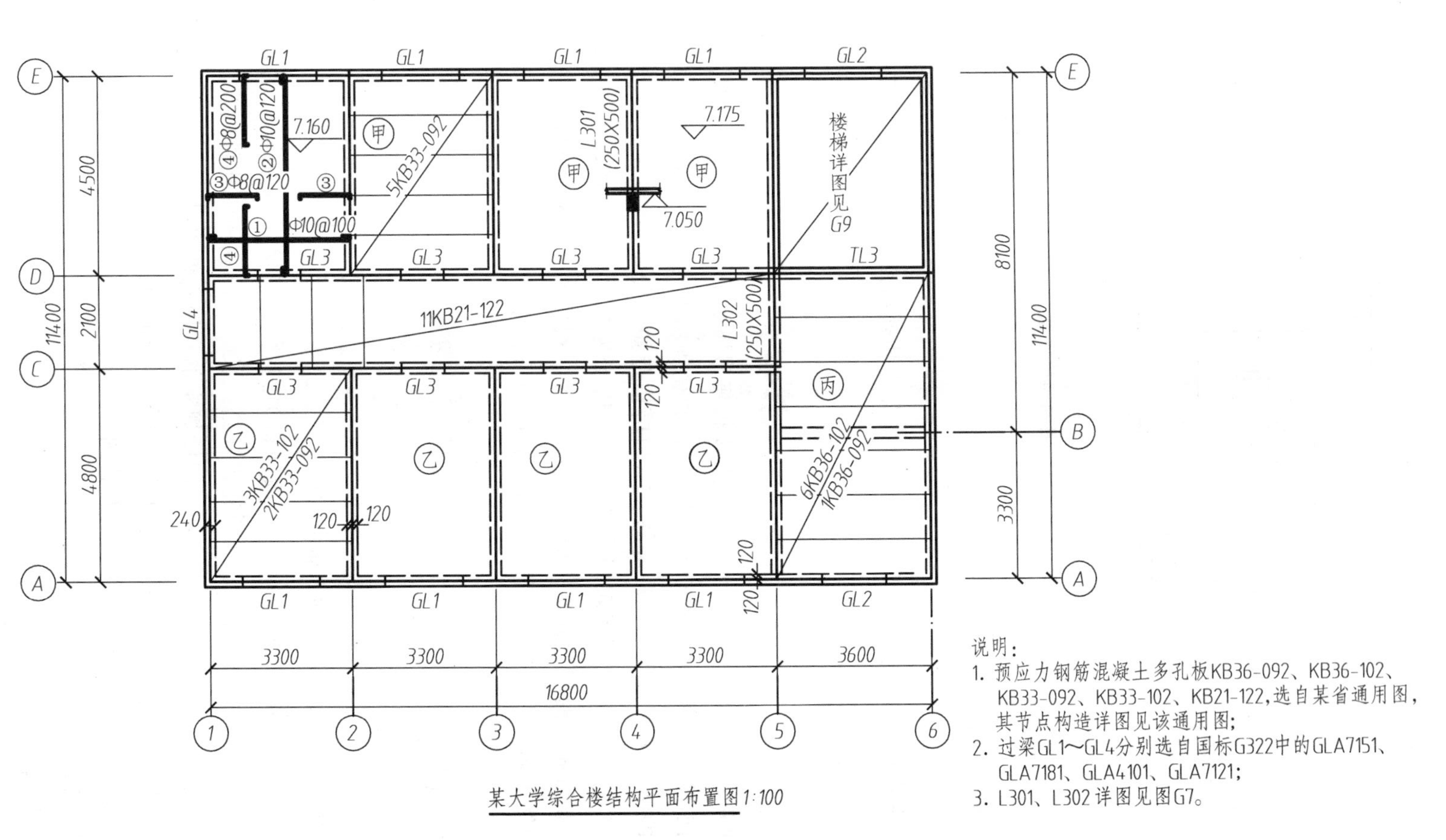

说明：

1. 预应力钢筋混凝土多孔板KB36-092、KB36-102、KB33-092、KB33-102、KB21-122，选自某省通用图，其节点构造详图见该通用图；
2. 过梁GL1～GL4分别选自国标G322中的GLA7151、GLA7181、GLA4101、GLA7121；
3. L301、L302详图见图G7。

图 14-7 某大学综合楼三层结构平面布置图

表 14-5 常用结构构件代号

序号	名称	代号	序号	名称	代号	序号	名称	代号	序号	名称	代号
1	板	B	7	墙板	QB	13	连系梁	LL	19	基础	J
2	屋面板	WB	8	梁	L	14	基础梁	JL	20	梯	T
3	空心板	KB	9	屋面梁	WL	15	楼梯梁	TL	21	雨篷	YP
4	密肋板	MB	10	吊车梁	DL	16	屋架	WJ	22	阳台	YT
5	楼梯板	TB	11	圈梁	QL	17	框架	KJ	23	预埋件	M
6	盖板或沟盖板	GB	12	过梁	GL	18	柱	Z	24	钢筋网	W

(6) 附说明,在说明中写明选用的标准图集和材料标号等一些图中未显示的内容。

3. 结构平面图的阅读

现以图 14-7 的某大学综合楼的三层结构平面图为例说明阅读结构平面图的方法。

(1) 先看图名及说明。由图名可知,此图为三层结构平面图,绘图比例是 1∶100。由说明可知该层楼面板、过梁所选用的标准图,以及 L301、L302 详图的图号。

(2) 为方便对照,结构平面图的轴线网及尺寸应与相应楼层建筑平面图相吻合。

(3) 从整体图看结构形式,楼面板均搭在墙上或梁上,所以这是砖墙竖向承重的砌体结构。

(4) 梁、板、楼梯间布置,该平面①—②/Ⓓ—Ⓔ 轴开间为现浇钢筋混凝土楼面,⑤—⑥/Ⓓ—Ⓔ开间为楼梯间,其余均为预制楼面板。各开间预制板均沿横向铺设,走道沿纵向铺设。在④、⑤轴分别设有梁,如梁 L301(250 mm×500 mm)表示该梁为三层楼面上编号为①的梁,其断面宽 250 mm,高 500 mm。①—②轴的现浇板部分共有 4 种钢筋,图中标有每一编号的钢筋尺寸,从每一编号钢筋的标注中可知其配置情况,如①Φ 10@100 表示①号钢筋是 HPB300 钢筋、直径为 10 mm,每隔 100 mm 布置一根。预制板部分有甲、乙、丙 3 种铺设开间及走道板铺设,如①—②/Ⓐ—Ⓒ轴为乙种铺设开间,用一条对角线表示其铺设区域,从对角线上的标注可知板的类型、尺寸及数量。标注方式应遵守相应的标准图集。本图预制板是选用某省通用图,其标注方式如下:如 3KB33-102 表示 3 块预应力多孔板,跨度为 3300 mm,宽 1000 mm,其荷载等级为 2 级。从图中标注可知乙种开间铺设了两种板,3 块 1000 mm 宽和 2 块 900 mm 宽,跨度均为 3300 mm、2 级荷载的预应力多孔板。乙种开间在图中共有 4 个。

(5) 圈梁、过梁等的布置。从图 14-7 中可知该楼板以下,二层楼面以上布置了过梁 GL1～GL4,每种过梁位置(准确尺寸见建筑图的三层平面图)和总根数可以从图中得知,如 GL1 共有 8 根。

(6) 标高。板底标高 7.050 m,现浇板面标高为 7.160 m,预制板面标高为 7.175 m。

4. 绘图步骤

(1) 选比例和布图。比例一般采用 1∶100,现浇板比例可用 1∶50,通常选用与相应建筑平面图一致的比例。

(2) 画出与对应的建筑平面图完全一致的轴线。

(3) 定墙、柱、梁的大小位置,用中实线表示剖面或可见的构件轮廓线,如能表达清楚时,梁可用粗点画线表示，并用代号和编号标注出来。线宽比：粗：中：细是 b：0.5b：0.25b。

（4）画板的投影。

① 预制板的画法，在每一不同的铺设区域用一条对角线表示该区域的范围，并沿对角线上（或下）方写出板的数量和代号。板铺设相同的区域，只详细铺设一个，其余用如甲乙丙等分类符号表示，分类符号写在直径为 8 mm 或 10 mm 的细实线圆圈内。

② 现浇板的画法，除了画出梁、柱、板、墙的平面布置外，主要应画出板的配筋图，表示受力钢筋的形状和配筋情况，并注明其编号，规格、直径、间距或数量等。每种规格的钢筋只画一根，按其立面形状画在钢筋安放的位置上。当配筋复杂时，在图中每一组相同的钢筋可用如图 14-8(a)所示的方式表示该号筋的起止范围。如图中有双层钢筋时，底层钢筋弯钩应向上或向左画出，顶层钢筋弯钩应向下或向右画出（见图 14-8(b)(c)）。配筋相同的板，只需将其中一块的配筋画出，其余可在相应板的范围内注明相同板的分类符号。

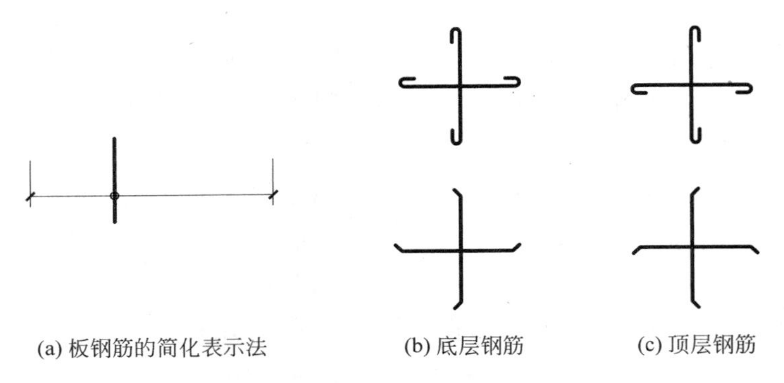

(a) 板钢筋的简化表示法　(b) 底层钢筋　(c) 顶层钢筋

图 14-8　钢筋的表达方法

③ 可用重合断面方式，画出板与梁或墙、柱的连接关系，并注出其板底的结构标高，如图 14-7 位于④轴线上的重合断面所示。

（5）画圈梁或过梁，用虚线表示其轮廓，也可用粗点画线表示其中心位置，并用代号表示。用一条对角线标出楼梯间范围，并注明楼梯间详图的图纸编号。

（6）应标注的尺寸是轴间距、轴全距、墙厚，板、梁和柱的尺寸（梁断面尺寸一般注在代号后）。

（7）附注必要的文字说明，写图名和比例。

14.2.3　构件详图(Component Detail)

1. 图示方法及作用

对于水平放置、中横向尺寸都比较大的构件，其详图通常用平面图表示，如图 14-7 中的现浇板部分。有时还可附以断面图表示构件配筋的竖向布置情况。对于比较细而长的构件，如梁、柱构件详图常用构件的立面图及横向断面图表示，如图 14-9 梁配筋图所示。这些图样的作用就是表示构件的外形、钢筋和预埋件布置，作为制作和安装构件的图样依据。

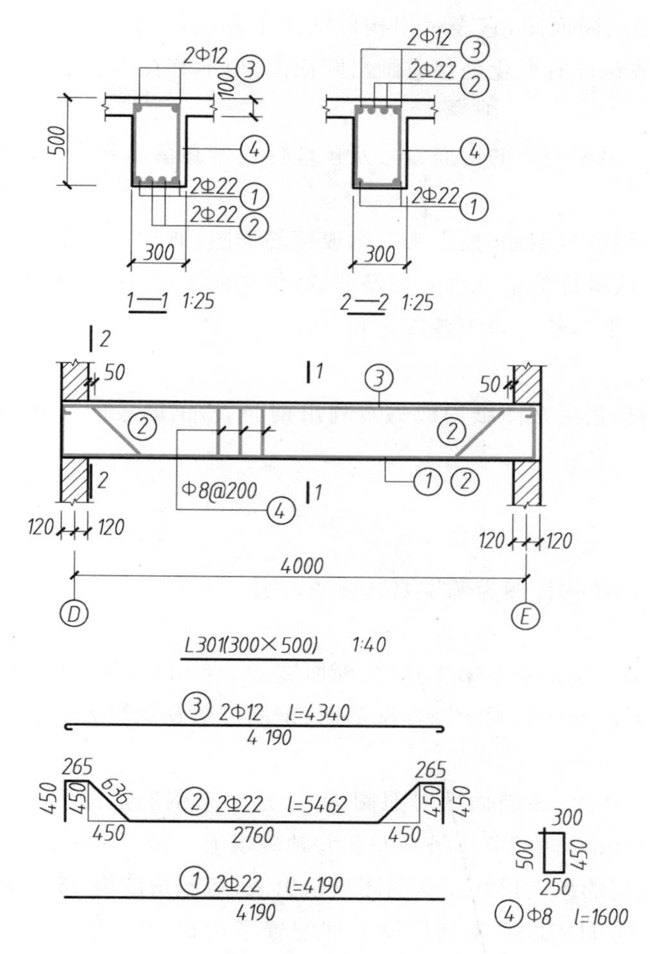

钢筋表

钢筋编号	简图	钢筋规格	钢筋长度/mm	根数	总长/m	重量/kg
①		Φ22	4340	2	8.680	25.89
②		Φ22	5462	2	10.924	32.59
③		Φ12	41900	2	8.380	7.44
④		Φ8	1600	22	35.200	13.90

图 14-9　梁的结构详图

2. 图示内容

以梁为例，来说明其图示内容。

1）模板配筋图（简称配筋图）

（1）立面图表示构件的立面轮廓、支撑情况、预埋件位置，并表示钢筋的立面形状及上下排列的位置，在图中，当箍筋均匀布置时，可只画出其中一部分投影。

(2) 断面图是构件的横向断面图，它表示出构件的上下和前后的排列、箍筋的形状与其他钢筋的连接关系。在构件断面形状或钢筋有变化处都应画出断面图(但不宜在斜筋段内截取断面)，还应表示出预埋件的上下前后位置。

立面图和断面图都应注出相一致的钢筋编号及预埋件代号和留出规定的保护层厚度。

2) 钢筋详图

有时为了方便下料，还把各号钢筋"抽出来"，画成钢筋详图，通常在立面图的正下方用同一比例画出每种编号的钢筋各一根，并从构件的最上部的钢筋开始，依次向下排列。在钢筋线上方标注出其编号、根数、品种、直径及下料长度。下料长度等于各段之和。

3) 钢筋表

为便于施工和统计用料，还可在图纸内或另页列出钢筋表，钢筋表的形式如图 14-9 所示，也可根据需要增减若干统计项目。

3. 结构详图的阅读

现以图 14-9 所示的梁的结构详图为例说明其读图方法。

1) 读图名

由立面图图名可知这是三层楼面上第 1 号梁，断面宽 300 mm，高 500 mm。立面图用 1∶40 比例绘制。该构件详图由一个立面配筋图和两个断面配筋图、钢筋详图及钢筋表组成。

2) 配筋图

把 L301 的立面图和 1—1、2—2 断面图对照阅读，这是一个钢筋混凝土单跨梁。该梁断面宽度 300 mm，高 500 mm，全长 4 240 mm，两端分别搭在Ⓓ和Ⓔ轴砖墙上。梁下部配置了 4 根受力筋，其中在中间的两根②号筋为弯起筋，它们的纵向形状在立面图显示出来，弯起角度为 45°。从断面图标注可知，①、②号筋分别是直径为 22 mm 的 HRB335 钢筋。梁上部配置了两根编号为③的架立筋，为直径 12 mm 的 HRB335 钢筋。同时由断面图可知④号筋为箍筋，矩形，两端带有 135°弯钩。由立面图标注可知，④号筋为直径 8 mm 的 HPB300 钢筋，沿梁全长每隔 200 mm 放置一根。

3) 钢筋详图

为了便于下料，常常把各号钢筋"抽出来"，在配筋立面图的下方画出钢筋详图。如图 14-9 所示，钢筋详图位于配筋图的下面，从构件中最上部的钢筋开始，依次向下排列，并和立面图中的同号钢筋对齐；同一号只画一根，在钢筋线上标注出钢筋的编号、根数、钢筋品种、直径及下料长度 l。下料长度等于各段长度之和，如③号钢筋因两端有弯钩，180°弯钩为 6.25 倍钢筋直径(图 14-4)。其下料长度等于梁构造长度减去两端保护层(25 mm)的厚度，再加上两端的半圆弯钩长度，所以 l=4 240 mm－(25×2) mm＋6.25×12×2 mm＝4 340 mm。

4) 钢筋表

图 14-9 中列出了 L301 的钢筋表，由此可以读出各号钢筋的形状、规格、长度、根数、总长和重量。梁的混凝土等级、保护层厚度等，以及无法在图中表示出的内容，可从有关图纸的说明中了解到，这里从略。

柱与梁相似。图 14-10 所示为预制钢筋混凝土柱详图，因其外形比较复杂，所以将模板图和配筋图分开画出，并画出了预埋件详图。另外在制作、运输及安装等过程中，构件的翻身点和起吊点是至关构件

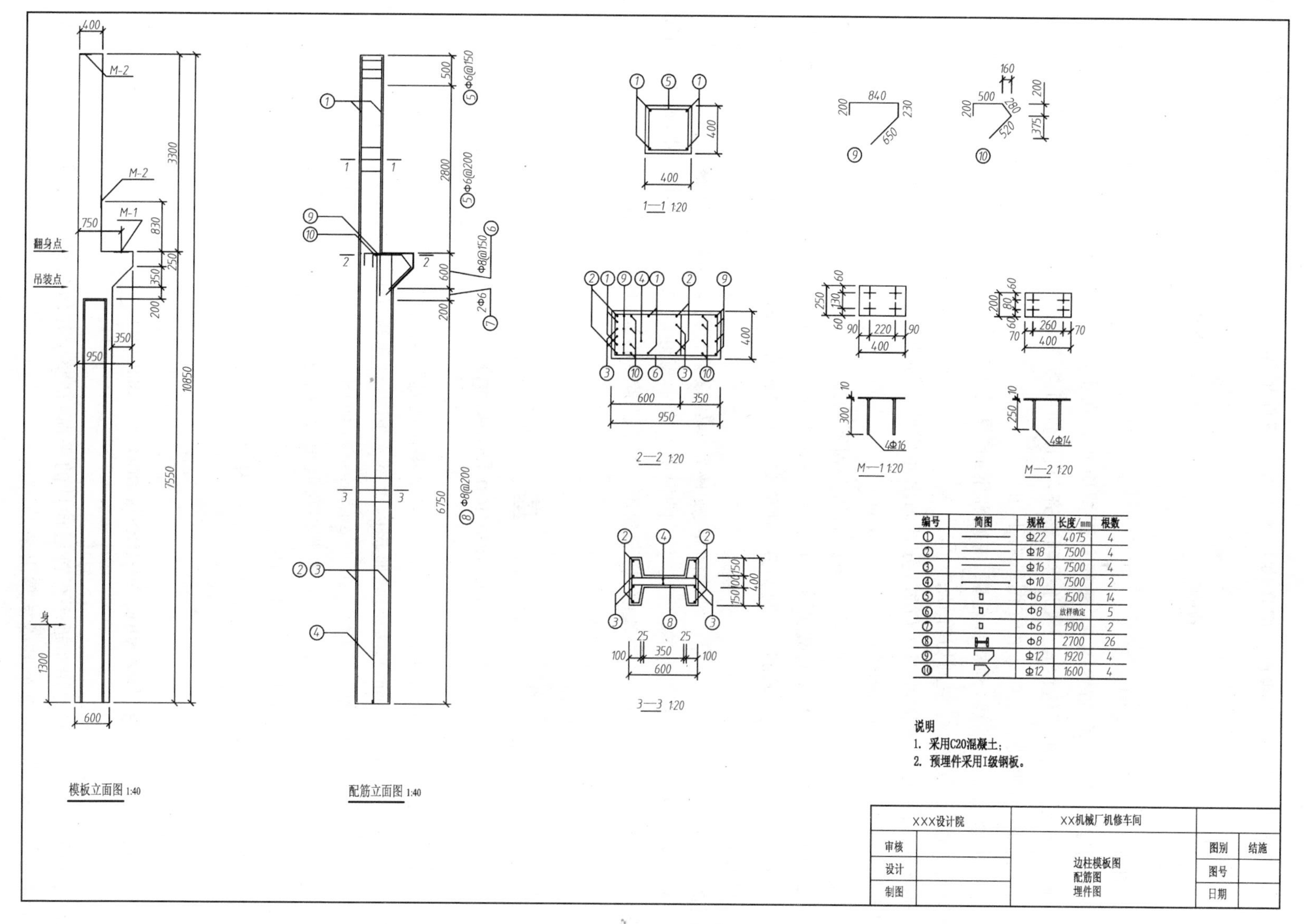

编号	简图	规格	长度/mm	根数
①		Φ22	4075	4
②		Φ18	7500	4
③		Φ16	7500	4
④		Φ10	7500	2
⑤		Φ6	1500	14
⑥		Φ8	放样确定	5
⑦		Φ6	1900	2
⑧		Φ8	2700	26
⑨		Φ12	1920	4
⑩		Φ12	1600	4

说明
1. 采用C20混凝土；
2. 预埋件采用I级钢板。

图 14-10　预制钢筋混凝土柱详图

安全受力的特殊点，所以应将这些点标记在模板图上或预埋件吊环上。此外这张图还附有说明、图标和图框，是一张较完整的钢筋混凝土构件详图。

4. 绘图步骤

以梁为例介绍施工图的绘图步骤。

(1) 确定图样数量、比例、布置图样，配筋立面图应布置在主要位置上，其比例一般为 1：50、1：30 或 1：20。断面图可布置在任何位置上，并排列整齐，其比例可与立面图相同，也可适当放大。钢筋详图一般在立面图的下方，钢筋表一般布置在图纸右下角。

(2) 画配筋立面图，定轴线，画构件轮廓、支座和钢筋(纵筋用粗线画，箍筋用中粗线画)，用中虚线表示与现浇梁有关的板、次梁，标注剖切符号。

(3) 画断面图，根据立面图的剖切位置，分别画出相应的断面图，先画轮廓，后画钢筋。表示钢筋断面的黑圆点位置要准确，与箍筋相邻时，要紧靠箍筋。

(4) 画钢筋详图，其排列顺序与立面图中钢筋从上到下的排列顺序一致。

(5) 标注钢筋，在钢筋引出线的端头画一直径 4～6 mm 的圆圈，编号写入其中，在引出线上标出钢筋的数量、品种和直径。引出线可转折，但要整齐，避免交叉。通常在断面图上详细标注钢筋，在钢筋详图中，直接标注在钢筋线上方。

(6) 标尺寸、标高，立面图中应标注轴线间距、支座宽、梁高、梁长及弯起筋到支座边等尺寸。标注梁底、板面结构标高。断面图只标注梁高、宽尺寸。保护层厚度示意性的画出，且不注尺寸，而在文字说明中用文字写明。钢筋详图应注出各段长度、弯起角度(或弯起部分的长、高尺寸)及总尺寸。

14.3 基 础 图
(Foundation Drawing)

支承建筑物的土层称为地基(subgrade)。通常把建在地基以上，房屋首层室内地坪(±0.000)以下的承重部分称为基础(foundation)。基础的形式因上部结构承重系统不同以及地质情况不同而有很多种。一般，墙承重时用条形(墙)基础(wall foundation)，如图 14-11(a)所示；柱承重时用独立基础(column foundation)，如图 14-11(b)所示；当上部荷载很大而地基承载能力又差时，常把基础连成片，称为筏板基础(slab foundation)，如图 14-11(c)所示。

表达基础结构布置及构造的图称为基础结构图，简称基础图。基础图包括基础平面图和基础详图。

14.3.1 图示方法和作用(Drawing Methods and Functions)

为了把基础表达清楚，假想用贴近平行首层地坪的平面，把整个建筑物切断，去掉上部，只剩下基础，再把基础周围的土体去掉，使整个基础裸露出来。

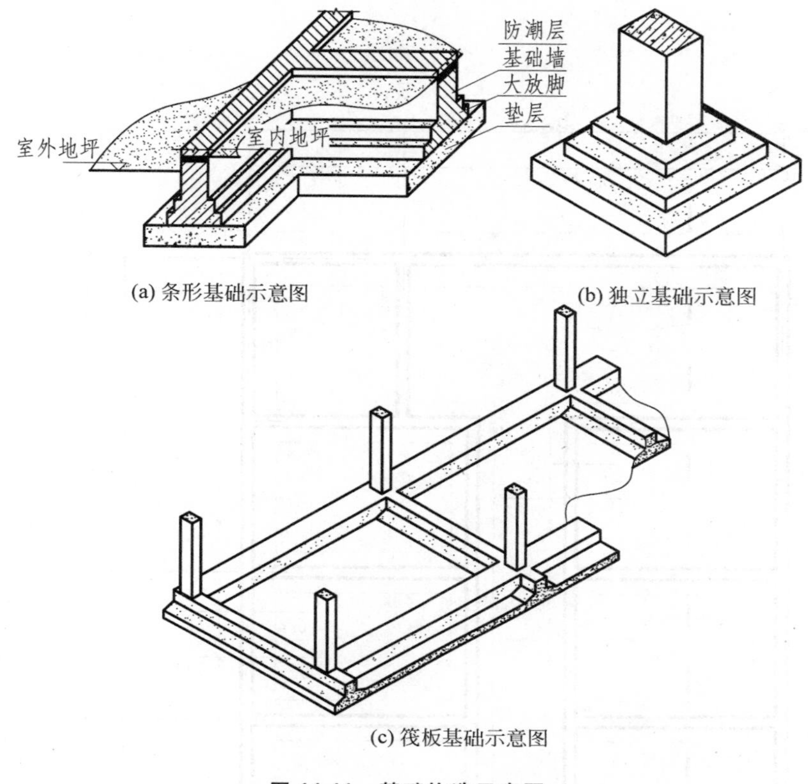

(a) 条形基础示意图　(b) 独立基础示意图

(c) 筏板基础示意图

图 14-11　基础构造示意图

基础平面图，是将裸露的基础向 H 面投射得到的俯视图。如图 14-12 所示。

基础详图，是将基础垂直切开所得到的断面图。对于独立基础，有时还附单个基础的平面详图，如图 14-13 所示。

基础图是在房屋施工过程中，放灰线、挖基坑和砌筑基础的图样依据。

14.3.2　图示内容(Contents)

现以墙下条形基础、独立基础为例介绍图示内容。

1. 基础平面图

(1) 标出与建筑图一致的轴线网及轴间距。

(2) 表达基础的平面布置，只需要画出基础墙、柱及基底平面轮廓即可，至于基础的细部轮廓都省略不画。当基础底面标高有变化时，应在基础平面图对应部位的附近画出一段基础的纵断面图，以表示基础底面高度的变化，并注出相应标高。

(3) 标注出基础梁、柱和独立基础等构件编号及条形基础的剖切符号。

(4) 标注轴线尺寸，墙、柱、基底与轴线的定位及定形尺寸。

(5) 表达由于其他专业需要而设置的穿墙孔洞和管沟等的布置及尺寸、标高等。

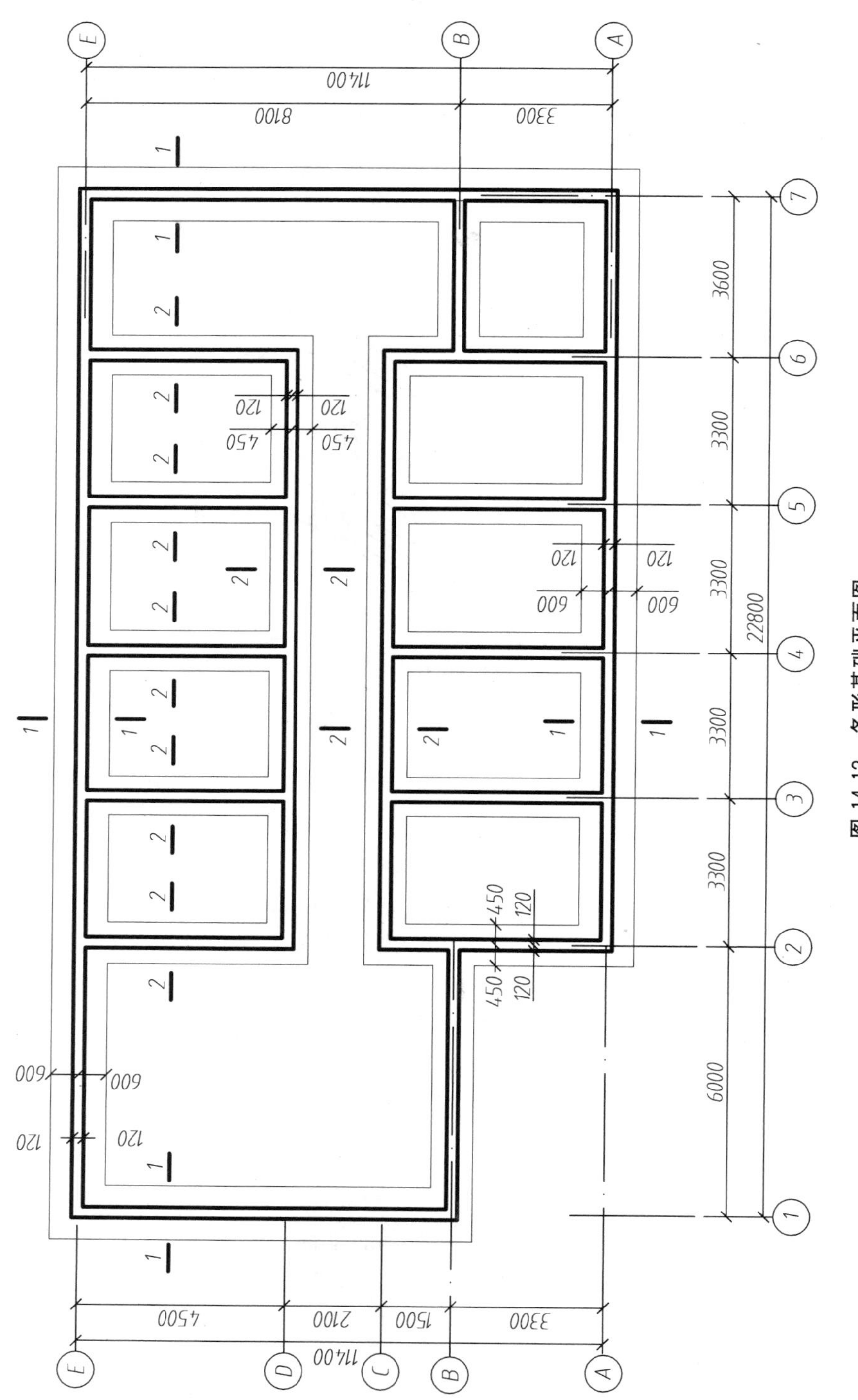

图 14-12 条形基础平面图

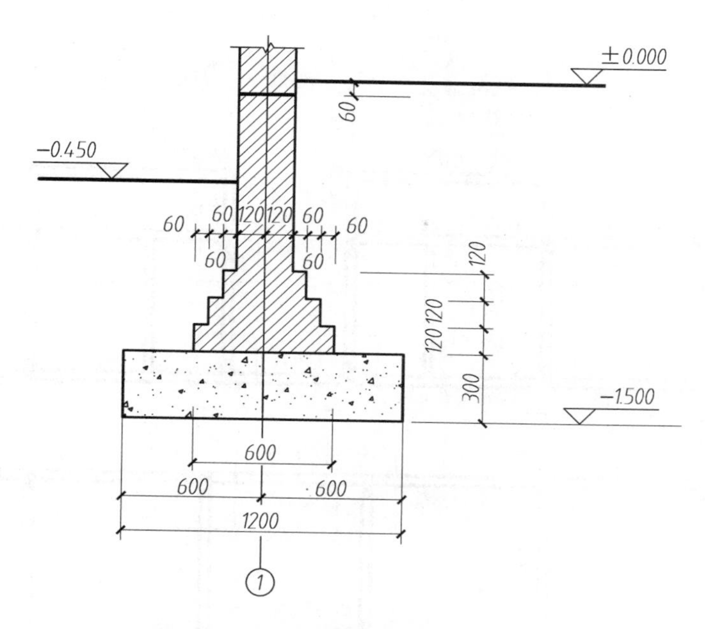

图 14-13　条形基础详图(1—1 断面图)

2. 基础详图

(1) 表达基础的形状、尺寸、材料、构造及基础的埋置深度等。图 14-13 中的 1—1 断面图为条形基础的内外墙详图,图 14-14 为柱下独立基础。

(2) 标注与基础平面图相对应的轴线、各细部尺寸、基底及室内外标高。

3. 施工说明

主要说明基础所用的各种材料、规格及一些施工技术要求。这些说明可写在结构设计说明中,也可写在相应的基础平面图和基础详图中。

14.3.3　基础图的阅读(Reading of Foundation Drawings)

1. 条形基础

1) 基础平面图

图 14-12 为某栋以砖墙承重的房屋的基础平面图。从图中可看出该房屋基础是沿着承重墙布置的条形基础。与该建筑平面图的轴网布置相同,轴线间总长 22.8 m,总宽 11.4 m。轴线两侧的中实线是剖切到的基础墙边线,细实线表达的是基础底边线。

以①轴外墙为例,墙厚 240 mm,基础底左右边线距离①轴分别为 600 mm,基础底的宽度为 1 200 mm。基础平面图中有 2 个序号的剖切编号(1—1～2—2),说明共有两种不同的条形基础断面图(即基础详

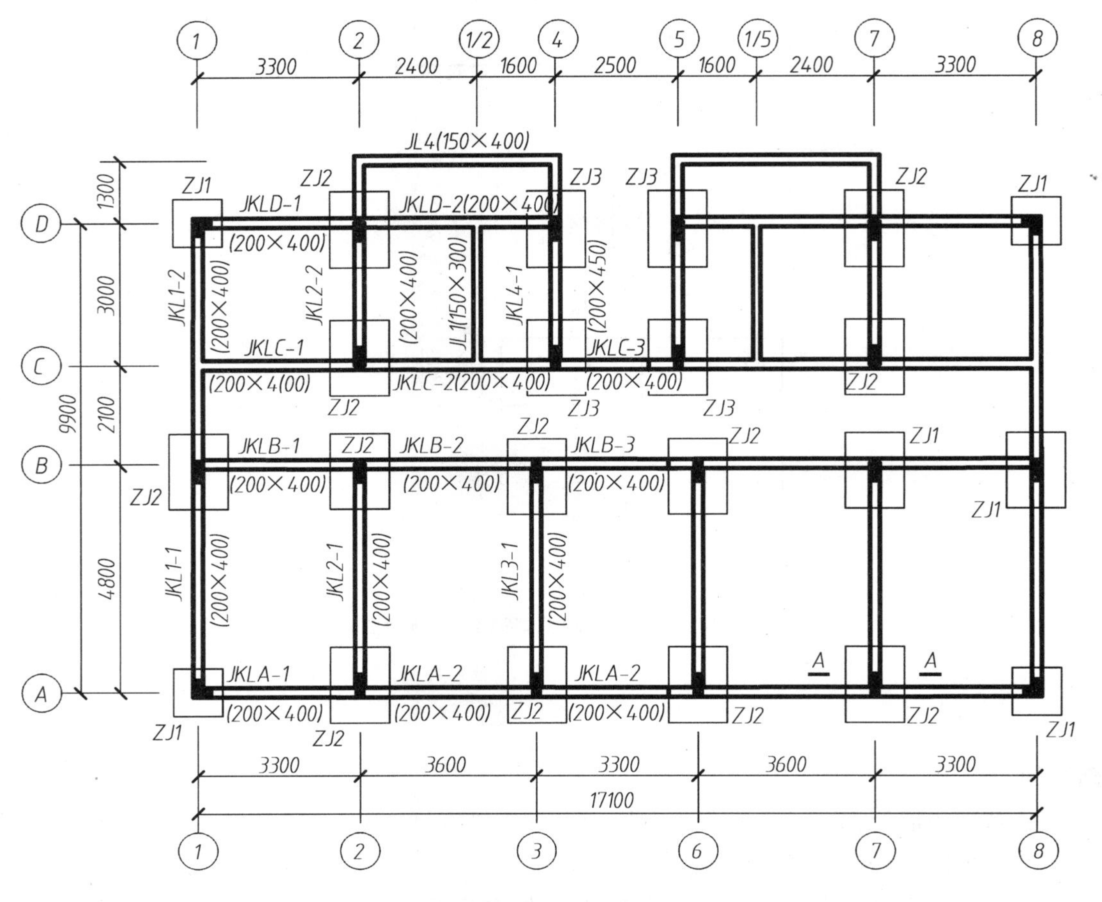

图 14-14　住宅基础平面图

图)，其中一种基底宽 1 200 mm，一种基底宽 900 mm。

2）基础详图

图 14-12 中 1—1 断面图表示的是①～⑦轴的外墙基础详图，该详图显示基础为砖基础，基础垫层为 1 200 mm 宽，300 mm 高的素混凝土垫层，其上是砖砌大放脚，每层高 120 mm，两侧同时收入 60 mm。室外地坪标高－0.450 m，基础底面标高－1.500 m，在距离 0.000 m 向下 60 mm 设一 1∶2.5 水泥砂浆防潮层。

2．独立基础图

采用框架结构的房屋以及工业厂房的基础常用独立柱基础。图 14-14 是某住宅的基础平面图，图中涂黑的长方块是钢筋混凝土柱，柱外细线方框表示该独立柱基础的外轮廓线，基础沿定位轴线布置，分别编号为 ZJ1、ZJ2 和 ZJ3。基础与基础之间设置基础梁，以细线画出，它们的编号及截面尺寸标注在图的左半部分。如沿轴①的 JKL1-1、JKL1-2 等，用以支撑在其上面的砖墙。

图 14-14 所示为独立基础详图 ZJ2，它由一个平面详图和 A—A 断面图组成，既是模板图，又是配

筋图。对照两图阅读，可知该基础是四棱台形，基底 1 600 mm×1 200 mm，锥台高 600 mm。锥台顶面放出 50 mm 宽的台阶，以支撑混凝土柱的模板。柱断面尺寸 500 mm×200 mm。基础下设 100 mm 厚素混凝土垫层。从 A—A 图中可知地面标高－0. 020 m，基底标高－1. 800 m，其余细部尺寸如图 14-15 所示。

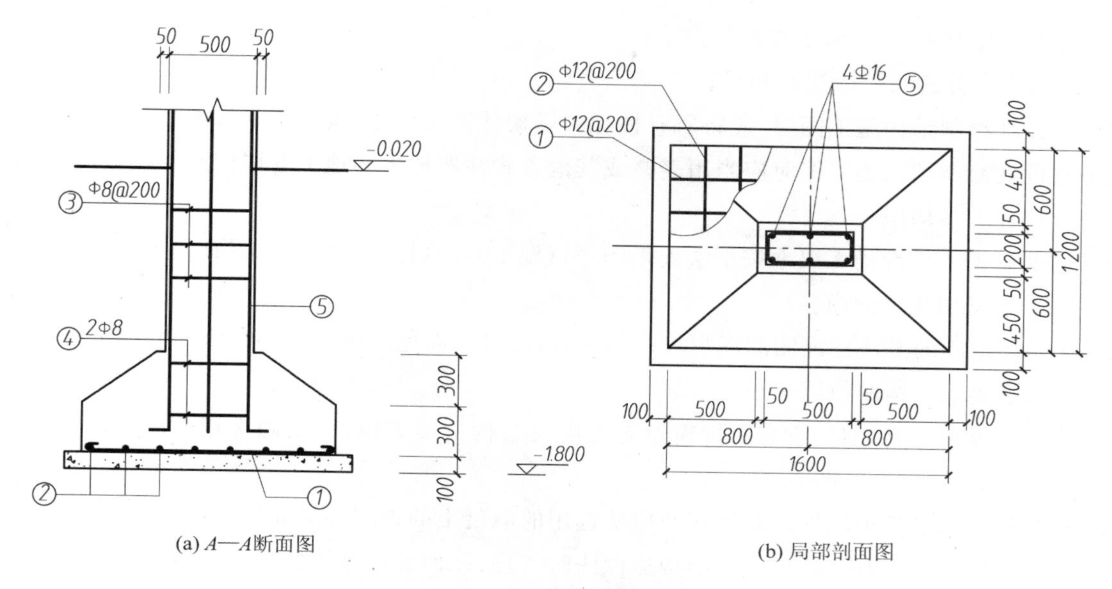

(a) *A*—*A*断面图　　(b) 局部剖面图

图 14-15　独立基础详图

将 ZJ2 图中的局部剖面图与 *A*—*A* 断面图对照阅读可知基础底纵横向配置直径为 12 mm 的 HPB300 钢筋，间距 200 mm，编号为②。竖向配置与横向配置都为编号①的钢筋。柱内竖直配有编号为⑤的 4 根直径为 16 mm 的 HRB335 钢筋，钢筋插基础内，又水平弯折。③号筋为柱箍筋，是直径为 8 mm 的 HPB300 钢筋，每隔 200 mm 布置一根。

基础的说明，如砖、砂浆和混凝土的强度等级，保护层厚度、钢筋搭接长度等。本图省略。

14.4　结构施工图平面整体表示法简介

（Brief Introduction to Explanative Plan Method）

14.4.1　结构施工图平面整体表示法的基本规则（Basic Rules of Explanative Plan Method）

1996 年 11 月 28 日，中华人民共和国建设部批准由山东省建筑设计研究院和中国建筑标准研究所编制的《混凝土结构施工图平面整体表示方法制图规则和构造详图》（03G101—1）图集，作为国家建筑标准设计图集，在全国推广使用。

平面整体表示方法是把结构构件的尺寸和配筋等，整体直接表达在该构件（柱、梁、剪力墙）的结构平面布置图上，再配合标准构造详图，构成完整的结构施工图。它改变了传统的将构件从结构平面布置图中索引出来，再逐个绘制配筋详图的繁琐方法，大大简化了绘图过程，节省图纸量约1/3。

按平法设计绘制的施工图，一般是由各类结构构件的平法施工图和标准构造详图两大部分构成。

在平面图上表示各构件尺寸和配筋的方式有三种：

(1) 平面注写方式 ——标注梁；

(2) 列表注写方式 ——标注柱和剪力墙；

(3) 截面注写方式——标注柱和梁；

按平法设计绘制结构施工图时，应将所有柱、墙、梁构件进行编号，编号中含有类型代号和序号等。

按平法设计绘制结构施工图时应当用表格或其他方式注明地下和地上各层的结构层楼(地)面标高、结构层高及相应的结构层号。

为了确保施工人员准确无误地按平法施工图进行施工，在具体工程的结构设计总说明中必须写明以下与平法施工图密切相关的内容。

(1) 注明所选用的平法标准图的图集号(如03G101—1)，以免图集升版后在施工中用错版本。

(2) 写明混凝土结构的使用年限。

(3) 当有抗震设防要求时，应写明抗震设防烈度及结构抗震等级，以明确选用相应抗震等级的标准构造图。

(4) 写明柱、墙、梁各类构件在其所在部位所选用的混凝土的强度等级和钢筋级别。

(5) 当标准构造详图有多种可选择的构造做法时，写明在何部位选用何种构造做法。

(6) 对混凝土保护层厚度有特殊要求时，写明不同部位的柱、墙、梁构件所处的环境类别。

该标准图集包括两大部分内容：平面整体表示法制图规则和标准构造详图。该方法适用于各种现浇钢筋混凝土结构的基础、柱、剪力墙、梁、板、楼梯等构件的施工图设计。下面对常用的板、梁、柱平法规则进行介绍。

14.4.2 板的配筋图画法(Bar Arrangement Drawing of Floors)

用板的平面配筋图表示板的配筋画法，即与传统一致。

14.4.3 梁的平法施工图(Explanative Plan Drawing of Beams)

梁平面整体配筋图是在各结构层梁平面布置图上，采用平面注写方式或截面注写方式表达。

1. 平面注写方式

平面注写方式是在梁平面布置图上，分别在不同编号的梁中各选择一根梁，在其上按规则要求直接注写梁几何尺寸和配筋具体数值的方式来表达梁平面整体配筋图。

梁编号由梁类型代号、序号、跨数及有无悬挑梁代号几项组成。应符合表14-6的规定。如KL2(2A)300×650表示编号为2的框架梁，其截面宽300 mm，高650 mm，为一端悬挑梁。

表 14-6 梁编号

梁类型	代号	序号	跨数及是否带有悬挑
楼层框架梁	KL	××	(××)、(××A)或(××B)
屋面框架梁	WKL	××	(××)、(××A)或(××B)
框支梁	KZL	××	(××)、(××A)或(××B)
非框架梁	L	××	(××)、(××A)或(××B)
悬挑梁	XL	××	(××)、(××A)或(××B)
井字梁	JZL	××	(××)、(××A)或(××B)

注：(××A)为一端悬挑，(××B)为两端有悬挑，悬挑不计入跨数。

梁的平面注写包括**集中标注**(centralized explanation)和**原位标注**(localized explanation)两种。

1) 集中标注

集中标注表示梁的通用数值，可以从梁的任何一跨引出。

集中标注部分的内容有四项必注值和一项选注值，必注值有梁的编号、截面尺寸、梁箍筋及梁上部贯通筋或架立筋根数。梁顶面标高为选注值，当梁顶面与楼层结构标高有高差时应注写。

图 14-16 所示为框架梁 KL2 的平面注写方式。图中Φ8@100/200(2)2Φ25，表示该梁的箍筋为直径 8 mm 的 HPB300 钢筋；100/200 表示箍筋间距在加密区为 100 mm，非加密区 200 mm；(2)表示箍筋为两肢箍；2Φ25 表示梁的上部贯通筋为 2 根直径 25 mm 的 HRB335 钢筋。(−0.100)表示梁顶相对楼层标高低 0.100 m。

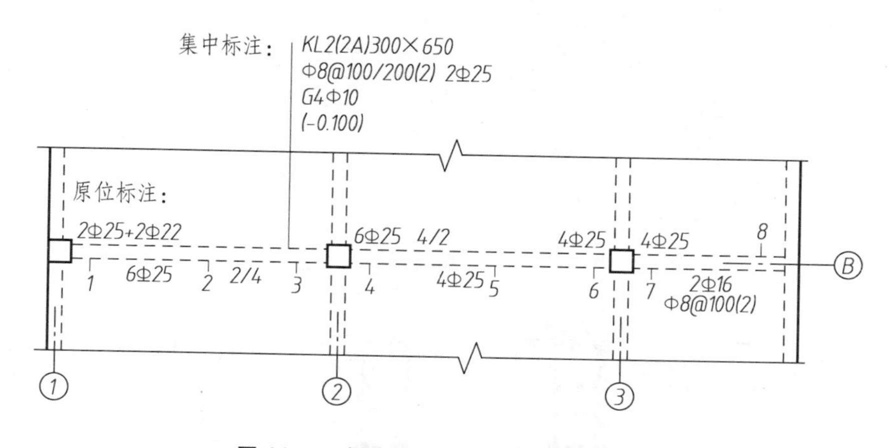

图 14-16 梁平面整体配筋平面注写方式

2) 原位标注

原位标注表示梁的特殊值。当集中标注中的某项数值不适用于梁的某部位时，则将该项数值原位标注，施工时原位标注取值优先。

3) 原位标注的部分规定

(1) 梁上部或下部纵筋(含贯通筋)多于一排时，用斜线“/”将各排纵筋自上而下分开。如图 14-16 所示，在①～②轴梁下中间段 6 ⌀ 25 2/4 为该跨梁下部配置的钢筋，表示上一排纵筋为 2 ⌀ 25，下一排纵筋为 4 ⌀ 25，全部伸入支座。

(2) 当同排纵筋有两种直径时，用加号"＋"将两种直径的纵筋相连，角筋写在前面。如图 14-16 所示，在①轴梁上部注写的 2 ⌀ 25＋1 ⌀ 22，表示梁支座上部有四根纵筋，2 ⌀ 25 放在角部，2 ⌀ 22 放在中部。

(3) 当梁中间支座两边的上部纵筋相同时，可仅在支座的一边标注配筋值，另一边省去不注。如图 14-16 的②轴梁上端所示。

(4) 当集中标注的梁断面尺寸、箍筋、上部贯通筋或架立筋，以及梁顶面标高之中的某一项(或几项)数值可适用于某跨或某悬挑部分时，则将其不同数值原位标注在该跨或该悬挑部分处，施工时，应按原位标注的数值有限取用。如图 14-16 所示，③轴右侧梁悬挑部分，下部标注Φ 8@100，表示悬挑部分的箍筋通长都为Φ 8 间距 100 mm 的两肢箍。

梁支座上部纵筋的长度则根据梁的不同编号类型，按"平法"标准中的相关规定执行。

2. 截面注写方式

截面注写方式——在分标准层绘制的梁平面布置图上，分别在不同编号的梁中各选一根梁用剖面号引出配筋图，并以在其上注写截面尺寸和配筋具体数值的方式来表达梁平法施工图。在断面配筋详图上注写断面尺寸 $b \times h$，上部筋、下部筋、侧面筋和箍筋的具体数值。如图 14-17 所示框架梁 KL2 的截面注写方式。

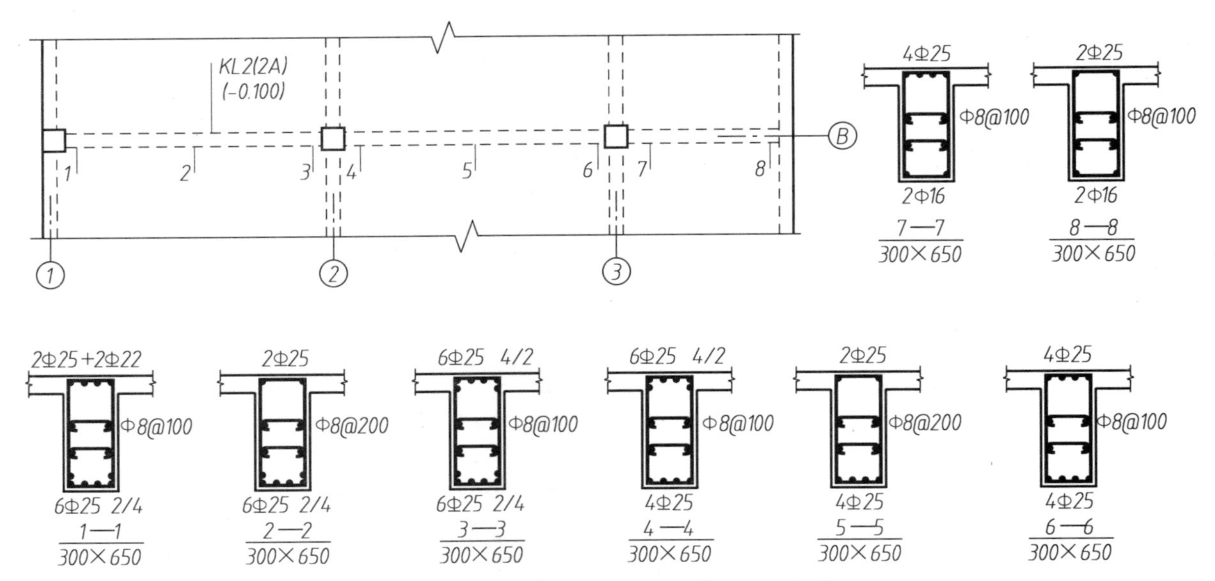

图 14-17 梁平面整体配筋图截面注写方式

截面注写方式既可以单独使用，也可与平面注写方式结合使用。如布梁区域较密时，用截面注写方式可使图面较清晰。

图 14-18 为第 13 章中图 13-7～图 13-9 所示别墅的一层梁平面整体配筋图。

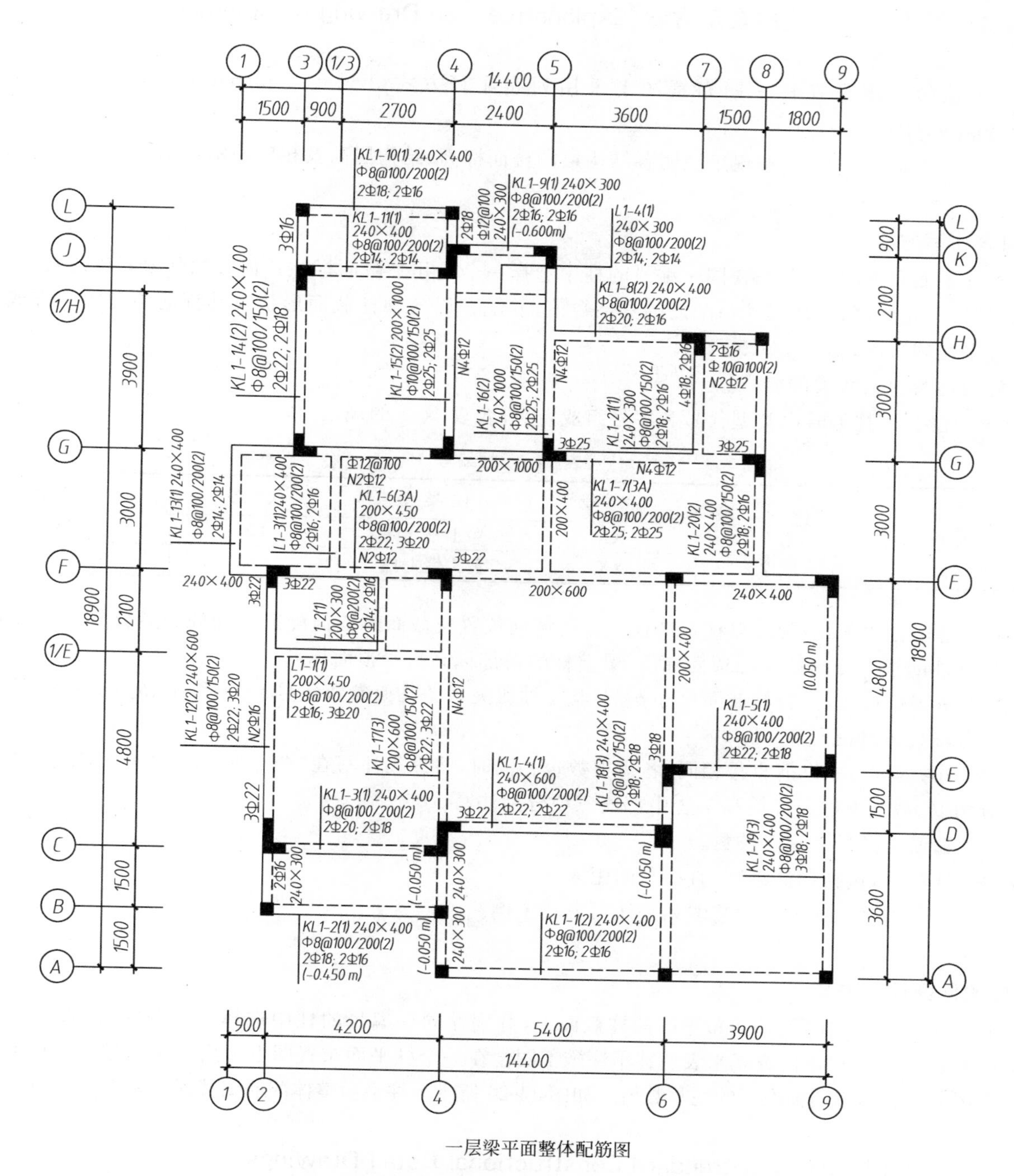

一层梁平面整体配筋图

图 14-18　梁平面整体配筋图平面注写使用举例

14.4.4 柱平法施工图的表示方法(Explanative Plan Drawing of Columns)

柱平法施工图系在柱平面布置图上采用列表注写方式(listing explanation)或截面注写方式(sectional explanation)表达。

在柱平法施工图中,应按规定注明各结构层的楼面标高、结构层高及相应的结构层号。

1. 列表注写方式

在柱平面布置图上,分别在同一编号的柱中选择一个或几个截面标注几何参数代号;在柱表中注写柱号、柱段起止标高、几何尺寸与配筋的具体数值,并配合以各种柱截面形状及其箍筋类型图的方式,来表达柱平法施工图,如图14-19所示。

柱表注写包括六项内容,规定如下。

(1) 柱编号,柱编号由类型代号和序号组成,应符合表14-7的规定。

表14-7 柱编号

柱类型	代号	序号	柱类型	代号	序号
框架柱	KZ	XX	梁上柱	LZ	XX
框支柱	KZZ	XX	剪力墙上柱	QZ	XX

(2) 各段柱的起止标高,自柱根部往上以变截面位置或截面未变但配筋改变处为界分段注写。框架柱和框支柱的根部标高指基础顶面标高,梁上柱的根部标高指梁顶面标高。

(3) 对于矩形柱,注写柱截面尺寸 $b\times h$ 及与轴线关系的几何参数代号 b_1、b_2 和 h_1、h_2 的具体数值,须对应于各段柱分别注写。

(4) 柱纵筋,当柱纵筋直径相同,各边根数也相同时,将纵筋注写在"全部纵筋"一栏中;除此之外,柱纵筋分角筋、截面 b 边中部筋和 h 边中部筋三项分别注写。

(5) 箍筋类型号及箍筋肢数。

(6) 柱箍筋,包括钢筋级别、直径与间距。

图14-19为柱平面整体配筋图列表注写方式示例。

2. 柱的截面注写方式

在分标准层绘制的柱平面布置图的柱截面上,分别在同一编号的柱中选择一个截面,以直接注写截面尺寸和配筋具体数值的方式来表达柱平法施工图。在一个柱平面布置图上可用加小括号"()"和尖括号"〈〉"来区分和表达不同标准层的注写数值。如图14-20所示为柱平面整体配筋图截面注写方式示例。

14.4.5 标准构造详图(Strandard Constructional Detail Drawings)

对不同类型的梁、柱按规则进行编号后,则不同类型的梁、柱构造可与"平法"标准中的规定、标准构造详图建立对应关系。如支座钢筋伸出长度、支座节点构造等采用相应的规定或构造详图即可符合现行国家规范、规程。对于标准中未包括的特殊构造、特殊节点构造应由设计者自行设计绘制。

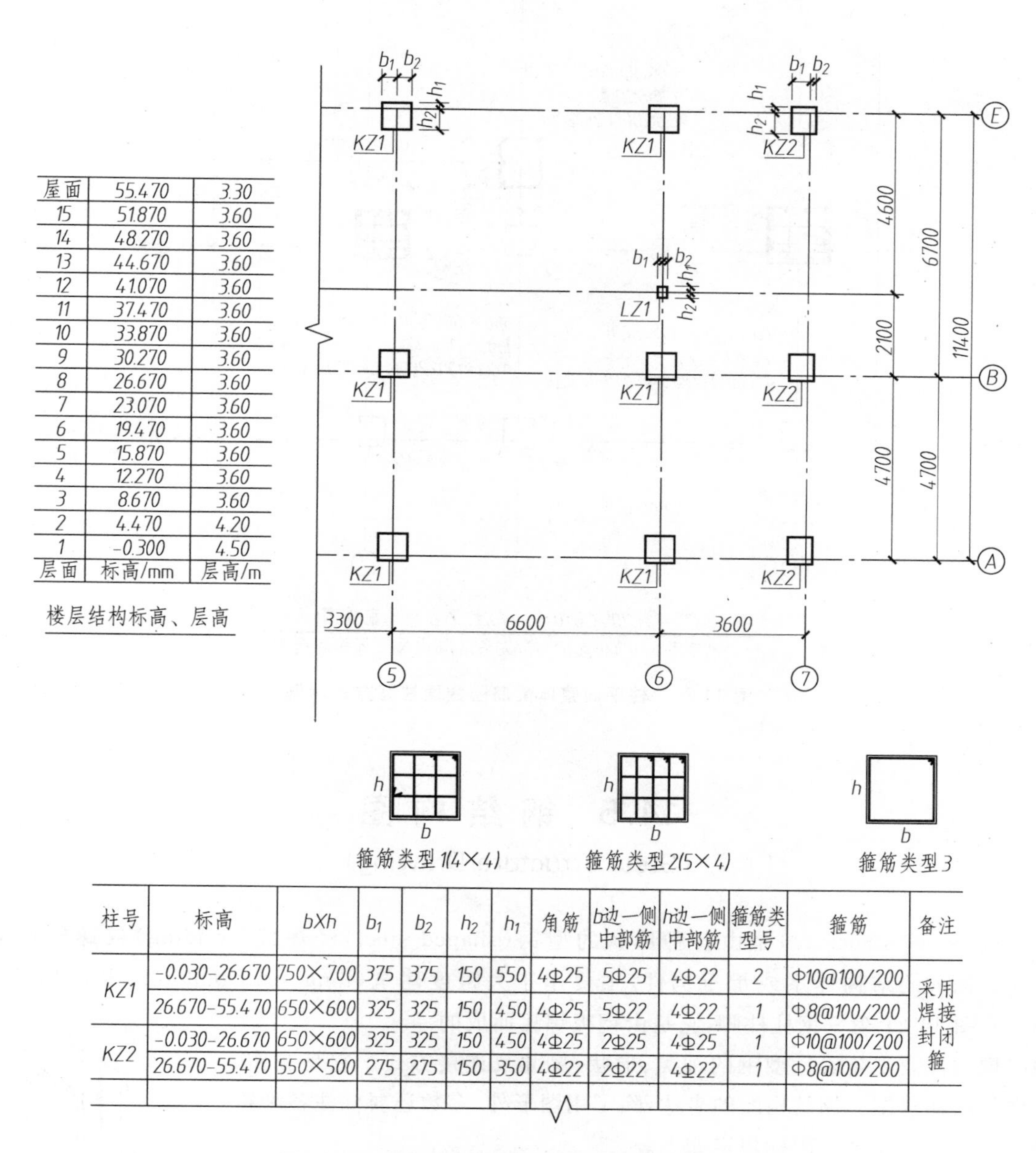

屋面	55.470	3.30
15	51.870	3.60
14	48.270	3.60
13	44.670	3.60
12	41.070	3.60
11	37.470	3.60
10	33.870	3.60
9	30.270	3.60
8	26.670	3.60
7	23.070	3.60
6	19.470	3.60
5	15.870	3.60
4	12.270	3.60
3	8.670	3.60
2	4.470	4.20
1	-0.300	4.50
层面	标高/mm	层高/m

楼层结构标高、层高

柱号	标高	bXh	b_1	b_2	h_2	h_1	角筋	b边一侧中部筋	h边一侧中部筋	箍筋类型号	箍筋	备注
KZ1	-0.030-26.670	750×700	375	375	150	550	4Φ25	5Φ25	4Φ22	2	Φ10@100/200	采用焊接封闭箍
	26.670-55.470	650×600	325	325	150	450	4Φ25	5Φ22	4Φ22	1	Φ8@100/200	
KZ2	-0.030-26.670	650×600	325	325	150	450	4Φ25	2Φ25	4Φ25	1	Φ10@100/200	
	26.670-55.470	550×500	275	275	150	350	4Φ22	2Φ22	4Φ22	1	Φ8@100/200	

图 14-19　柱平面整体配筋图列表注写方式示例

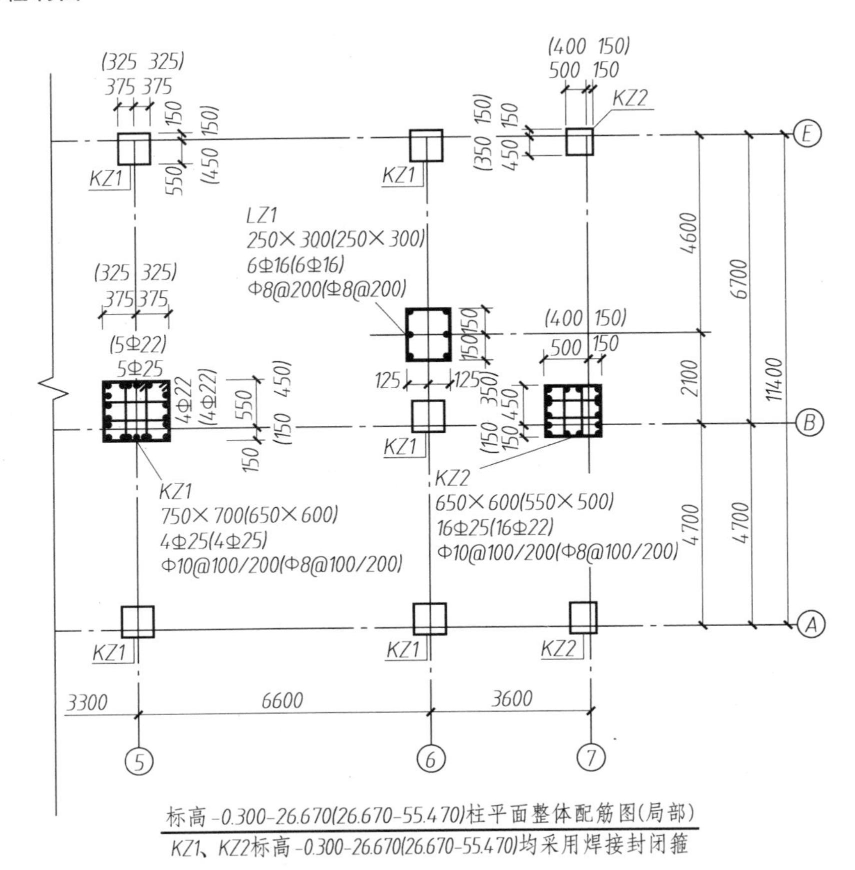

图 14-20 柱平面整体配筋图截面注写方式示例

14.5 钢结构图

(Steel Structure Drawing)

钢结构(steel structure)是由各种形状的型钢(shaped steel)经焊接(welding)或螺栓连接(bolt connection)而成的结构体系或承重构件，主要用于大跨度建筑(long span building)和高层建筑(tall building)。图 14-21 为一钢柱柱脚，它是由钢板焊接而成的。

钢结构构件图主要表达型钢的种类、形状、尺寸及连接方式。它是制作、安装构件的图样依据。钢结构图的表达，除了用图形外，多数还要标注各种符号、代号和图例等，相关的国标规定如下。

14.5.1 型钢及其标注方法(Shape Steel and Its Dimensioning)

钢结构的钢材是由轧钢厂按标准规格(型号)轧制而成，通称型钢。几种常用型钢的类别及其标注方法见表 14-8。

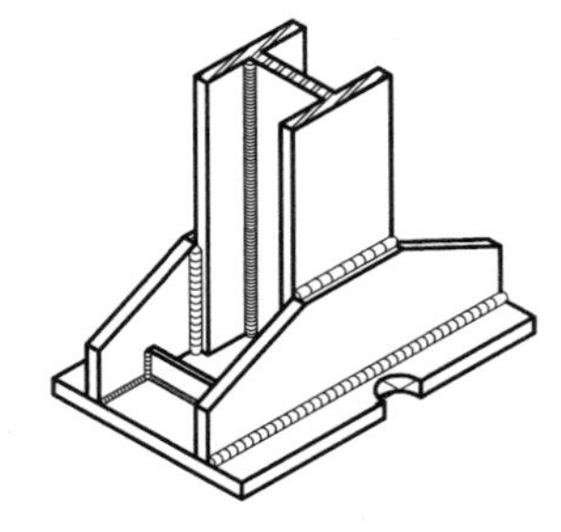

图 14-21 钢柱柱脚示意图

表 14-8　常用型钢的标注方法

序号	名　称	截　面	标　注	说　明
1	等边角钢	∟	∟bxt	肢宽 b×肢厚 t，如 L100×10，表示肢宽 100 mm，肢厚 10 mm 的角钢
2	不等边角钢	B∟	∟Bxbxd	B 为长肢宽，b 为短肢宽，t 为肢厚，如 L100×80×8
3	槽钢	[	[N，Q[N	轻型槽钢加注 Q 字，N 为槽钢的型号
4	工字钢	I	IN，QIN	N 为工字钢的型号，并按腹板厚度不同分为 a、b、c 三类，如 I25a；轻型槽钢加注 Q 字
5	扁钢	b	—bxt	宽度 b×厚度 t，如 —100×8
6	钢板	—	$\frac{—bxt}{l}$	$\frac{宽×厚}{板长}$
7	钢管	○	DNxx dxt	内径 外径×壁厚
8	圆钢	⊘	ϕd	薄壁型钢加注 B 字，t 为壁厚
9	薄壁方钢	□	B□bxt	
10	薄壁等肢角钢	∟	B∟bxt	
11	薄壁槽钢	[h	B[hxbxt	
12	起重机钢轨	Ỵ	⊥QUxx	XX 为起重机钢轨型号

14.5.2　螺栓、孔、电焊铆钉图例（Legends of Bolds，Holes and Welding Rivets）

钢结构构件图中的螺栓、孔、电焊铆钉，应符合表 14-9 规定的图例。

14.5.3　焊缝代号及标注方法（Symbols and Dimensioning of Weld Seams）

焊接的钢结构，常见的焊接接头有对接接头、搭接接头、T 形接头和角接头等。焊缝的型式主要有对接焊缝、点焊缝和角焊缝，如图 14-22 所示。

1. 焊缝代号

现行焊缝代号在国标《焊缝符号表示方法》(GB/T 324—2008)中作了规定。规定焊缝代号主要由基本符号、辅助符号、引出线及焊缝尺寸符号等组成，如图 14-23 所示。图形符号表示焊缝断面的基本形式，辅助符号表示焊缝某些特征的辅助要求，引出线则表示焊缝的位置。

1）基本符号

基本符号是表示焊缝横断面形状的符号，近似于焊接横断面的形状。基本符号要用粗实线绘制。常用焊缝的基本符号、图示法及标注法示例，见表 14-10。

表 14-9 螺栓、孔、电焊铆钉图例

序 号	名 称	图 例	说 明
1	永久螺栓	M ϕ	1. 细“十”线表示定位线 2. M 表示螺栓型号 3. ϕ 表示螺栓孔直径 4. d 表示膨胀螺栓、电焊铆钉直径 5. 采用引出线标注螺栓时，横线上标注螺栓规格，横线下标注螺栓孔直径
2	高强螺栓	M ϕ	
3	安装螺栓	M ϕ	
4	胀锚螺栓	d	
5	圆形螺栓	ϕ	
6	长圆形螺栓	ϕ b	
7	电焊铆钉	d	

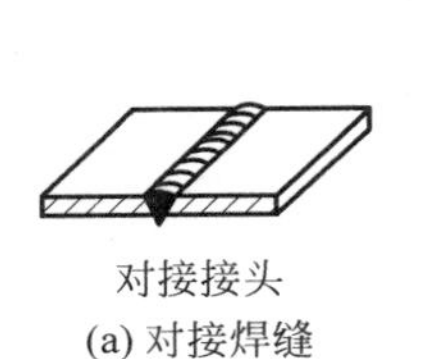
对接接头
(a) 对接焊缝

搭接接头
(b) 点焊缝

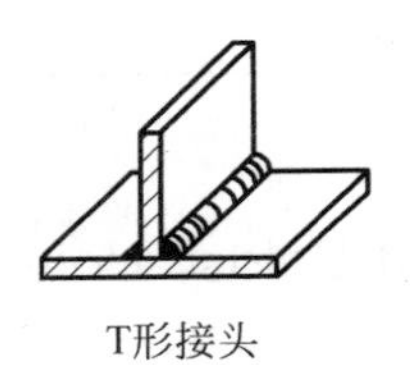
T形接头

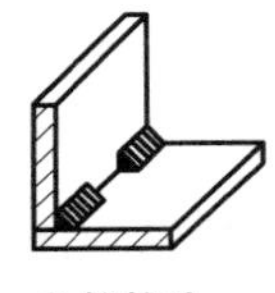
角接接头
(c) 角焊缝

图 14-22 焊接接头及焊缝形式

(补充符号X焊缝高度X基本符号)
h
(引出线)

图 14-23 焊缝代号

表 14-10 常用焊缝的基本符号及示意图

焊缝名称	基本符号	示意图
I 形焊缝	‖	
V 形焊缝	V	
角焊缝	◺	
点焊缝	○	

2）辅助符号

辅助符号是对焊缝的辅助要求的符号，也采用粗实线绘制。常用的辅助符号见表 14-11。

表 14-11　常用的辅助符号

名　称	形　式	符　号	说　明
平面焊缝			表示焊缝表面经过加工后平整
凸起焊缝			表示焊缝表面凸起
三面焊缝			表示三面焊缝的开口方向与三面焊缝的实际方向基本一致
周围焊缝			表示环绕工件周围焊缝 沿着工件周边施焊的焊缝标注位置为基准线与箭头线的交点处
现场焊缝			表示在现场或工地上进行焊接

3）引出线

引出线采用细实线绘制，一般由带箭头的指引线和横线组成，如图 14-24 所示。引出线用来将整个代号指到图样上的有关焊缝处，横线一般应与标题栏平行。横线的上面和下面用来标注各种符号和尺寸。必要时，在横线的末端加一尾部，作为其他说明之用，如焊接方法等。

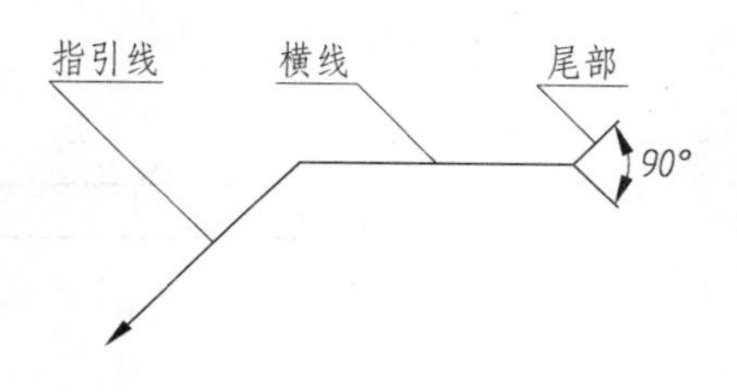

图 14-24　引出线的画法

4）焊缝的尺寸符号

焊缝尺寸一般不标注，只有当设计或生产需要时才标注。常用的焊缝尺寸符号如表 14-12 所示。

表 14-12　常用的焊缝尺寸符号

名　称	符号	名　称	符号
工件厚度	δ	焊缝间距	e
坡口角度	α	焊脚尺寸	K
根部间隙	b	焊点直径	d
钝边高度	p	焊缝宽度	c
焊缝长度	l	焊缝增高量	h

2. 施焊方式的字母符号

施焊方式很多，常见的有电弧焊、接触焊、电渣焊、点焊等，其中以电弧焊应用最为广泛。在许多情况下，要求在图纸上把施焊方式标注出来。若标注时，应标在引出线的尾部。若所有焊缝的施焊方式都相同，也可在技术要求中统一注明，而不必在每条焊缝上一一注出。常用施焊方式的字母符号见表 14-13。

表 14-13 常用施焊方式的字母符号

施焊方式	字母符号	施焊方式	字母符号
手工电弧焊	RHS	激光焊	RJG
埋弧焊	RHM	气焊	RQH
丝级电渣焊	RZS	烙铁钎焊	QL
电子束焊	RDS	加压接触焊	YJ

3. 有关焊缝标注的其他规定

(1) 单面焊缝的标注。当指引线的箭头指向焊缝所在的一面时，应将图形符号和尺寸标注在横线的上方，如图 14-25(a)所示；当箭头指在焊缝所在的另一面（相对应的那边）时，应将图形符号和尺寸符号标注在横线的下方，如图 14-25(b)所示；表示环绕工作件周围的焊缝时，其围焊焊缝符号为圆圈，绘在引出线的转折处，并标注焊角尺寸 K，如图 14-25(c)所示。

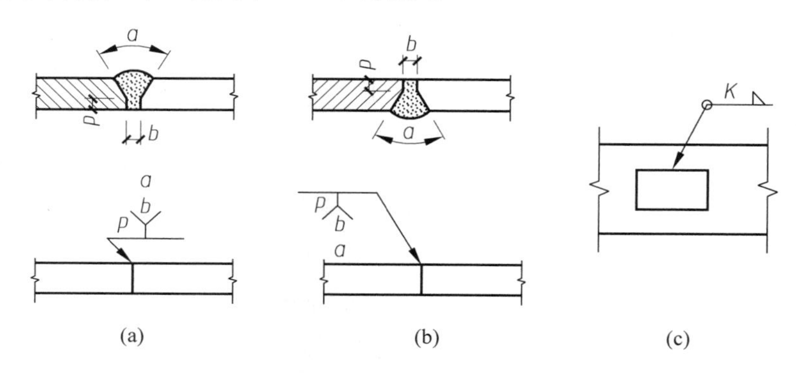

图 14-25 单面焊缝的标注方法

(2) 双面焊缝的标注。应在横线的上下方都标注符号和尺寸，上方表示箭头所在面的符号和尺寸，下方表示另一面的符号和尺寸，如图 14-26(a)所示；当两面尺寸相同时，只需在横线上方标注尺寸，如图 14-26(b)、(c)、(d)所示。

(3) 3 个或 3 个以上的互相焊接的焊缝不得作为双面焊缝，其符号和尺寸应分别标注，如图 14-27 所示。

(4) 相互焊接的两个焊件中，当只有 1 个焊件带坡口时(加单边 V 形)，箭头必须指向带坡口的焊件，如图 14-28 所示。

(5) 相互焊接的两个焊件，当为单面带双边不对称坡口焊缝时，箭头必须指向坡口较大的焊件，如图 14-29 所示。

(6) 当焊缝分布不规则时，在标注焊缝的同时，宜在焊缝处加粗线（表示可见焊缝）或栅线（表示不可见焊缝），如图 14-30 所示。

(7) 在同一图形上，当焊缝形式、断面尺寸和辅助要求均相同时，可只选择一处标注代号，并加注“相同焊缝符号”。相同焊缝符号及其标注方法见图 14-31(a)。

(8) 在同一图形上，当有数种相同焊缝时，可将焊缝分类编号标注，在同一类焊缝中，可选择一处标注代号，分类编号可采用 A、B、C、… 见图 14-31(b)。

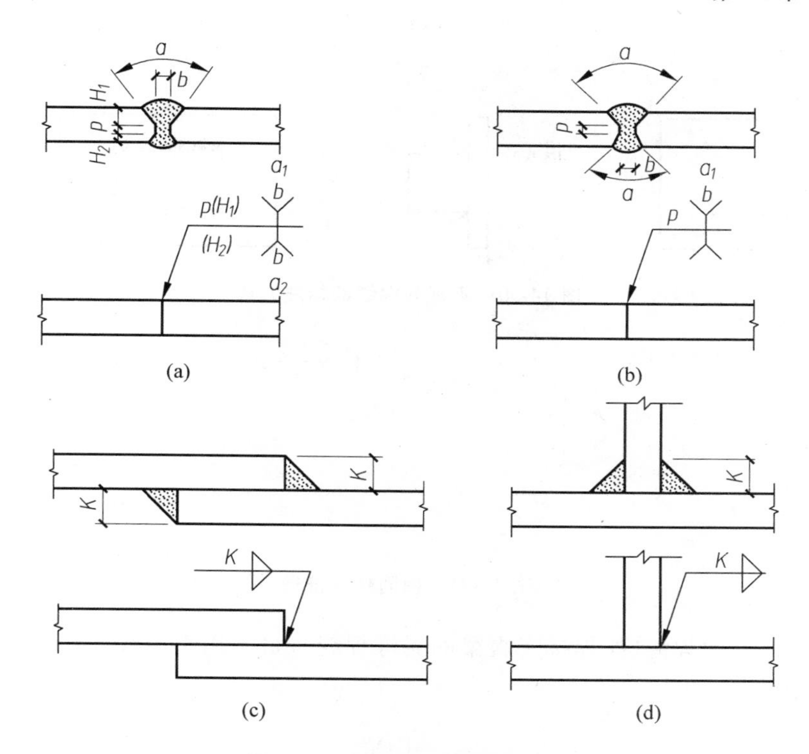

图 14-26 双面焊缝的标注方法

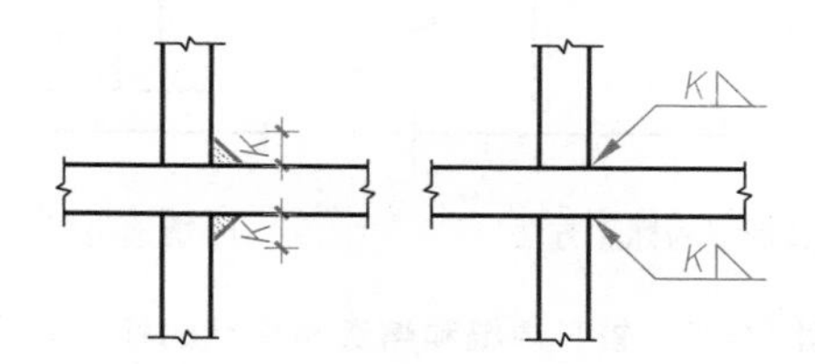

图 14-27 3 个以上焊件的焊缝标注方法

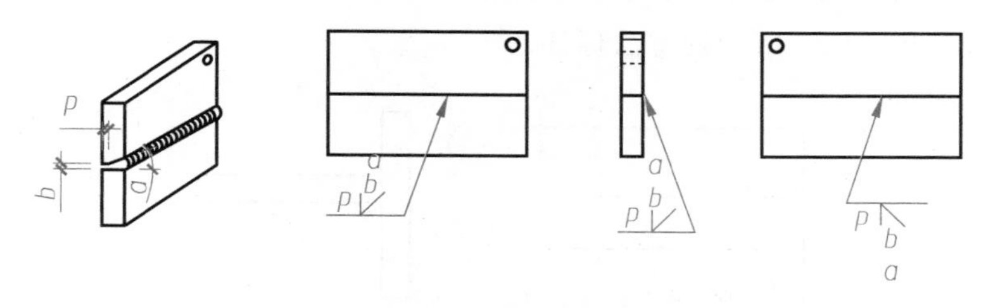

图 14-28 1 个焊件带坡口的焊缝标注方法

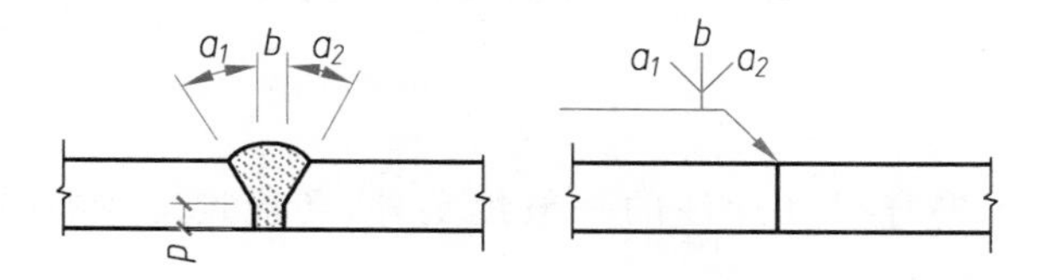

图 14-29 不对称坡口焊缝的标注方法

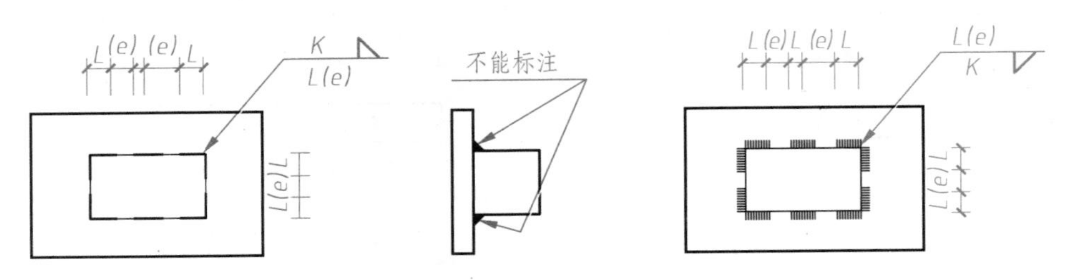

图 14-30 不规则焊缝的标注方法

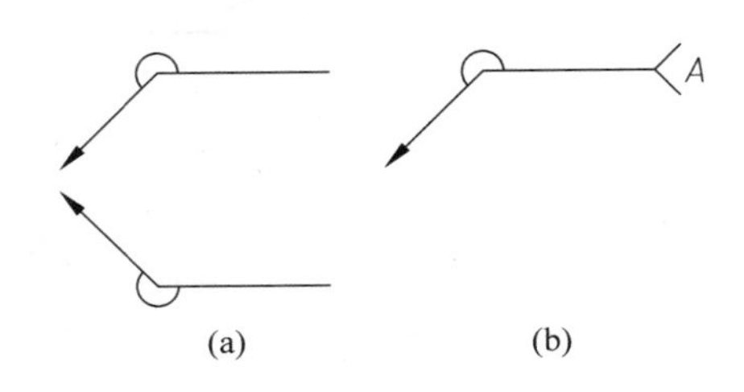

图 14-31 相同焊缝符号

(9) 图形中较长的贴角焊缝(如焊接实腹梁的翼缘焊缝),可不用引出线标注,而直接在贴角焊缝旁标出焊缝高度值,见图 14-32(a)。

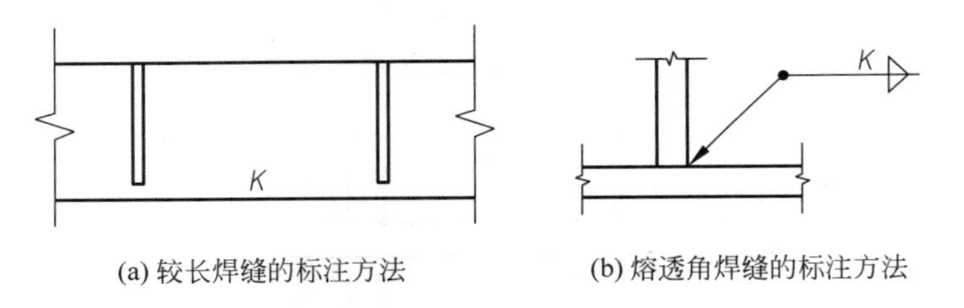

(a) 较长焊缝的标注方法　(b) 熔透角焊缝的标注方法

图 14-32 较长焊缝和熔透角焊缝的标注方法

(10) 熔透角焊缝的符号及其标注见图 14-32(b)。

(11) 局部焊缝应按图 14-33 所示的方法标注。

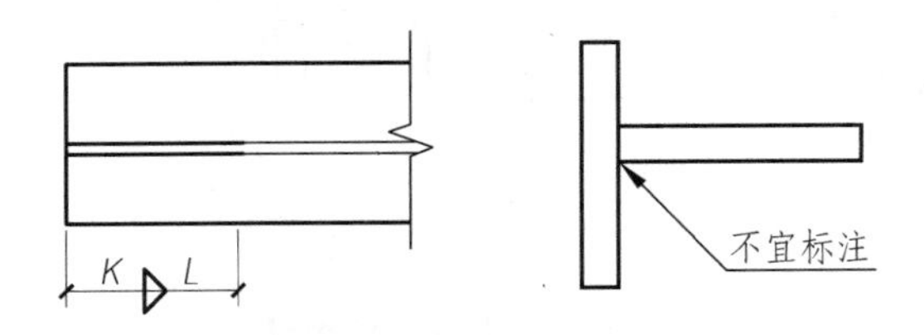

图 14-33 局部焊缝的标注方法

4. 钢结构图的尺寸标注

钢构件的尺寸标注,除了遵守尺寸标注的一般规定外,还应遵守国标代号《建筑结构制图标准》(GB/T 50105—2001)的以下规定。

(1) 节点尺寸,应注明节点板的尺寸和各杆件螺栓孔中心或中心距,以及杆件端部至几何中心线交点的距离，如图 14-34(a)所示。

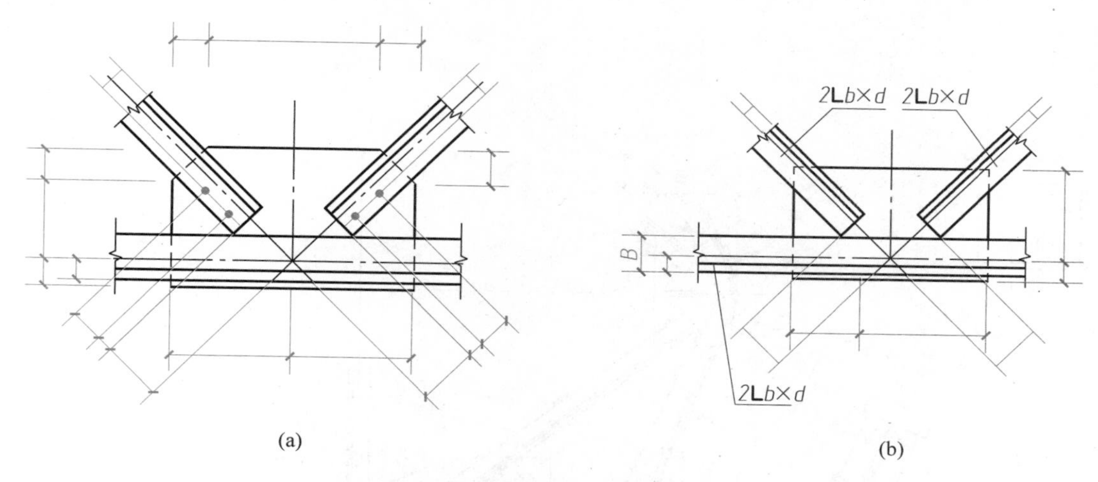

图 14-34　节点尺寸的标注方法

(2) 不等边角钢的构件，必须注出角钢一肢的尺寸，如图 14-34(b)所示。

(3) 双型钢组合截面的构件，应注明缀板的数量及尺寸，如图 14-35 所示。引出横线上方标注缀板的数量及缀板的宽度、厚度，引出横线下标注缀板的长度尺寸。

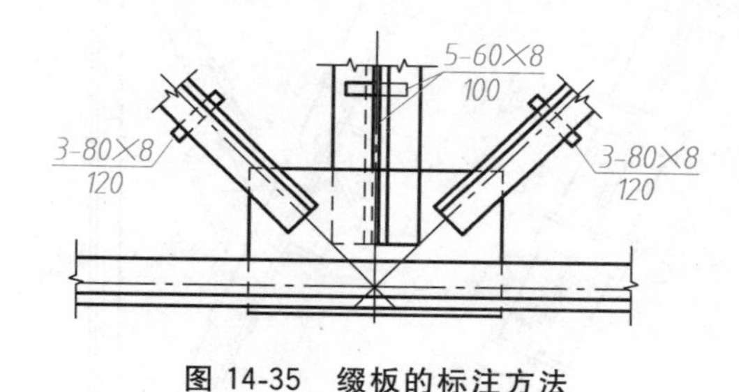

图 14-35　缀板的标注方法

14.5.4　工程实例(Engineering Examples)

图 14-36 为一实腹式钢吊车梁的钢结构图。该梁由钢板焊接而成。图中带圆圈的指引符号是焊件的编号。由于比例较小，在 1—1 和 2—2 的断面内没有画金属的材料图例。该图仅表示焊缝的标注方法。

14.5.5　绘图步骤(Drawing Steps)

以图 14-36 所示实腹式钢吊车梁图为例简述绘图步骤。

(1) 确定图样数量，选择比例 1∶20，布图样，为方便绘图，尽可能按制图的标准布图位置布图。

(2) 按规定的比例画出梁上各钢板的轴线及轮廓线。先画立面图，再画平面图，最后画剖面图。

(3) 标注焊缝代号、尺寸和板代号。

(4) 注写尺寸、标高及有关文字说明。

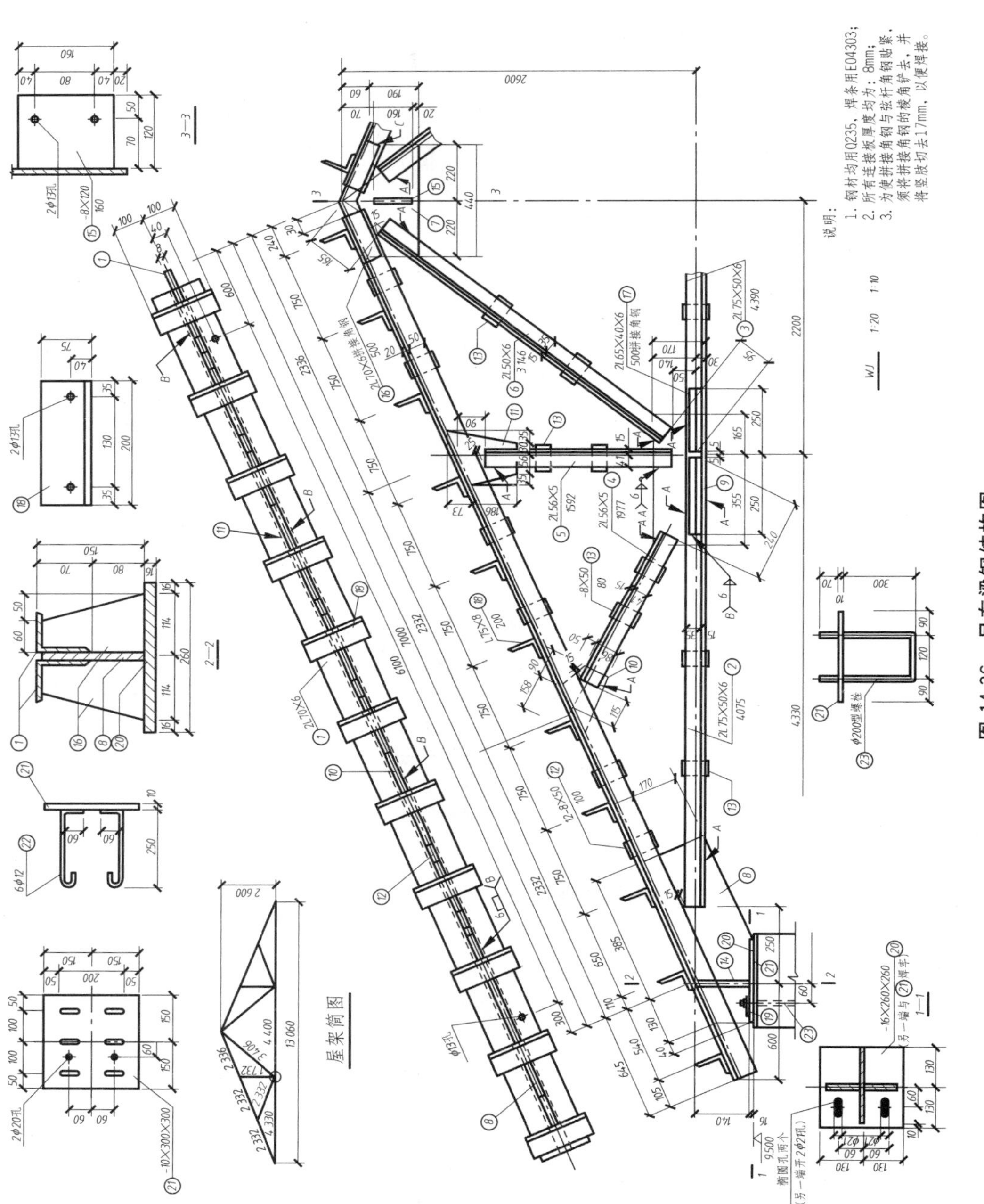

图 14-36 吊车梁钢结构图

第 15 章 装修施工图
(ARCHITECTURAL DECORATION WORKING DRAWING)

15.1 概 述
(Introduction)

装修施工图是遵照装修设计规范所规定的要求绘制的,用于指导建筑装修工程施工的技术文件,是指导建筑装修施工的主要依据。装修设计是在建筑设计的基础上进行的。装修施工是在建筑主体结构完成后才进行的。

15.1.1 装修施工图的特点(Features of Decoration Working Drawings)

装修施工图的图示原理与房屋建筑工程施工图的图示原理相同,图的种类有正投影图、轴测图和透视图 3 种。装修施工图主要是对建筑构造完成后的室内环境进一步完善。目前装修施工图还没有统一的装修制图标准,装修制图一般按照《房屋建筑制图统一标准》(GB/T 50001—2001)和《建筑制图标准》(GBJ/T 50104—2001)执行。

15.1.2 装修施工图的内容(Contents of Decoration Working Drawings)

装修设计同样需要经过方案设计和施工图设计两个阶段。方案设计阶段主要表现设计构思;施工图设计阶段主要表现设计结果,并用以指导施工。装修施工图一般由装饰设计说明、平面布置图、楼地面平面图、顶棚平面图、节点详图和透视效果图等组成。相关专业配合的装修设计图,包括水、电、暖、通风、空调、园林等。如图 15-1 所示住宅客厅效果图,直观地表现了住宅客厅的装饰效果。

15.1.3 装修施工图中的有关规定和常用符号(Regulations and Common Symbols in Decoration Working Drawings)

1. 一般规定

装修施工图中的图线、字体、比例、定位轴线及尺寸标注等与建筑施工图相同,应按照《房屋建筑制图统一标准》(GB/T 50001—2001)和《建筑制图标准》(GBJ/T 50104—2001)执行。

图 15-1　装修效果图

2. 内视符号

标高符号、剖切符号、详图符号、详图索引符号与建筑施工图相同。图 15-2 表示出了室内立面在平面图上的位置时，在平面图中用内视符号注明视点位置、方向及立面编号。立面编号常用拉丁字母或阿拉伯数字，按顺时针顺序排列；符号中的圆圈用细实线绘制，直径 8～12 mm，如图 15-3 所示。图 15-2 中箭头和字母所在的方向表示立面图的投影方向，同时相应字母也作为相应立面图的编号，如箭头指向 A 方向的立面图称为 A 立面图。

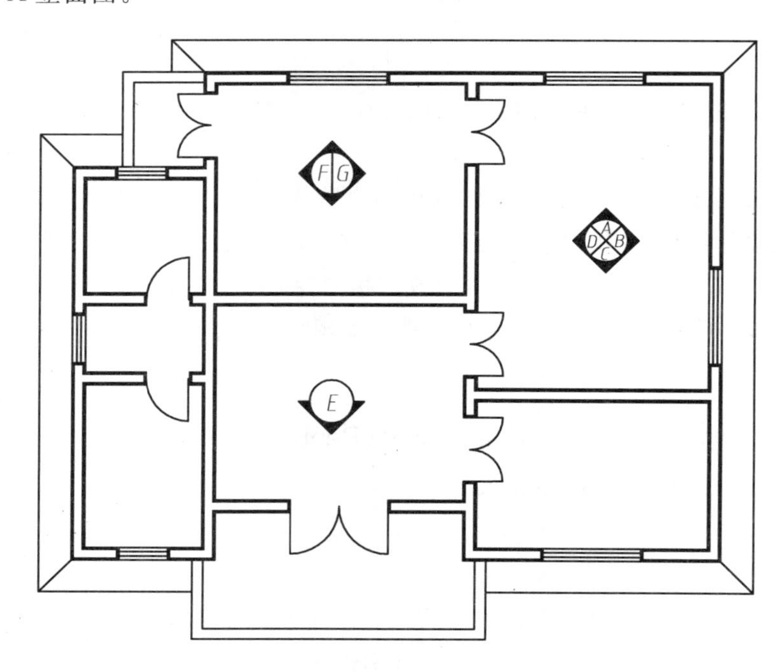

图 15-2　平面图上内视符号应用示例

3. 文字说明

对材料、设备、装饰物、装饰图案等用引出线引出，并以文字说明。

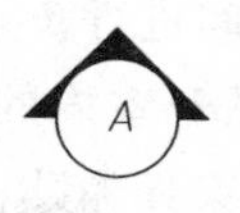

单面内视符号

双面内视符号

四面内视符号

图 15-3　常用内视符号的形式

4. 图例

装修施工图的图例符号应遵守《建筑制图标准》(GBJ/T 50104—2001)的有关规定。除此之外还可采用如表 15-1 所示的常用图例。

表 15-1　装修工程施工图常用图例

图　例	名　称	图　例	名　称
	双人床及床头柜		单人床及床头柜
	衣柜		书柜
	电视机		洗衣机
	冰箱		煤气炉
	餐桌		书桌
	坐式大便器		蹲式大便器
	沙发组合		盥洗台
			洗菜盆

15.2　装修平面布置图
(Decoration Layout Plan)

15.2.1　图示方法和图示内容(Graphical Methods and Contents)

1. 图示方法

平面布置图是按照三面正投影原理作出的平面正投影图，它是在原建筑平面图的基础上，根据使用功能、艺术、技术要求等，对室内空间进行布置的图样，主要表明建筑的平面形状、建筑构造状况、室内家具设备的布置、景观设计、平面关系和室内的交通关系等。被剖切的轮廓线用粗实线表示，如墙、柱；未被剖切的轮廓线用细实线表示，如家具陈设、厨卫设备等。

2. 图示内容

（1）平面图的基本内容，包括各房间尺寸、门窗位置等。

（2）室内家具布置，如沙发、茶几、床、桌、椅、柜、电器设备、卫生设备、绿化、装饰品等的形状、位置。

（3）绘制剖切符号，标明装饰剖面位置和投影方向。通过内视符号注明视点位置、方向及立面编号等。

15.2.2 装修平面布置图的阅读(Reading of Decoration Layout Plans)

1. 阅读的方法及步骤

（1）阅读各房间的功能布局，了解图中基本内容。

（2）阅读各房间的主要尺寸，注意区分建筑尺寸和装修尺寸。

（3）阅读文字说明，了解装修对材料、规格、品种、色彩和工艺制作的要求。

（4）阅读装修平面布置图上的内视符号，明确投影方向和投影编号；阅读剖切符号，明确剖切位置、剖视方向以及剖面图的位置；阅读索引符号，明确被索引剖面及详图所在位置。

2. 阅读图样示例

图 15-4 所示为某住宅装修平面布置图。可以看到，室内房间的布局主要有客厅、餐厅、厨房、卧室、卫生间。客厅平面布置的功能分区主要有影视柜、沙发、茶几；餐厅有餐桌；厨房布置有操作台、煤气灶、洗菜池、冰箱；卧室布置有床、衣柜；卫生间布置有盥洗台、大便器等。平面布置图中绘出了四面墙的内视符号。内视符号一般画在平面布置图的房间地面上，有时也画在平面布置图外的图名附近。

15.2.3 装修平面布置图的绘制(Drawings of Decoration Layout Plans)

（1）绘制建筑平面图。

（2）绘制隔断、家具、装饰物件、厨房设备、卫生间洁具等的布置。家具、陈设等用实际尺寸按比例绘制，形状可按图例绘制。

（3）绘制尺寸标注、文字说明、剖面符号、详图索引符号等。

（4）图面效果处理、图线整理。

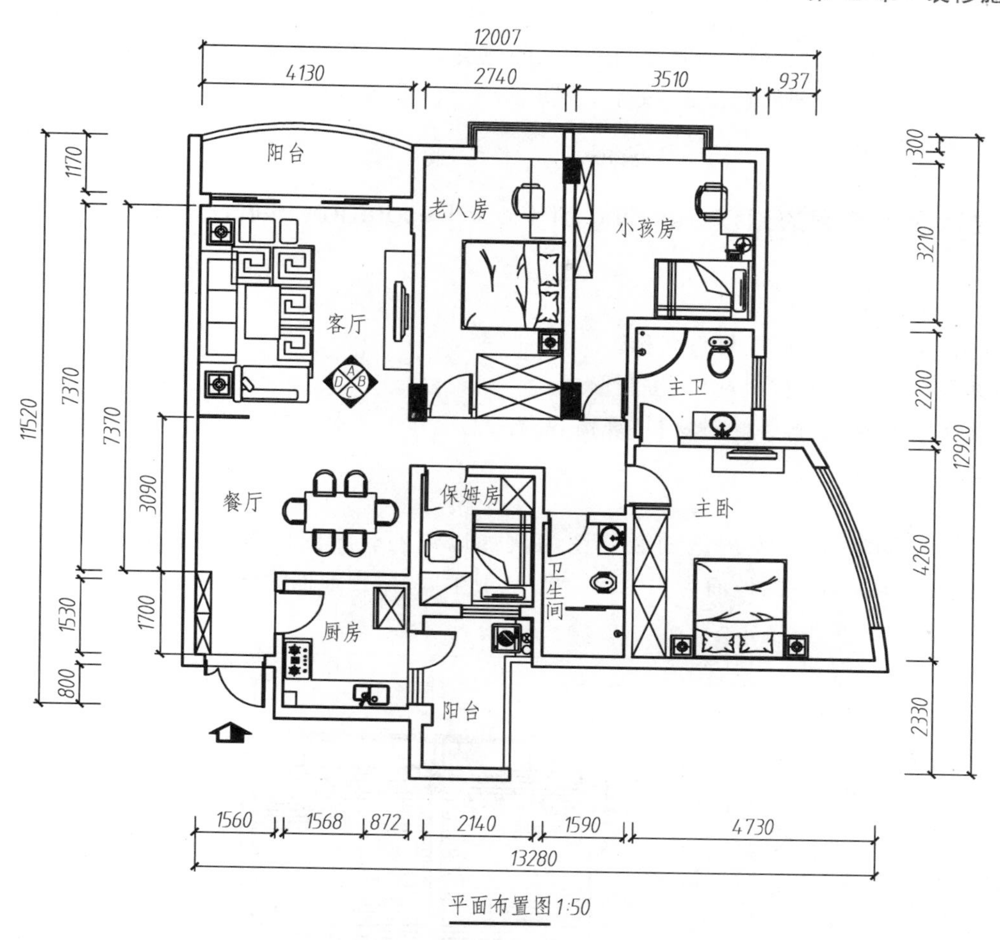

图 15-4 装修平面布置图

15.3 楼地面装修图

(Floor Decoration Plan)

15.3.1 图示方法和内容(Graphical Methods and Contents)

1. 图示方法

(1) 楼地面装修图与建筑平面图的投影原理基本相同。楼地面装修图主要表现楼地面的地面造型、装饰材料名称、尺寸和工艺要求等。

(2) 楼地面装修图的常用比例为 1∶50、1∶60、1∶80、1∶100。

2. 图示内容

(1) 建筑平面图的基本内容,包括各房间尺寸、门窗位置等。

（2）楼地面选用的材料、分格尺寸、拼花造型、颜色等。

（3）索引符号，引出详图所在位置、文字、说明等。

（4）标注楼地面标高。

15.3.2 楼地面装修图的阅读(Reading of Floor Decoration Plans)

1. 阅读的方法及步骤

（1）阅读各房间地面的面层材料名称。

（2）阅读各房间地面的材料规格，拼花形式。

（3）阅读文字说明，了解装修对材料、规格、品种、色彩和工艺制作的要求。

2. 读图举例

现以图15-5所示某住宅室内地面装修图为例加以说明。从图中看到，客厅、餐厅地面的材料为800×800抛光砖斜贴；卧室的地面为实木板；厨房、卫生间、阳台地面为防滑砖。

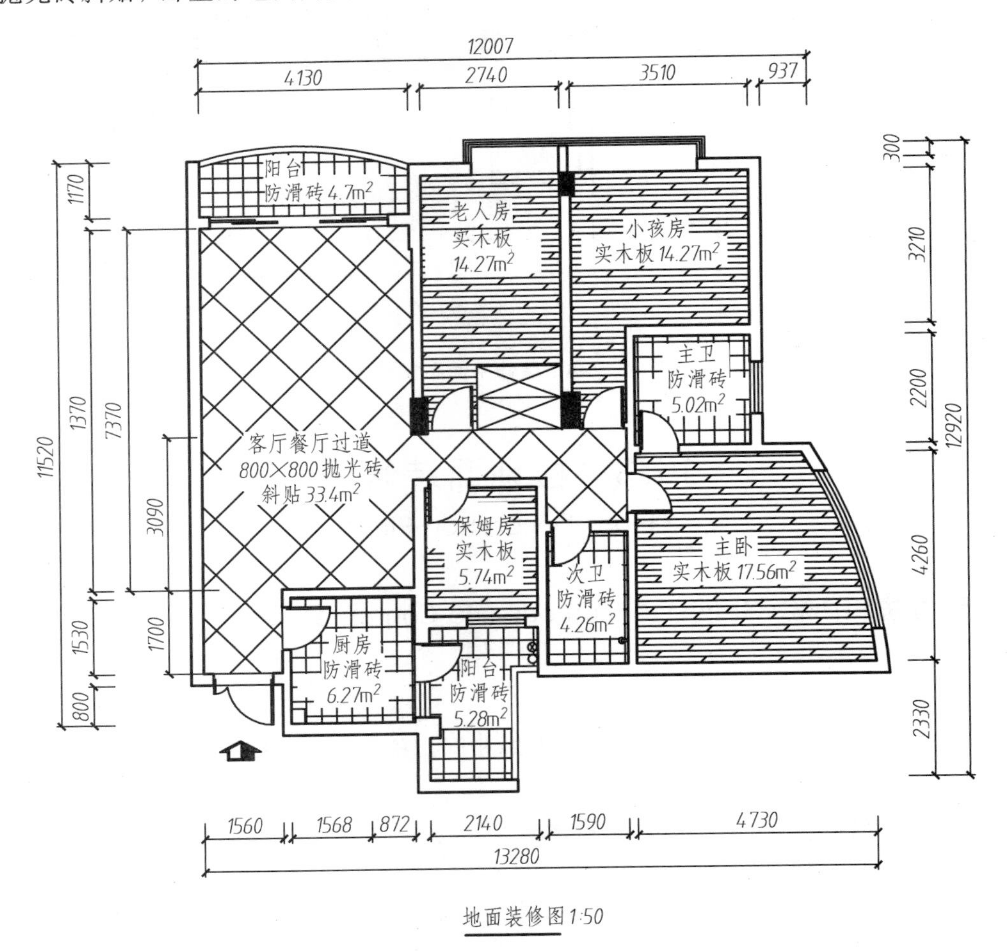

图15-5 地面装修图

15.3.3 楼地面装修图的绘制(Drawing of Floor Decoration Plans)

(1) 绘制建筑平面图；

(2) 绘制地面材料的布置图,包括分格尺寸、拼花造型；

(3) 标注尺寸及文字说明；

(4) 整理图线。

15.4 顶棚装修图
(Ceiling Decoration Plan)

顶棚装修图反映顶棚的平面形状、材料选用及做法、灯具位置等内容。

15.4.1 图示方法和内容(Graphical Methods and Contents)

1. 图示方法

(1) 顶棚装修图通常采用镜像投影法绘制。纵横定位轴线的排列与水平投影图完全相同。它是假想以一个水平剖切平面沿顶棚下方门窗洞口位置进行剖切,移去下面部分后对上面的墙体、顶棚所作的镜像投影图。

(2) 顶棚装修图的常用比例是 1∶50、1∶60、1∶80、1∶100。

(3) 在顶棚装修图中,墙体用粗实线画,顶棚、灯具等用细实线画。

2. 图示内容

(1) 顶棚造型的平面形状和尺寸。

(2) 顶棚所用的材料及规格。

(3) 灯具的布置和规格。

(4) 详图索引,顶棚的标高及文字说明。

15.4.2 顶棚装修图的阅读(Reading of Ceiling Decoration Plans)

1. 阅读的方法及步骤

(1) 首先了解顶棚平面与平面布置图各部分的对应关系,分清标高尺寸。

(2) 了解顶部灯具和设备设施的规格、品种与数量。

(3) 了解顶棚所用材料的规格、品种及其施工设施要求。

(4) 如有索引符号,找出详图对照阅读,弄清详细构造。

2. 阅读图样示例

图 15-6 所示为某住宅室内顶棚装修平面图。从图中看到，厨房、卫生间的顶棚为条形铝扣板吊顶，餐厅布置有艺术吊灯。

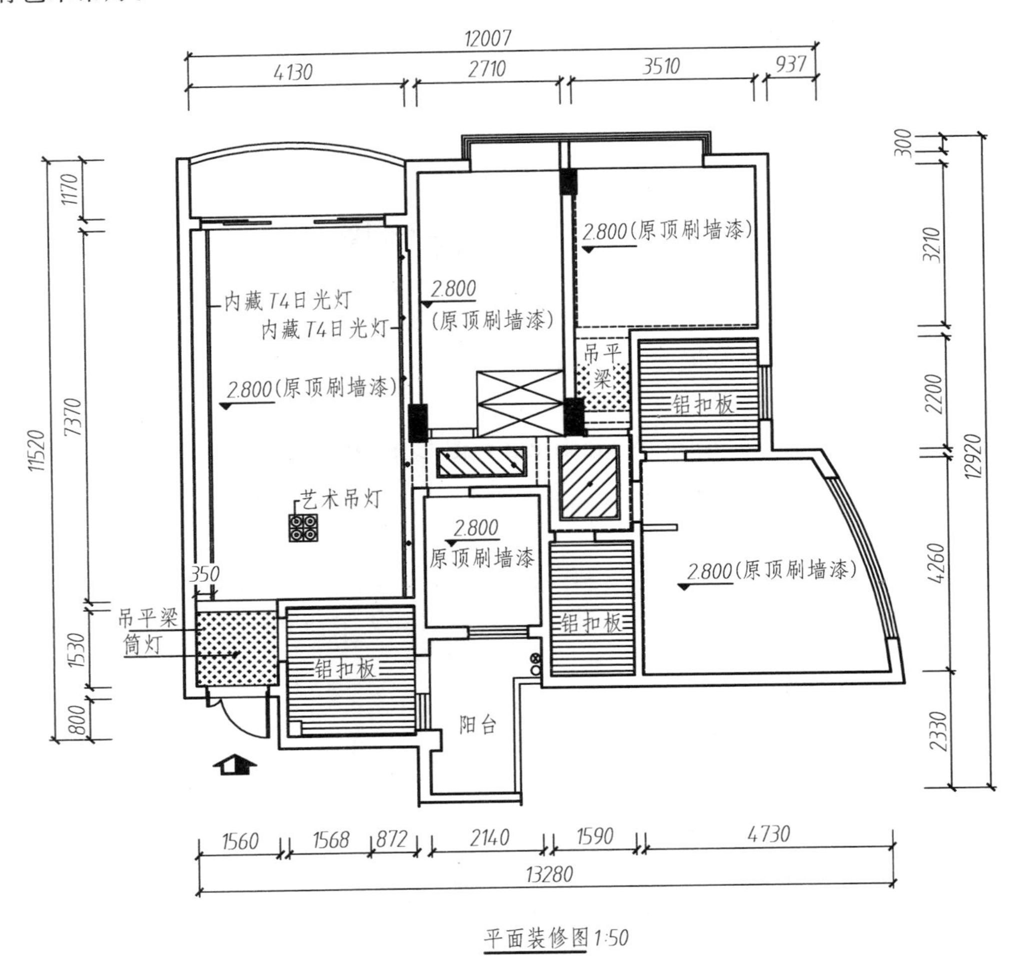

图 15-6 顶棚装修图

15.5 室内立面装修图

(Interior Decoration Elevation)

室内立面装修图主要表达室内墙柱面的装饰情况，如墙柱面的立面造型、装饰材料及做法、固定家具、壁挂等装饰位置与尺寸等。

15.5.1 图示方法和图示内容(Graphical Methods and Contents)

1. 图示方法

(1) 室内立面装修图的图示方法就是将房屋的室内墙面按内视符号的指向,向平行于墙面的投影面所作的正投影图。其比例一般为1∶30、1∶40、1∶50、1∶100。

(2) 在室内立面装修图中,墙柱面边界轮廓线用粗实线画,墙面选型、图案分格、家具轮廓线以及尺寸线用细实线画。

2. 图示内容

(1) 墙柱面立面的轮廓线。

(2) 墙柱面装饰选型及壁挂、墙面灯具等。

(3) 装饰材料规格及做法、立面尺寸、标高及文字说明等。

15.5.2 室内立面装修图的阅读(Reading of Interior Decoration Elevations)

1. 阅读的方法及步骤

(1) 阅读室内立面装修图时要结合平面布置图、顶棚平面图等对照阅读。室内立面装修图的编号与平面布置图上内视符号的编号相一致。

(2) 了解室内立面上有几种不同的装饰面,以及这些装饰面所选用的材料与施工工艺要求。

(3) 阅读室内立面装修图上的尺寸、索引符号、剖面符号,阅读引出线的文字说明,了解各细部的构造做法。

2. 阅读图样示例

图15-7所示为某住宅室内立面装修图。从图中看到,客厅D立面为布置沙发的墙面,墙面贴墙纸,有幅装饰画,沙发边有屏风,图中还有引出详图。

15.5.3 室内立面装修图的绘制(Drawing of Interior Decoration Elevations)

(1) 绘制出墙柱立面投影边界轮廓线;

(2) 绘制墙柱立面的造型轮廓线;

(3) 标注尺寸、详图索引、文字说明等。

图 15-7 室内立面装修图

15.6　装修详图
（Decoration Details）

装修详图指的是装修工程图中用相对较大的比例画出装饰构件中某部位的详细图样，又称大样图。其作用是能更详细地表达装修细部的内容。详图可以是平面图、立面图、剖面图、轴测图等。

15.6.1　装修详图的分类（Classification of Decoration Details）

（1）楼地面详图：主要反映楼地面的拼花造型及细部做法。

（2）顶棚详图：主要反映吊顶的构造及细部做法。

（3）墙柱面详图：主要反映墙柱面的分层做法、材料细部构造做法。

（4）装饰造型详图：主要反映独立的或墙柱的装饰造型，如屏风、花台、栏杆等的平面、立面或剖面图。

（5）家具详图：主要指现场制作的固定式家具的详图。

（6）窗、门及窗门套详图：主要反映窗、门及窗门套的立面图和剖面图。

15.6.2　装修详图的图示内容（Contents of Decoration Details）

（1）图示表达细部构件的形状、材料、尺寸及做法其比例一般为 1∶2、1∶5、1∶10、1∶20 等。

（2）在装修详图中，一般被剖到的墙、柱、梁、板等用粗实线画，其余均用细实线画。

15.6.3　装修详图的阅读（Reading of Decoration Details）

首先要看详图的符号，然后了解详图来自建筑构造的哪一部位。

1. 阅读的方法及步骤

（1）要结合装修平面布置图、立面图、剖面图看详图来自建筑构造的哪一部位。

（2）注意剖切符号、索引符号的编号位置、编号与投影方向，注意凹凸变化、尺寸范围及高度。

（3）注意看主体和饰面之间采用何种形式连接。

（4）细读文字说明。

2. 阅读图样示例

图 15-8 所示为某家具详图。家具详图通常由家具立面图、平面图、剖面图和节点大样等组成。图 15-8 是小孩房书柜的立面图和结构图。阅读立面图，明确立面形式、尺寸和材料，该书柜门漆用扫白

内清漆，背板贴 5 厘清玻进深 300 mm。阅读结构图了解内部的尺寸宽和高，了解细部构造。图 15-9 所示的客厅 B 立面图引出了节点大样图。

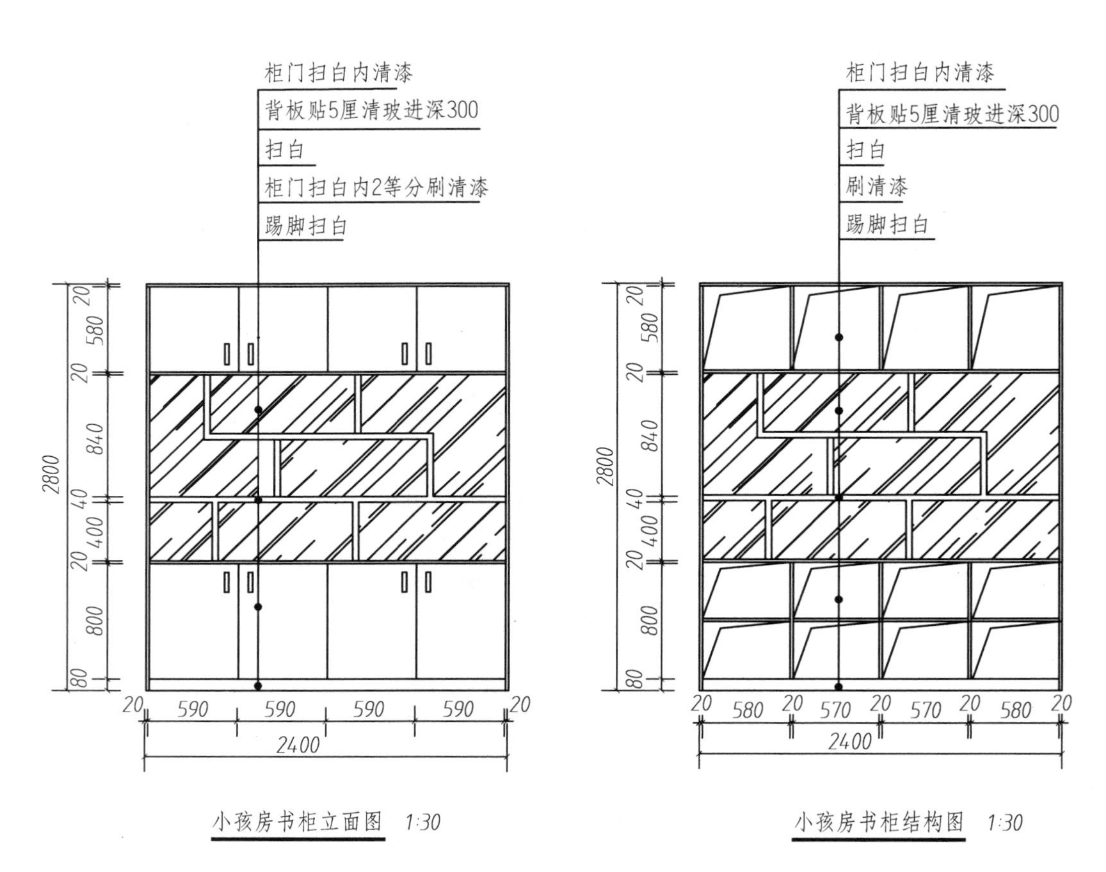

图 15-8 某家具详图

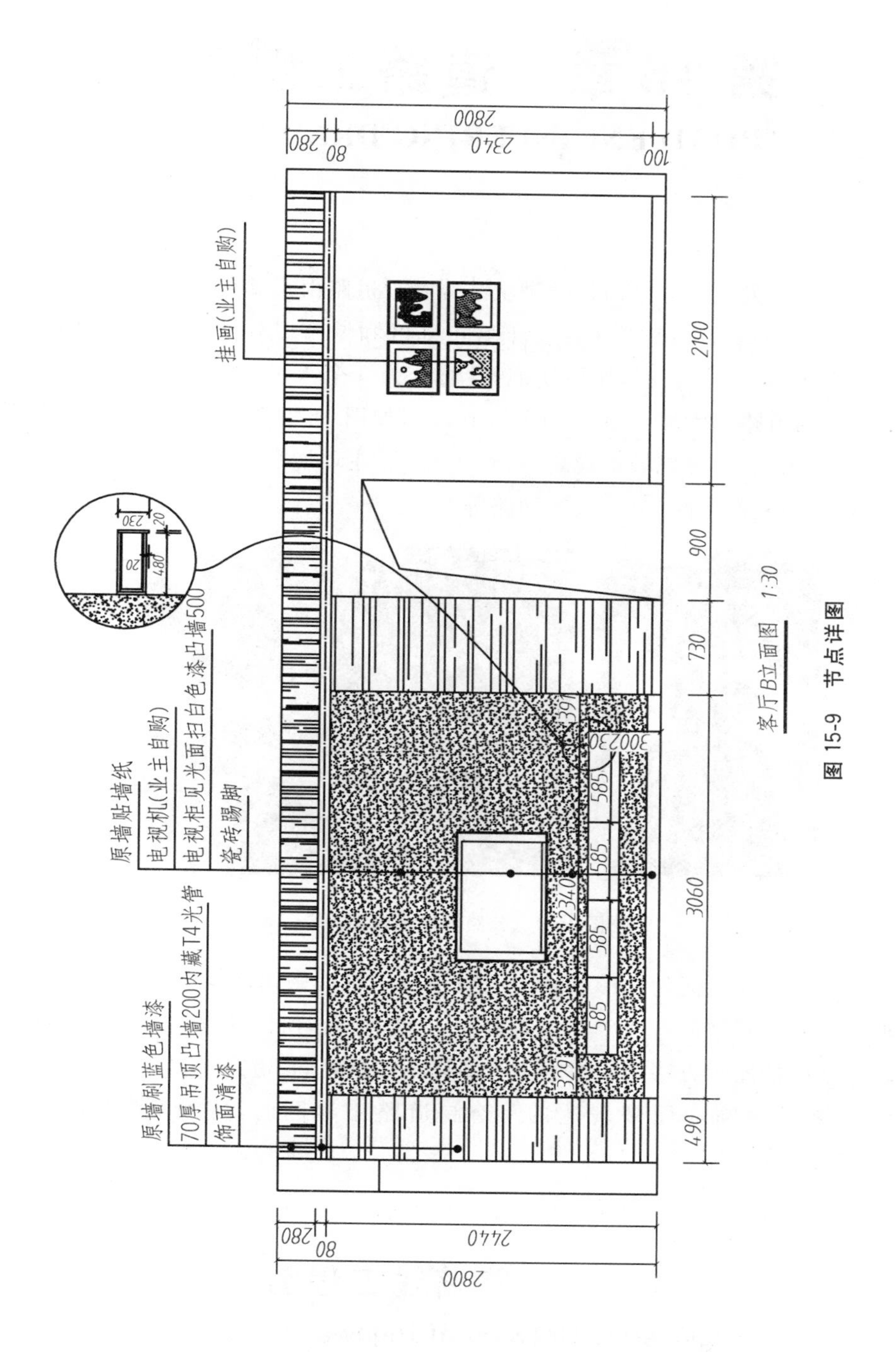

2800
280
80
2340
100
挂画(业主自购)
2190
900
730
3060
490
原墙贴墙纸
电视机(业主自购)
电视柜见光面扫白色漆凸墙500
瓷砖踢脚
原墙刷蓝色墙漆
70厚吊顶凸墙200内藏T4光管
饰面清漆
585
585
585
585
2340
329
397
300
230
480
20
2440
客厅B立面图 1:30

图 15-9 节点详图

第 16 章　道路工程图

（ROAD ENGINEERING DRAWING）

道路是供车辆行驶和行人通行的窄而长的带状结构物。道路由于其所在位置及作用不同，分为公路和城市道路（highway and urban road）两种。位于城市郊区和城市以外的道路称为公路（highway），如图 16-1 左图所示。公路根据交通量及其使用功能、性质分为 5 个等级，即高速公路，一、二、三和四级公路。位于城市范围以内的道路称为城市道路（urban road），如图 16-1 右图所示。城市中修建的道路（街道）则有不同于公路的要求，需要考虑城市规划、市容市貌、居住环境、生活设施、交通管理、运输组织等。一般城市道路可分为主干路、次干路、支路及区间路等。

图 16-1　公路与城市道路

道路的位置和形状与所在地区的地形、地貌、地物及地质有很密切的关系。由于道路路线有竖向高度变化（上坡、下坡、竖曲线）和平面弯曲（向左、向右、平曲线）变化，所以从整体来看道路路线实质上是一条空间曲线。道路工程图的图示方法与一般的工程图样不完全相同，道路工程图主要是由道路路线平面图、路线纵断面图和路线横断面图来表达的。绘制道路工程图时，应遵循《道路工程制图标准》（GB 50162—1992）中的有关规定。

16.1　公路路线工程图

（Engineering Drawing of Highway Routes）

公路路线工程图包括：路线平面图、路线纵断面图、路基横断面图。

16.1.1　路线平面图(Alignment Plans of Roads)

1. 图示方法

路线平面图是从上向下投影所得到的水平投影,也就是利用标高投影法所绘制的道路沿线周围区域的地形图。

2. 画法特点和表达内容

路线平面图主要表示道路的走向、线形(直线和曲线)以及公路构造物(桥梁、隧道、涵洞及其他构造物)的平面位置,以及沿线两侧一定范围内的地形、地物等情况。

如图 16-2 所示,为某公路从 K23＋750 至 K24＋500 段的路线平面图,其路线平面图内容分为地形和路线两部分。

1) 地形部分

(1) 比例(scale)——道路路线平面图所用比例一般较小,通常在城镇区为 1∶500 或 1∶1 000,山岭区为 1∶2 000,丘陵区和平原区为 1∶5 000 或 1∶10 000。本例的比例为 1∶2 000。

(2) 方向(direction)——在路线平面图上应画出指北针或测量坐标网,用来指明道路在该地区的方位与走向。

(3) 地形(topography)——平面图中地形主要是用等高线表示,本图中每两根等高线之间的高差为 5 m,每隔三条等高线画出一条粗的计曲线,并标有相应的高程数字。根据图中等高线的疏密可以看出,该地区西南和西北地势较高,东北方有一山峰,高约 193 m,沿河流两侧地势低洼且平坦。

(4) 地物(surface feature)——在平面图中,地形面上的地物如河流、房屋、道路、桥梁、农田、电力线和植被等,都是按规定图例绘制的。常见的地形图图例如表 16-1 所示。对照图例可知,该地区中部有一条小青河自南向北流过,河岸两边是水稻田,山坡为旱地,并栽有果树。河西中部有一居民点,名为莲花村。

(5) 水准点(benchmark)——沿路线附近每隔一段距离,就在图中标有水准点的位置,用于路线的高程测量。如⊗ BM 42/165.563,表示路线的第 42 个水准点,该点高程为 165.563 m。

2) 路线部分

(1) 设计路线(design route)——由于道路的宽度相对于长度来说尺寸小得多,只有在较大比例的平面图中才能将路宽画清楚,在这种情况下,路线是用粗实线沿着路线中心来表示。

(2) 里程桩(milepost)——在平面图中路线的前进方向总是从左向右。道路路线总长度和各段之间的长度用里程桩表示。里程桩号的标注应从路线的起点至终点,按从小到大,从左向右的顺序编号。里程桩有公里桩和百米桩两种,公里桩宜注在路线前进方向的左侧,用符号“◐”表示,公里数注写在符号的上方,如“K24”表示离起点 24 km。百米桩宜标注在路线前进方向的右侧,用垂直于路线的细短线表示,数字注写在短线的端部,例如在 K24 公里桩的前方注写的“2”,表示桩号为 K24＋200,说明该点距路线起点为 24 200 m。

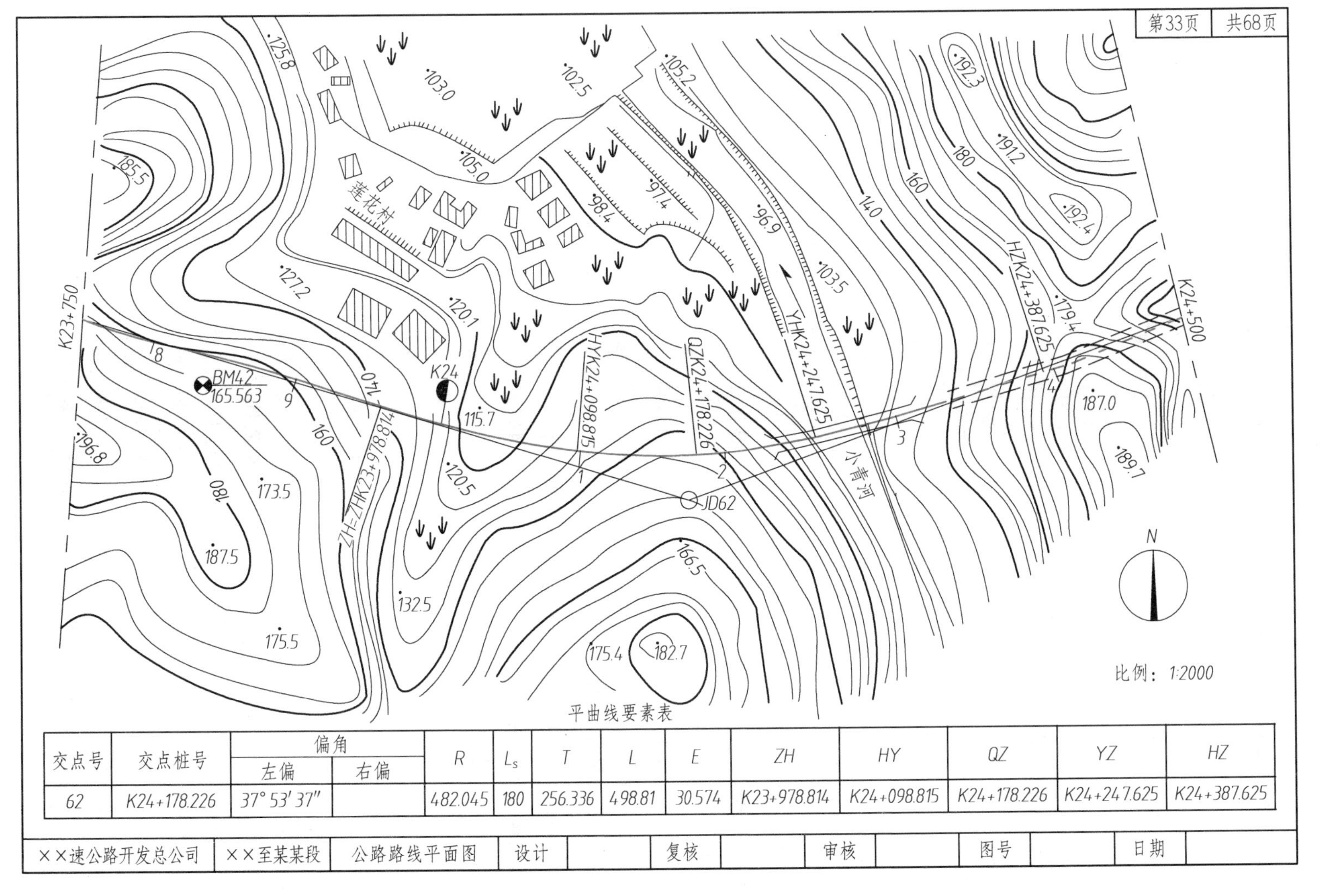

交点号	交点桩号	偏角		R	L_s	T	L	E	ZH	HY	QZ	YZ	HZ
		左偏	右偏										
62	K24+178.226	37°53′37″		482.045	180	256.336	498.81	30.574	K23+978.814	K24+098.815	K24+178.226	K24+247.625	K24+387.625

图 16-2 路线平面图

表 16-1 路线平面图中的常用图例

名　称	符　号	名　称	符　号	名　称	符　号
房屋		涵洞		水稻田	
棚房		桥梁		草地	
大车路		学校	文	果地	
小路		水塘	塘	旱地	
堤坝		河流		菜地	
人工开挖		高压电力线 低压电力线		阔叶树	
窑		铁路		树林	

(3) 平曲线(plane curve)——道路路线在平面上是由直线段和曲线段组成的。路线的转弯处的平面曲线称为平曲线,用交角点编号表示第几转弯。如图 16-3 所示的 JD2 表示第 2 号交角点。α 为偏角,是路线前进时向左或向右偏转的角度;R 为圆曲线设计半径,是连接圆弧的半径长度;T 为切线长,是切点与交角点之间的长度;E 为外矢距,是曲线中点到交角点的距离;L 为曲线长,是圆曲线两切点之间的弧长。还要注出曲线段的起点 ZH(直缓)、HY(缓圆)、中点 QZ(曲中)、YH (圆缓)、终点 HZ(缓直)的位置。

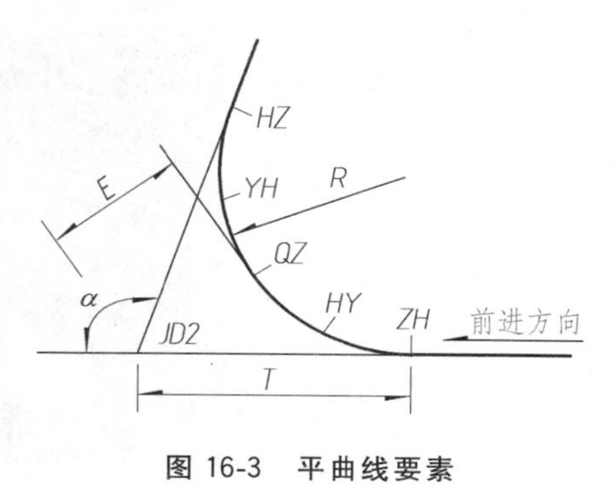

图 16-3 平曲线要素

3. 平面图的拼接

由于道路很长,不可能将整个路线平面图画在同一张图纸内,通常需分段绘制,使用时再将各张图纸拼接起来。每张图纸的右上角应画有角标,角标内应注明该张图纸的序号和总张数。平面图中路线的分段宜在整数里程桩处断开。相邻图纸拼接时,路线中心对齐,接图线重合,并以正北方向为准,如图 16-4 所示。

16.1.2 路线纵断面图(Longitudinal Profiles of Routes)

1. 图示方法

路线纵断面图是假想用铅垂面沿道路中心线剖切,然后展开成平行于投影面的平面,向投影面作正投影所获得的。图 16-5 是某地段的高速公路,其路线纵断面图可理解为沿路中的虚线剖切所得。由于

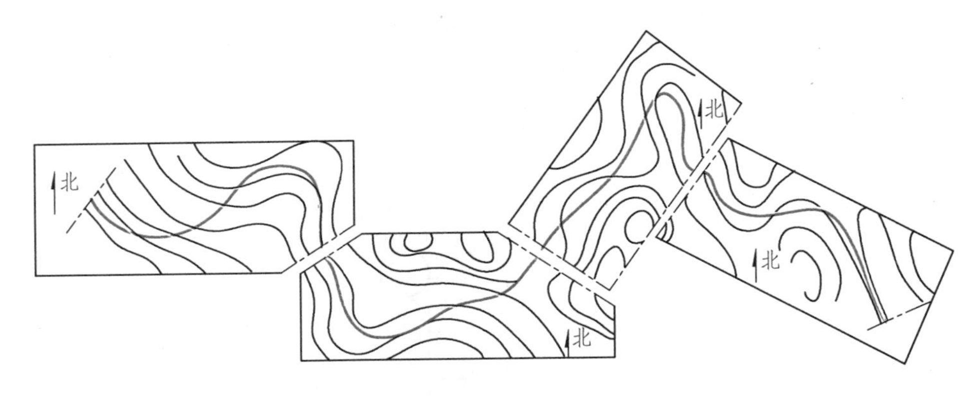

图 16-4 路线图纸拼接示意图

道路路线是由直线和曲线组合而成的，所以纵向剖切面既有平面又有柱面，为了清楚地表达路线的纵断面情况，需要将此纵断面拉直展开，并绘制在图纸上，这就形成了路线纵断面图，如图 16-6 所示。

图 16-5 某地段的高速公路

2. 画法特点和表达内容

路线纵断面图主要表达道路的纵向设计线形及沿线地面的高低起伏状况。路线纵断面图包括图样和资料表两部分，一般图样画在图纸的上部，资料表布置在图纸的下部。图 16-6 所示为某公路从 K23+750 至 K24+500 段的纵断面图。

1）图样部分

(1) 比例(scale)——纵断面图的水平方向表示路线的长度，竖直方向表示设计线和地面的高程。由于路线的高差比路线的长度尺寸小得多，如果竖向高度与水平长度用同一种比例绘制，很难把高差明显地表示出来，所以绘图时一般竖向比例要比水平比例放大 10 倍，例如本图的水平比例为 1∶2 000，而竖向比例为 1∶200，这样画出的路线坡度就比实际大，看上去也较为明显。为了便于画图和读图，一般还应在纵断面图的左侧按竖向比例画出高程标尺。

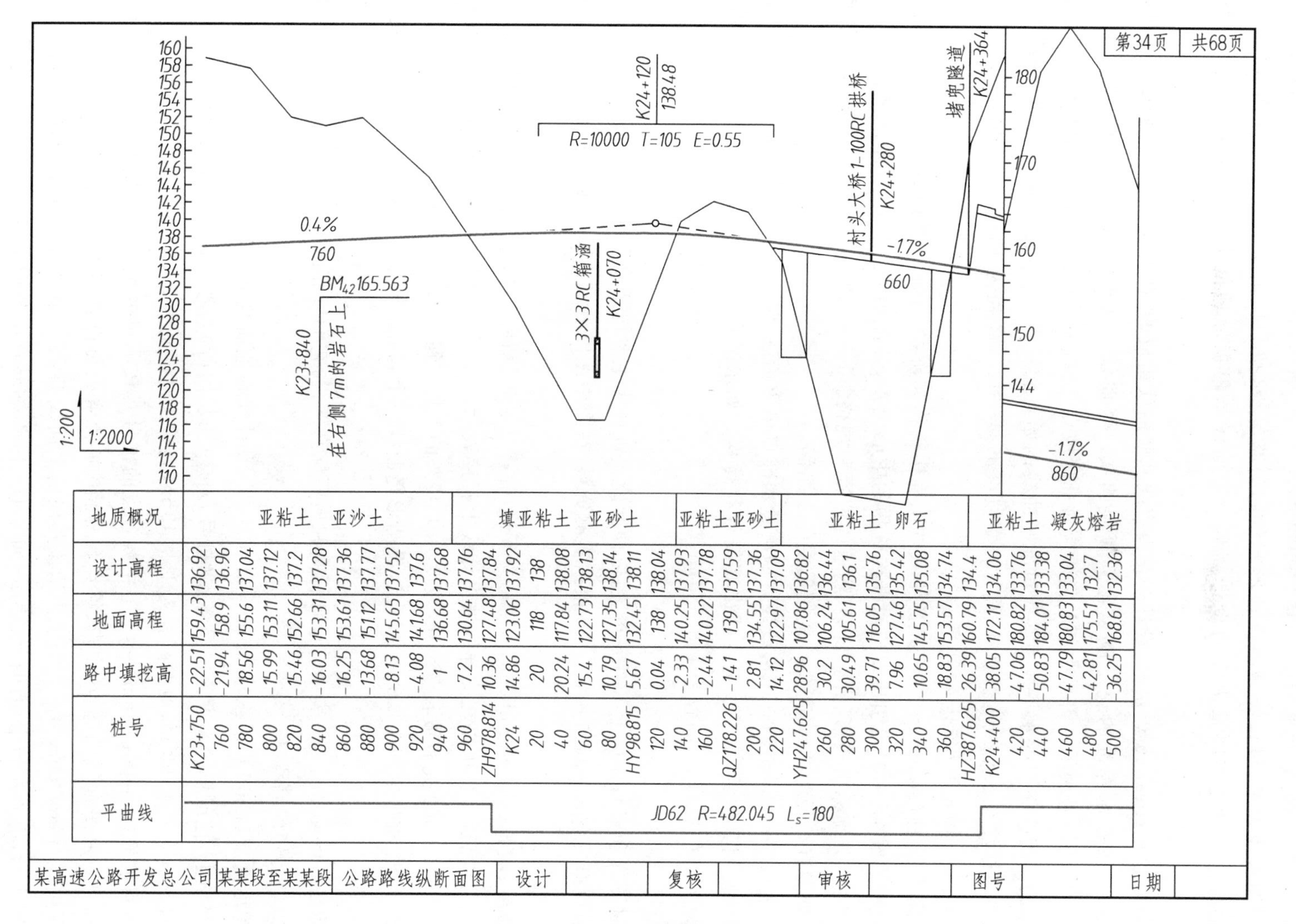
第34页 共68页
1:200
1:2000
0.4%
760
BM42 165.563
K23+840
在右侧7m的岩石上
R=10000 T=105 E=0.55
K24+120
138.48
3×3 RC 箱涵
K24+070
村头大桥 1-100RC 拱桥
K24+280
-1.7%
660
堵兜隧道
K24+364
-1.7%
860
地质概况 亚粘土 亚沙土 填亚粘土 亚砂土 亚粘土亚砂土 亚粘土 卵石 亚粘土 凝灰熔岩
设计高程 136.92 136.96 137.04 137.12 137.2 137.28 137.36 137.77 137.52 137.6 137.68 137.76 137.84 137.92 138 138.08 138.13 138.14 138.11 138.04 137.93 137.78 137.59 137.36 137.09 136.82 136.44 136.1 135.76 135.42 135.08 134.74 134.4 134.06 133.76 133.38 133.04 132.7 132.36
地面高程 159.43 158.9 155.6 153.11 152.66 153.31 153.61 151.12 145.65 141.68 136.68 130.64 127.48 123.06 118 117.84 122.73 127.35 132.45 138 140.25 140.22 139 134.55 122.97 107.86 106.24 105.61 116.05 127.46 145.75 153.57 160.79 172.11 180.82 184.01 180.83 175.51 168.61
路中填挖高 -22.51 -21.94 -18.56 -15.99 -15.46 -16.03 -16.25 -13.68 -8.13 -4.08 1 7.2 10.36 14.86 20 20.24 15.4 10.79 5.67 0.04 -2.33 -2.44 -1.41 2.81 14.12 28.96 30.2 30.49 39.71 7.96 -10.65 -18.83 -26.39 -38.05 -47.06 -50.83 -47.79 -42.81 -36.25
桩号 K23+750 760 780 800 820 840 860 880 900 920 940 960 ZH978.814 K24 20 40 60 80 HY98.815 120 140 160 QZ178.226 200 220 YH247.625 260 280 300 320 340 360 HZ387.625 K24+400 420 440 460 480 500
平曲线 JD62 R=482.045 Ls=180
某高速公路开发总公司 某某段至某某段 公路路线纵断面图 设计 复核 审核 图号 日期

图 16-6 路线纵断面图

(2) 设计线和地面线(design line and ground line)——在纵断面图中道路的设计线用粗实线表示，原地面线用细实线表示，设计线是根据地形起伏和公路等级，按相应的工程技术标准而确定的，设计线上各点的标高通常是指路基边缘的设计高程。地面线是根据原地面上沿线各点的实测高程而绘制的。

(3) 竖曲线(vertical curve)——设计线是由直线和竖曲线组成的，在设计线的纵向坡度变更处，为了便于车辆行驶，按技术标准的规定应设置圆弧竖曲线。竖曲线分为凸形和凹形两种，在图中分别用(┌┬┐)和(└┬┘)的符号表示。符号中部的竖线应对准变坡点，竖线左侧标注变坡点的里程桩号，竖线右侧标注变坡点的高程。符号的水平线两端应对准竖曲线的始点和终点，竖曲线要素(半径 R、切线长 T、外矢距 E)的数值标注在水平线上。在本图中的变坡点 K24＋120，高程为 138.48 m 处设有凸形竖曲线(R＝1 000 m，T＝105 m，E＝0.55 m)。

(4) 工程构筑物(structure)——道路沿线的工程构筑物如桥梁、涵洞、隧道等，应在设计线的上方或下方用竖直引出线标注，竖直引出线应对准构筑物的中心位置，并注出构筑物的名称、规格和里程桩号。例如图 16-6 中，分别标出箱形涵洞、桥梁、隧道的位置和规格。1-3×3RC 箱涵/K24＋070 表示在里程桩 K24＋070 处设有孔径为 3 m、高 3 m 的钢筋混凝土箱涵。

(5) 水准点(benchmark)——沿线设置的测量水准点也应标注，竖直引出线对准水准点，左侧注写里程桩号，右侧写明其位置，水平线上方注出其编号和高程。如水准点 BM42 设置在里程 K23＋840 处的右侧距离为 7 m 的岩石上，高程为 165.563 m。

2) 资料表部分

绘图时图样和资料表应上下对齐布置，以便阅读。资料表主要包括以下项目和内容。

(1) 地质概况(geological data)——根据实测资料，在图中注出沿线各段的地质情况，为设计、施工提供资料。

(2) 坡度、坡长(slope gradient and slope length)——是指设计线的纵向坡度和水平投影长度，可在坡度坡长栏目内表示，也可以在图样纵坡设计线上直接表示。如图 16-6 所示，由图样纵坡设计线可看出 K23＋750～K24＋500 先有坡长 760 m，坡度为 0.40％的上坡；到了 K24＋120 变成坡长 660 m，坡度为－1.70％的下坡，桩号 K24＋120 是变坡点，设凸形竖曲线一个，其竖曲线半径 R＝10 000 m，切线长 T＝105 m，外矢距 E＝0.55 m。

(3) 标高(elevation)——表中有设计标高和地面标高两栏，它们应和图样对应，分别表示设计线和地面线上各点(桩号)的高程。

(4) 挖填高度(height of excavation and fill)——设计线在地面线下方时需要挖土，设计线在地面线上方时需要填土，挖或填的高度值应是各点(桩号)对应的设计标高与地面标高之差的绝对值。如图中第一栏的设计高程为 136.92 m，地面高程为 159.43 m，其挖土高度则为 22.51 m。

(5) 里程桩号(milepost number)——沿线各点的桩号是按测量的里程数值填入的，单位为 m，桩号从左向右排列。在平曲线的起点、中点、终点和桥涵中心点等处可设置加桩。

(6) 平曲线(plane curve)——为了表示该路段的平面线型，通常在表中画出平曲线的示意图。直线段用水平线表示，道路左转弯用凹折线表示，如“┐__┌”，右转弯用凸折线表示，如“_┌‾‾┐_”。当路线的转折角小于规定值时，可不设平曲线，但需画出转折方向，“∨”表示左转弯，“∧”表示右转弯。“规定值”是按公路等级而定，如四级公路的转折角≤5°时，不设平曲线。通常还需注出交角点编号、偏角角度值和曲线半径等平曲线各要素的值。如图中的交角点 JD62，向左转折，α 为 37°53′37″，圆曲线半径 R 为 482.045 m，缓和曲线长 L_s 为 180 m。

16.1.3　路线横断面图(Cross Sectional Drawings of Routes)

路线横断面图是用假想的剖切平面，垂直于路中心线剖切而得到的图形。主要用于表达路线的横断面形状、填挖高度、边坡坡长以及路线中心桩处横向地面的情况。通常在每一中心桩处，根据测量资料和设计要求，顺次画出每一个路基横断面图，作为计算公路的土方石量和路基施工的依据。

在横断面图中，路面线、路肩线、边坡线、护坡线均用粗实线表示，路面厚度用中粗实线表示，原有地面线用细实线表示，路中心线用细点画线表示。

横断面图的水平方向和高度方向宜采用相同比例，一般比例为 1∶200、1∶100 或 1∶50。路线横断面图一般以路基边缘的标高作为路中心的设计标高。路基横断面图的基本形式有以下 3 种。

1. 填方路基

如图 16-7(a)所示，整个路基全为填土区称为路堤。填土高度等于设计标高减去地面标高。填方边坡一般为 1∶1.5。

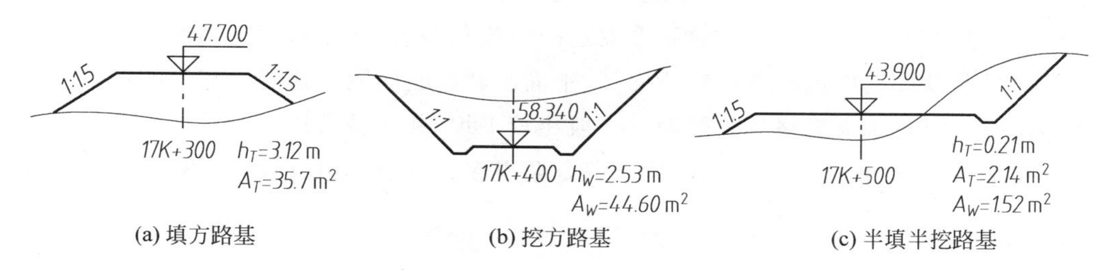

图 16-7　路基横断面图的基本形式

2. 挖方路基

如图 16-7(b)所示，整个路基全为挖土区称为路堑。挖土深度等于地面标高减去设计标高，挖方边坡一般为 1∶1。

3. 半填半挖路基

如图 16-7(c)所示，路基断面一部分为填土区，一部分为挖土区。

在路基横断面图的下方应标注相应的里程桩号，在右侧注写填土高度 h_T，或挖土深度 h_w，以及填方面积 A_T 和挖方面积 A_w。

在同一张图纸内绘制的路基横断面图。应按里程桩号顺序排列，从图纸的左下方开始，先由下而上，再自左向右排列，如图 16-8 所示。

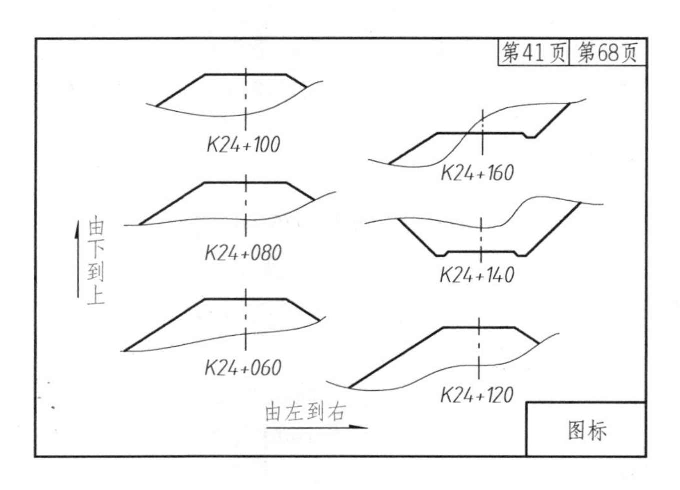

图 16-8　路基横断面图

16.2　城市道路路线工程图
(Engineering Drawing of City Routes)

城市道路主要包括机动车道、非机动车道、人行道、分隔带(在高速公路上也设有分隔带)、绿化带、交叉口和交通广场以及各种设施等。在交通高度发达的现代化城市,还建有架空高速道路、地下道路等。

城市道路的线形设计结果也是通过横断面图、平面图和纵断面图表达的。它们的图示方法与公路路线工程图完全相同。但是城市道路所处的地形一般比较平坦,并且城市道路的设计是在城市规划与交通规划的基础上实施的,交通性质和组成部分比公路复杂得多,因此体现在横断面图上,城市道路比公路复杂得多。

16.2.1　横断面图(Cross Sectional Drawings)

城市道路横断面图是道路中心线法线方向的断面图。城市道路横断面图由车行道、人行道、绿化带和分离带等部分组成。

1. 城市道路横断面布置的基本形式

根据机动车道和非机动车道不同的布置形式,道路横断面的布置有以下 4 种基本形式。

(1) **"一块板"断面**(one-slab section)。把所有车辆都组织在一车道上行驶,但规定机动车在中间,非机动车在两侧,如图 16-9(a)所示。

(2) **"两块板"断面**(two-slab section)。用一条分隔带或分隔墩从中央分开,使往返交通分离,但同向交通仍在一起混合行驶,如图 16-9(b)所示。

(3) **"三块板"断面**(three-slab section)。用两条分隔带或分隔墩把机动车与非机动车交通分离,把车行道分隔为三块:中间为双向行驶的机动车道,两侧为方向彼此相反的单向行驶非机动车道,如

图 16-9(c)所示。

(4)“**四块板**”**断面**(four-slab section)。在“三块板”的基础上增设一条中央分离带，使机动车分向行驶，如图 16-9(d)所示。

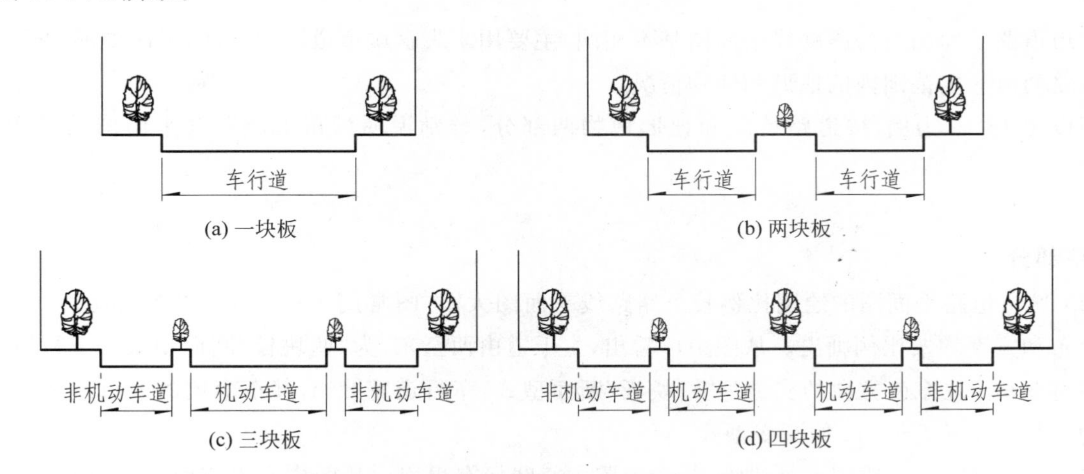

图 16-9　城市道路横断面布置的基本形式

2. 横断面图的内容

断面设计的最终结果用标准横断面设计图表示。图中要表示出横断面各组成部分及其相互关系。图 16-10 中该段路采用了“四块板”横面形式，使机动车与非机动车分道单向行驶，两侧为人行道，中间有四条绿带。图中还表示了各组成部分的宽度及结构设计要求。

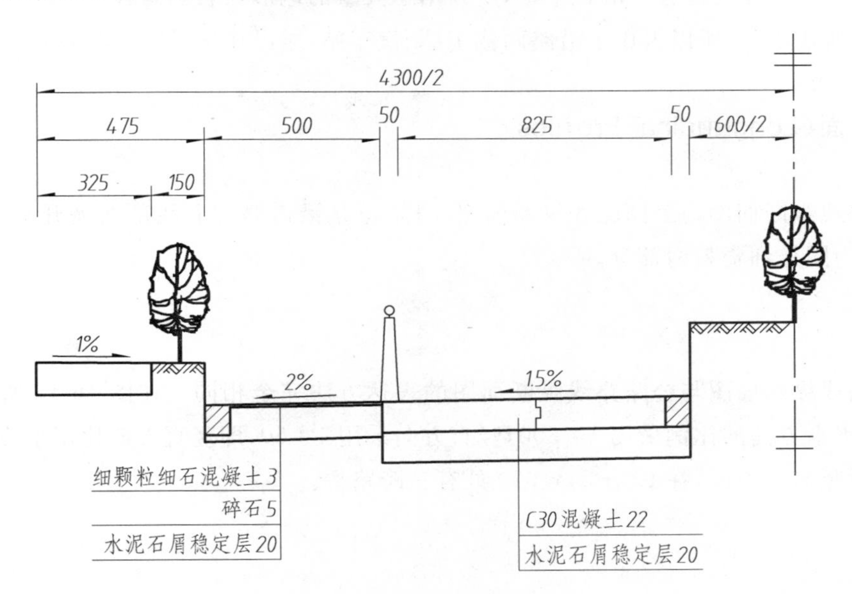

图 16-10　标准断面设计图

16.2.2 平面图(Alignment Plans)

城市道路平面图与公路路线平面图基本相同,主要用来表示城市道路的方向、平面线形、车行道布置以及沿路两侧一定范围内的地形和地物情况。

现以图 16-11 为例,按道路情况和地形地物两部分,分别说明城市道路路线平面图的读图要点和画法。

1. 道路部分

(1) 城市道路平面图的绘图比例较公路路线平面图大,本图常用 1∶500,所以车行道、人行道、分隔带的分布和宽度均按比例画出。从图中可看出,主干道由西至东,为“两块板”断面型式。车行道宽 8 m,人行道宽 5 m。往东南方向的支道为“一块板”断面型式,车行道宽 8 m,其东南侧的人行道宽 5 m,但西南侧的人行道是从 5～3 m 的渐变型式。

(2) 城市道路中心线用点画线绘制,在道路中心线标有里程。从图中看出东西主干道中心线与支道中心线的交点是里程起点。

(3) 道路的走向用坐标网符号“—┼—”和指北针来确定。

(4) 图中标出了水准点位置,以控制道路标高。

2. 地形地物部分

(1) 因城市道路所在的地势一般较平坦,所以用了大量的地形点表示高程。

(2) 由于是新建道路,所以占用了沿路两侧工厂、汽车站、居民住房、幼儿园用地。

16.2.3 纵断面(Longitudinal Profiles)

城市道路路线纵断面图与公路路线纵断面图一样,也是沿道路中心线剖切展开后得到的,其作用也相同,内容也分为图样和资料两部分。

1. 图样部分

城市道路路线纵断面图与公路路线纵断面图的表达方法完全相同。在图 16-12 所示的城市道路路线纵断面图中,水平方向的比例采用 1∶500,竖直方向采用 1∶50,即竖直方向比水平方向放大了 10 倍。该段道路有四段竖向变坡段,在 K0＋244.070 处有一跨路桥。

2. 资料部分

城市道路路线纵断面图资料部分的内容与公路路线纵断面图基本相同。对于城市道路的排水系统可在纵断面图中表示,也可单独绘制。

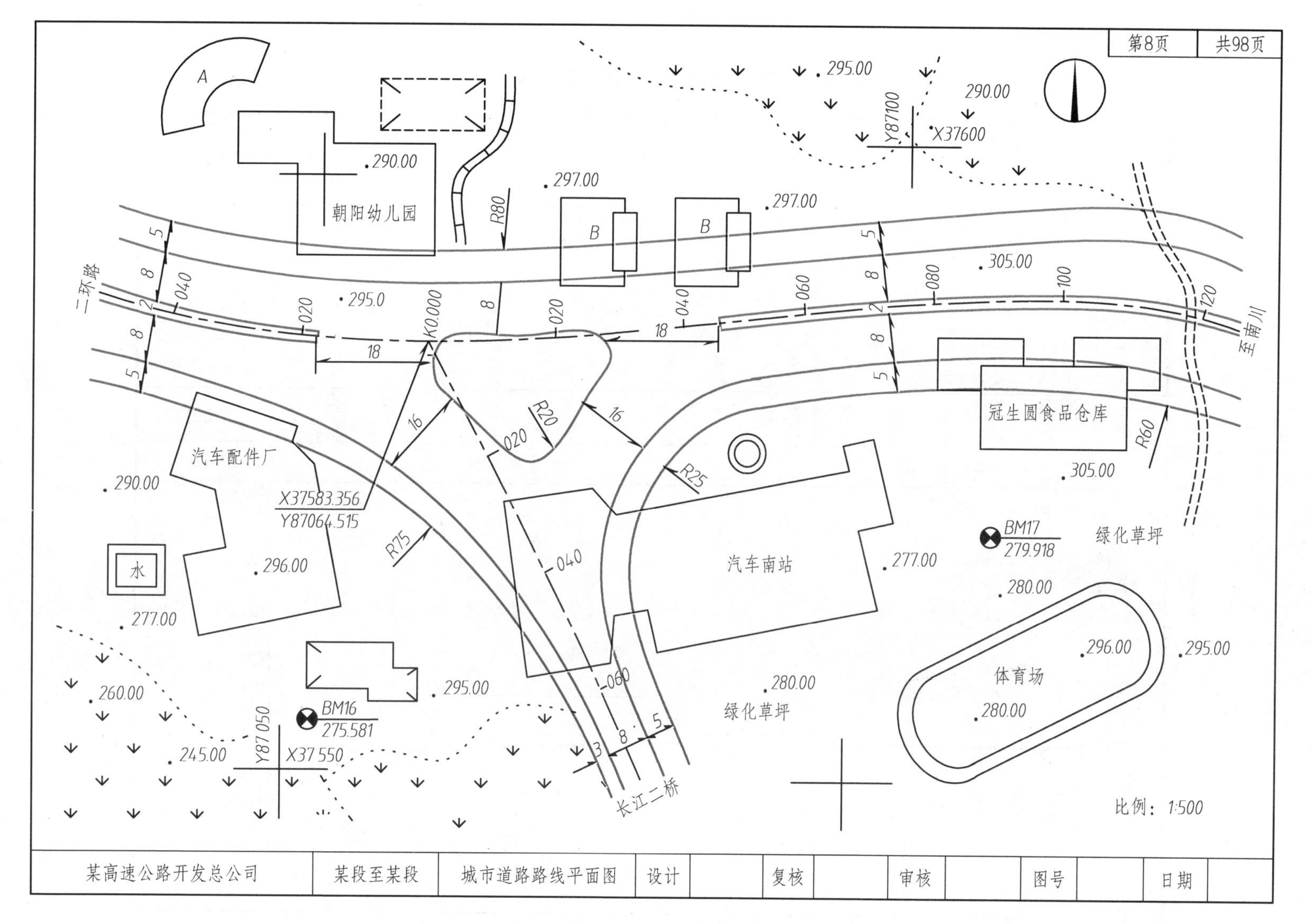

图 16-11 城市道路平面图

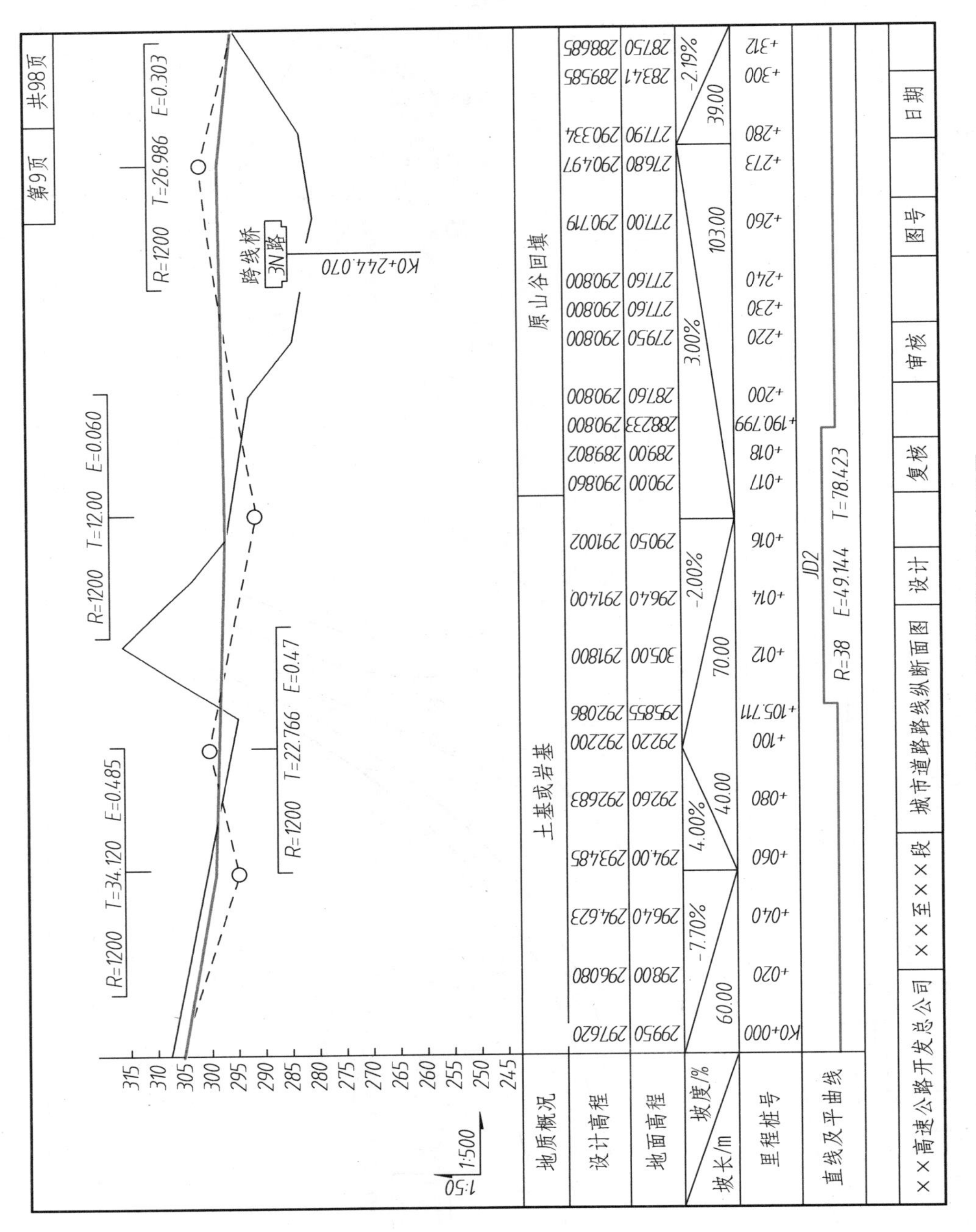

图 16-12 城市道路路线纵断面图

16.3　道路交叉口
(Road Intersections)

人们把道路与道路、道路与铁路相交时所形成的公共空间部分称作交叉口。

根据通过交叉口的道路所处的空间位置，可分为平面交叉和立体交叉。

16.3.1　平面交叉口(Plane Intersections)

1. 平面交叉口的形式

常见的平面交叉口形式有十字形、T 字形、X 字形、Y 字形、错位交叉和复合交叉等，如图 16-13 所示。

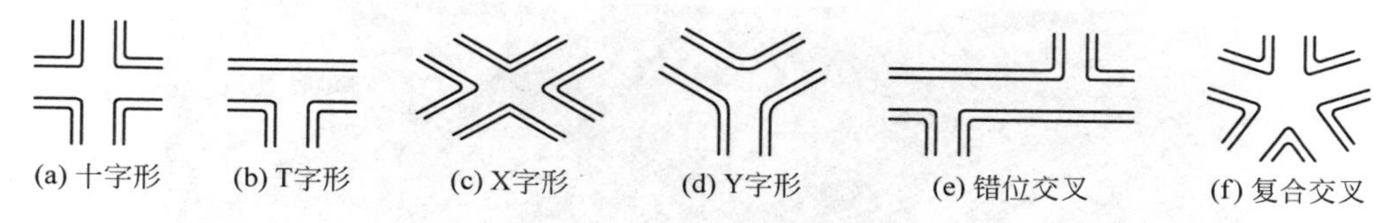

图 16-13　平面交叉口的形式

2. 环形交叉口

为了提高平面交叉口的通过能力，常采用环形交叉口。环形交叉(俗称转盘)是在交叉中央设置一个中心岛，用环道组织交通，使车辆一律绕岛逆时针单向行驶，直至所去路口离岛驶出。中心岛的形状有圆形、椭圆形、卵形等。图 16-11 城市道路路线平面图所示的是 T 字形平面交叉口。

16.3.2　立体交叉口(Fly-Over Junctions)

平面交叉口的通过能力有限，当无法满足交通要求时，则需要采用立体交叉，以提高交叉口的通过能力和车速。立体交叉是两条道路在不同平面上的交叉，两条道路上的车流能互不干扰，各自保持其较高行车速度通过交叉口，因此，道路的立体交叉是一种保证安全和提高交叉口通行能力的最有效的办法。立体交叉的形式很多，分类方法也很多。根据交通功能和匝道布置方式，立体交叉分为分离式(separation type)和互通式(interflow type)两大类。

分离式立体交叉指相交道路不互通，不设置任何匝道，如图 16-14 所示。

互通式立体交叉指设置匝道满足车辆全部或部分转向要求。

互通式立体交叉，按照交通流线的交叉情况和道路互通的完善程度分为完全互通式、部分互通式和环形 3 种。

完全互通式立体交叉中所有交通方向均能通行，而且不存在平面交叉，如图 16-15 所示。

立体交叉中一个或一个以上转向交通不能通行，或存在一处或一处以上平面交叉时，称为部分互通式立体交叉，如图 16-16 所示。

图 16-14 分离式立体交叉

图 16-15 完全互通式立体交叉

图 16-16 部分互通式立体交叉

环形立体交叉中三层式环形可保证相交道路直行交道畅通，所有转弯车辆在环道上通过。二层式环形可保证主要交通直行交道畅通，次要道路直行与所有转弯车辆在环道上通过，如图 16-17 所示。

图 16-17　环形立体交叉

第 17 章　桥隧涵工程图
(ENGINEERING DRAWING OF BRIDGES, TUNNELS AND CULVERTS)

17.1　桥梁工程图
(Engineering Drawings of Bridges)

当路线跨越河流山谷及道路互相交叉时，为了保持道路的畅通，一般需要架设桥梁，如图 17-1 所示。桥梁是道路工程的重要组成部分。

图 17-1　桥梁

桥梁的种类很多，按结构形式分为梁桥、拱桥、刚架桥、桁架桥、悬索桥、斜拉桥等。按建筑材料分为钢桥、钢筋混凝土桥、石桥、木桥等。桥梁工程图是桥梁施工的主要依据，主要包括桥位平面图、桥位地质断面图、桥位总体布置图、构件结构图和大样图等。图 17-2 所示为桥梁的基本组成。

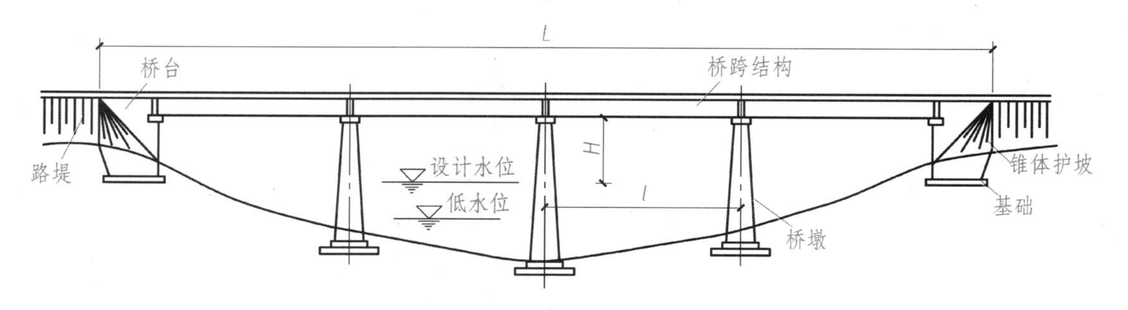

图 17-2　桥梁的基本组成

17.1.1　桥位平面图(Plan Drawings of Bridge Sites)

桥位平面图主要表示桥梁和路线连接的平面位置,以及桥位处的道路、河流、水准点、钻孔及附近的地形和地物,以便作为设计桥梁、施工定位的根据。这种图一般采用较小的比例,如 1∶500,1∶1 000,1∶2 000 等。

图 17-3 所示为某桥桥位平面图。除了表示桥位的平面形状、地形和地物外,还标明了钻孔(CK1、CK2、CK3)、里程(K7)和水准点(BM11、BM12)的位置和数据。桥位平面图中的植被、水准符号等均应以正北方为准,而图中文字方向则可按路线要求及总图标方向来决定。

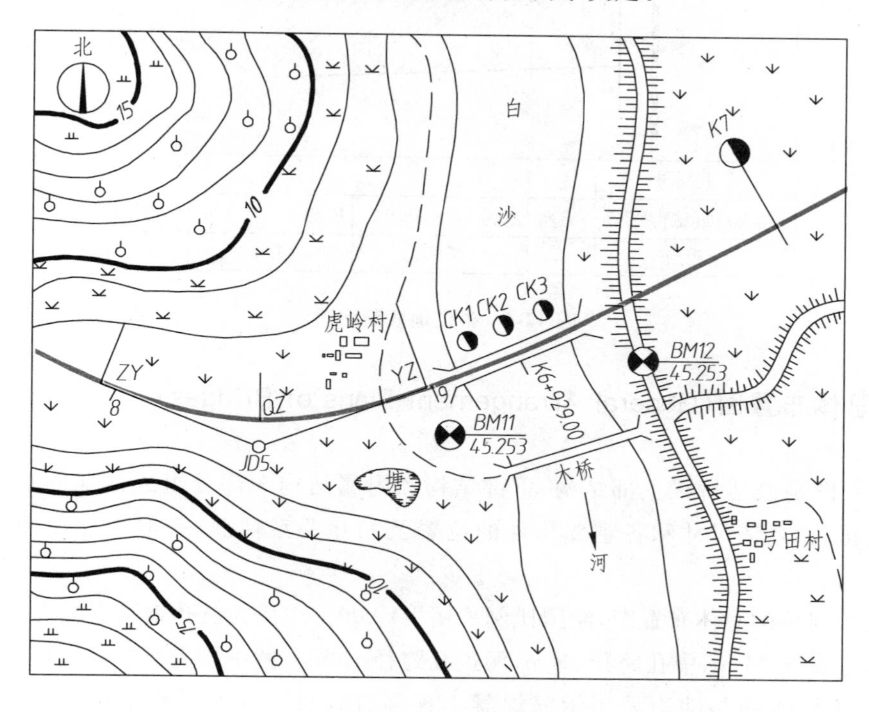

图 17-3　桥位平面图

17.1.2　桥位地质断面图(Geographical Profiles of Bridge Sites)

桥位地质断面图是根据水文调查和钻探所得的水文资料绘制的桥位处的地质断面图,包括河床断面线、最高水位线、常水位线和最低水位线,以便作为设计桥梁、桥台、桥墩和计算土石方工程数量的根据。

地质断面图为了显示地质和河床深度变化情况,特意把地形高度(标高)的比例较水平方向比例放大数倍画出。如图 17-4 所示,地形高度的比例采用 1∶200,水平方向的比例采用 1∶500。图中还画出了 CK1、CK2、CK3 三个钻孔的位置,并在图下方列出了钻孔的有关数据、资料。

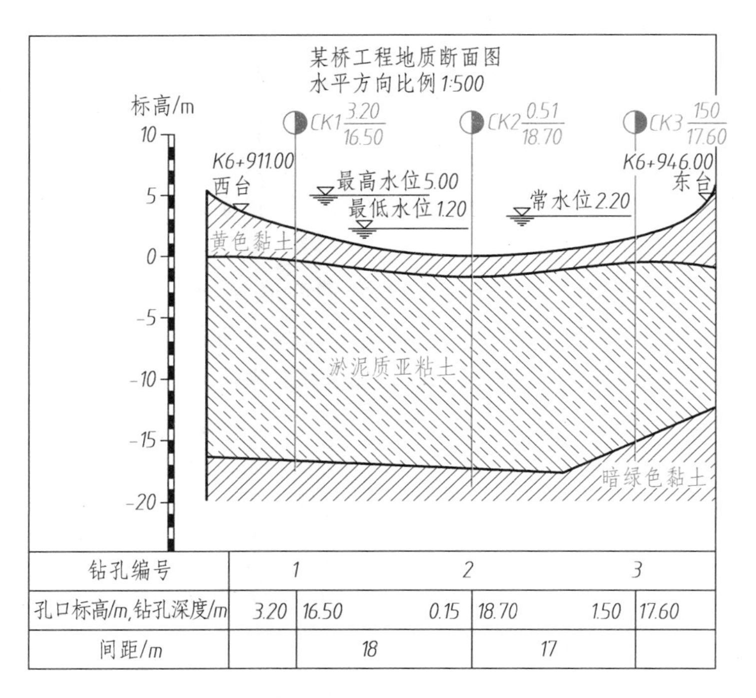

图 17-4 桥位地质断面图

17.1.3 桥梁总体布置图(General Arrangement Plans of Bridges)

桥梁总体布置图是表达桥梁上部结构、下部结构和附属结构3部分组成情况的总图,主要表达桥梁的形式、跨径、孔数、总体尺寸和各主要构件的位置及相互关系情况,一般由立面图、平面图和剖面图组成。

图17-5为白沙河桥的总体布置图,绘图比例采用1∶200。该桥为三孔钢筋混凝土空心板简支梁桥,总长度34.90 m,总宽度14 m,中孔跨径13 m,两边孔跨径10 m。桥中设有两个柱式桥墩,两端为重力式混凝土桥台,桥台和桥墩的基础均采用钢筋混凝土预制打入桩。桥上部承重构件为钢筋混凝土空心板梁。

1. 立面图

桥梁一般是左右对称的,所以立面图常常是由半立面和半纵剖面合成的。左半立面图为左侧桥台、1号桥墩、板梁、人行道栏杆等主要部分的外形视图。右半纵剖面图是沿桥梁中心线纵向剖开而得到的,2号桥墩、右侧桥台、板梁和桥面均应按剖开绘制。图中还画出了河床的断面形状,在半立面图中,河床断面线以下的结构如桥台、桩等用虚线绘制,在半剖面图中地下的结构均画为实线。由于预制桩打入到地下较深的位置,不必全部画出,为了节省图幅,采用了断开画法。图中还注出了桥梁各重要部位如桥面、梁底、桥墩、桥台、桩尖等处的高程以及常水位(即常年平均水位)。

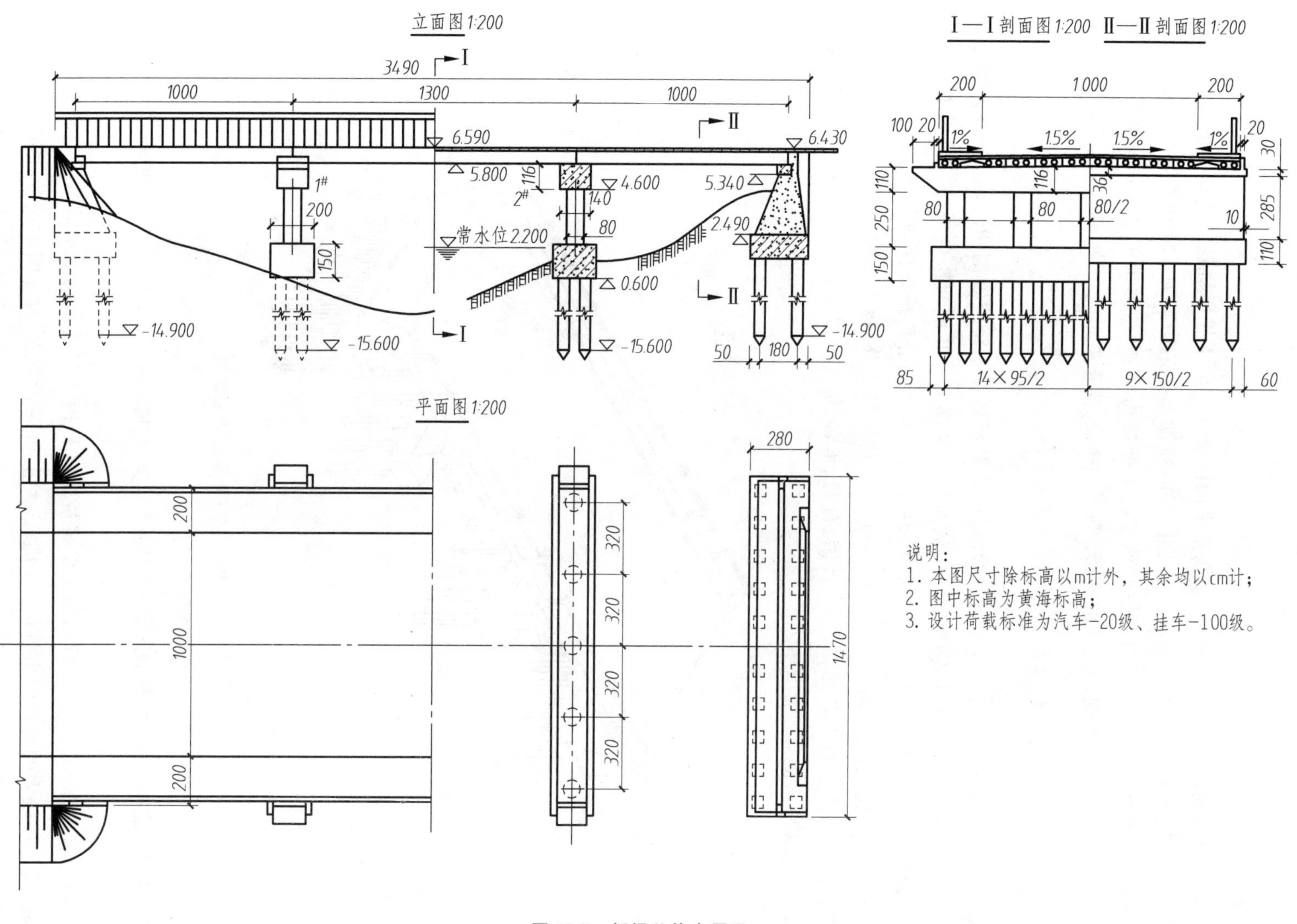

图 17-5　桥梁总体布置图

2. 平面图

桥梁的平面图也常采用半剖的形式。左半平面图是从上向下投影得到的桥面水平投影图，主要画出了车行道、人行道、栏杆等的位置。由所注尺寸可知，桥面车行道净宽为 10 m，两边人行道各为 2 m。右半部采用的是剖切画法(或分层揭开画法)，假想把上部结构移去后，画出了 2 号桥墩和右侧桥台的平面形状和位置。桥墩中的虚线圆是立柱的投影。桥台中的虚线正方形是下面方桩的投影。

3. 横剖面图

根据立面图中所标注的剖切位置可以看出，I—I 剖面是在中跨位置剖切的；Ⅱ—Ⅱ剖面是在边跨位置剖切的；桥梁的横剖面图是由左半部 I—I 剖面和右半部Ⅱ—Ⅱ剖面拼合成的。桥梁中跨和边跨部分的上部结构相同，桥面总宽度为 14 m，是由 10 块钢筋混凝土空心板拼接而成的，图中由于板的断面形状太小，没有画出其材料符号。在 I—I 剖面图中画出了桥墩各部分，包括墩帽、立柱、承台、桩等的投影；在Ⅱ—Ⅱ剖面图中画出了桥台各部分，包括台帽、台身、承台、桩等的投影。

图 17-6 为该桥梁立体示意图。

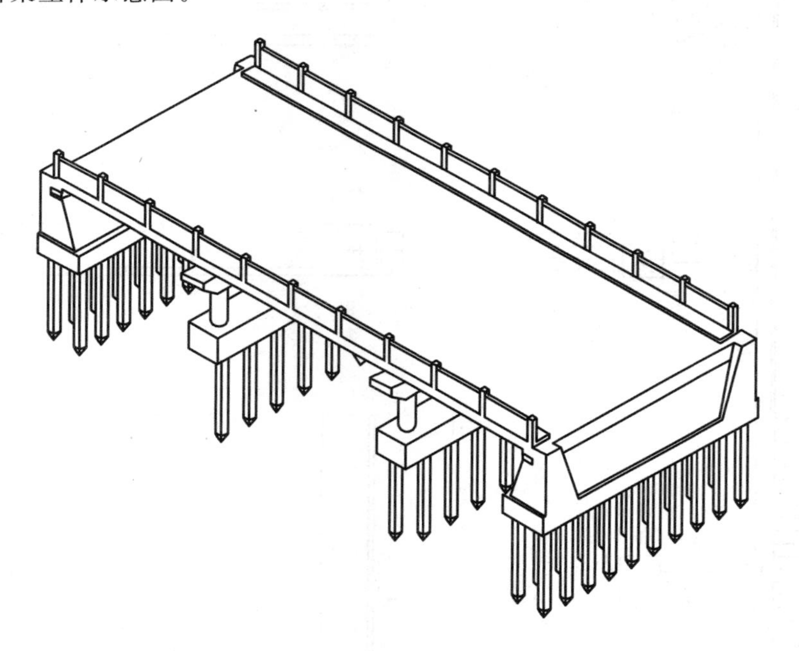

图 17-6 桥梁立体示意图

17.1.4 构件结构图和大样图(Structural Drawings and Detail Drawings)

在总体布置图中，由于比例较小，不可能将桥梁各种构件都详细地表示清楚。为了实际施工和制作的需要，还必须用较大的比例画出各构件的形状大小和钢筋构造，构件图常用的比例为 1：10～1：50，某些局部详图可采用更大的比例，如 1：2～1：5。下面介绍桥梁中几种常见的构件图的画法特点。

1. 钢筋混凝土空心板梁图

钢筋混凝土空心板是该桥梁上部结构中最主要的受力构件，它两端搁置在桥墩和桥台上，中跨为 13 m，边跨为 10 m。图 17-7 为边跨 10 m 空心板构造图，由立面图、平面图和断面图组成，主要表达空心板的形状、构造和尺寸。整个桥宽由 10 块板拼成，按不同位置分为三种：中板（中间共 6 块）、次边板（两侧各 1 块）、边板（两边各 1 块）。三种板的厚度相同，均为 55 cm，故只画出了中板立面图。由于三种板的宽度和构造不同，故分别绘制了中板、次边板和边板的平面图，中板宽 124 cm，次边板宽 162 cm，边板宽 162 cm。板的纵向是对称的，所以立面图和平面图均只画出了一半。边跨板长名义尺寸为 10 m，但减去板接头缝后实际上板长为 996 cm。三种板均分别绘制了跨中断面图，可以看出它们不同的断面形状和详细尺寸。另外还画出了板与板之间拼接的铰缝大样图，具体施工做法详见说明。

每种钢筋混凝土板都必须绘制钢筋布置图，现以边板为例介绍。图 17-8 为 10 m 边板的配筋图。立面图是用Ⅰ—Ⅰ纵剖面表示的（既然假定混凝土是透明的，立面图和剖面图已无多少区别，这里主要是为了避免钢筋过多重叠）。由于板中有弯起钢筋，所以绘制了跨中横断面Ⅱ—Ⅱ和跨端横断面Ⅲ—Ⅲ，可以看出②号钢筋在中部时位于板的底部，在端部时则位于板的顶部。为了更清楚地表示钢筋的布置情况，还画出了板的顶层钢筋平面图。整块板共有 10 种钢筋，每种钢筋都绘出了钢筋详图。这样几种图互相配合，对照阅读，再结合列出的钢筋明细表，就可以清楚地了解该板中所有钢筋的位置、形状、尺寸、规格、直径、数量等内容，以及几种弯筋、斜筋与整个钢筋骨架的焊接位置和长度。

2. 桥墩图

图 17-9 为桥墩构造图，主要表达桥墩各部分的形状和尺寸。这里绘制了桥墩的立面图、侧面图和Ⅰ—Ⅰ剖面图。该桥墩由墩帽、立柱、承台和基桩组成。根据所标注的剖切位置可以看出，Ⅰ—Ⅰ剖面图实质上为承台平面图，承台基本为长方体，长 1 500 cm，宽 200 cm，高 150 cm。承台下的基桩分两排交错（呈梅花形）布置，施工时先将预制桩打入地基，下端到达设计深度（标高）后，再浇铸承台，桩的上端深入承台内部 80 cm，在立面图中这一段用虚线绘制。承台上有 5 根圆形立柱，直径为 80 cm，高为 250 cm。立柱上面是墩帽，墩帽的全长为 1 650 cm，宽为 140 cm，高度在中部为 116 cm，在两端为 110 cm，有一定的坡度，为的是使桥面形成 1.5%的横坡。墩帽的两端各有一个 20 cm×30 cm 的抗震挡块，是为防止空心板移动而设置的。墩帽上的支座，详见支座布置图。

桥墩各部分均是钢筋混凝土结构，应绘制钢筋布置图，图 17-10 为墩帽的配筋图，由立面图、I—I 和Ⅱ—Ⅱ横断面图以及钢筋详图组成。由于桥墩内钢筋较多，所以横断面图的比例更大。墩帽内共配有 9 种钢筋：在顶层有 13 根①号钢筋；在底层有 11 根②号钢筋，③号为弯起钢筋有 2 根；④、⑤、⑥号是加强斜筋；⑧号箍筋布置在墩帽的两端，且尺寸依截面的变化而变化；⑨号箍筋分布在墩帽的中部，间隔为 10 cm 或 20 cm，立面图中注出了具体位置；为了增强墩帽的刚度，在两侧各布置了 7 根⑦号腰筋。由于篇幅所限，桥墩其他部分如立柱、承台等的配筋图略。

3. 桥台图

桥台属于桥梁的下部结构，主要是支承上部的板梁，并承受路堤填土的水平推力。图 17-11 为重力

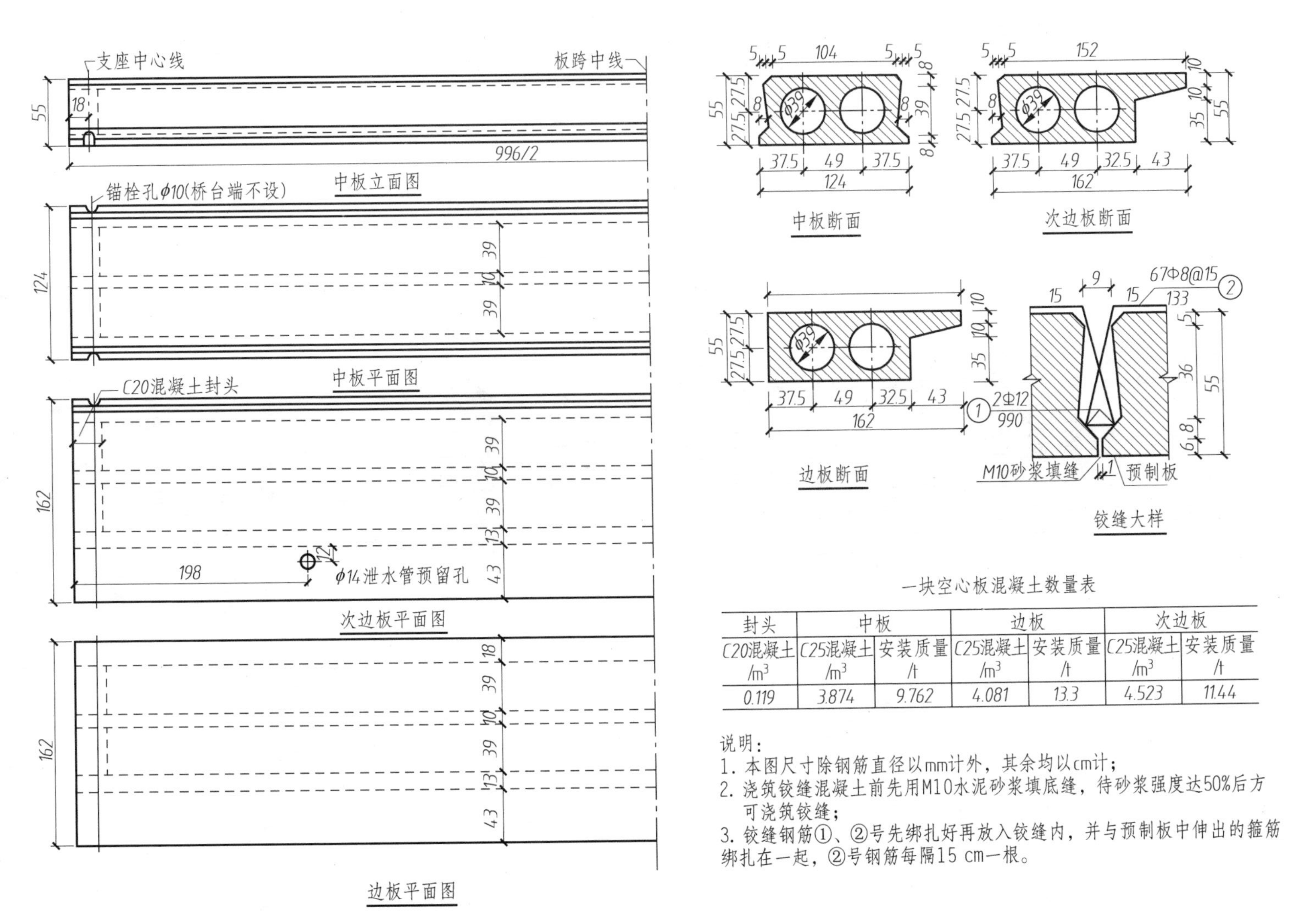

一块空心板混凝土数量表

封头	中板		边板		次边板	
C20混凝土/m³	C25混凝土/m³	安装质量/t	C25混凝土/m³	安装质量/t	C25混凝土/m³	安装质量/t
0.119	3.874	9.762	4.081	13.3	4.523	11.44

说明：

1. 本图尺寸除钢筋直径以mm计外，其余均以cm计；
2. 浇筑铰缝混凝土前先用M10水泥砂浆填底缝，待砂浆强度达50%后方可浇筑铰缝；
3. 铰缝钢筋①、②号先绑扎好再放入铰缝内，并与预制板中伸出的箍筋绑扎在一起，②号钢筋每隔15 cm一根。

图 17-7　边跨 10 m 空心板构造图

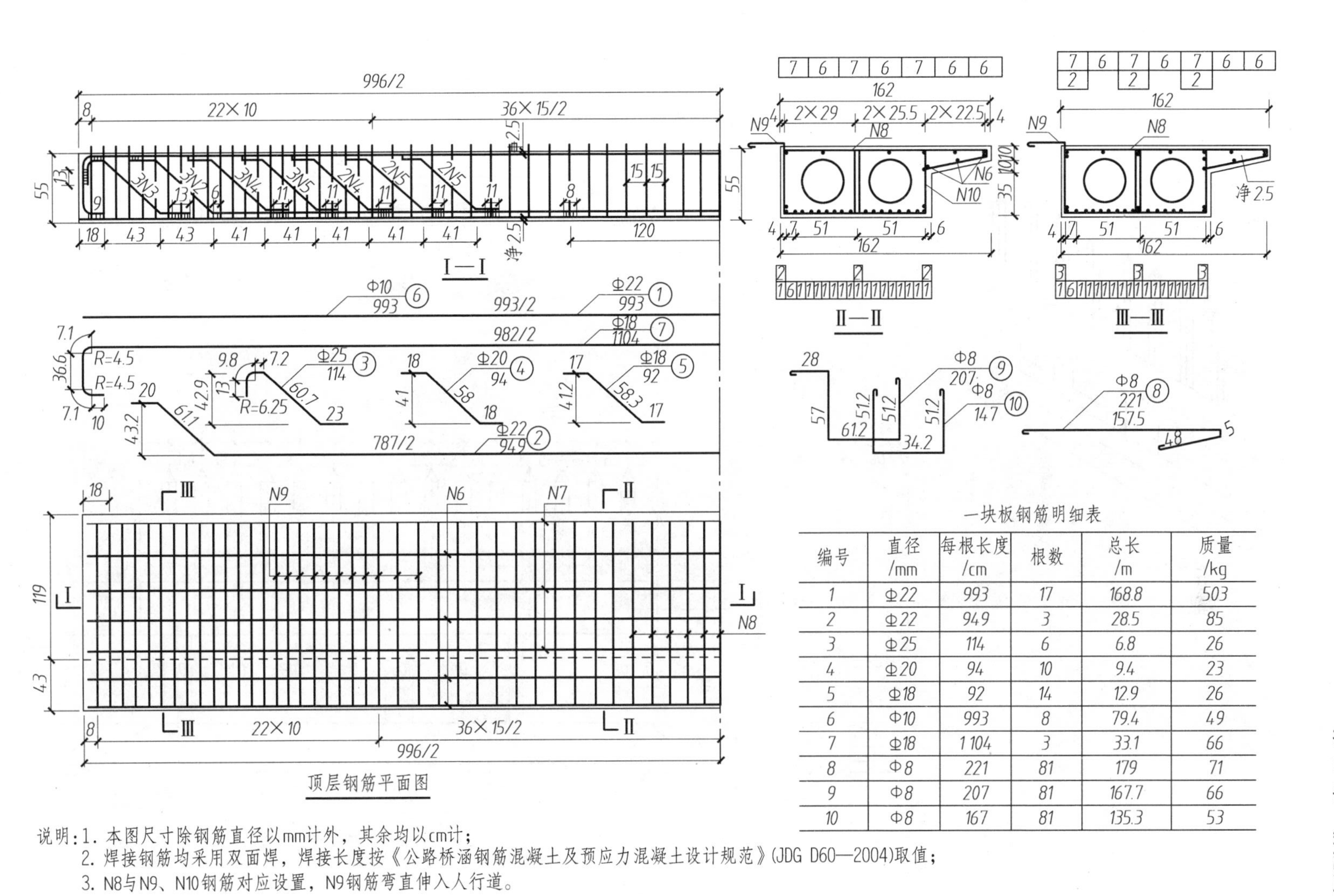

一块板钢筋明细表

编号	直径/mm	每根长度/cm	根数	总长/m	质量/kg
1	Φ22	993	17	168.8	503
2	Φ22	949	3	28.5	85
3	Φ25	114	6	6.8	26
4	Φ20	94	10	9.4	23
5	Φ18	92	14	12.9	26
6	Φ10	993	8	79.4	49
7	Φ18	1 104	3	33.1	66
8	Φ8	221	81	179	71
9	Φ8	207	81	167.7	66
10	Φ8	167	81	135.3	53

说明：1. 本图尺寸除钢筋直径以mm计外，其余均以cm计；
2. 焊接钢筋均采用双面焊，焊接长度按《公路桥涵钢筋混凝土及预应力混凝土设计规范》(JDG D60—2004)取值；
3. N8与N9、N10钢筋对应设置，N9钢筋弯直伸入人行道。

图 17-8　10 m 板边板的配筋图

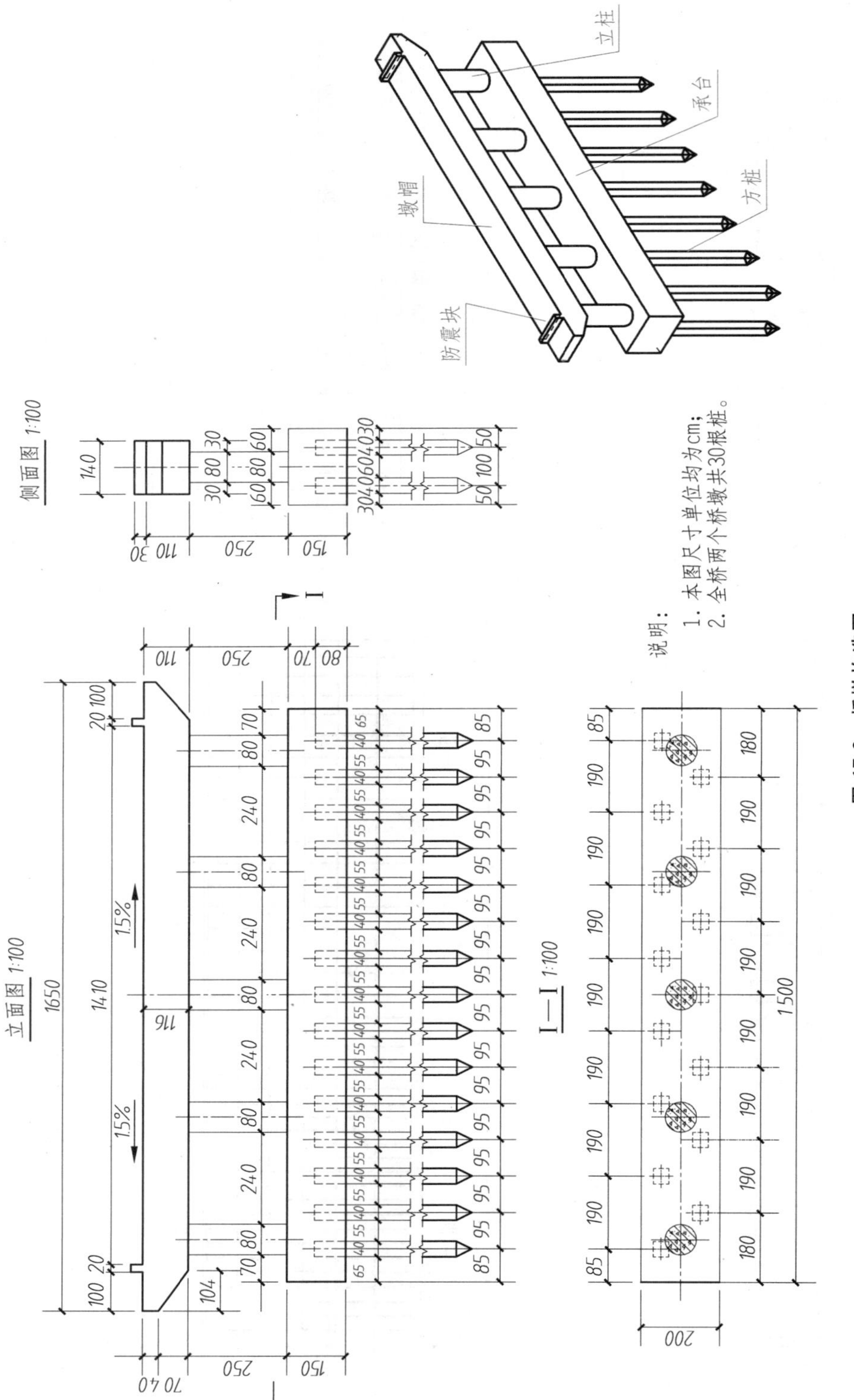
立柱
承台
方桩
墩帽
防震块
立面图 1:100
侧面图 1:100
I—I 1:100
说明：
1. 本图尺寸单位均为cm；
2. 全桥两个桥墩共30根桩。

图 17-9　桥墩构造图

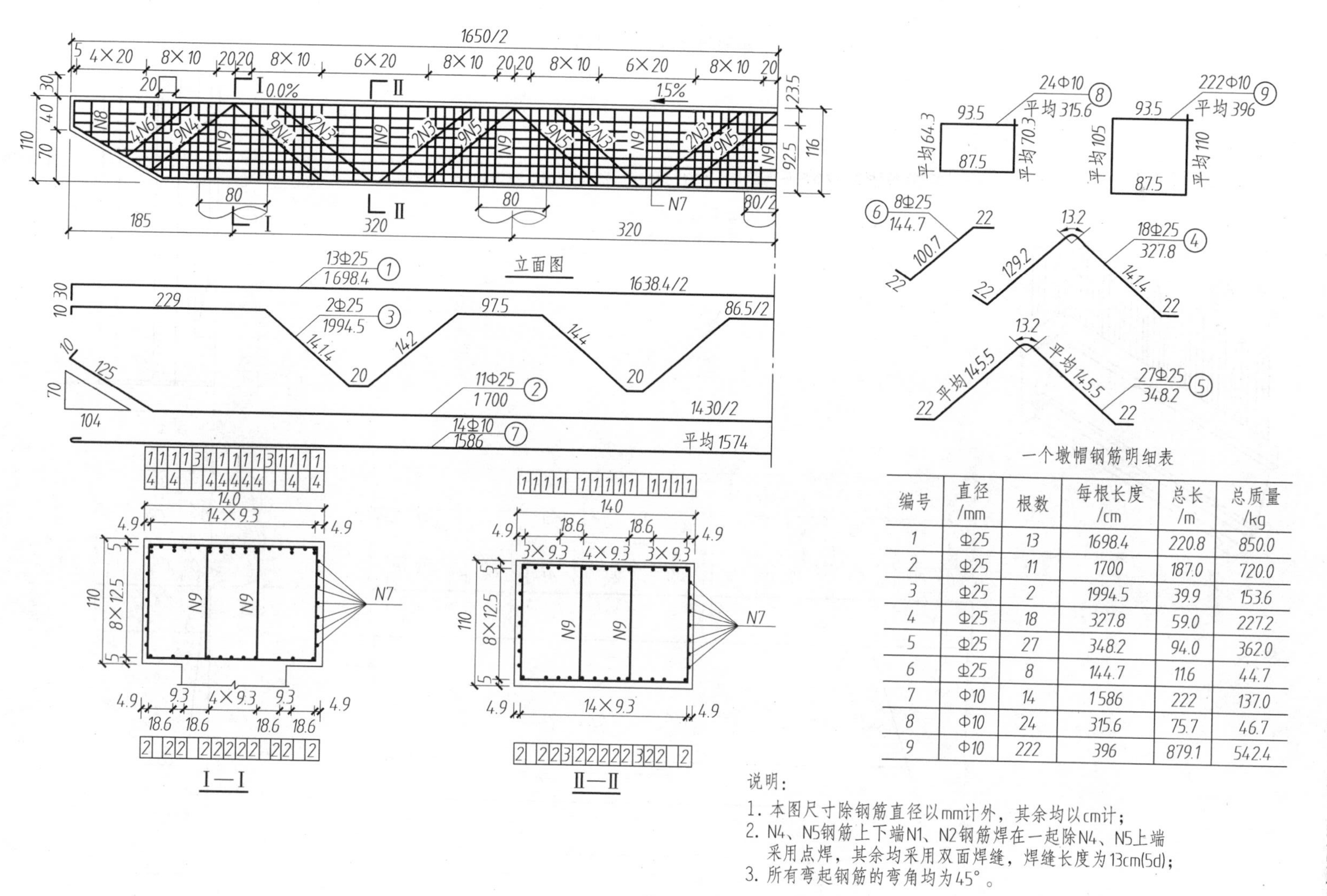

一个墩帽钢筋明细表

编号	直径/mm	根数	每根长度/cm	总长/m	总质量/kg
1	Φ25	13	1698.4	220.8	850.0
2	Φ25	11	1700	187.0	720.0
3	Φ25	2	1994.5	39.9	153.6
4	Φ25	18	327.8	59.0	227.2
5	Φ25	27	348.2	94.0	362.0
6	Φ25	8	144.7	11.6	44.7
7	Φ10	14	1586	222	137.0
8	Φ10	24	315.6	75.7	46.7
9	Φ10	222	396	879.1	542.4

说明：

1. 本图尺寸除钢筋直径以mm计外，其余均以cm计；
2. N4、N5钢筋上下端N1、N2钢筋焊在一起除N4、N5上端采用点焊，其余均采用双面焊缝，焊缝长度为13cm(5d)；
3. 所有弯起钢筋的弯角均为45°。

图 17-10　桥墩桥帽配筋图

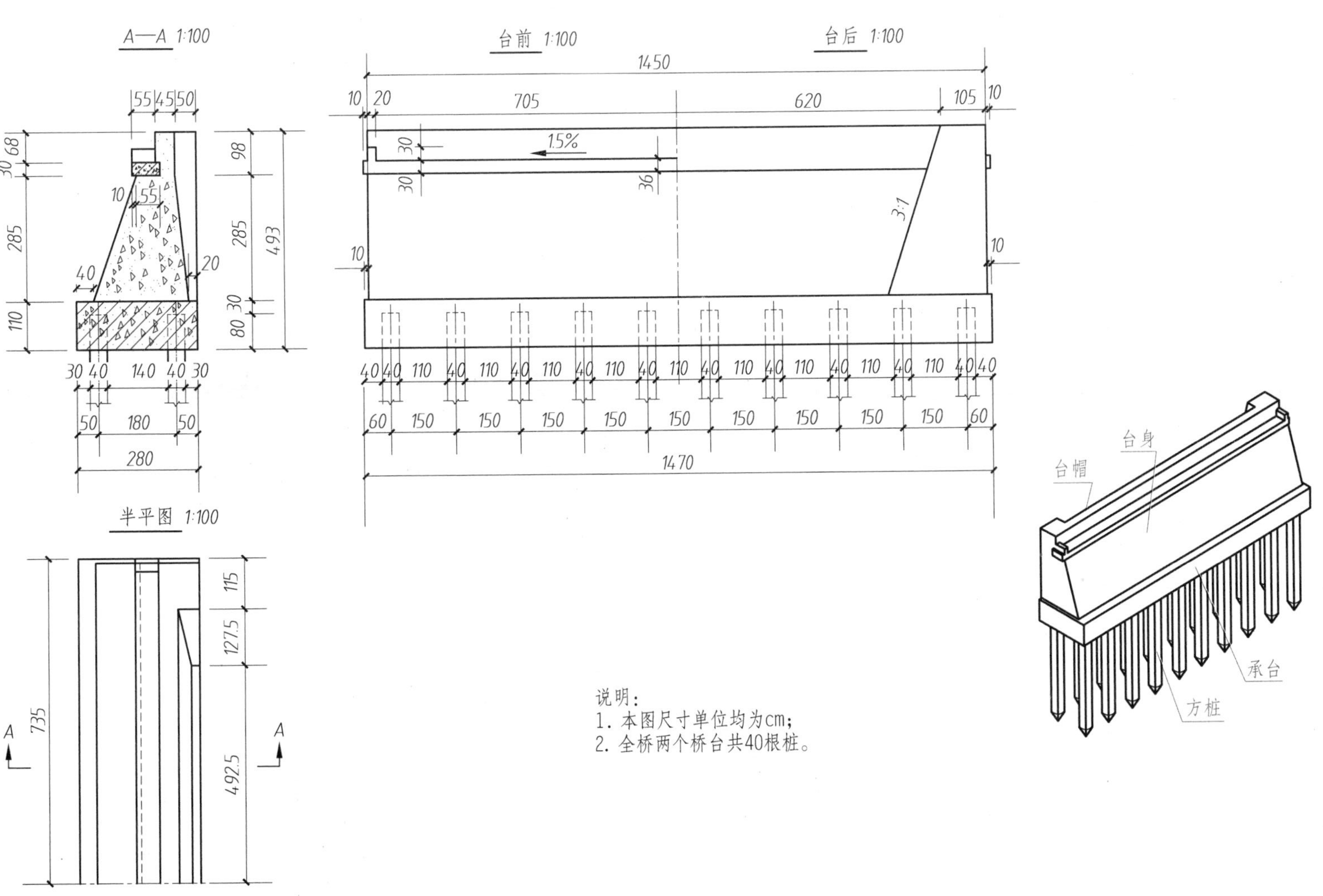
A—A 1:100
台前 1:100
台后 1:100
半平图 1:100
台帽
台身
承台
方桩
说明：
1. 本图尺寸单位均为cm；
2. 全桥两个桥台共40根桩。

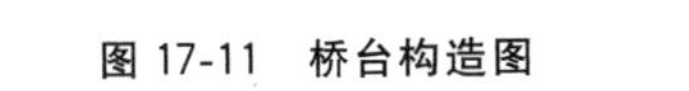
图 17-11 桥台构造图

式混凝土桥台的构造图，用剖面图、平面图和侧面图表示。该桥台由台帽、台身、承台和方桩组成。这里桥台的立面图用 I—I 剖面图代替，既可表示出桥台的内部构造，又可画出材料符号。该桥台的台身和侧墙均用 C30 混凝土浇筑而成，台帽和承台的材料为钢筋混凝土。桥台的长为 280 cm，高为 493 cm，宽度为 1470 cm。由于宽度尺寸较大且对称，所以平面图只画出了一半。侧面图由台前和台后两个方向的视图各取一半拼成，所谓台前是指桥台面对河流的一侧，台后则是桥台面对路堤填土的一侧。桥台下的基桩分两排对齐布置，排距为 180 cm，桩距为 150 cm，每个桥台有 20 根桩。

桥台的承台等处的配筋图略。

4. 钢筋混凝土桩配筋图

该桥梁的桥墩和桥台的基础均为钢筋混凝土预制桩，桩的布置形式及数量已在上述图样中表达清楚。图 17-12 为预制桩的配筋图，主要用立面图和断面图以及钢筋详图来表达。由于桩的长度尺寸较大，为了布图的方便常将桩水平放置，断面图可画成中断断面或移出断面。由图可以看出，该桩的截面为正方形 40 cm×40 cm，桩的总长为 17 m，分上下两节，上节桩长为 8 m，下节桩长为 9 m。上节桩内布置的主筋为 8 根①号钢筋，桩顶端有钢筋网 1 和钢筋网 2 共三层，在接头端预埋 4 根⑩号钢筋。下节桩内的主筋为 4 根②号钢筋和 4 根③号钢筋，一直通到桩尖部位，⑥号钢筋为桩尖部位的螺旋形钢筋。④号和⑤号为大小两种方形箍筋，套叠在一起放置，每种箍筋沿桩长度方向有三种间距，④号箍筋从两端到中央的间距依次为 5 cm、10 cm、20 cm，⑤号箍筋从两端到中央的间距分别为 10 cm、20 cm、40 cm，具体位置详见标注。画出的Ⅰ—Ⅰ剖面图实际上是桩尖视图，主要表示桩尖部的形状及⑦号钢筋与②号钢筋的位置。

桩接头处的构造另有详图，这里未示出。

5. 支座布置图

支座位于桥梁上部结构与下部结构的连接处，桥墩的墩帽和桥台的台帽上均设有支座，板梁搁置在支座上。上部荷载由板梁传给支座，再由支座传给桥墩或桥台，可见支座虽小但很重要。图 17-13 为桥墩支座布置图，用立面图、平面图及详图表示。在立面图上详细绘制了预制板的拼接情况，为了使桥面形成 1.5%的横坡，墩帽上缘做成台阶形，以安放支座。立面图上画得不是很清楚，故用更大比例画出了局部放大详图，即 A 大样图，图中注出台阶高为 1.88 cm。在墩帽的支座处受压较大，为此在支座下增设有钢筋垫，由①号和②号钢筋焊接而成，以加强混凝土的局部承压能力。平面图是将上部预制板移去后画出的，可以看出支座在墩帽上是对称布置的，并注有详细的定位尺寸。安装时，预制板端部的支座中心线应与桥墩的支座中心线对准。支座是工业制成品，本桥采用的是圆板式橡胶支座，直径为 20 cm，厚度为 2.8 cm。

6. 人行道及桥面铺装构造图

图 17-14 为人行道及桥面铺装构造图。这里绘出的人行道立面图，是沿桥的横向剖切得到的，实质上是人行道的横剖面图。桥面铺装层主要是由纵向①号钢筋和横向②号钢筋形成的钢筋网，现浇

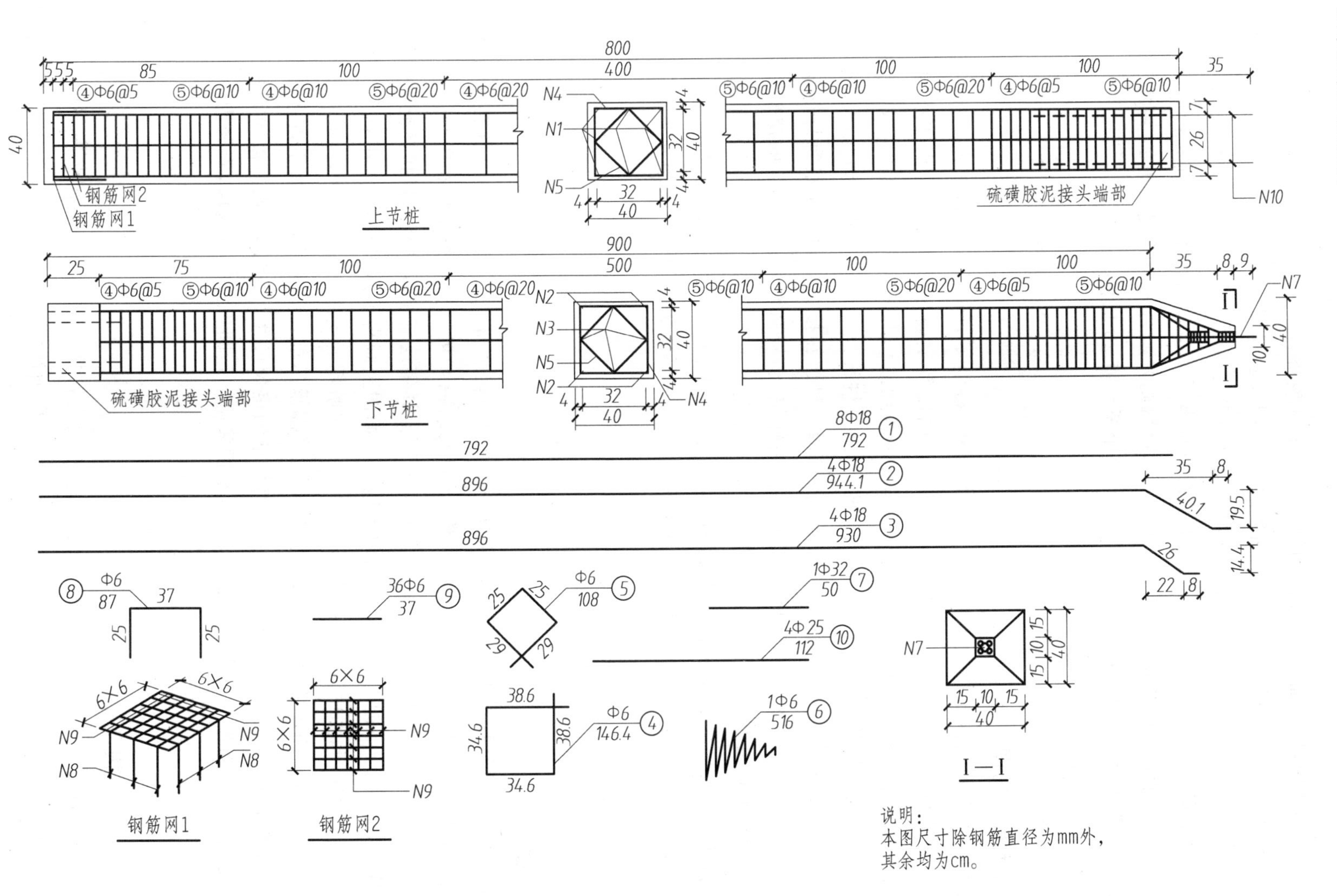

图 17-12 预制桩的配筋图

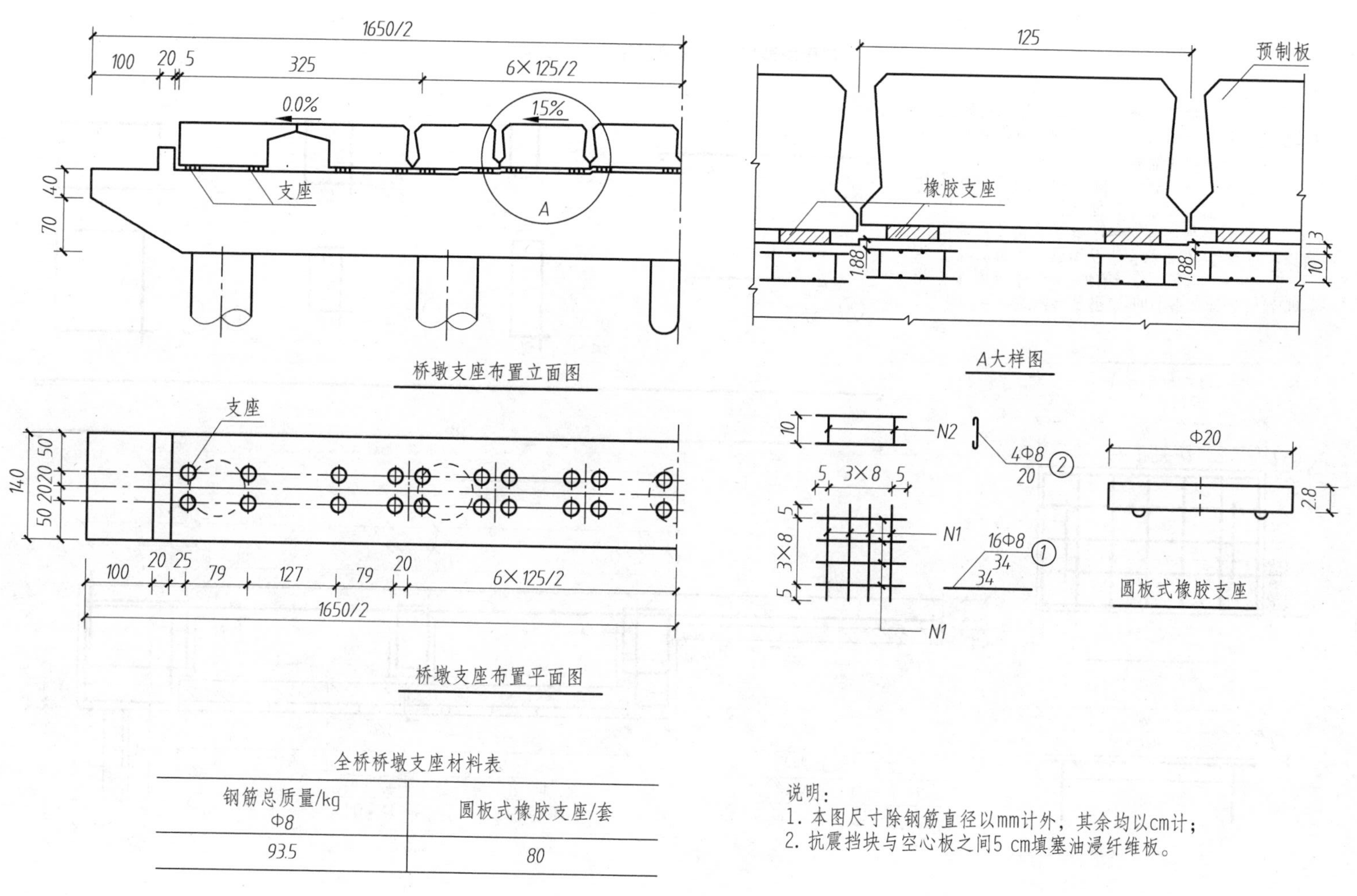

全桥桥墩支座材料表

钢筋总质量/kg Φ8	圆板式橡胶支座/套
93.5	80

说明：
1. 本图尺寸除钢筋直径以mm计外，其余均以cm计；
2. 抗震挡块与空心板之间5 cm填塞油浸纤维板。

图 17-13　桥墩支座布置图

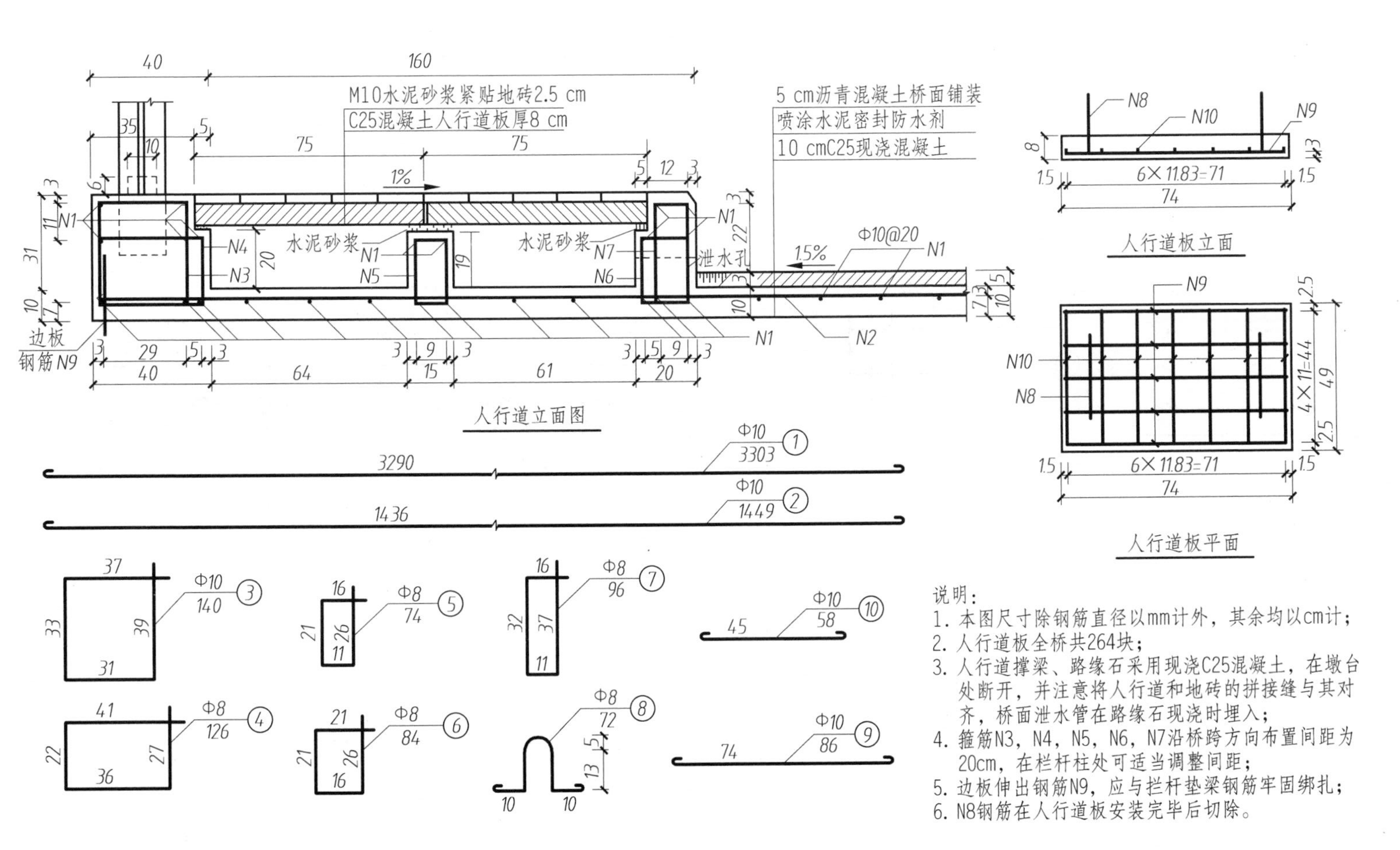

说明：
1. 本图尺寸除钢筋直径以mm计外，其余均以cm计；
2. 人行道板全桥共264块；
3. 人行道撑梁、路缘石采用现浇C25混凝土，在墩台处断开，并注意将人行道和地砖的拼接缝与其对齐，桥面泄水管在路缘石现浇时埋入；
4. 箍筋N3，N4，N5，N6，N7沿桥跨方向布置间距为20cm，在栏杆柱处可适当调整间距；
5. 边板伸出钢筋N9，应与拦杆垫梁钢筋牢固绑扎；
6. N8钢筋在人行道板安装完毕后切除。

图 17-14 人行道及桥面铺装构造图

C25 混凝土，厚度为 10 cm。车行道部分的面层为 5 cm 厚沥青混凝土。人行道部分是在路缘石、撑梁、栏杆垫梁上铺设人行道板后构成架空层，面层为地砖贴面。人行道板长为 74 cm，宽为 49 cm，厚为 8 cm，用 C25 混凝土预制而成，另画有人行道板的钢筋布置图。

以上介绍了桥梁中一些主要构件的画法，实际上绘制的构件图和详图还有许多，但表示方法基本相同，故不赘述。

17.2 隧道工程图

(Engineering Drawings of Tunnels)

隧道是公路穿越山岭的狭长的构筑物。中间的断面形状很少变化，隧道工程图除用平面图表示其地理位置外，表示构造的主要图样有隧道洞门图、横断面图（表示洞身断面形状和衬砌）以及避车洞图等。下面分别举例介绍隧道洞门图和隧道避车洞图的图示特点和读图方法。

17.2.1 隧道洞门图（Tunnel Portal Drawings）

隧道洞门大体上可分为端墙式和翼墙式，主要视洞门口的地质状况而定。图 17-15 为某隧道的端墙式洞门。

图 17-15 某隧道洞门

图 17-16 是隧道的端墙式洞门设计图，主要用立面图、平面图和剖面图表达，采用 1∶100 的比例绘图。

1. 立面图

立面图是隧道洞门的正面投影，不论洞门是否左右对称，两边都应画全。它反映了洞门墙的式样，洞门墙上面高出的部分为顶帽，同时也表示出洞口衬砌断面的形状。它是圆拱形洞口，洞口净空尺寸宽为 790 cm，高为 750 cm，洞门墙的上面有一条从左往右方向倾斜的虚线，并画上箭头和注有 2%，表示洞口顶部有坡度为 2%的排水沟，用箭头表示流水方向。其他虚线表示了洞门墙和隧道底面的不可见轮廓线。它们被洞门前面两侧路堑边坡和公路路面遮住，所以用虚线表示。

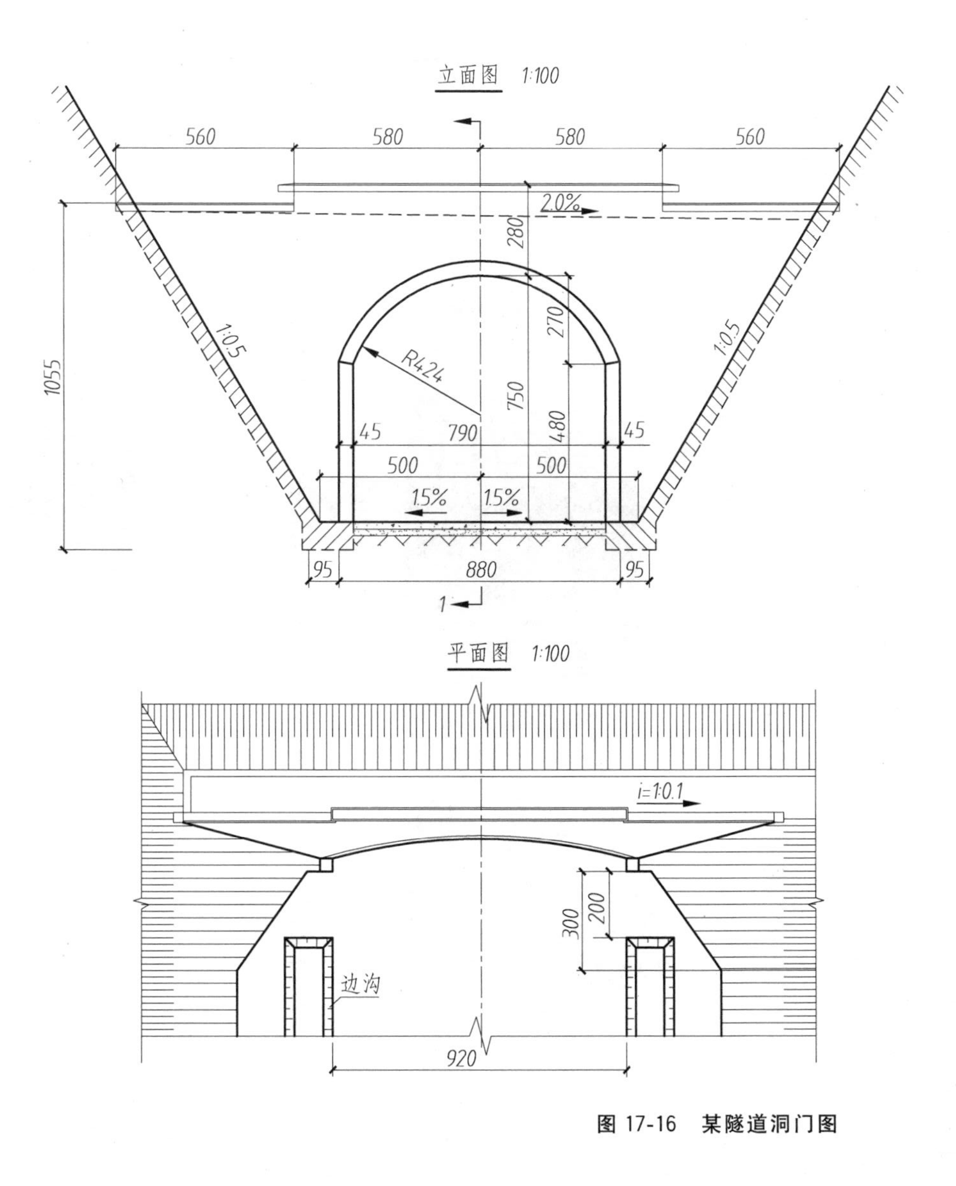

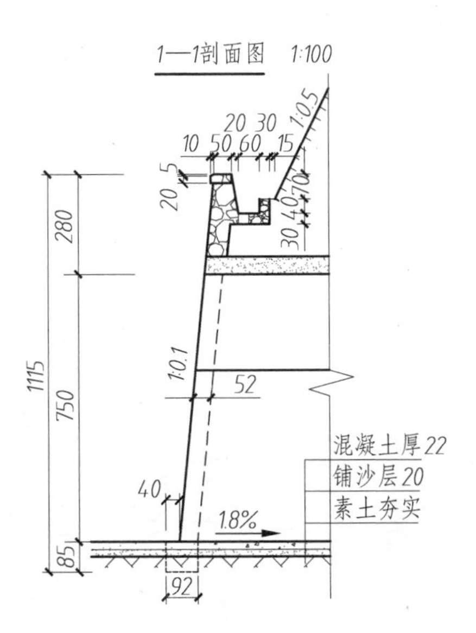

图 17-16 某隧道洞门图

2. 平面图

平面图是隧道洞门的水平投影图，仅画出洞门及其前后的外露部分，表示了顶帽、端墙、洞顶排水沟和边沟的位置和形状，同时也表示了洞门桩号等。图中洞门外的曲线是椭圆，从立面图和 1—1 剖面图可知，它是 1∶0.1 的斜坡平面与半径 $R424$ 圆柱的截交线。

3. 1—1 剖面图

从立面图中编号为 1 的剖切符号可知，1—1 剖视图是沿隧道轴线平面剖切后，向左投影而获得的，仅画出洞口处的一小段。它表示了洞门口端墙倾斜的坡度为 1∶0.1，厚度为 60 cm，还表示了洞顶排水沟的断面形状、拱圈厚度及材料图例和隧道路面坡度 1.8%等。

17.2.2 隧道避车洞图(Drawings of Refuge Holes)

隧道避车洞是供行人和隧道维修人员及维修小车避让来往车辆而设置的，它们沿路线方向交错设置在隧道两侧的边墙上。避车洞有大、小两种，通常小避车洞每隔 30 m 设置一个，大避车洞每隔 150 m 设置一个。为了表示大、小避车洞的相互位置，采用隧道避车洞布置图来表示。另外，还需绘制大、小避车洞详图。

图 17-17 是某隧道避车洞布置图，用平面图和纵剖面图来表示。由于图形比较简单，为了节省图幅，纵横方向采用了不同的比例，纵方向常采用 1∶2 000，横方向常采用 1∶200 等。

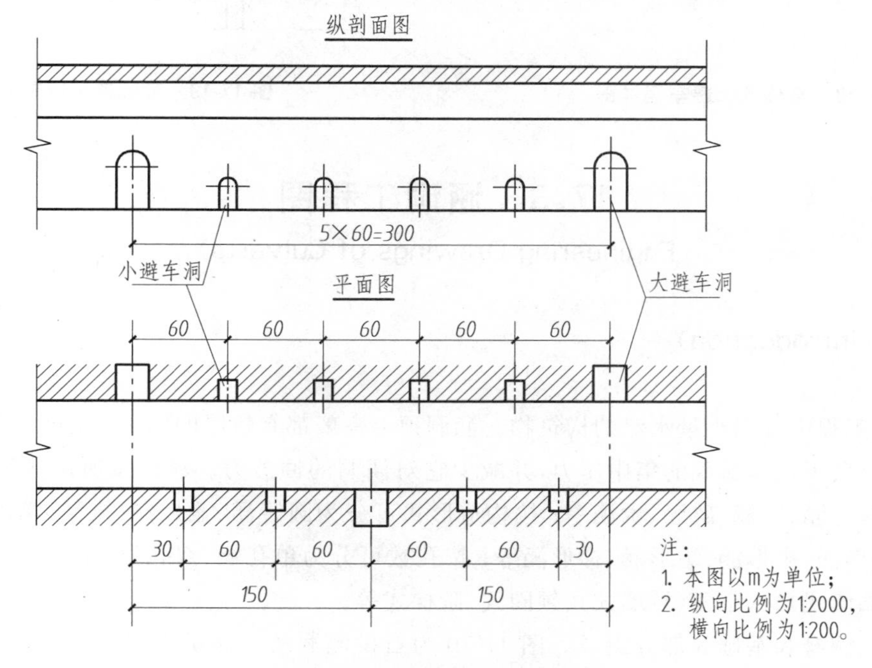

图 17-17 某隧道避车洞布置图

图 17-18 和图 17-19 是隧道的大、小避车洞详图，绘图比例为 1∶50。大避车洞净空尺寸为：长 400 cm、宽 250 cm、高 400 cm，小避车洞净空尺寸为：长 200 cm、宽 100 cm、高 210 cm。洞内底面有 1% 坡度以便排水。

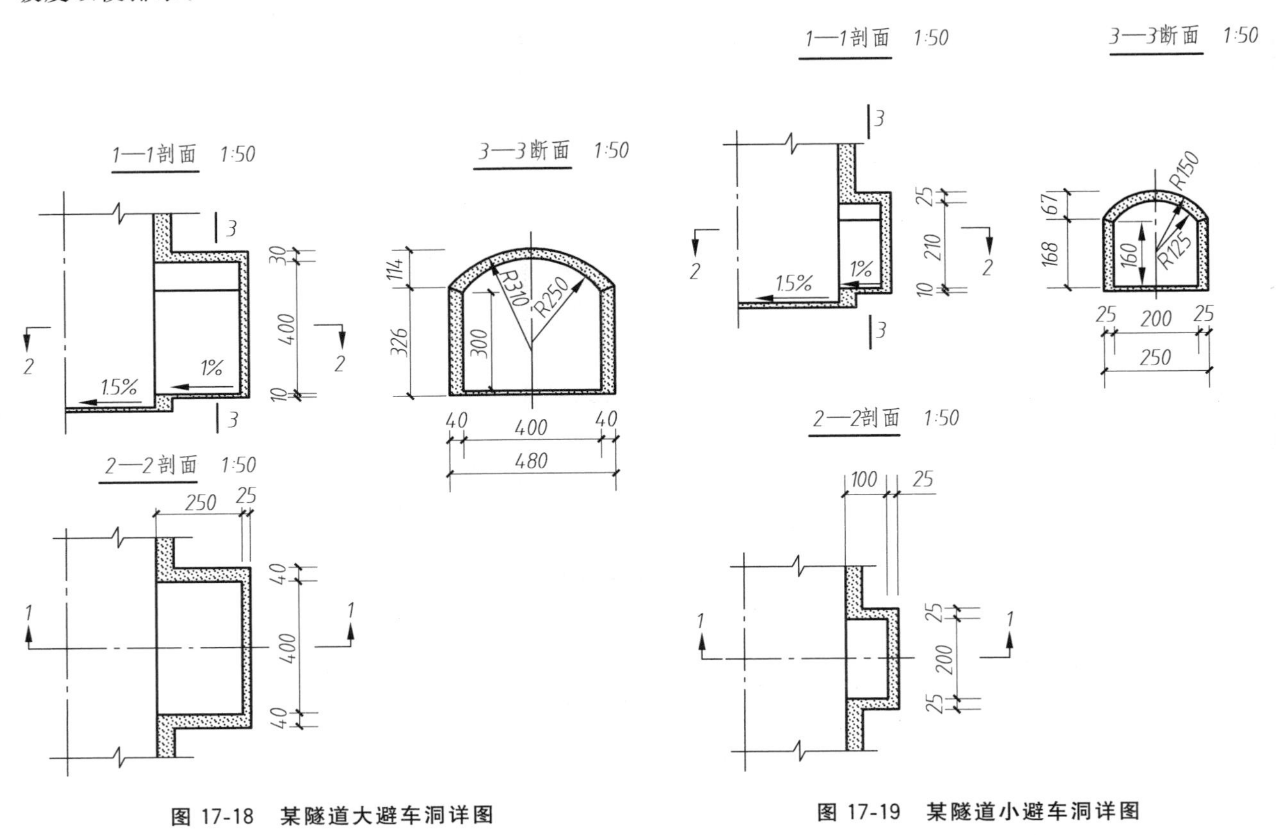

图 17-18 某隧道大避车洞详图

图 17-19 某隧道小避车洞详图

17.3 涵洞工程图
(Engineering Drawings of Culverts)

17.3.1 概述(Introduction)

涵洞是公路工程中宣泄小量水流的构筑物。涵洞顶上一般都有较厚的填土，填土不仅可以保持路面的连续性，而且分散了汽车荷载的集中压力，并减少它对涵洞的冲击力。涵洞按所用建筑材料可分为钢筋混凝土涵、混凝土涵、石涵、砖涵、木涵等；按构造形式可分为圆管涵、盖板涵、拱涵、箱涵等；按洞身断面形状可分为圆形涵、拱形涵、矩形涵、梯形涵等；按孔数可分为单孔涵、双孔涵、多孔涵等；按洞口形式可分为一字式(端墙式)、八字式(翼墙式)、领圈式、阶梯式等。

涵洞由洞口、洞身和基础 3 部分组成。图 17-20 为石拱涵洞的立体示意图，从中可以了解涵洞部分的名称、位置和构造。

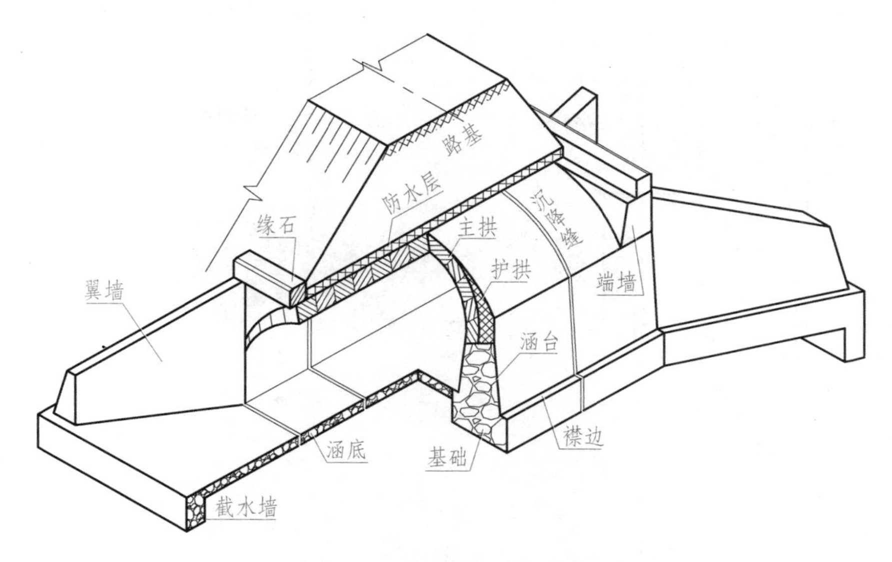

图 17-20　石拱涵洞的立体图

洞身是涵洞的主要部分,它的作用是承受活载压力和土压力等并将其传递给地基,同时保证设计流量通过的必要孔径。

洞口包括端墙、翼墙或护坡、截水墙和缘石等部分,主要是保护涵洞基础和两侧路基免受冲刷,使水流顺畅,一般进水口和出水口常采用相同的形式。

17.3.2　涵洞工程图的表示法(Representation Methods of Culvert Engineering Drawings)

涵洞是窄而长的构筑物,它从路面下方横穿过道路,埋置于路基土层中。在图示表达时,一般不考虑涵洞上方的覆土,或假想土层是透明的,这样才能进行正常的投影。尽管涵洞的种类很多,但图示方法和表达内容基本相同。涵洞工程图主要由纵剖面图、平面图、侧面图、横断面图及详图组成。

因为涵洞体积比桥梁小得多,所以涵洞工程图采用的比例较桥梁工程图大。

现以常用的石拱涵洞和钢筋混凝土盖板涵洞为例,介绍涵洞的一般构造,具体说明涵洞工程图的图示特点和表达方法。

1. 石拱涵

图 17-20 所示为翼墙式单孔石拱涵立体图。图 17-21 所示则为其涵洞工程图,包括平面图、纵剖面图和出水口立面图等。

1) 平面图

本图的特点在于拱顶与拱顶上的两端侧墙的交线均为椭圆弧,画该段曲线时,应按第 6 章所述求截交线的方法画出。八字翼墙是两面斜坡,端部为铅垂面。

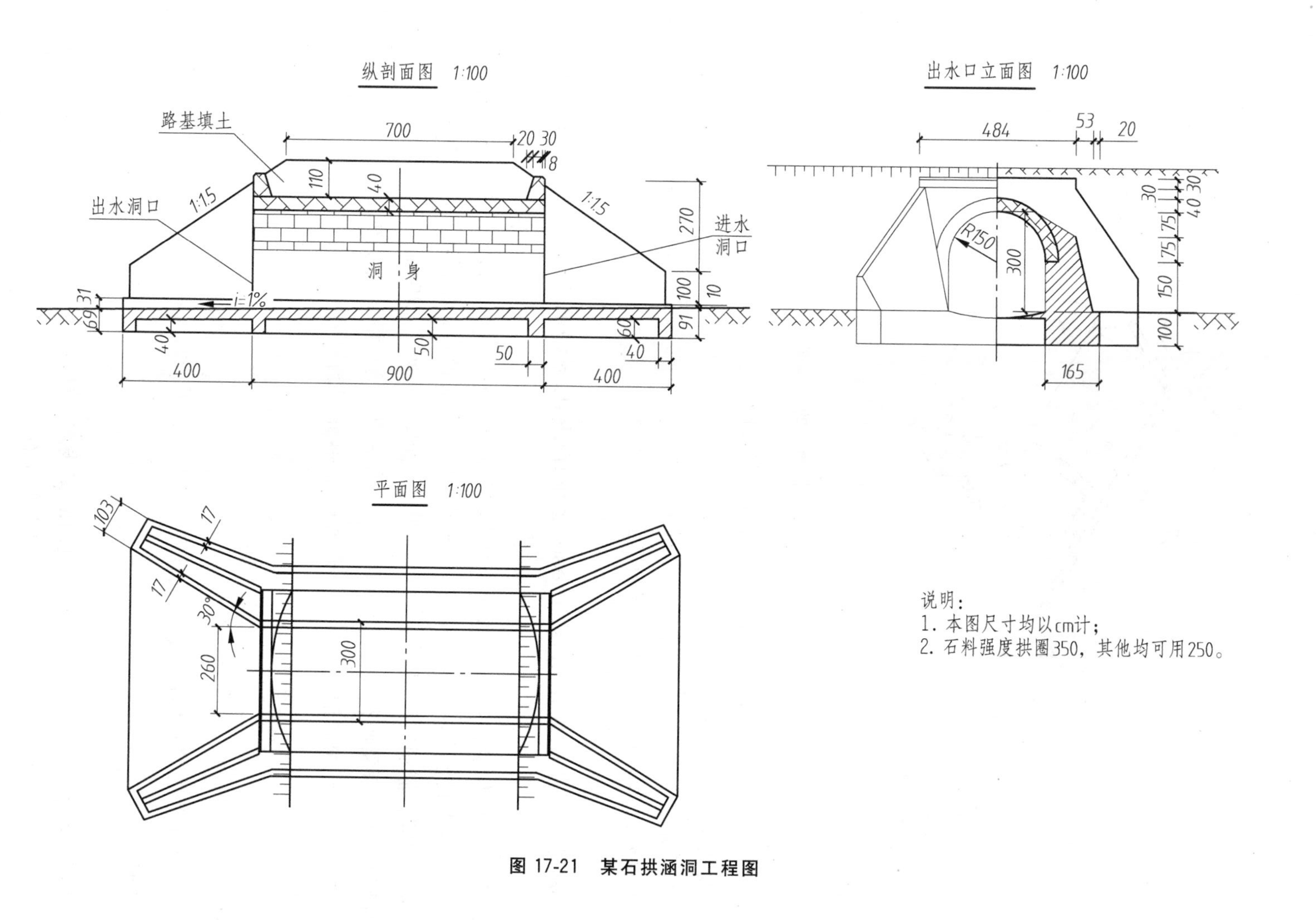

图 17-21 某石拱涵洞工程图

2）纵剖面图

涵洞的纵向是指水流方向即洞身的长度方向。由于主要是表达涵洞的内部构造，所以通常用纵剖面图来代替立面图。纵剖面是沿涵洞的中心线位置纵向剖切的，凡是剖到的各部分如截水墙、涵底、主拱、护拱、防水层、涵台、路基等都应按剖开绘制，并画出相应的材料图例；另外能看到的各部分如翼墙、端墙、涵台、基础等也应画出它们的位置。为了显示拱底为圆柱面，每层拱圈石投影的高度不一，下疏而上密。图中还表达了洞底流水方向和坡度1%。

3）出水口立面图

由于涵洞前后对称，侧面图采用了半剖面图的形式，即一半表达洞口外形和另一半表达洞口的特征以及洞身与基础的连接关系。左半部为洞口部分的外形投影，主要反映洞口的正面形状和翼墙、端墙、缘石、基础等的相对位置，所以习惯上称为洞口立面图。右半部为洞身横断面图，主要表达洞身的断面形状，主拱、护拱和涵台的连接关系，以及防水层的设置情况等。

2. 钢筋混凝土盖板涵

图 17-22 所示为钢筋混凝土盖板涵立体图。图 17-23 所示则为其涵洞构造图，绘图比例为 1∶50，洞口两侧为八字翼墙，洞高 120 cm，洞宽 100 cm，总长 1 482 cm。采用平面图、纵剖面图、洞口立面图和三个断面图表示。

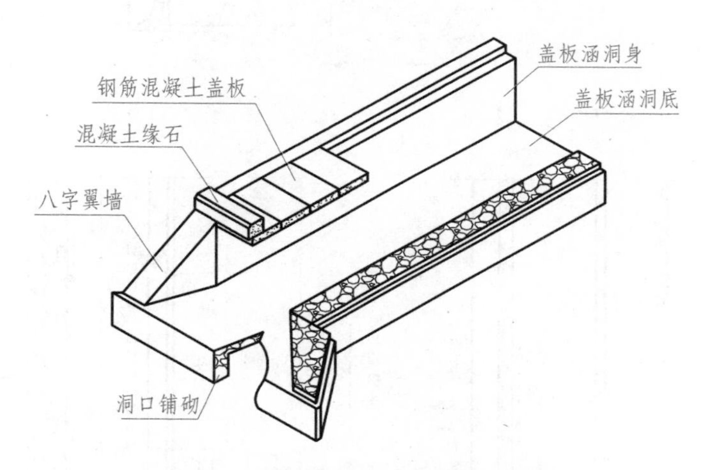

图 17-22　钢筋混凝土盖板涵立体图

1）平面图

由于涵洞前后对称，平面图采用了半剖面画法。平面图表达了涵洞的墙身厚度、八字翼墙和缘石的位置、涵身的长度、洞口的平面形状和尺寸，以及墙身和翼墙的材料等。为了详尽表达翼墙的构造，以便于施工，在该部分的 1—1 和 2—2 位置进行剖切，并另作 1—1 和 2—2 断面图来表示该位置翼墙墙身和基础的尺寸、墙背坡度以及材料等情况。平面图中还画出了洞身的上部钢筋混凝土盖板之间的分缝线，每块盖板长 140 cm，宽 80 cm，厚 14 cm。

2）纵剖面图

由于涵洞进出洞口一样，左右基本对称，所以只画半纵剖面图，并在对称中心线上用对称符号表示。

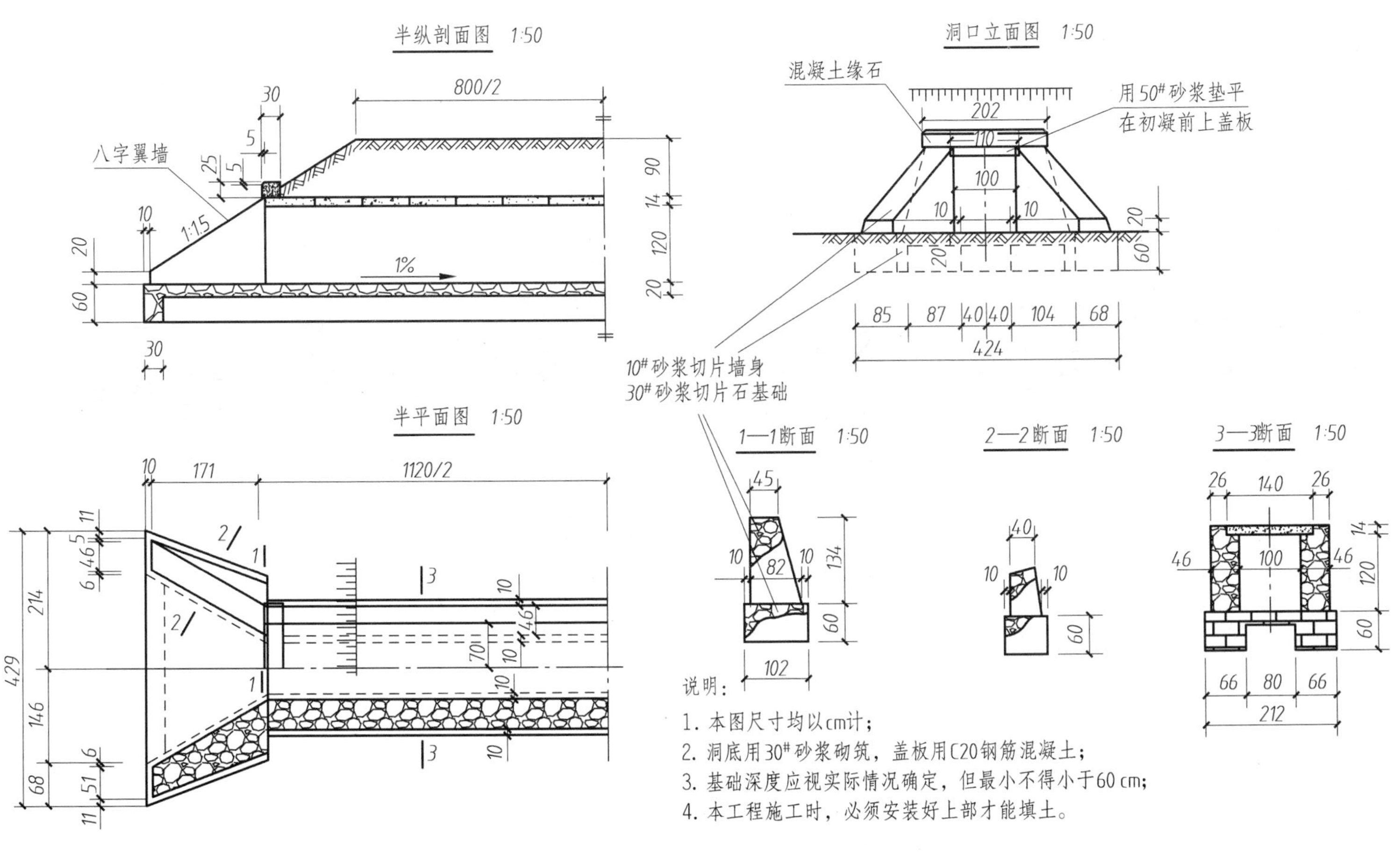

图 17-23 钢筋混凝土盖板涵构造图

该图是将涵洞从左向右剖切所得，表示了洞身、洞口、路基以及它们之间的相互关系。由于剖切平面是前后对称面，所以省略剖切符号。洞顶上部为路基填土，边坡比例为 1∶1.5。洞口设八字翼墙，坡度与路基边坡相同；洞身全长 1 120 cm，设计流水坡度 1%，洞高 120 cm，盖板厚 14 cm，填土 90 cm。从图中还可看出有关的尺寸，如缘石的断面为 30 cm×25 cm 等。

3）洞口立面图

洞口立面图实际上就是左侧立面图，反映了涵洞口的基本形式，缘石、盖板、翼墙、基础等的相互关系，宽度和高度尺寸反映各个构件的大小和相对位置。

4）洞身断面图

洞身断面图实际上就是洞身的横断面图，表示了涵洞洞身的细部构造及盖板的宽度尺寸。尤其是清晰表达了该涵洞的特征尺寸，涵洞净宽 100 cm，净高 120 cm，如图 17-23 中 3—3 断面所示。

第 18 章　水利工程图

(HYDRAULIC ENGINEERING DRAWING)

表达水利工程规划、布置和水工建筑物的形状、大小及结构的图样称为水利工程图，简称水工图。图 18-1 为世界上最大的水利枢纽工程——我国长江三峡水利工程鸟瞰图。本章将对常见的水利工程图作简要介绍。

图 18-1　三峡水利工程鸟瞰图

18.1　水利工程图的分类

(Classification of Hydraulic Engineering Drawings)

18.1.1　规划图(Plans)

规划图反映水利资源开发的整体布局，拟建工程、在建工程和计划建工程的分布位置等。规划图有流域规划图、灌溉规划图和水利资源综合利用规划图等。图 18-2 是某流域规划图。

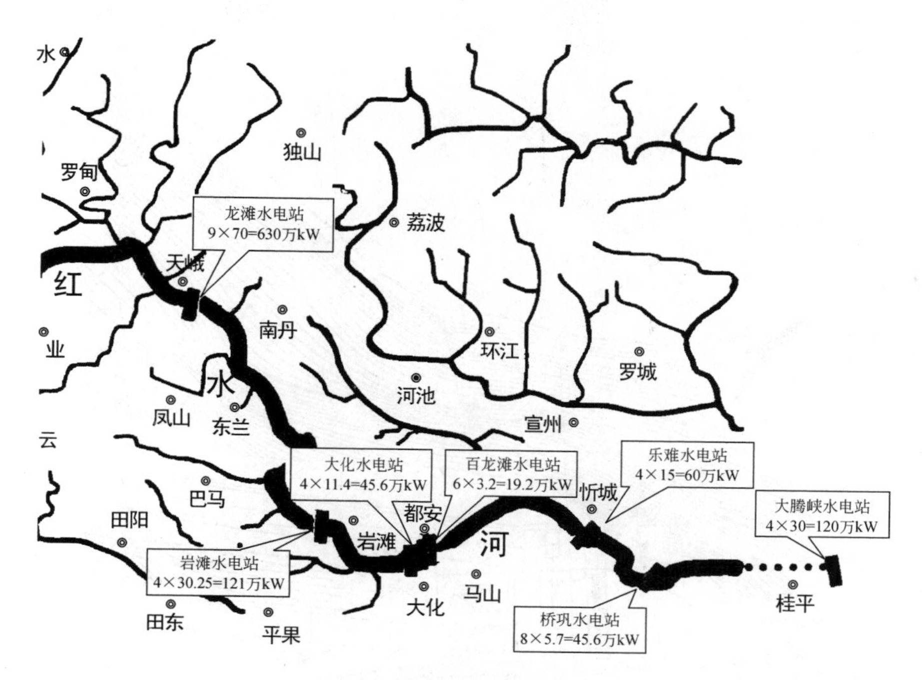

图 18-2 流域规划图

18.1.2 枢纽布置图(Hub Layouts)

枢纽布置图主要表示整个水利枢纽布置情况，是作为各建筑物定位、施工放线、土石方施工以及施工总平面布置的依据，如图 18-3 所示。

枢纽布置图一般包括以下内容：

(1) 水利枢纽所在地区的地形、河流及水流方向(用箭头表示)、地理方位(用指北针表示)和主要建筑物的控制点的测量坐标；

(2) 各建筑物的平面形状及其相互位置关系；

(3) 各建筑物地面的实线；

(4) 建筑物的主要高程和主要轮廓尺寸。

18.1.3 建筑物结构图(Building Structure Drawing)

建筑物结构图是表达水利枢纽建筑中某一建筑物的形状、大小、结构和材料等内容的图样。

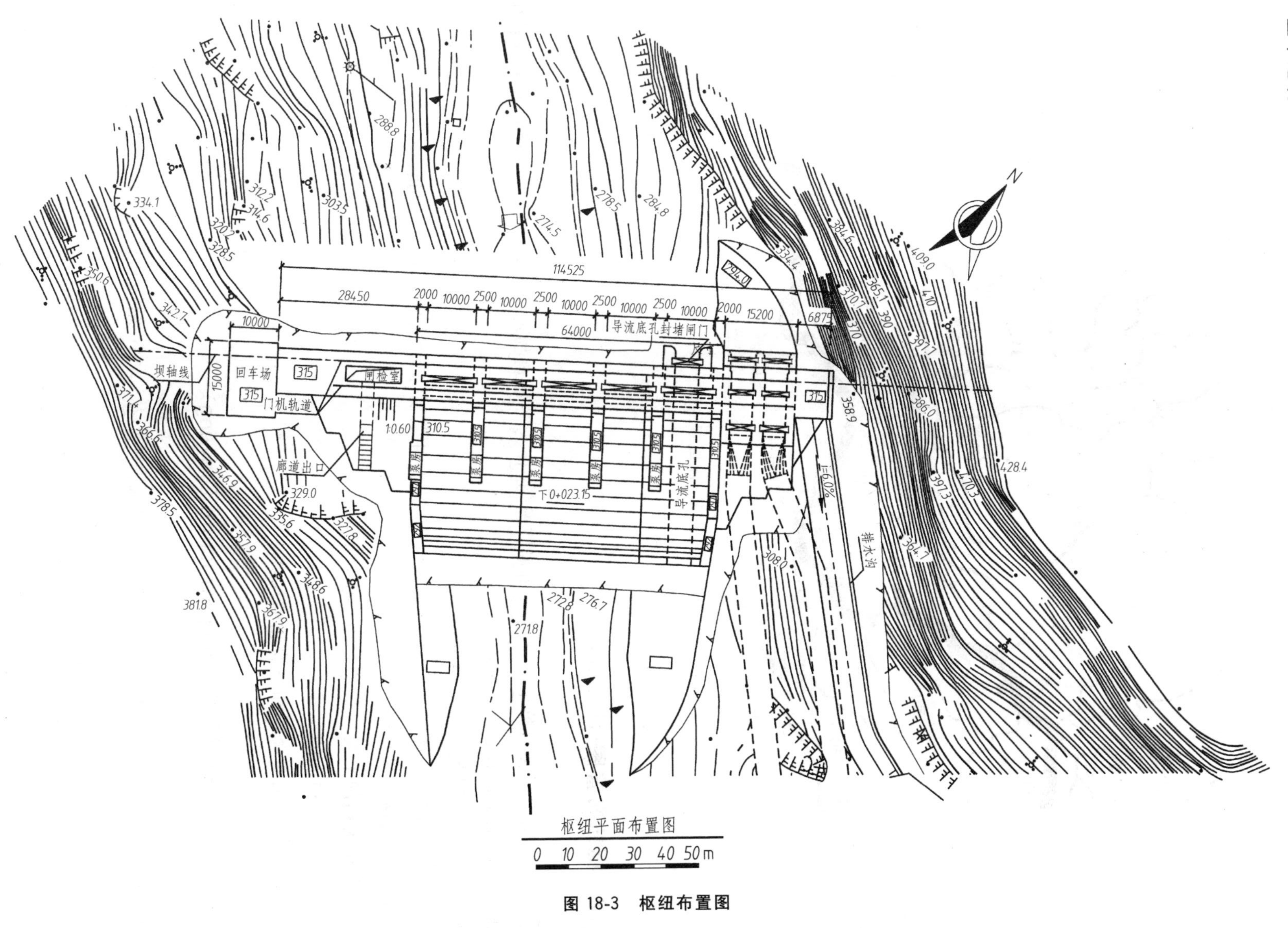
114525
28450
2000 10000 2500 10000 2500 10000 2500 10000 2500 10000 2000 15200
6875
64000
10000
15000
导流底孔封堵闸门
坝轴线
回车场
315
门机轨道
闸检室
廊道出口
导流底孔
泵房
310.5
下0+023.15
i=6.0%
排水沟
枢纽平面布置图
0 10 20 30 40 50m

图 18-3 枢纽布置图

18.2　水利工程图的表达方法

（Expression Methods of Hydraulic Engineering Drawings）

18.2.1　一般规定（General Provision）

（1）建筑物或构件的图样按正投影法绘制。

（2）常用符号的画法规定如图 18-4 所示。

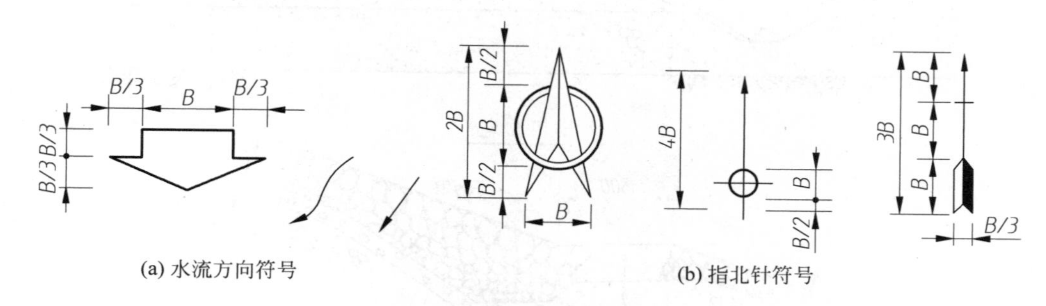

(a) 水流方向符号　　(b) 指北针符号

图 18-4　常用符号

18.2.2　视图（Views）

1. 视图

物体向投影面投影时所得的图形为视图。

视图名称：水工图中 6 个基本视图为正视图、俯视图、左视图、右视图、仰视图和后视图。俯视图也称平面图，正视图、左视图、右视图和后视图也称为立面图或立视图。顺水流方向的视图，可称为上游立面图，逆水流方向的视图可称为下游立面图。

2. 剖视图

假想用剖切平面剖开物体，将处在观察者和剖切平面之间的部分移去，而将其余的部分向投影面投影所得的图形称为剖视图。在水工图中当剖切面平行建筑物轴线作剖切时，所得图样称为纵剖视图，垂直建筑物轴线作剖切所得图样称为横剖视图。

3. 剖面图

假想用剖切平面将物体切断，仅画出物体与剖切平面接触部分的图形称剖面图。剖面图主要表达建筑物某一组成部分的剖面形状和建筑材料等。

4. 详图

当建筑物的局部结构由于图形太小而表达不清楚时，可将物体的部分结构用大于原图所采用的比例画出，这种图形称为详图。详图可以画成视图、剖视图、剖面图，它与被放大部分的表达方式无关，如图 18-5 所示。

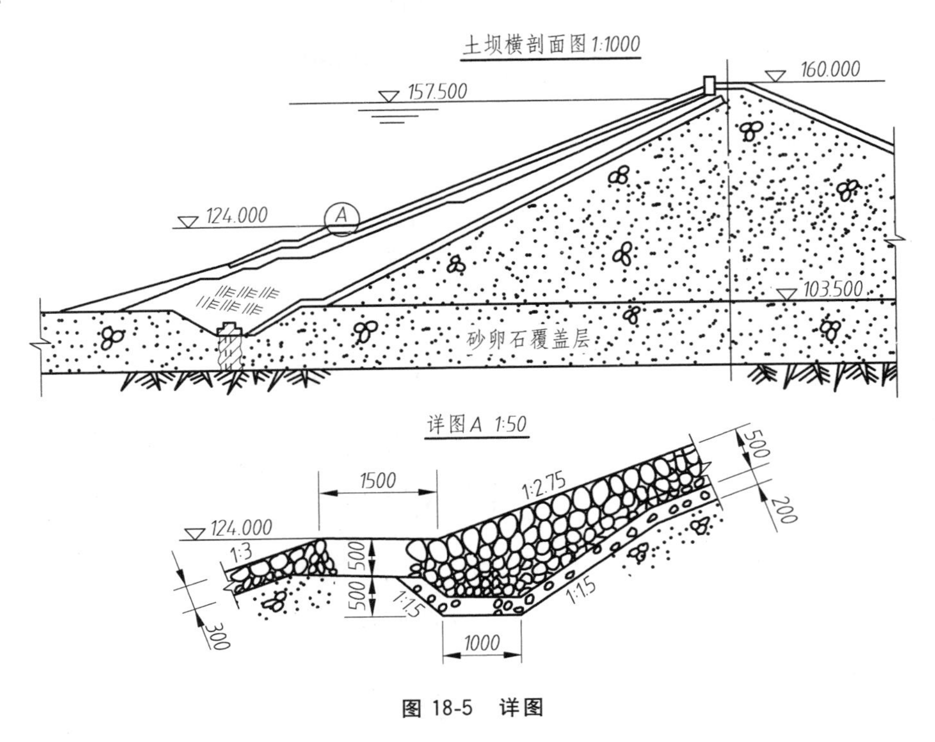

图 18-5 详图

18.2.3 习惯画法及规定(Conventional Drawing Method and The Provision)

1. 省略画法

当图形对称时，可以只画对称的一半，但须在对称线上加注对称符号。如图 18-6 所示涵洞平面图。当不影响图样表达时，视图和剖视图中某些次要结构和设备可以省略不画。

2. 简化画法

对于图样中的某些设备可以简化绘制。对于图样中的一些细小结果，当其规律地分布时，可以简化绘制，如图 18-7 所示。

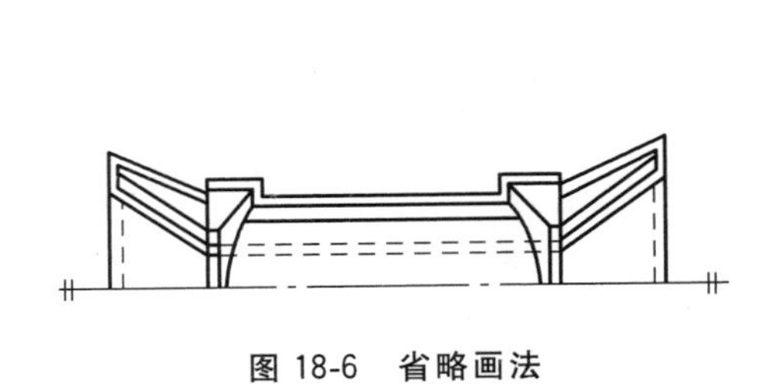

图 18-6 省略画法

图 18-7 简化画法

3. 分层画法

当结构有层次时，可按其构造层次分层绘制，相邻层用波浪线分界，并可用文字注写各层结构的名称，如图 18-8 所示。

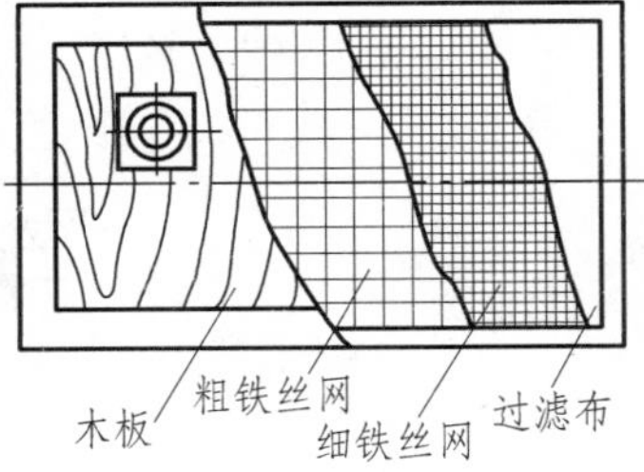

图 18-8　分层画法

4. 拆卸画法

当视图、剖视图中所要表达的结构被另外的结构或填土遮挡时，可假想将其拆掉或搬掉，然后再进行投影。如图 18-9 所示平面图中，对称线上半部一部分桥面板及胸墙被假想拆卸、填土被假想掀掉。

5. 合成视图

对称或基本对称的图形，可将两个相反方向的视图、剖视图或剖面图各画出对称的一半，并以对称线为界，合成一个图形。如图 18-9 中的 B—B、C—C 合成视图。

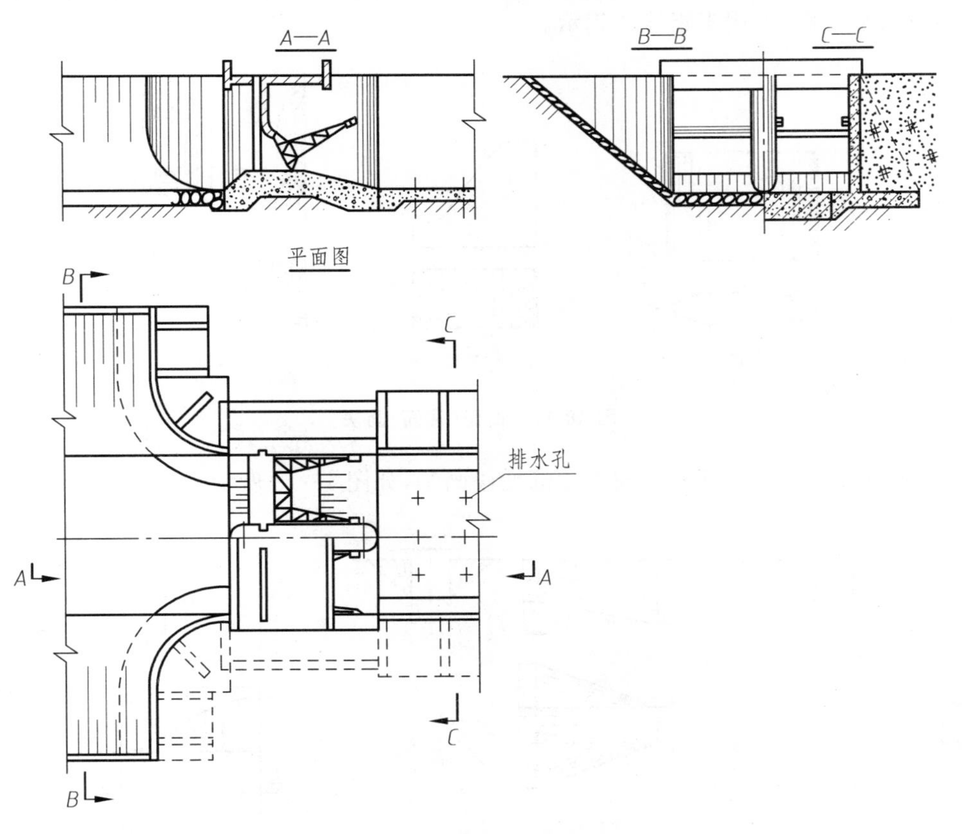

图 18-9　拆卸画法和合成视图

6. 断开画法

较长的构件,当沿长度方向的形状为一致,或按一定的规律变化时,可以断开绘制。如图 18-10 所示。

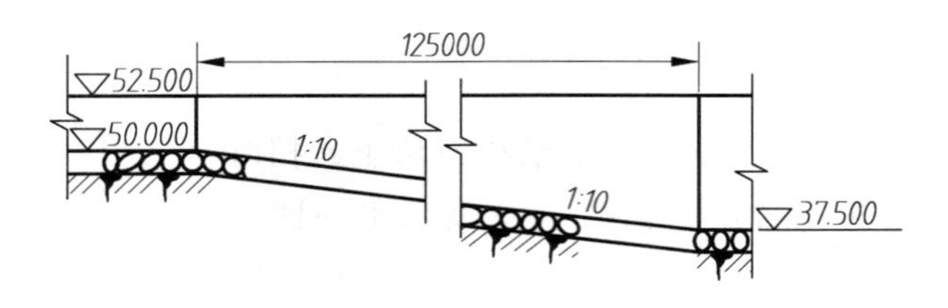

图 18-10 断开画法

7. 曲面画法

(1) 对于柱面、锥面,在反映其轴线实长的视图中画出若干条由密到疏的直素线,如图 18-11 所示。对于由曲面构成的渐变面,可用直素线法表示。

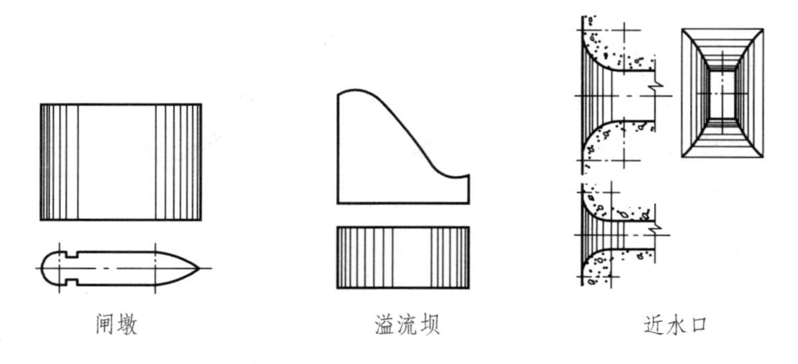

图 18-11 曲面(柱面)画法

(2) 扭平面画法如图 18-12 所示。扭锥面渐变段画法,如图 18-13 所示。

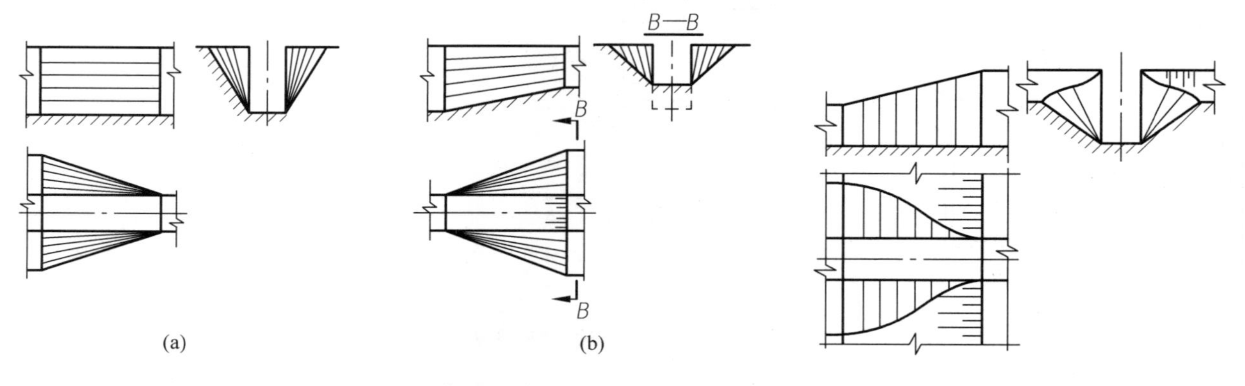

图 18-12 扭平面渐变段画法

图 18-13 扭锥面渐变段画法

（3）扭柱面渐变段画法，如图 18-14 所示。

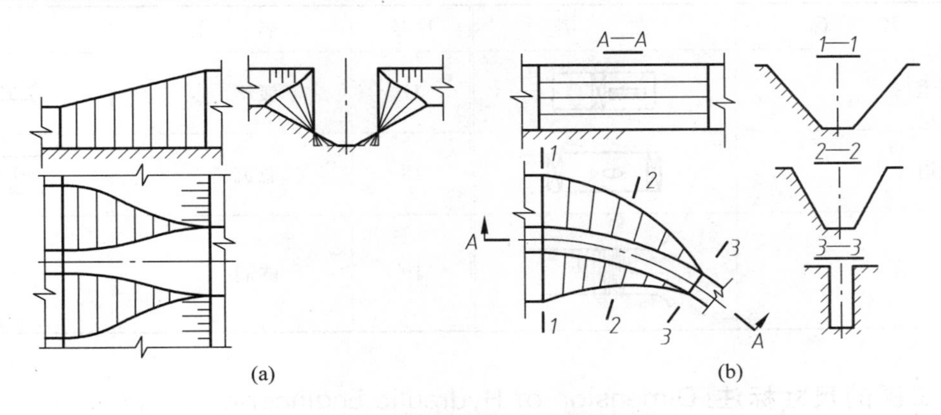

图 18-14　扭柱面渐变段画法

8. 水工建筑图例

在水利工程图中，常因图形比较小，使某些结构无法在图上表达清楚，在这种情况下可以采用示意的图例表示，水工建筑物平面图例如表 18-1 所示。

表 18-1　水工建筑常见图例

序号	名　称		图　例
1	水库	大型	
		小型	
2	混凝土坝		
3	土、石　坝		
4	水闸		
5	水电站	大比例尺	
		小比例尺	
6	变电站		
7	水力加工站、水车		
8	泵站		
9	水文站		
10	水位站		
11	船闸		
12	升船机		
13	码头	栈桥式	
		浮式	

续表

序号	名　　称	图　　例	序号	名　　称	图　　例
14	筏道		17	渡槽	
15	鱼道		18	急流槽	
16	溢洪道		19	隧洞	

18.2.4　水工图的尺寸标注(Dimension of Hydraulic Engineering Drawings)

1. 一般注法

(1) 线性尺寸的注法。尺寸界限一般应垂直于尺寸线。连续尺寸的中间部分无法画箭头时,可用小黑圆点代替箭头,如图 18-15 所示。

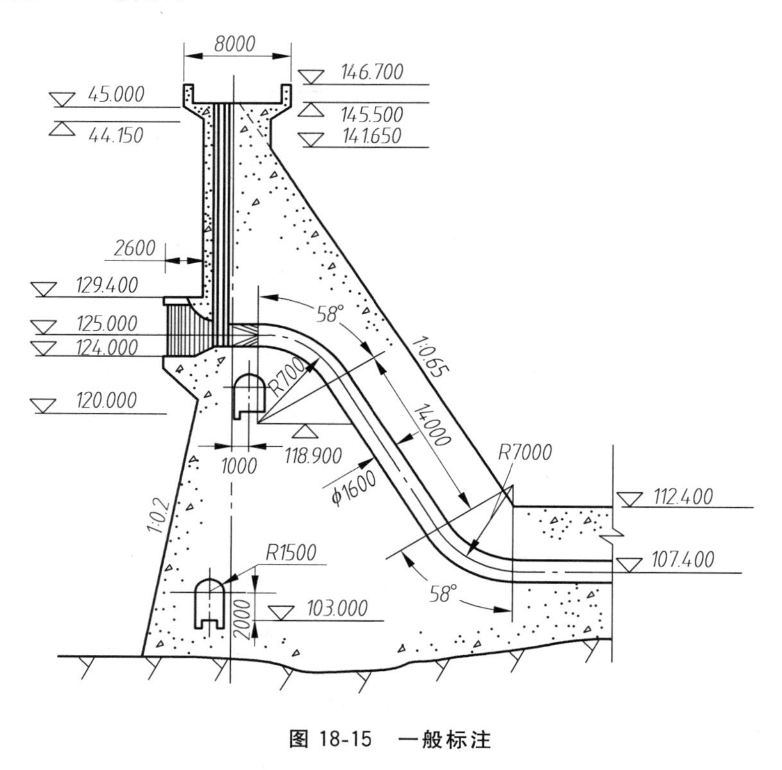

图 18-15　一般标注

(2) 圆及圆弧的尺寸的注法。标注圆的直径和圆弧的半径时,其尺寸线必须通过圆心,箭头指到圆弧。标注弦长及弧长时,尺寸界限应平行于该弦的垂直平分线。

(3) 非圆曲线尺寸的注法。标注非圆曲线的尺寸时,一般用非圆曲线上各点的坐标值表示。

（4）坡度的注法。坡度的标注形式一般采用 1∶L，如图 18-16 所示。当坡度较缓时，坡度可用百分数，如 $i=n\%$。

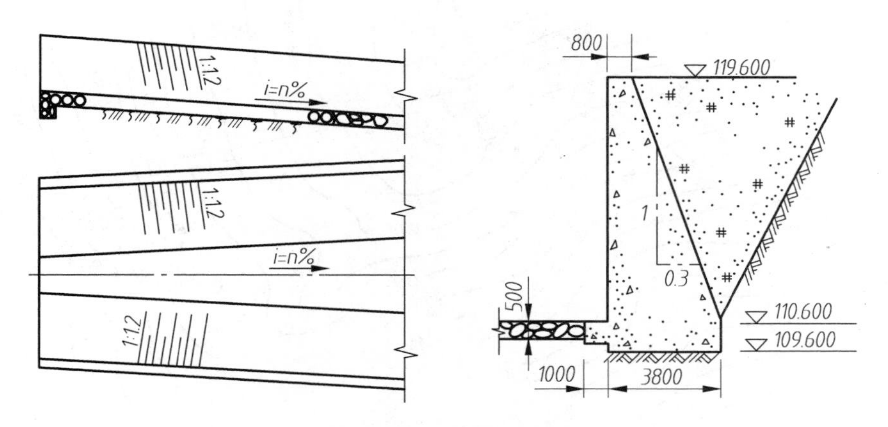

图 18-16　坡度的标注方法

（5）标高的注法。标高符号一般采用如图 18-17 所示的符号，标高数字一律注写在标高符号的右边。水面标高（简称水位）的符号如图 18-17（c）、（d）所示，水面线以下绘三条细实线。平面图中的标高符号采用如图 18-18 所示的形式，用细实线画出。当图形较小时可将符号引出绘制。

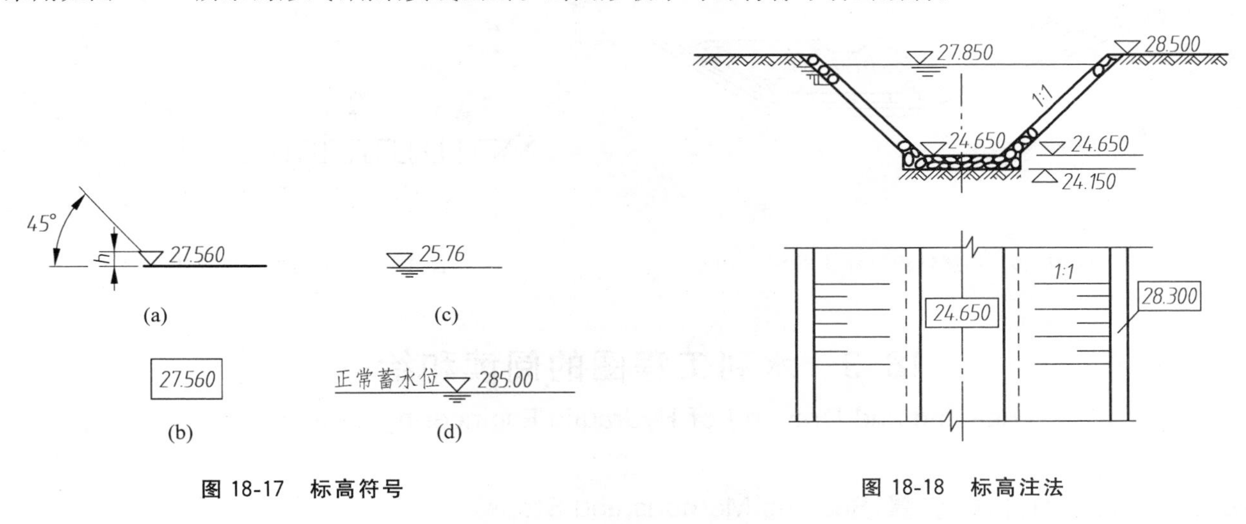

图 18-17　标高符号　　　图 18-18　标高注法

（6）桩号的注法。建筑物、道路等的宽度方向或其轴线、中心线长度方向的定位尺寸，可采用“桩号”的方法进行标注，标注形式为 k±m，k 为公里数，m 为米数。在建筑物的立面图（包括纵剖视图）中其桩号尺寸一律按其水平投影长度进行标注。桩号数字一般垂直于定位尺寸方向或轴线方向注写，且标注在其同一侧；当轴线为折线时，转折点处的桩号数字应重复标注，如图 18-19 所示。

2. 简化注法

（1）多层结构尺寸的注法，用引出线引出多层结构的尺寸时，引出线必须垂直通过被引的各层，文字说明和尺寸数字应按结构的层次注写，如图 18-20 所示。

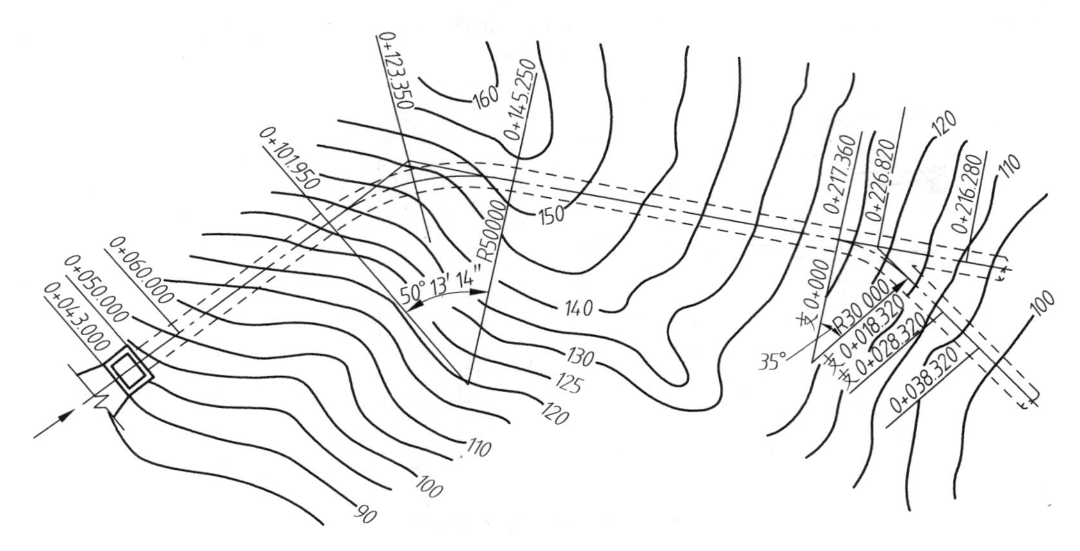

图 18-19 桩号的标注方法

(2) 均匀分布的相同构件或构造,其尺寸可按图 18-21 所示的方法标注。

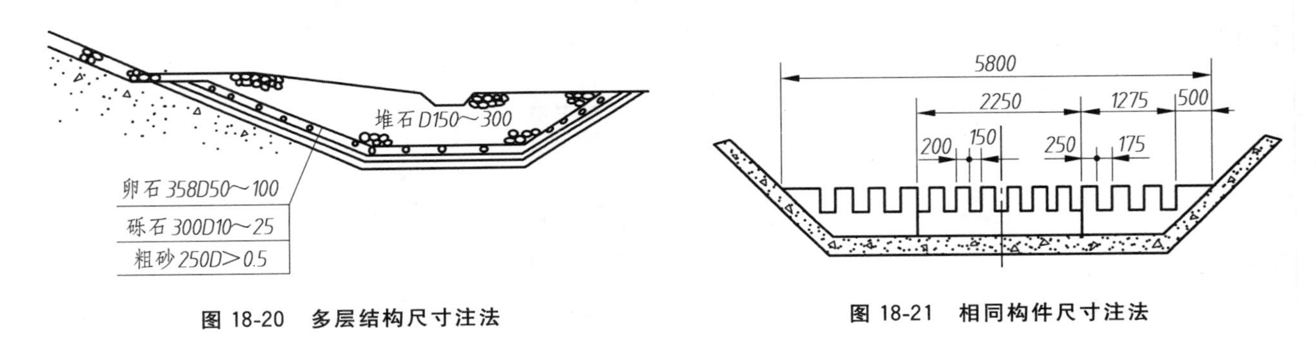

图 18-20 多层结构尺寸注法

图 18-21 相同构件尺寸注法

18.3 水利工程图的阅读和绘制

(Reading and Drawing of Hydraulic Engineering Drawings)

18.3.1 阅读的方法、步骤(Reading Methods and Steps)

水利工程是一个系统工程,从水利枢纽平面布置图到建筑物结构细部的构造详图都需表达,具有内容广泛,视图数量多,绘图比例变化幅度大,表达方法多,尺寸标注复杂等特点。因此读图首先要总体了解,然后深入阅读,最后根据局部再综合归纳整体。

具体方法步骤如下。

1. 总体了解

按图纸目录对图纸粗略阅读,了解建筑物的名称、地理位置、作用,各组成部分的结构形状、大小、材料和相互关系，找出有关视图和剖视图之间的投影关系，明确各视图所表达的内容。

2. 深入阅读

总体了解后，再进一步仔细阅读，首先读总说明，然后由枢纽布置图到建筑物结构图，由主要结构到其他结构，从平面图到剖视图、剖面图再到详图把建筑物分段、分层阅读，再根据各图样上的相关说明，了解主要技术指标、施工措施、施工要求等，整体和细部对照着读，图形、尺寸、文字对照着读，逐步深入。

3. 归纳综合

经过阅读，对有关的视图、剖视图说明等加以全面整理，归纳综合，最后对建筑物的大小、形状、位置、功能、结构类型、构造特点、材料各组成部分之间的相互位置关系等有一个完整详细的了解。

18.3.2 读图举例(Examples for Reading)

【例 18-1】 阅读枢纽布置图，如图 18-3 所示。

1. 枢纽的功能及组成

枢纽主体工程由拦河坝和引水发电系统两部分组成。拦河坝包括非溢流坝和溢流坝，用于拦截河流，蓄水抬高上游水位。引水发电系统是利用形成的水位差和流量，通过水轮发电机组进行发电的专用工程，它由进水口段、引水管、蜗壳、尾水管及水电站厂房等组成。

2. 视图表达

整个枢纽由平面布置图、下游立面图、坝段剖面图、溢流坝断面图、厂房剖面图等组成。枢纽平面布置图表达了地形、地貌、河流、指北针及建筑物的布置。

1) 地形地物

枢纽的地形如图中等高线所示，河流自上而下，标有指北针，坝上标明了桩号。

2) 建筑物

枢纽的主要建筑物有挡水坝、溢流坝、厂房等。

3) 下游立面图

下游立面图表达河谷断面，挡水坝、溢流坝和发电厂的立面布置和主要高程，如图 18-22 所示。

4) 挡水坝

挡水坝为重力坝，如图 18-23 所示，从图中可看出坝体的断面形状、尺寸大小。

5) 溢流坝

如图 18-24 所示，坝的过水表面做成柱面，柱面的导线由抛物线和圆弧连接而成。溢流坝上部设有闸门，坝内有灌浆廊道。

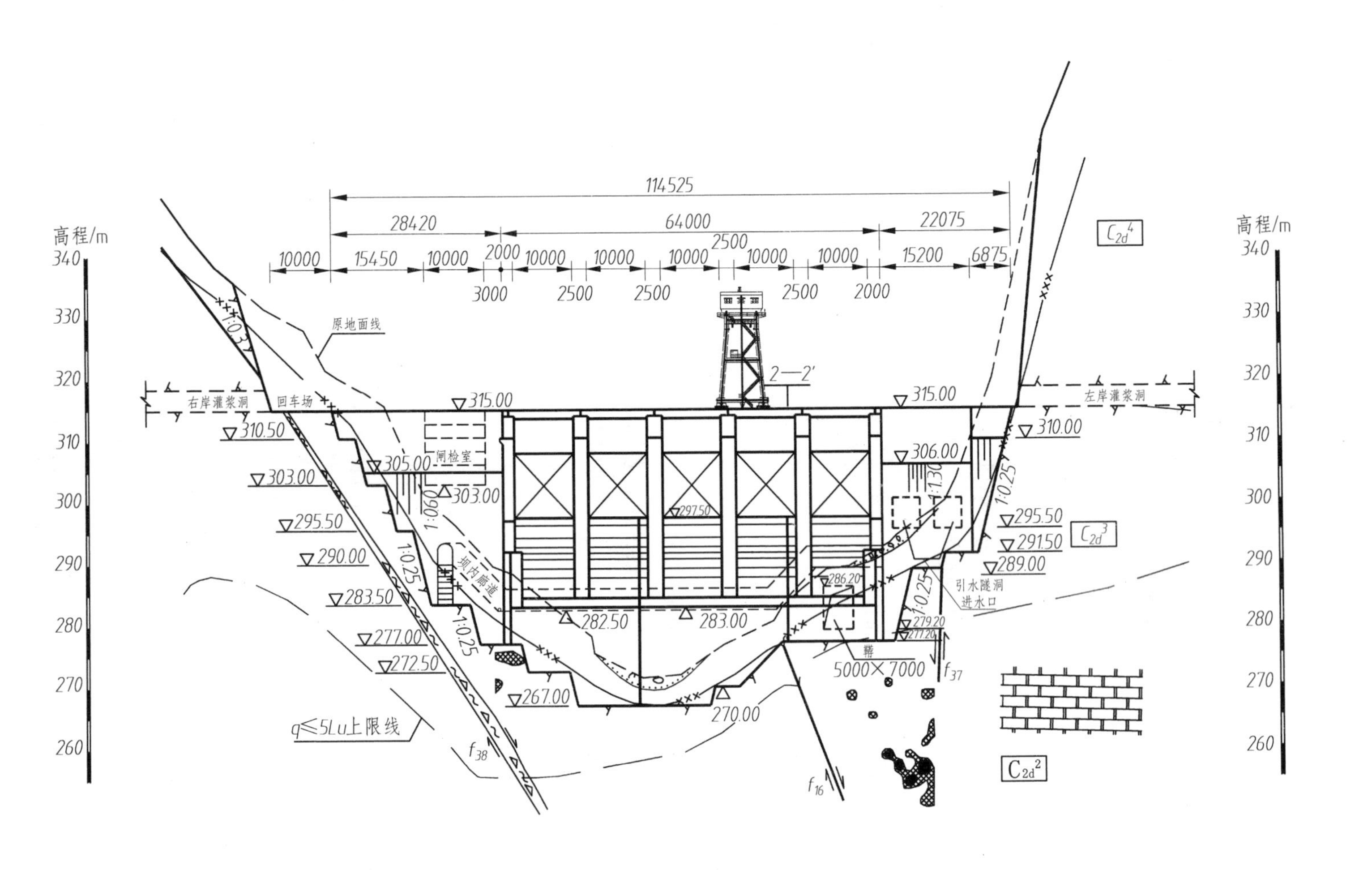
114525
28420
64000
22075
10000
15450
10000
2000
10000
10000
10000
2500
10000
10000
15200
6875
3000
2500
2500
2500
2000
高程/m
340
330
320
310
300
290
280
270
260
原地面线
2—2′
右岸灌浆洞
回车场
左岸灌浆洞
315.00
315.00
310.50
310.00
305.00
闸检室
306.00
303.00
303.00
295.50
295.50
291.50
290.00
289.00
283.50
282.50
283.00
277.00
272.50
267.00
270.00
引水隧洞
进水口
坝内廊道
5000×7000
q≤5Lu上限线
拦河坝下游立面图
0 5 10 15 20 25 30 m

图 18-22 下游立面图

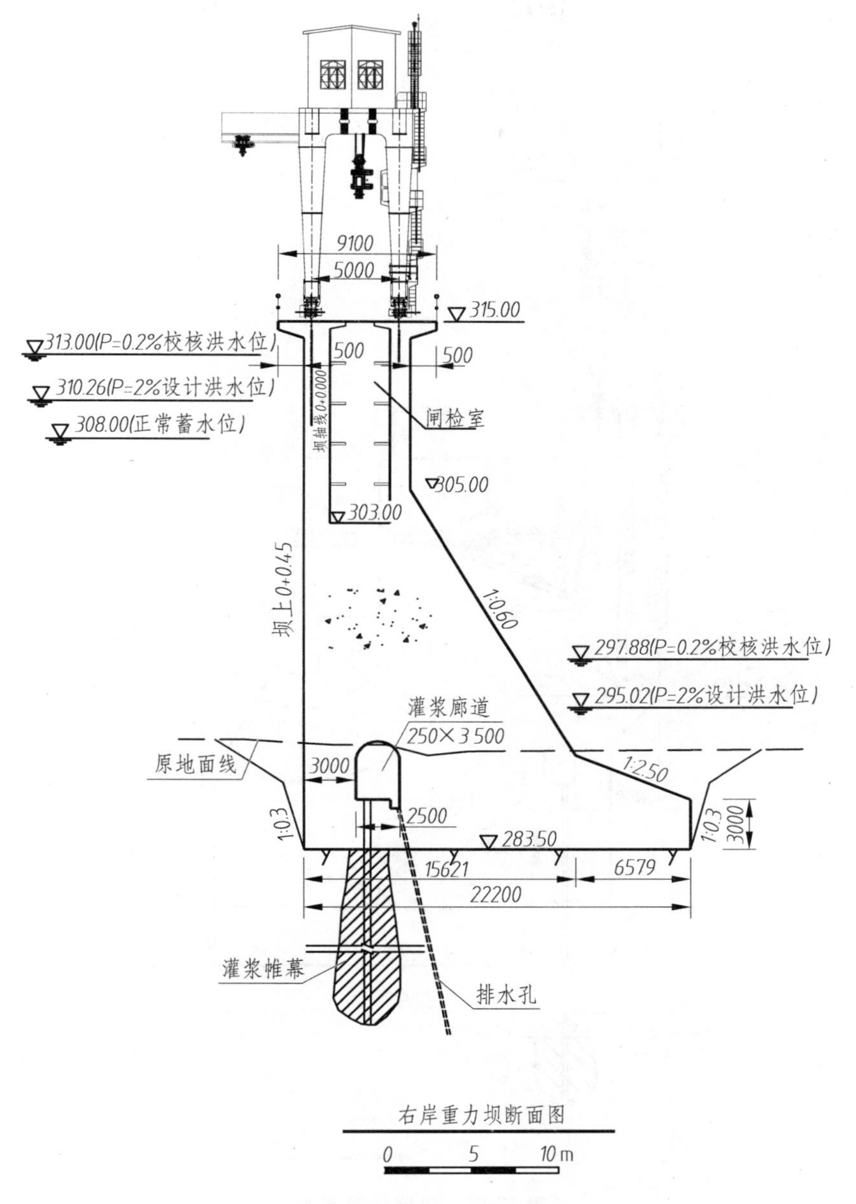

图 18-23　重力坝段横剖面图

6）引水发电系统

如图 18-25 引水系统及厂房剖面图所示，该图为引水发电系统图，在引水系统中，水流经拦污栅进入进水口、引水管、蜗壳、导叶推动水轮发电机组运转。

18.3.3　水利工程图的绘制(Hydraulic Engineering Drawings)

绘制水利工程图的一般步骤如下：

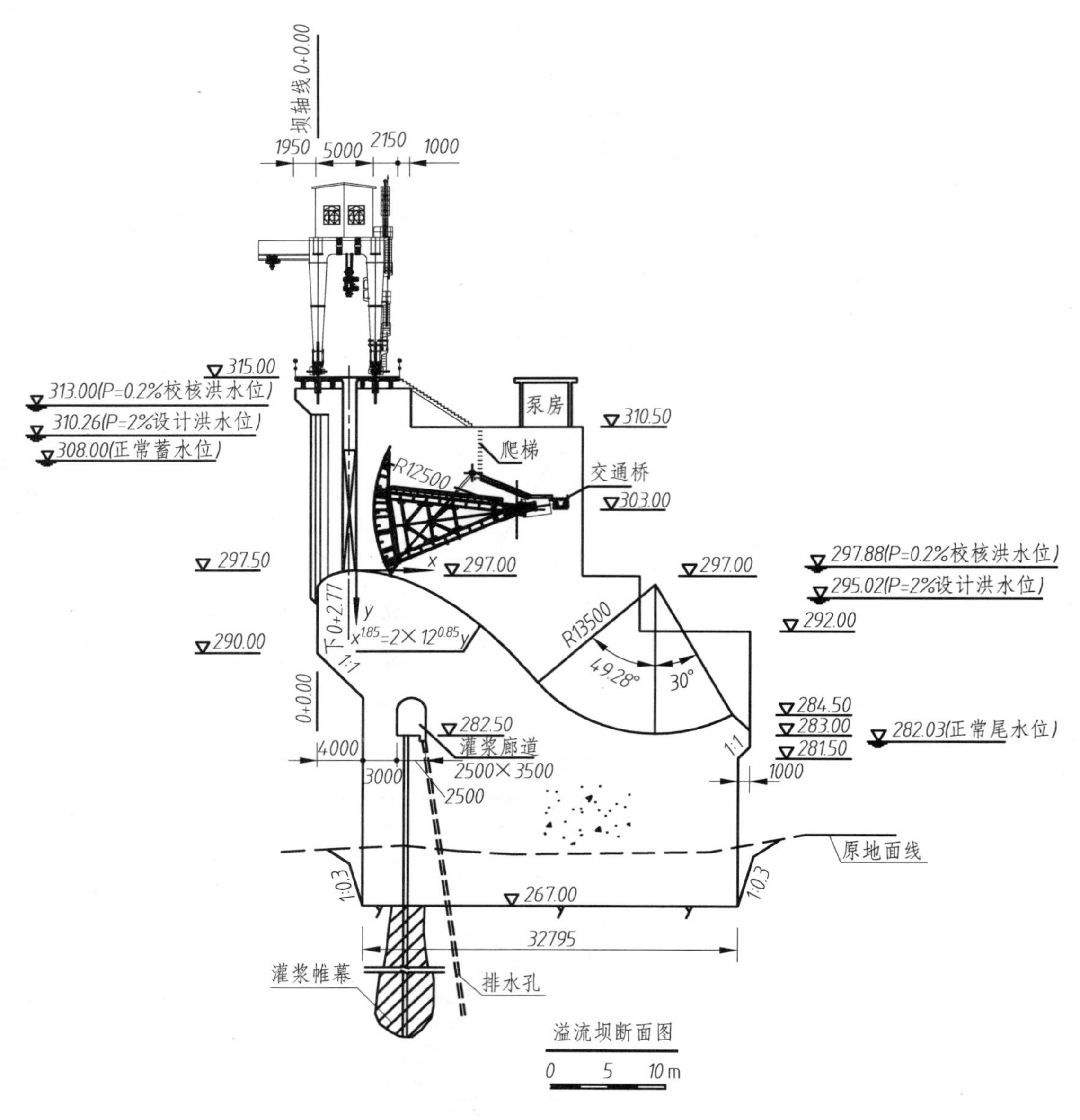

图 18-24 溢流坝断面图

（1）根据设计资料，确定表达内容；

（2）确定恰当的比例，按投影关系合理布置视图；

（3）先画主要部分视图，后画次要部分视图；

（4）画出各视图的轴线、中心线；

（5）先画大轮廓线，后画细部；

（6）标注尺寸，写文字说明；

（7）按制图规范加深图线。

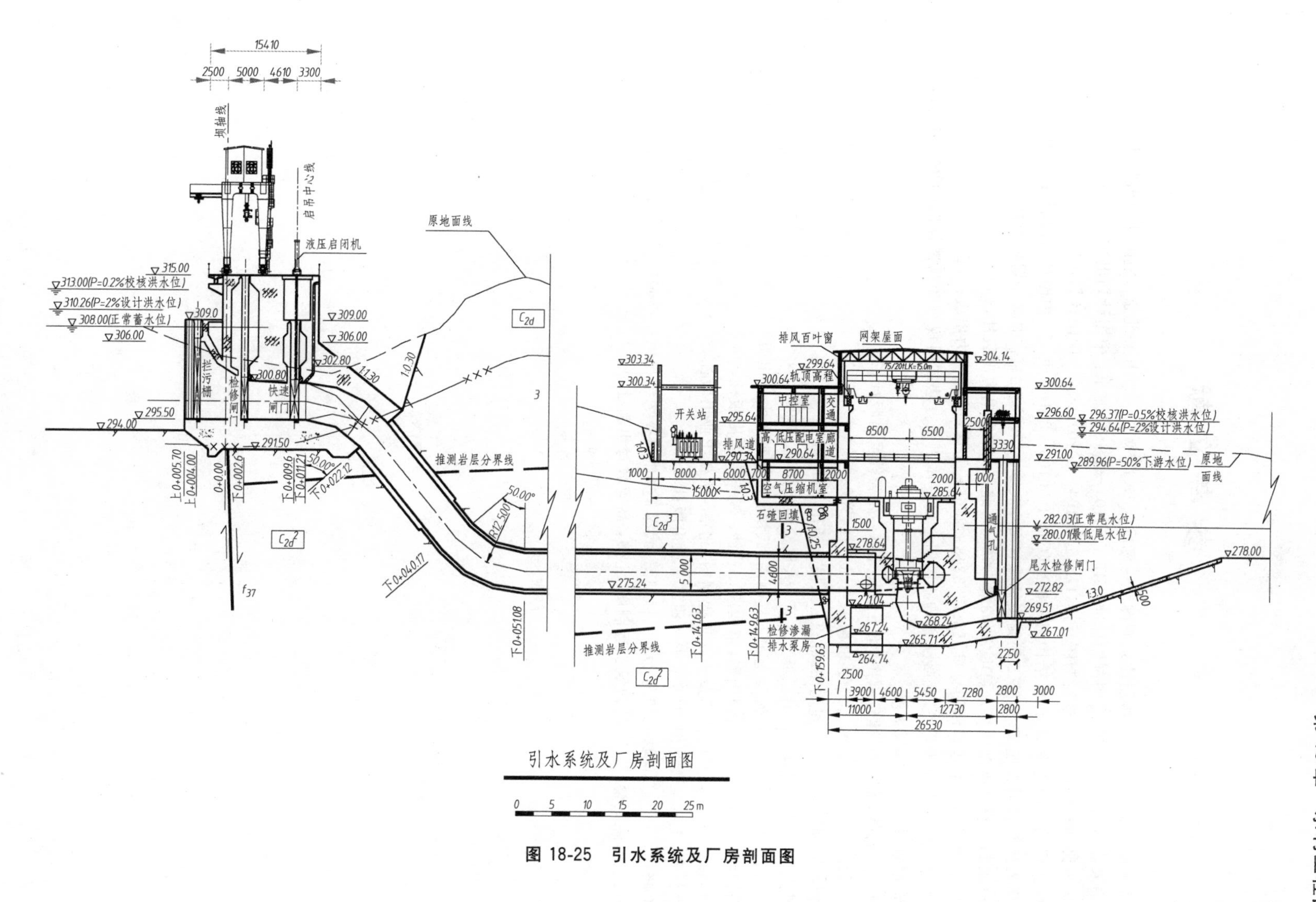

图 18-25　引水系统及厂房剖面图

参考文献

[1] 中华人民共和国建设部. 房屋建筑制图统一标准(GB/T 50001—2010). 北京：中国计划出版社，2010

[2] 中华人民共和国建设部. 总图制图标准(GB/T 50103—2010). 北京：中国计划出版社，2010

[3] 中华人民共和国建设部. 建筑制图标准(GB/T 50104—2010). 北京：中国计划出版社，2010

[4] 中华人民共和国建设部. 建筑结构制图标准(GB/T 50105—2010). 北京：中国计划出版社，2010

[5] 中华人民共和国交通部. 道路工程制图标准(GB 50162—1992). 北京：中国计划出版社，1992

[6] 水电水利工程基础制图标准(DL/T 5347—2006). 北京：中国电力出版社，1992

[7] 水电水利工程水工建筑制图标准(DL/T 5348—2006). 北京：中国电力出版社，1992

[8] 中国建筑标准设计研究所. 混凝土结构施工图平面整体表示方法制图规则和构造详图(03G 101—1). 北京：中国建筑标准设计研究所，2003

[9] 何斌，陈锦昌，陈炽坤. 建筑制图(第五版). 北京：高等教育出版社，2005

[10] 杜廷娜. 土木工程制图. 北京：机械工业出版社，2004

[11] 林国华. 画法几何与土建制图. 北京：人民交通出版社，2001

[12] 郑国权. 道路工程制图(第三版). 北京：人民交通出版社，1999

[13] 孙靖立，王成刚. 画法几何及土木工程制图. 武汉：武汉理工大学出版社，2008

[14] 乐荷卿，陈美华. 建筑透视阴影(第四版). 长沙：湖南大学出版社，2008

[15] 刘明超，梅素琴. 画法几何及土木工程制图. 北京：机械工业出版社，2008

[16] 卢传贤. 土木工程制图. 北京：中国建筑工业出版社，2005

[17] 王晓琴，庞行志. 画法几何与土木工程制图. 武汉：华中科技大学出版社，2004

[18] 何铭新，陈文耀，陈启梁. 建筑工程制图. 北京：高等教育出版社，1994